普通高等教育"十三五"规划教材

金属基复合材料

主编　赵玉涛　陈　刚
主审　范同祥

机 械 工 业 出 版 社

航空航天、节能汽车、轨道交通、国防军事等高技术领域快速发展，对材料性能的要求不断提高。金属基复合材料不仅具有高的比强度和比刚度，而且具有耐热、耐磨、热膨胀系数小、抗疲劳性能好等优点，已成为21世纪发展潜力巨大的高性能新材料之一，应用前景十分广阔。本书具有完整的金属基复合材料内容体系，系统介绍了金属基复合材料的增强体材料、设计、制造技术、成形加工、界面及其表征、性能、损伤与失效、应用等，内容新颖，具有鲜明的科研反哺教学和产教融合特色。

本书可作为材料类本科生、研究生的专业课程教材，也可以作为从事材料研发与应用工作的技术人员的参考书。

图书在版编目（CIP）数据

金属基复合材料/赵玉涛，陈刚主编. —北京：机械工业出版社，2019.3（2024.6重印）

普通高等教育"十三五"规划教材

ISBN 978-7-111-62038-9

Ⅰ.①金… Ⅱ.①赵… ②陈… Ⅲ.①金属基复合材料-高等学校-教材 Ⅳ.①TB333.1

中国版本图书馆 CIP 数据核字（2019）第 029984 号

机械工业出版社（北京市百万庄大街 22 号　邮政编码 100037）

策划编辑：冯春生　责任编辑：冯春生　张丹丹

责任校对：张　薇　封面设计：张　静

责任印制：郜　敏

北京富资园科技发展有限公司印刷

2024 年 6 月第 1 版第 5 次印刷

184mm×260mm · 18.5 印张 · 457 千字

标准书号：ISBN 978-7-111-62038-9

定价：44.80 元

前　　言

　　新材料的研究、开发与应用一直是当代高新技术的重要内容之一。复合材料，特别是金属基复合材料，在新材料技术领域占有重要的地位，对促进军事和民用领域的高科技现代化起着至关重要的作用，因此备受学术界和工业界重视。

　　金属基复合材料是以金属或其合金为基体、与一种或几种金属或无机非金属增强体人工结合而成的新型材料，在航空、航天、汽车、电子、军工等领域得到越来越多的应用，系统了解和学习金属基复合材料已经成为全国很多材料类专业人才培养的迫切需要。本书为满足这一需求，在结合编者团队多年的研究成果、教学经验，并在参考现有相关专著、教材和学术文献的基础上，设计了全新的金属基复合材料教材的体系和内容，力求系统反映金属基复合材料的最新学术与开发应用成果。

　　本书编者长期从事金属基复合材料的科学研究、技术开发和人才培养，先后承担了国家"863"计划、国家自然科学基金面上和重点项目、教育部重点科技项目、高等学校博士学科点专项科研基金项目以及江苏省自然基金、工业支撑和重大科技成果转化专项资金项目等30余项，在原位合成颗粒增强铝基复合材料方面的研究成果已经实现了产业化，获得了显著的社会效益和经济效益。同时，编者在金属基复合材料的课程教学方面也积累了丰富的经验，通过不断凝练思路和完善内容，形成了科教、产教协同育人的特色。本书以金属基复合材料的增强体材料—设计—制造技术—成形加工—界面及其表征—性能—损伤与失效—应用为主线，内容新颖，系统实用。

　　本书结合近十年来金属基复合材料领域的最新学术和开发应用成果，已被列入江苏省重点教材建设项目。本书由江苏大学赵玉涛教授、陈刚教授任主编，焦雷副教授、怯喜周副教授、张振亚博士、陈飞博士等人参与了本书的编写工作，吴继礼博士、汪存龙博士、梁向锋博士参与了本书修改与校对工作。本书由上海交通大学范同祥教授主审。在编写过程中参考了许多文献资料，主要文献已列于书末的参考文献，在此谨向所有参考文献的作者致以诚挚的谢意。

　　本书可作为材料类本科生、研究生的专业课程教材，参考教学学时数为32。

　　限于编者水平，书中难免有误，恳请同行和读者批评指正，以便补充和完善。

编　者

目　　录

第1章 绪 论

　　材料是社会进步的物质基础和先导，是人类进步的里程碑标志之一。近 40 年来，科学技术迅速发展，特别是尖端科学技术的突飞猛进，对材料性能提出越来越高、越来越严和越来越多的要求。在许多方面，传统的单一材料已越来越不能满足实际需要。复合材料（Composites）的出现是金属、陶瓷、高分子等单质材料发展和应用的必然结果，是各种单质材料研制和使用经验的综合，也是这些单质材料技术的升华。复合材料的兴起与发展极大地丰富了现代材料的家族，为人类社会的发展开辟了无限的想象和实现空间，也为材料科学与工程学的持续发展注入了强大的生机与活力。

　　先进复合材料（Advanced Composites）指的是在性能和功能上远远超出其单质组分性能和功能的一大类新材料，它们通常是在不同尺度、不同层次上结构设计和优化的结果，融会贯通了各种单质材料发展的最新成果，甚至产生了原单质材料根本不具备的全新的高性能与新功能。这种高性能与新功能的出现主要源于复杂的复合效应、界面效应、不同层次的尺度效应等，它们构成了现代复合材料科学的基础、研究热点与发展方向。

　　先进结构复合材料源于 20 世纪 50—60 年代航空、航天和国防等尖端技术领域的需求，今天它仍然是这些领域最富有研究潜力的战略性结构材料，并带动了整个工业技术的进步。图 1-1 所示为复合材料与单质材料的比强度与比模量的对比。复合材料因具有可设计性和性能优异等特点受到各发达国家的重视，因而发展很快，目前已开发出许多性能优良的先进复合材料，并在航空、航天、汽车、电子、建筑、医药、体育器材等领域获得重要应用，且应用前景极为广阔。因此，当今复合材料正处于快速发展、应用和更新的时代。

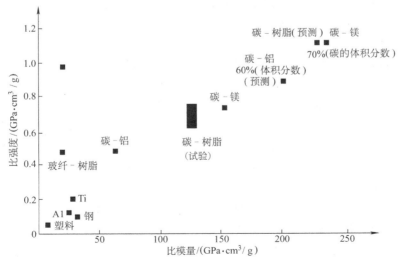

图 1-1　复合材料与单质材料的比强度与比模量的对比

1.1　金属基复合材料概述

为了提高金属材料的性能，人们通常采用调控材料微观组织结构和内部缺陷的合金化方法，即利用固溶强化、细晶强化、弥散强化和形变强化等强化机制，围绕如何提高金属材料的强韧性等力学性能开展研究，以满足不同场合的应用需求。虽然上述方法有效地提高了金属材料的性能，但是，这些方法实际上并不改变材料的本征特性（如材料的刚度和密度等），导致其提高金属材料综合性能的效果受到局限。为进一步满足高科技领域和新兴产业对高性能金属材料的迫切需求，金属复合化成为提高金属综合性能的重要方法，其主要思路是在金属基体中有目的地引入纤维、晶须、颗粒等具有结构或功能特性的"增强体/功能体"，在利用组分材料本征性能的基础上，通过组分分布调控、界面控制等方式调节不同组分之间的协同耦合效应、界面效应，从而提高材料的综合性能。基于此，金属基复合材料（Metal Matrix Composites，MMCs）在航天、航空、电子、能源、交通等重大工程领域的应用日益广泛。

金属基复合材料是以连续长纤维、短纤维、晶须及颗粒等为增强材料，以金属（如铝、镁、钛、镍、铁、铜、钴等）或其合金为基体材料，通过合适的工艺制备而得。金属基复合材料的起源要追溯到 1963 年，美国国家航空航天局（NASA）成功制备了钨丝增强铜基复合材料，以此为标志，人类开辟了金属基复合材料的时代。由于具有高比强度、高比模量、耐高温、耐磨损以及热膨胀系数小、尺寸稳定性好等优异的力学性能和物理性能，并克服了高分子复合材料常见的老化现象以及在高真空条件下释放小分子的缺点，解决了树脂基复合材料在宇航领域使用时存在的问题，得到了令人瞩目的发展，成为各国高新技术研究开发的重要领域。自 20 世纪 80 年代初，日本丰田汽车将陶瓷纤维增强铝基复合材料用于制造发动机活塞以来，金属基复合材料在工业界获得了飞速发展，且在 20 世纪 80 年代末期出现了一系列新的复合材料制备技术。迄今为止，金属基复合材料已在航空航天、军事领域及汽车、电子仪表等行业中显示出了巨大的应用潜力。但是，金属基复合材料由于强化理论、材料设计、制备加工等不够完善，还没有形成大规模工业化应用，因此仍是当前研究和开发的热点。

金属基复合材料种类繁多，有各种分类方式，可归纳为以下四种：

1. 按用途分类

（1）结构复合材料　比强度高、比模量高、尺寸稳定性好、耐高温等是其主要性能特点。结构复合材料用于制造各种航天、航空、汽车、先进武器系统等高性能结构件。

（2）功能复合材料　高导热性、高导电性、低膨热胀系数、高阻尼、高耐磨性等物理性能的优化组合是其主要特性。功能复合材料用于电子、仪器、汽车等工业。

2. 按基体分类

按基体不同，金属基复合材料分为铝基、镁基、锌基、铜基、钛基、铅基、镍基、铁基、钴基、耐热金属基、金属间化合物基等复合材料。目前铝基、镍基、钛基复合材料的发展比较成熟，已在航空、航天、电子、汽车等工业中应用。下面将对铝基、镍基、钛基复合材料进行简要介绍。

（1）铝基复合材料　铝基复合材料是在金属基复合材料中应用最广泛的一种。由于铝合金基体为面心立方结构，因此具有良好的塑性和韧性，再加上它所具有的加工性好、工程可靠性高及价格低廉等优点，为其在工程应用中创造了有利的条件。

在制造铝基复合材料时通常并不是使用纯铝，而是用各种铝合金。这主要是由于与纯铝相比，铝合金具有更好的综合性能，至于选择何种铝合金做基体，则往往根据实际中对复合材料的性能需要来决定。

（2）镍基复合材料　镍基复合材料是以镍或镍合金为基体制造的。由于镍的高温性能优良，因此这种复合材料主要是用于制造高温下工作的零部件。人们研制镍基复合材料的一个重要目的，即希望用它来制造燃气轮机的叶片，从而进一步提高燃气轮机的工作温度。但目前由于制造工艺及可靠性等问题尚未解决，因此还未能取得满意的结果。

（3）钛基复合材料　钛比任何其他结构材料都具有更高的比强度。此外，钛在中温时比铝合金能更好地保持强度。因此，对飞机结构来说，当速度从亚音速提高到超音速时，钛显示出了比铝合金更大的优越性。随着速度的进一步加快，还需要改变飞机的结构设计（如采用更细长的机翼和其他翼型），为此需要高刚度的材料，而纤维增强钛合金可满足这种对材料刚度的要求。

钛基复合材料中最常用的增强体是硼纤维，这是由于钛与硼的线胀系数比较接近，见表1-1。

表 1-1　基体和增强体的线胀系数

基体	线胀系数/$10^{-6}K^{-1}$	增强体	线胀系数/$10^{-6}K^{-1}$
铝	23.9	硼	6.3
钛	8.4	涂 SiC 的硼	6.3
铁	11.7	碳化硅	4.0
镍	13.3	氧化铝	8.3

3. 按增强体形态分类

（1）连续纤维增强金属基复合材料　连续纤维增强金属基复合材料是指利用高强度、高模量、低密度的碳（石墨）纤维、硼纤维、碳化硅纤维、氧化铝纤维、金属合金丝等增强金属基体而形成的高性能复合材料。通过对基体、纤维类型、纤维排布、含量、界面结构的优化设计组合，可获得各种高性能。在连续纤维增强金属基复合材料中，纤维具有很高的强度、模量，是复合材料的主要承载体，增强基体金属的效果明显。基体金属主要起固定纤维、传递载荷、部分承载的作用。连续纤维增强金属因纤维排布有方向性，其性能有明显的各向异性，可通过不同方向上纤维的排布来控制复合材料构件的性能。沿纤维轴向（纵向）具有高强度、高模量等性能，而横向性能较差，在设计使用时应充分考虑。连续纤维增强金属基复合材料要考虑纤维的排布、含量、分布等，制造过程难度大，制造成本高。

（2）非连续增强金属基复合材料　非连续增强金属基复合材料是由短纤维、晶须、颗粒为增强体与金属基体组成的复合材料。增强体在基体中随机分布，其性能是各向同性。非连续增强体的加入，明显提高了金属的耐磨性、耐热性，提高了高温力学性能、弹性模量，降低了热膨胀系数等。非连续增强金属基复合材料最大的特点是可以用常规的粉末冶金、液态金属搅拌、液态金属挤压铸造、真空压力浸渗等方法制造，并可用铸造、挤压、锻造、轧制、旋压等加工方法成形，制造方法简便，制造成本低，适合于大批量生产，在汽车、电子、航空、仪表等工业中有广阔的应用前景。

（3）层状复合材料 层状复合材料是指在韧性和成形性较好的金属基体材料中含有重复排列的高强度、高模量片层状增强体的复合材料。片层的间距是微观的，所以在正常的比例下，材料按其结构组元看，可以认为是各向异性的和均匀的。这类复合材料是结构复合材料，因此不包括各种包覆材料。

由于薄片增强的强度不如纤维增强相高，因此层状复合材料的强度受到了限制。然而，在增强平面的各个方向上，薄片增强体对强度和模量都有增强效果，它与纤维单向增强的复合材料相比具有明显的优越性。

由于层状复合材料已有相关专业书籍论述，本书不进行详细论述。

4. 按增强体来源分类

（1）外加增强金属基复合材料 外加增强金属基复合材料是指借助于一定的工艺手段（粉末冶金、挤压铸造、搅拌铸造等）将事先准备好的增强体引入金属基体而制备的复合材料。

（2）自生增强金属基复合材料 自生增强金属基复合材料（包括反应自生和定向自生）是指在金属基体内通过反应、定向凝固等途径生长出颗粒、晶须、纤维状增强体，从而形成的金属基复合材料。下面简单介绍原位反应自生增强金属基复合材料。

金属基复合材料原位反应自生技术的基本原理是在一定条件下，通过元素之间或元素与化合物之间的化学反应，在金属基体内原位生成一种或几种高硬度、高弹性模量的增强体，从而达到强化金属基体的目的。与其他类型的金属基复合材料相比，原位反应自生增强金属基复合材料具有以下特点：

1）增强体是从金属基体中原位形核、长大的热力学稳定相，因此，增强体表面无污染，避免了与基体相容性不良的问题，且界面结合强度高。

2）通过合理选择反应元素（或化合物）的类型、成分及其反应性，可有效地控制原位生成增强体的种类、大小、分布和数量。

3）省去了增强体单独合成、处理和加入等工序，因此，其工艺简单，成本较低。

4）从液态金属基体中原位形成增强体的工艺，可用铸造方法制备形状复杂、尺寸较大的近净成形构件。

5）在保证材料具有较好的韧性和高温性能的同时，可较大幅度地提高材料的强度和弹性模量。

1.2 金属基复合材料特性

金属基复合材料的性能取决于所选用金属基体和增强体的特性、含量和分布等。通过优化组合可以获得既具有金属特性，又具有高比强度、高比模量、耐热、耐磨等综合性能的金属基复合材料。金属基复合材料有以下性能特点：

1. 比强度和比模量高

由于在金属基体中加入了适量的高强度、高模量、低密度的纤维、晶须、颗粒等增强体，明显提高了复合材料的比强度和比模量，特别是高性能连续纤维——硼纤维、碳（石墨）纤维、碳化硅纤维等增强体，具有很高的强度和模量。密度只有 $1.85g/cm^3$ 的碳纤维的最高强度可达到 7000MPa，比铝合金的强度高出 10 倍以上，石墨纤维的最高模量可达 91GPa；硼纤维、碳化硅纤维的密度为 $2.5 \sim 3.4g/cm^3$，强度为 $3000 \sim 4500MPa$，模量为 $350 \sim 450GPa$。加入 30%～50%（体积分数）的高性能纤维作为复合材料的主要承载体，复合材料的比强度、比模量成倍地高于基体的比强度和比模量。图 1-2 所示为典型的金属基复合材料与基体金属性能的比较。

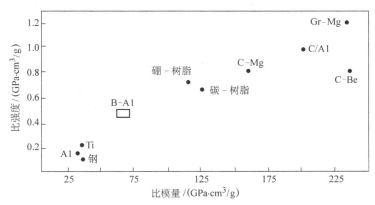

图 1-2 典型的金属基复合材料与基体金属性能的比较

用高比强度、比模量复合材料制成的构件自重轻，刚性好，强度高，是航天、航空技术领域中理想的结构材料。

2. 导热性和导电性良好

金属基复合材料中金属基体占有很大的体积分数，一般在 60% 以上，因此仍保持金属所特有的良好导热性和导电性。良好的导热性可以有效地传热、散热，减小构件受热后产生的温度梯度，这对尺寸稳定性要求高的构件和高集成度的电子器件尤为重要。良好的导电性可以防止飞行器构件产生静电聚集的问题。

在金属基复合材料中采用高导热性的增强体还可以进一步提高金属基复合材料的热导率，使复合材料的热导率比金属基体还高。为了解决高集成度电子器件的散热问题，现已研究成功的超高模量石墨纤维，金刚石纤维，金刚石颗粒增强铝基、铜基复合材料的热导率比纯铝、铜还高，用它们制成的集成电路底板和封装件可迅速地散热，提高了集成电路的可靠性。

3. 热膨胀系数小，尺寸稳定性好

金属基复合材料中所用的增强体（如碳纤维、碳化硅纤维、晶须、颗粒、硼纤维等）既具有很小的热膨胀系数，又具有很高的模量，特别是高模量、超高模量的石墨纤维具有负的热膨胀系数。加入相当含量的此类增强体不仅可大幅度提高材料的强度和模量，也可使其热膨胀系数明显下降，并可通过调整增强体的含量获得不同的热膨胀系数，以满足各种工况要求。例如，石墨纤维增强镁基复合材料，当石墨纤维体积分数达到 48% 时，复合材料的热膨胀系数为零，即在温度变化时使用这种复合材料做成的零件不会发生热变形，这对太空环境下使用的构件来说特别重要。

通过选择不同的基体金属和增强体，以一定的比例复合在一起，可得到热膨胀系数小、尺寸稳定性好的金属基复合材料。

4. 高温性能良好

由于金属基体的高温性能很高，纤维、晶须、颗粒等增强体在高温下又都具有很高的强度和模量，因此金属基复合材料比金属基体具有更高的高温性能。特别是连续纤维增强金属基复合材料，其中的纤维起着主要承载作用，纤维强度在高温下基本不下降，复合材料的使用温度可接近金属熔点，并比金属基体的高温性能高许多。例如，钨丝增强耐热合金1100℃、100h高温持久强度为207MPa，而基体合金的高温持久强度只有48MPa；又如石墨纤维增强铝基复合材料在500℃高温下仍具有600MPa的高温强度，而铝基体在300℃时强度已下降到100MPa以下。因此金属基复合材料被选用在发动机等高温零部件上，可大幅度提高发动机的性能和效率。总之，金属基复合材料做成的构件比金属材料、聚合物基复合材料构件更能适应高温条件。

5. 耐磨性好

金属基复合材料，尤其是陶瓷纤维、晶须、颗粒增强金属基复合材料具有很好的耐磨性，这是因为在基体金属中加入了大量的高耐磨增强体，特别是细小的陶瓷颗粒。陶瓷材料硬度高，耐磨，化学性质稳定，用它们来增强金属不仅提高了材料的强度和刚度，也提高了复合材料的硬度和耐磨性。图1-3所示为碳化硅颗粒增强铝基（SiCp/Al）复合材料与基体材料（A356-T6）和铸铁的耐磨性比较，可见SiCp/Al复合材料的耐磨性比铸铁还好，比基体金属高出几倍。

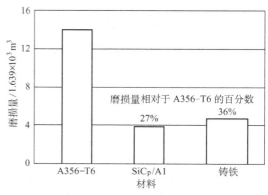

图1-3 SiCp/Al复合材料与
A356-T6和铸铁的耐磨性比较

SiCp/Al复合材料的高耐磨性在汽车、机械工业中有重要应用前景，可用于汽车发动机、制动盘、活塞等重要零件，能明显提高零件的性能和寿命。

6. 疲劳性能和断裂韧性良好

金属基复合材料的疲劳性能和断裂韧性取决于纤维等增强体与金属基体的界面结合状态，增强体在金属基体中的分布以及金属、增强体本身的特性，特别是界面结合状态，最佳的界面结合状态既可有效地传递载荷，又能阻止裂纹的扩展，提高材料的断裂韧性。据美国宇航公司报道，C/Al复合材料的疲劳强度与抗拉强度比为0.7左右。

7. 不吸潮，不老化，气密性好

与聚合物相比，金属的性质稳定，组织致密，不存在老化、分解、吸潮等问题，不会发生性能的自然退化，也不会在空间使用过程中分解出低分子物质污染仪器和环境，因此，金属基复合材料相对于聚合物基复合材料有明显的优越性。

总之，金属基复合材料所具有的比强度高、比模量高、耐磨损、耐高温、热膨胀系数小、尺寸稳定性好、导热性、导电性良好等优异的综合性能，使其在航天、航空、电子、汽车、先进武器系统中均具有广阔的应用前景，将对装备性能的提高发挥巨大作用。

1.3 金属基复合材料发展前沿及趋势

金属与碳纤维、陶瓷纤维、颗粒等增强体的复合集成了不同组元的模量、强度、导热、热膨胀以及耐磨性等方面的优势，因而，金属基复合材料已成为复合材料中重要的体系之一。其研究前沿和发展总趋势是创新复合结构理论，设计新型复合材料，研发制备加工新技术，调控优化微观结构，提高综合性能，拓展应用领域。然而，金属基复合材料的发展也面临严峻的挑战：一方面，增强体的综合增强效率偏低，复合材料的某些单项指标尚不能与高性能单体材料抗衡；另一方面，大量增强体的添加导致复合材料塑韧性和工艺性变差。

近年来，航空、航天、国防装备、工业设备、汽车、轨道交通和体育休闲等产业的快速发展，对材料组织和性能提出了越来越高的要求，推动了金属基复合材料的发展，相关的新理论、新体系、新工艺不断涌现。

1.3.1 金属基复合材料结构理论的发展

金属基复合材料的性能不仅取决于基体和增强体的种类和配比，更取决于增强体在基体中的空间配置模式（形状、尺寸、连接形式和对称性）。传统的金属基复合材料的结构和功能都相对简单，而高科技发展日益要求复合材料能够满足高性能化和多功能化的挑战，因此新一代金属基复合材料必然朝着"结构复杂化"的方向发展。近年来理论分析和试验结果都表明，在微观或介观尺度上人为调控组分的空间配置模式，从而进一步发掘金属基复合材料的性能潜力，实现性能指标的最优化配置，是金属基复合材料研究发展的重要方向。

1. 复合材料结构的超细化

复合材料结构的超细化主要包括增强体超细化和基体超细化。纳米增强体（通常尺寸小于 100nm）可与基体合金中的位错、亚结构产生较强的交互作用，因此其对基体的强化作用更加多样化。首先，纳米增强体可以与位错交互作用产生 Orowan 强化，这种机制在纳米颗粒增强复合材料中比较显著。其次，纳米增强体与基体之间的热膨胀系数差异，会导致产生热残余应力，从而诱发位错增殖。此外，增强体与基体之间的弹性模量差异在材料非线弹性变形时也会诱发位错，这些位错均导致屈服强度的增加。纳米颗粒可以产生表面效应、小尺寸效应、量子尺寸效应、量子隧道效应，从而赋予金属材料本身不具备的物理和功能特性。此外，相对传统的粗晶基体复合材料，超细晶基体复合材料强度优势明显，然而单纯基体超细化会导致伸长率极低（$\approx 1\%$），添加少量纳米颗粒可以阻碍基体的应变软化，改善材料应变硬化能力和塑性。近年来国内外研究人员制备出许多金属基纳米复合材料，例如，1%（体积分数，下同）15nm Si_3N_4/Al 复合材料的抗拉强度具有 15% $3.5\mu m$ SiC_p/Al 复合材料的强度，同时，屈服强度比后者显著提高，且蠕变强度高出后者两个数量级。经过 T4 热处理后，1% 400nm SiC_p/Al2024 复合材料的强度和塑性明显优于 15% $10\mu m$ SiC_p/Al2024 复合材料，特别是前者的屈服强度为 447MPa，是后者的 1.6 倍。

2. 多元/多尺度复合材料结构理论

将不同种类（如 TiB 和 TiC 混杂增强金属基复合材料）、不同形态（如晶须和颗粒混杂增强金属基复合材料）或不同尺度（例如双峰 SiC 颗粒增强金属基复合材料）的增强相引入基体，利用多元增强体本身物性参数的不同，通过相与相以及相界面与相界面之间的耦合作用呈现出比单一增强体复合条件下更好的性能，是一种新的金属基复合材料设计与制备的理念。近年来形成了纤维/颗粒混杂、颗粒/颗粒混杂、晶须/颗粒混杂、短纤维（晶须）/短纤维混杂、大尺寸/小尺寸颗粒混杂、碳纳米管与颗粒混杂等多种类型的金属基复合材料。例如借助搅拌摩擦加工的剧烈塑性变形和机械激活作用制备的纳米+微米级 Al_2O_3、Al_3Ti 原位颗粒增强铝基复合材料，增强相总体积分数可达 $20\% \sim 40\%$，得益于细晶强化、Orowan 强化、载荷传递等不同强化作用，复合材料弹性模量可达95GPa，强度比基体合金提升2倍以上，综合性能更佳。向大长径比的短纤维或晶须增强复合材料中添加少量纳米颗粒，可充分发挥纳米增强复合材料优异的耐高温蠕变性能，复合材料整体蠕变性能可提高近一个数量级，这得益于载荷传递机制和纳米颗粒对位错的钉扎等共同强化作用。

3. 复合材料微结构的构型化理论

随着金属强韧化理论的发展，微观组织非均质构型为金属强韧化带来新思路，这种思想也推动了金属基复合材料的强韧化发展。传统的复合材料设计理念要求增强相在基体中均匀分布，以实现材料的强韧化，非均质构型则通过合理控制复合材料各组分的空间分布，调控材料结构在空间上的不均匀性，最终实现复合材料强韧化。近年来非均质构型设计获得丰富的研究成果，形成了包括岛状、双峰、多峰、层状、多芯、网络等多种复合构型。

将非连续增强金属基复合材料分为增强体颗粒富集区（脆性区）和一定数量、一定尺寸、不含增强体的基体区（韧性区），这些纯基体区域作为韧化相将会具有阻止裂纹扩展、吸收能量的作用，从而使金属基复合材料的损伤容限得到提高。与传统的均匀分散的金属基复合材料相比，这种新型的复合材料具有更好的塑性和韧性。例如，类似贝壳仿生叠层的1.5%碳纳米管增强纯铝复合材料，其伸长率比碳纳米管均匀随机排布的复合材料提高了近一倍，而强度也提高了10%；原位自生反应形成的蜂窝状（或网状）分布的TiB晶须，使得复合材料的强度、塑性、韧性及高温性能全面超越了均匀分布结构。

1.3.2 新型金属基复合材料

随着科学技术的发展，对金属材料的使用要求不再局限于力学性能，而是要求在多场合服役条件下具有结构功能一体化和多功能响应的特性。随着科技进步，出现了许多新型金属基复合材料，如自润滑金属基复合材料、纳米碳增强金属基复合材料、泡沫金属基复合材料、高阻尼金属基复合材料、低膨胀金属基复合材料和高效热管理金属基复合材料等。

1. 自润滑金属基复合材料

自润滑金属基复合材料是指采用粉末冶金、铸造、半固态成形、浸渗等方法，将固体润滑剂加入到金属基体中形成的复合材料，该类材料既保留了基体金属的性质，也被赋予了固体润滑剂优良的性能。在摩擦、磨损过程中，表面发生物理、化学反应形成润滑膜，以降低摩擦表面间的摩擦力或其他形式的表面破坏作用。目前，研究和应用广泛的固体自润滑复合材料主要有铜基、铝基、镍基、银基和铁基复合材料等，而常用的固体润滑剂主要分为以下四类：①软金属润滑剂，如Ag、Pb等，通常对于这类润滑剂采用表面技术等方法在摩擦材料表面形成润滑膜，以提高材料的摩擦、磨损性能，该类润滑剂经济性较差，且对材料润滑性能提高有限；②陶瓷固体润滑剂，如Al_2O_3、TiC等，该类材料具有较大的硬度、刚度和较好的化学稳定性，适用于制备高强度的金属基自润滑复合材料；③石墨润滑剂，石墨润滑剂具有优异的润滑性能，在各类润滑领域受到广泛的关注和大量深入的研究，由于石墨与各类金属基体之间的润湿性较差，制备石墨/金属自润滑材料通常需要将石墨进行金属化改性，以改善两者之间的润湿性；④金属陶瓷固体润滑剂，如Ti_3AlC_2、Ti_3SiC_2等，金属陶瓷材料兼具金属和非金属陶瓷的特性，既能与各类金属基体保持良好的润湿性，又具有类似石墨的优异的润滑性能，是近年来研究的热点。

2. 纳米碳增强金属基复合材料

纳米碳材料以优异的刚度、强度和功能特性为特征，相比陶瓷，其力学性能和物理性能具有革命性的超越，是制备金属基复合材料最为理想的增强体之一，少量添加有望使金属的力学、热学、电学等物理性能获得显著增强。目前，金属基复合材料领域常用的纳米碳增强体主要有碳纳米管（Carbon Nanotubes，CNTs）和石墨烯（Graphene，Gr）。将它们与金属基体复合，有望在宏观上发挥这些材料的优异性能，获得很高的增强效率和增强效果。仅仅2%（质量分数）的结构完好、界面结合良好、均匀分散的碳纳米管就可以使铝基复合材料的强度提高200MPa，模量约提高20GPa，还能保持材料较好的断裂应变。二维形态的石墨烯在铝基复合材料中展现出很高的增强效率，仅0.3%（质量分数）就能将铝基复合材料的强度提高约100MPa，这种增强效率甚至优于碳纳米管。近年来，随着纳米碳材料的宏量制备及其价格的一路降低，纳米碳增强金属基复合材料日渐成为研究的焦点，Al、Cu、Mg、Ti、Fe等基体都有涉及，Al基和Cu基的研究相对更集中。总体来说，高性能纳米碳增强金属基复合材料的研究正处于一个快速发展时期，相关研究和生产还不成熟：一是纳米碳很难均匀分散；二是纳米碳很难与金属基体形成有效的界面结合。目前所制备的纳米碳增强金属基复合材料的性能提高并不是很大，特别是在力学性能方面，远没有达到理想值。

3. 泡沫金属基复合材料

泡沫金属基复合材料是近年发展起来的一种结构功能材料。作为结构材料，它具有轻质和高比强度的特点；作为功能材料，它具有多孔、减振、阻尼、吸声、散热、吸收冲击能、电磁屏蔽等多种物理性能。由于其满足了结构材料轻质、多功能化及众多高技术的需求，已经成为交通、建筑、航空及航天等领域的研究热点。目前研究较多的是泡沫铝基、镁基复合材料，大致可分为两个范畴：一是泡沫本身是含有增强体的金属基复合材料；二是泡沫虽然由金属基体构成，但在其孔洞中引入黏弹性体、吸波涂料等功能组分。泡沫金属基复合材料（开孔和闭孔）的制备方法很多，目前应用较多的有直接吹气法、熔体发泡法和粉体发泡法等。直接吹气法是首先向金属液中加入增黏剂，以提高金属液的黏度，然后向熔体中吹入气体（如空气、氢气和氮气），气体滞留在金属液中，待温度下降之后形成孔隙。熔体发泡法是利用发泡剂受热在高温下分解、释放出气体，滞留于熔体中，凝固后成为泡沫金属基复合材料。粉体发泡法是将金属粉末与发泡剂充分混合，然后压制得到密实的半成品，进一步在接近基体金属熔点附近的温度进行热处理，发泡剂分解释放的气体导致压实体膨胀，形成高度多孔的结构。DST公司和纽约大学共同研发了碳化硅空心颗粒增强的镁合金基复合材料，其密度低于水，仅为 $0.92g/cm^3$，同时这种材料的强度也足以应对严苛的海洋环境。单个球体的壳体在破碎前能够承受超过1723MPa的压力，这大约是消防软管可以承受的最大压力的100倍。

1.3.3 金属基复合材料制造新技术

金属基复合材料的性能在很大程度上受到制备工艺的影响，对于具有相同材料组分和含量的体系，采用不同的制备工艺，最终得到的复合材料的微观组织和性能往往存在明显的差异。为了进一步改善复合材料的组织和性能，国内外研究人员不断对复合材料制造技术进行改进，形成了增材制造、微波烧结、等径角挤压、搅拌摩擦加工等一系列新技术。

1. 增材制造技术

增材制造（Additive Manufacturing，AM）技术是一项综合了数字建模、机电控制、材料科学等多个领域的新兴技术，其发展迅猛，被誉为"具有第三次工业革命重要标志意义"的制造技术。增材制造技术通过计算机辅助设计三维立体构型（3D-CAD），结合快速成型（Rapid Prototyping，RP）技术将材料逐层叠加起来，最后形成三维物体。根据所利用的热源不同，金属基复合材料增材制造主要分为激光、电子束、电弧束和金属固相增材制造技术等。增材制造打破了传统制造方式模具的限制，复合材料产品形状的复杂程度对加工难度几乎没有影响，实现了实体的高自由度近净成形；对于复合材料的性能而言，增材制造过程中冷却速度极快，可以减少或避免基体和增强体之间的界面反应，极大地细化基体晶粒，从而提高材料的塑性、强度及耐蚀性能。

2. 微波烧结技术

微波烧结是指采用微波辐射来代替传统的外加热源，材料通过自身对电磁场能量的吸收（介质损耗）达到烧结温度而实现致密化的过程。与常规烧结相比，微波烧结具有烧结速度快、高效节能以及改善材料组织、提高材料性能等一系列优点，被誉为"21世纪新一代烧结技术"。由于材料可内外均匀、快速地整体吸收微波能并被加热，不会引起试样开裂或在试样内形成热应力，更重要的是快速烧结可使材料内部形成均匀的细晶结构和较高的致密性，从而改善了复合材料性能。同时，由于材料内部不同组分对微波的吸收程度不同，因此可实现有选择性烧结，从而制备出具有新型微观结构和优良性能的复合材料。E. Breval等人对比了微波烧结与传统烧结制备的WC/Co复合材料的组织，发现在相同温度下，微波烧结的试样晶粒更细小，试样中的Co分布更加均匀。中国科学技术大学基于同步辐射CT技术研究Al-SiC混合粉末烧结过程，证明烧结体系中加入合适的陶瓷颗粒可以提高热效率，加快烧结过程。

3. 等径角挤压技术

等径角挤压（Equal Channel Angular Pressing，ECAP）是在一个特制的模具中进行的，如图1-4所示，在压力的作用下，试样从模具的上端压入，右端压出，在挤压的过程中，与模具中的上下通道紧密配合且与管壁良好润滑。试样在通过通道的交叉处时，经受了近似理想的纯剪切变形而横截面不发生改变。等径角挤压与传统的剧烈塑性加工工艺相比具有以下优点：能够使挤压材料承受很高的塑性应变，同时不改变样品横截面面积，并不会产生破坏；经多

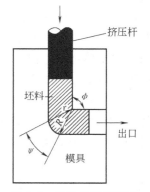

图 1-4　等径角挤压原理

道次挤压后试样的组织均匀性得到提高；可通过热加工与动态回复、动态再结晶达到晶粒细化。随着金属基复合材料在工程中应用逐渐增多，近年来人们开始采用等径角挤压这一近似纯剪切变形技术来进一步改善金属基复合材料的显微组织及力学性能，使其更好地满足实际应用需要。例如，经过四道次等径角挤压变形后，碳纳米管/AZ31镁基复合材料晶粒平均直径尺寸达到约 $2\mu m$，伸长率明显提高。

4. 搅拌摩擦加工技术

搅拌摩擦加工（Friction Stir Processing，FSP）技术是基于搅拌摩擦焊接（Friction Stir Welding，FSW）技术发展而成的材料改性技术。其基本思想是利用旋转搅拌针在加工区产生的摩擦热和机械力作用使材料发生剧烈塑性变形、混合、破碎，实现微观组织的细化、均

匀化和致密化。在搅拌摩擦加工过程中，带有螺纹的搅拌头高速旋转，并沿着加工方向运动。在此过程中，旋转的搅拌头与金属接触产生摩擦热，使接触处的金属温度升高而塑性化，在搅拌力作用下，搅拌头附近的材料发生剧烈塑性变形，并在厚度方向产生激烈迁移，从而调控复合材料中各组分的分布，改善复合材料的组织和性能。例如经搅拌摩擦加工处理后的原位自生 $TiB_2/7075$ 复合材料，其搅拌区内的晶粒直径由 $45\mu m$ 细化到 $2\mu m$。与一道次加工相比，经过四道次搅拌摩擦加工的复合材料的微观组织更为均匀，铸造缺陷进一步减少，四道次加工的材料断裂强度为母材的 1.3 倍，而伸长率则为母材的 8 倍。

航天、航空、电子、汽车以及先进武器系统的迅速发展对材料提出了日益增高的性能要求，这有力地促进了金属基复合材料的迅速发展。但是金属基复合材料还远不如高聚物复合材料那样成熟，因此，金属基复合材料依然具有巨大的发展空间。

本章思考题

1. 为什么要发展金属基复合材料？
2. 什么是金属基复合材料？
3. 金属基复合材料按用途可分为哪两类？主要用于哪些领域？试举例说明。
4. 金属基复合材料有哪些性能特征？影响性能的主要因素有哪些？
5. 金属基复合材料的强化新理论有哪些？并分析说明。

第2章 增强体材料

增强体是金属基复合材料的重要组成部分，它起着提高金属基体的强度、模量、耐热、耐磨等性能的作用。随着复合材料的发展和新的增强体品种的不断出现，金属基复合材料增强体的选择范围不断扩大，主要有高性能连续长纤维、短纤维、晶须、颗粒、金属丝等。连续长纤维具有很高的强度、模量和低的密度，是高性能复合材料选用的主要增强体，如硼纤维、碳（石墨）纤维、碳化硅纤维等。其中发展最快、已大批量生产应用的增强纤维是碳纤维及石墨纤维，碳纤维的最高抗拉强度已达 7000MPa（日本东丽公司生产的 T1000 碳纤维），密度只有 $1.8g/cm^3$，断后伸长率为 2%；石墨纤维的最高模量已达到 900GPa（英国杜邦公司生产的 PI30 石墨纤维），密度为 $2.1g/cm^3$，导热性比铜高 3 倍，线胀系数为 $-1.5 \times 10^{-6}K^{-1}$。这样优良的力学、物理性能将对复合材料的性能起着重要的积极作用。图 2-1 所示为各种增强体的力学性能对比。

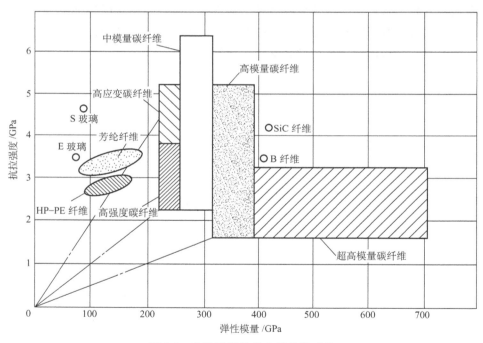

图 2-1 各种增强体的力学性能对比

金属基复合材料的增强体应具有以下基本特性：

1）增强体应具有能明显提高金属基体某种所需特性的性能，如高比强度、高比模量和高导热性、耐热性、耐磨性以及低热膨胀性等。

2）增强体应具有良好的化学稳定性。在金属基复合材料制备和使用过程中，增强体组织结构和性能不发生明显的变化和退化，与金属基体有良好的化学相容性，不发生严重的界面反应。

3) 与金属有良好的浸润性，或通过表面处理能与金属良好浸润、复合和均匀分布。此外，增强体的成本也是应考虑的一个重要因素。

为了合理地选用增强体，设计、制备高性能的金属基复合材料，要对各种增强体的性能、结构、制造方法有基本的了解和认识。

2.1 增强体的分类

用于金属基复合材料的增强体品种繁多，主要分纤维类增强体、晶须类增强体、颗粒类增强体等几类，可根据复合材料性能的需要来选择。

2.1.1 纤维

纤维增强体有连续长纤维和短纤维两种。各种纤维不仅以单向丝、束、线、绳的形式使用，也可编织成毡、席、带、纸及三维纤维块的形式以供使用。连续长纤维的连续长度均超过数百米，纤维性能有方向性，一般沿轴向均有很高的强度和弹性模量。连续纤维中又分单丝和束丝，碳（石墨）纤维、氧化铝纤维和碳化硅纤维（烧结法）、氮化硅纤维等是以 500~12000 根直径为 5.6~14μm 的细纤维组成束丝作为单向增强体使用的。而硼纤维、碳化硅纤维（化学气相沉积法）是以直径为 95~140μm 的单丝作为单向增强体使用的。连续纤维制造成本高，性能好，主要用于高性能复合材料制品。

短纤维连续长度一般为几毫米至几十毫米，排列无方向性，采用生产成本低、生产效率高的喷射方法制造，纤维性能较长纤维低。在使用时需先将短纤维制成预制件、毡、布等，再用挤压铸造、压力浸渗等方法制造短纤维增强金属基复合材料制品。主要的短纤维有硅酸铝纤维（又称耐火棉）、氧化铝、碳纤维（直接制成或将长纤维切短）、氮化硼纤维等，制成的复合材料无明显各向异性。

2.1.2 晶须

晶须是在人工条件下生长出来的细小单晶。由于细小单晶组织结构缺陷少，具有很高的强度和模量。一般直径为 0.2~1μm，长度为几十微米。根据化学成分不同，晶须可分为陶瓷晶须和金属晶须两类。陶瓷晶须包括氧化物（Al_2O_3、BeO）晶须和非氧化物（SiC、Si_3N_4、SiN）晶须；金属晶须包括 Cu、Cr、Fe、Ni 晶须等。用于金属基复合材料的晶须是 SiC、Al_2O_3 等陶瓷晶须。晶须制造分选过程较复杂，成本远比颗粒高，可通过粉末冶金、挤压铸造等方法制成复合材料。晶须增强金属基复合材料的性能基本上是各向同性。

2.1.3 颗粒

颗粒增强体分外加和内生两种，一般是具有高强度、高模量、耐热性和耐磨性好、耐高温的陶瓷、石墨等非金属颗粒，如 Al_2O_3、SiC、TiC、B_4C、TiB_2、BN、AlN、Si_3N_4、NbN、SiO_2、VC、WC、ZrC、ZrB_2、ZrO_2、MgO、$MoSi_2$、Mo_2C、MoS_2、石墨、细金刚石等。颗粒增强体以很细的粒状（<50μm，外加颗粒一般在 10μm 以下，内生颗粒一般在 2μm 以下）在金属基体中起提高耐磨性、耐热性、强度和模量的作用。主要采用粉末冶金法、液态金属搅拌法、共喷法、压力浸渗法、原位合成法等制造颗粒增强金属基复合材料。由于颗粒增

体的成本低廉，制成的复合材料各向同性，因此颗粒增强金属基复合材料的应用发展十分迅速，特别是在汽车工业中。

2.1.4 其他

用于金属基复合材料的高强度、高模量金属丝增强体主要有铁丝、高强度钢丝、不锈钢丝和钨丝等。由于在高温复合过程中金属之间易扩散、溶解、化合，以及晶粒长大等，一般在铝基复合材料中选用不锈钢丝作为增强体，在镍基高温合金中加入钨丝提高其高温性能。

此外，纳米科技的出现为材料科学的发展带来了革命性的变化，碳纳米管及石墨烯等纳米增强体所涉及的许多新奇现象，已将物理、化学领域的许多科学推向一个新的层次，也必然为金属基复合材料的高性能、功能化开创新的领域。

2.2 纤维增强体

2.2.1 碳纤维

碳纤维是一种高强度、高模量材料，理论上大多数有机纤维都可制成碳纤维。实际用作碳纤维原料的有机纤维主要有三种：粘胶纤维、沥青纤维和聚丙烯腈纤维。当前固体火箭发动机结构件用的碳纤维大多由聚丙烯腈纤维制成。

碳纤维的开发始于 20 世纪 60 年代，起初用于耐烧蚀喉衬、扩张段材料，后来逐渐在其他结构件上应用。自 20 世纪 80 年代以来，碳纤维发展较快：①性能不断提高，20 世纪七八十年代主要以 3000 MPa 的碳纤维为主，20 世纪 90 年代初普遍使用的 IM7、IM8 纤维强度达到 5300MPa，20 世纪 90 年代末 T1000 纤维强度达到 7000MPa，并已开始工程应用；②品种不断增多，以日本东丽公司为例，1983 年生产的碳纤维品种只有 4 种，到 1995 年碳纤维品种达 21 种。不同种类、不同性能的碳纤维可满足不同需要，为碳纤维复合材料的广泛应用提供了坚实基础。

1. 碳纤维的分类

1）按力学性能可分为四类：超高模量（UHM）碳纤维、高模量（HM）碳纤维、超高强度（UHS）碳纤维和高强度（HS）碳纤维。

2）按原材料可分为三类：聚丙烯腈（PAN）碳纤维、沥青碳纤维和粘胶碳纤维。三类碳纤维均由原料纤维高温碳化而成，成分基本都是碳元素，其主要性能见表 2-1，目前结构复合材料中大多数使用聚丙烯腈碳纤维。

3）按用途可分为两类：24k 以下为宇航级小丝束碳纤维（1k 为 1000 根单丝）；48k 以上为工业级大丝束碳纤维。

表 2-1 各种材质碳纤维的主要性能

种类	抗拉强度/MPa	弹性模量/GPa	密度/（g/cm³）	断后伸长率（%）
聚丙烯腈碳纤维	>3500	>230	1.76~1.94	0.6~1.2
沥青碳纤维	1600	379	1.7	1.0
粘胶碳纤维	2100~2800	414~552	2.0	0.7

2. 碳纤维的主要性能

1) 强度高。其抗拉强度在 1600MPa 以上。

2) 模量高。其弹性模量在 230GPa 以上。

3) 密度小，比强度高。碳纤维的密度是钢的 1/4，是铝合金的 1/2，其比强度比钢大 16 倍，比铝合金大 12 倍。

4) 能耐超高温。在非氧化气氛条件下，碳纤维可在 2000℃时使用，在 3000℃的高温下不熔融软化。

5) 耐低温性能好。在 -180℃低温下，钢铁变得比玻璃脆，而碳纤维依旧很柔软。

6) 耐酸性能好。能耐浓盐酸、磷酸、硫酸、苯、丙酮等介质侵蚀。将碳纤维放在质量分数为 50% 的盐酸、硫酸和磷酸中，200 天后其弹性模量、强度和直径基本没有变化；在质量分数为 50% 的硝酸中只是稍有膨胀，其耐蚀性超过黄金和铂金。此外，碳纤维的耐油性能也很好。

7) 热膨胀系数小，热导率大。可以耐急冷急热，即使从 3000℃的高温突然降到室温也不会炸裂。

8) 防原子辐射，能使中子减速。

9) 导电性能好（5~17μΩ·m）。

10) 轴向切变模量较低，断后伸长率小，耐冲击差，并且后加工较为困难。

3. 碳纤维的制造

碳纤维是一种以碳为主要成分的纤维状材料。它不同于有机纤维或无机纤维，不能用熔融法或溶液法直接纺丝，只能以有机物为原料采用间接方法制造。制造方法可分为两种类型，即气相法和有机纤维碳化法。

1) 气相法是在惰性气氛中小分子有机物（如烃或芳烃等）在高温下沉积成纤维。用这种方法只能制造晶须或短纤维，不能制造连续长纤维。

2) 有机纤维碳化法是先将有机纤维经过稳定化处理变成耐焰纤维，然后再在惰性气氛中以及高温下进行焙烧碳化，使有机纤维失去部分碳和其他非碳原子，形成以碳为主要成分的纤维状物。此法可制造连续长纤维。

另外，天然纤维、再生纤维和合成纤维都可用来制造碳纤维。选择的条件是加热时不熔融，可牵伸，且碳纤维生产率高。

到目前为止，制作碳纤维的主要原材料有三种：①人造丝（粘胶纤维）；②聚丙烯腈纤维，它不同于腈纶毛线；③沥青，是通过熔融拉丝成各向同性的纤维，或者从液晶中间相拉丝而成，这种纤维是具有高模量的各向异性纤维。用这些原料生产的碳纤维各有特点。制造高强度、高模量碳纤维时多选用聚丙烯腈为原料。

无论用何种原丝纤维来制造碳纤维，都要经过以下五个阶段：

（1）拉丝　可用湿法、干法或者熔融状态中的任意一种方法进行。

（2）牵伸　通常在 100~300℃范围内进行。W. Watt 首先发现结晶定向纤维的拉伸效应，而且该效应控制着最终纤维的模量。

（3）稳定　通过 400℃加热氧化的方法来稳定。该阶段显著地降低了所有的热失重，保证了高度石墨化，取得了更好的性能。

（4）碳化　在 1000~2000℃范围内进行。

（5）石墨化　在 2000~3000℃ 范围内进行。

碳纤维化学成分见表 2-2。从表 2-2 中可见，高模量碳纤维的成分几乎是纯碳。

表 2-2　碳纤维化学成分

类型牌号		高强度碳纤维	中模量、高强度碳纤维	高模量碳纤维
		T300、T400	M30、T800	M40、M50
质量分数（%）	C	93~96	95~98	99.7
	N	4~7	2~5	0
	H	0	0	0
碱金属（10^{-6}）		20~40	20~30	10~20

2.2.2　硼纤维

硼纤维是一种将硼元素通过高温化学气相沉积在钨丝表面制成的高性能增强纤维，具有很高的比强度和比模量，也是制造金属基复合材料最早采用的高性能纤维。用硼/铝复合材料制成的航天飞机主舱框架强度高、刚性好，代替铝合金骨架可减轻自重 44%，取得了十分显著的效果，也有力地促进了硼纤维金属基复合材料的发展。

最早开发研制硼纤维的是美国空军材料研究室（AFML），其目的是研究轻质、高强度增强用纤维材料，用来制造高性能体系的尖端飞机。在研制过程中，受到美国国防部高度重视与支持。随后，又以 Textron 公司（原名 AVCO 公司）为中心，面向商业规模生产并继续研发。现在能生产硼纤维的国家还有瑞士、英国和日本等。

1. 硼纤维的制造

硼纤维一般采用化学气相沉积（CVD）法制造。作为芯材，通常使用直径为 $12.5\mu m$ 的细钨丝。钨丝通过由电阻加热的反应管，三氯化硼（BCl_3）和氢气的化学混合物从反应管的上部进口流入，被加热至 1300℃ 左右，经过化学反应，硼层在干净的钨丝表面上沉积，制成的硼纤维被导出，缠绕在丝筒上。三氯化硼和氢气的化学反应式为

$$BCl_3 + 3/2H_2 \longrightarrow B + 3HCl$$

HCl 和未反应的 H_2 及 BCl_3 从反应管的底部出口排出，BCl_3 经过回收工序可再生利用。制造的硼纤维大致有三种，即丝径为 $75\mu m$、$100\mu m$ 和 $140\mu m$。丝径大小可通过牵引速度来控制。

此外，制造硼纤维的其他方法有乙硼烷（Diborane）的热分解及熔融乙硼烷等，但经确认，CVD 法乃是最经济的方法。

2. 硼纤维的性能

硼纤维在目前已有的纤维增强体中具有独特的性能，尤其是它的抗压强度是其抗拉强度的 2 倍（6900MPa），是其他增强纤维尚不具备的。硼纤维的抗拉强度由化学气相沉积过程中产生的缺陷来决定。硼纤维产生的缺陷有以下几种：①二硼化钨芯材与硼层界面附近有空隙；②在沉积过程中，产生压扁状况；③结晶或结晶节生长时，表面有缺陷等。另外，纤维的弹性模量由芯线和纯硼的体积分数来决定。硼纤维的性能见表 2-3。

表 2-3　硼纤维的性能

性　　能	数　　值	性　　能	数　　值
抗拉强度/MPa	3600	线胀系数/$10^{-6}K^{-1}$	4.5
弹性模量/GPa	400	努氏硬度	3200
抗压强度/MPa	6900	密度/(g/cm³)	2.57

3. 与其他纤维性能比较

硼纤维和广泛应用的 T300 碳纤维相比，在抗拉强度略优（T300 的抗拉强度为 3530MPa）的条件下，弹性模量比 T300 约高 74%（T300 弹性模量为 230GPa），即硼纤维的刚度大大高于碳纤维。硼纤维与其他纤维性能对比见表 2-4。

表 2-4　硼纤维与其他纤维性能对比

纤维及其生产单位	直径/μm	抗拉强度/MPa	弹性模量/GPa	密度/(g/cm³)
Textron 钨芯硼纤维	100 和 140	3600	400	2.57
Textron SCS-6 碳化硅纤维	140	3450	380	3.0
Textron SCS-9 碳化硅纤维	140	3450	307	2.8
日本碳公司 Hi-Nicalon 碳化硅纤维	15	2800	259	2.74
日本宇部兴产 Tyranno 碳化硅纤维	10	2800~3000	200	2.5
日本东丽 T300 碳纤维	7	3530	230	1.76
美国杜邦 FP 氧化铝纤维	20	1380	380	3.9
日本住友氧化铝纤维	17	1500	200	3.2

2.2.3　碳化硅纤维

碳化硅纤维是以碳化硅为主要组分的一种陶瓷纤维，这种纤维具有良好的高温性能和化学稳定性，有高的强度和模量，主要用于增强金属和陶瓷，制成耐高温的金属或陶瓷基复合材料。

1. 碳化硅纤维的制备方法

（1）化学气相沉积法　化学气相沉积法是最先制造碳化硅纤维复合长单丝的方法。1972 年美国 AVCO 公司利用硼纤维的制造技术，将 $SiCl_4$/烷烃/氢气等混合气体引入反应室内，在 1200℃以上时将 SiC 沉积在移动的直径为 12.6μm 的钨丝上或 33μm 的碳丝上，制得直径在 100μm 以上的 SiC/W 或 SiC/C 复合纤维。纤维的抗拉强度为 2.07~3.35GPa，模量为 410GPa。由于钨丝和 SiC 之间反应生成 W_2C 和 W_5Si_3，当纤维加热到 1000℃以上时，反应层加厚，导致纤维的强度急剧降低。用碳丝代替钨丝不仅可以避免上述化学反应，而且可以得到更轻（钨的密度为 19.8g/cm³，而碳的密度为 1.8g/cm³）、热稳定性更好、价格更便宜的碳化硅复合纤维。

碳化硅复合纤维的沉积速率、成分和结构主要取决于混合反应气体的成分、压力、气流速度和沉积温度。高的沉积速率导致形成粗大的、脆弱的晶体结构，而低的沉积速率则生成非晶结构。美国 Textron 公司生产的牌号为 SCS 系列的纤维，具有不同厚度和不同 C、Si 原子比。中国科学院金属研究所石南林等人用一种射频加热装置在直径为 12μm 的钨丝载体上

沉积制得了直径为 $100\mu m$、连续长度为 1000m、抗拉强度大于 3.2GPa、弹性模量为 400GPa、表面富碳的 SiC 纤维。

（2）先驱体转化法 将有机物加热变成无机物的过程，在远古的时代便已经利用了。近年来，将聚丙烯腈等有机纤维高温碳化后制备碳纤维的发明方法，在这个领域中已经形成了工业化生产。除此以外，利用有机硅聚合物作为先驱体可以制备的陶瓷纤维研究见表 2-5。

先驱体转化法是制备各种陶瓷纤维最有生命力的方法。其主要工艺流程如图 2-2 所示。

表 2-5　有机硅聚合物制备的陶瓷纤维研究

年份	有机硅聚合物	分解生成物	材料
1974	聚硅氮烷	Si-C-N	SiC 纤维
1975	聚碳硅烷	Si-C	SiC 纤维
1981	聚钛碳硅烷	Si-C,C-Ti	Si-Ti-C-O 纤维
1982	聚甲基硅烷	SiC	SiC 纤维
1984	聚硅氮烷	Si-O-N	Si-N-O 纤维
1998	聚铝碳硅烷	Si-O-C-Al	Si-Al-C-O 纤维
1999	聚硼硅氮烷	Si-B-N,Si-C-N-B	Si-B-N 纤维

已实现工业化生产的有碳化硅纤维、含 Ti 的碳化硅纤维、Si_3N_4 纤维和含硼的碳化硅纤维。先驱体转化法制备陶瓷纤维有许多优点，即适用于制造常规方法难以获得的陶瓷纤维，并且可以获得高强度、高模量、小直径的连续陶瓷纤维；可以在较低的温度下用高聚物成形工艺（如熔融或干法）纺丝，然后高温裂解成陶瓷纤维；先驱体聚合物可以通过分子设计，控制先驱体组成和微观结构，使之具有潜在的化学反应活性基团便于交联，获得高的陶瓷产率。由于先驱体有易于分离和纯化等特点，已吸引了很多化学、陶瓷和材料工作者的兴趣，是近 20 多年来制备陶瓷纤维的一种最有前景的方法。

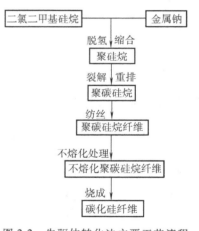

图 2-2　先驱体转化法主要工艺流程

（3）活性炭纤维转化法 活性炭纤维转化法的原理很简单，利用气态的 SiO 与多孔炭反应转化生成碳化硅纤维。该方法包括活性炭纤维制备，在一定真空度、$1200\sim1300℃$ 下活性炭与 SiO 气体反应并在氮气中高温（1600℃）处理。获得的碳化硅纤维由 β-SiC 微晶构成，且含氧量低，体积分数仅有 5.9%，纤维的抗拉强度达到 1000MPa 以上。由于纤维仍存在微孔和 SiO 与活性炭转化为 SiC 时发生体积膨胀而造成的微裂纹，导致强度相对偏低，但可以作为高温功能纤维使用。使用该法的生产成本很低，其纤维性能取决于微裂纹的控制。

（4）挤压法 挤压法原理是将粒径约为 $1.7\mu m$ 的碳化硅粉与烧结助剂、过量的碳以及适量的聚合物组成的混合物，经挤压器挤出并纺成丝，然后将形成的细丝进行预热、气体混合物处理、烧结固化。其工艺流程如图 2-3 所示，可获得 SiC 的质量分数在 99% 以上、密度为 $3.1g/cm^3$、直径为 $25\mu m$、抗拉强度为 1.2GPa、弹性模量大于 400GPa 的碳化硅纤维。

2. 碳化硅纤维的性能及其应用领域

碳化硅纤维不仅具有高的抗拉强度和弹性模量，低的密度，而且耐热性好，可长期在 $1000 \sim 1100\,℃$ 下使用；与金属反应小，浸润性好，在 $1000\,℃$ 以下几乎不与金属发生反应；纤维具有半导体性且随组成不同，其电阻率在 $10^{-1} \sim 10^{6}$ $\Omega \cdot cm$ 之间可调；以先驱体法制得的碳化硅纤维直径细，易编织成各种织物，且耐蚀性优异。以 Nicalon 和 Tyranno 为代表的碳化硅纤维尽管已工业化生产并具有上述一些特性，但其耐热性仍不能满足高温领域中的应用要求。

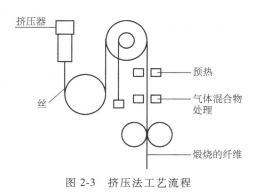

图 2-3　挤压法工艺流程

研究表明，已生产的碳化硅纤维不是纯的 SiC，其组成中 Si、C、O 和 H 元素以不同的质量分数存在，并且以微晶 β-SiC 晶粒构成。由于氧的存在，在 $1300\,℃$ 以上会释放 CO 和 SiO 等气体，以及 β-SiC 微晶的长大使纤维的力学性能降低。近年来，广大科技工作者致力于降低纤维中的氧含量并使其近似等于化学组成的结构，以提高碳化硅纤维的高温性能。已采用电子束辐照不熔化处理和超高相对分子质量干法纺丝以及添加元素（如 Ti、Zr、B 等）工艺，实现低氧含量碳化硅纤维的生产。典型的碳化硅纤维品种、性能和应用领域见表 2-6。

表 2-6　典型的碳化硅纤维品种、性能和应用领域

品种	制造商	纤维组成 （%，质量分数）	密度 /(g/cm³)	直径 /μm	抗拉强度 /GPa	弹性模量 /GPa	生产 状况
NL-202	日本碳公司	Si：57；C：31；O：12	2.55	14	3.0	220	工业化
Hi-Nicalon	日本碳公司	Si：62；C：32；O：0.5	2.74	14	2.8	270	工业化
Hi-Nicalon-S	日本碳公司	Si：68.9；C：30.9；O：0.2	3.10	12	2.6	420	开发中
Tyranno LOXM	宇部兴产	Si：54；C：32.4；O：10.2；Ti：3	2.48	11	3.3	187	工业化
Tyranno-ZM	宇部兴产	Si：55.3；C：33.9；O：9.8；Zr：1.0	2.48	11	3.3	192	开发中
SiBNC	Bayer	SiBNC₃ 含 Al：1.3	1.80～1.90	8～14	3.0	358	开发中
UFSiC	3M	SiC/C 含 O：1.1	2.70	10～12	2.8	210～240	开发中
SCS-6	Textron	SiC/C	3.00	14	4.0	390	工业化
SYTRAMIC	美国道康宁公司	SiC：95；TiB₂：3；B₄C：1.3	3.00	10	3.4	386	工业化
KD-1	国防科学技术大学	Si-C-O	2.50	12～15	2.3～2.4	150～190	开发中

碳化硅纤维作为一种战略材料，主要应用于高性能复合材料的增强纤维和耐热材料，见表2-7和表2-8。它广泛应用于宇航、军事甚至一般运输工业及体育运动器材等民用品，发展潜力大，是值得开发的一种新型陶瓷纤维。作为高温防热材料，碳化硅纤维可用作耐高温传送带、金属熔体过滤材料、高温烟尘过滤器、汽车尾气收尘过滤器等。随着环保要求的提高，防止公害条例的制定，碳化硅纤维需求量将会增加。

表 2-7 典型碳化硅纤维耐温特性及应用

品种	主要组成	最高使用温度/℃	通常使用温度/℃	应用领域	参考价格/（美元/kg）
Nicalon NL-202	Si-C-O	1300	1100	陶瓷增强剂	1250
Hi-Nicalon	Si-C	1400	1200	陶瓷增强剂	6900
Tyranno LOXM	Si-C-O-Ti	1400	1100	金属基复合材料	—
Sytramic	SiC、TiB_2	1400	1200	陶瓷增强剂	10000
SCS-6	SiC	1400	1300	金属基复合材料	8800

表 2-8 碳化硅纤维可期待的用途与领域

类别	领域	用途	使用形态
增强金属	宇航飞行器，汽车工业	机体结构材料、结构零件及发动机零件周围部件等	编织物或无纺布
增强聚合物	飞机宇航工业运动用器及陶瓷	机体结构材料及隐身功能材料，扬声器锥体	编织物或与纤维混杂
增强陶瓷	汽车冶金及机械工业热结构防护材料	高强度、耐高温结构材料，耐腐蚀、抗氧化结构材料，制作发动机零件、热交换器	编织物
其他	—	热防护帘，传送带，点火机	布及编织物

　　碳化硅纤维与环氧树脂等聚合物复合制成优异的复合材料，可用来制作喷气式发动机涡轮叶片、直升机螺旋桨、飞机与汽车构件等。碳化硅纤维与金属铝复合具有轻质、耐热、高强度、耐疲劳等优点，可用来制作飞机、汽车、机械等部件及体育运动器材等。碳化硅纤维增强陶瓷基复合材料比超耐热合金的质量小，具有耐高温和增韧陶瓷的特性，该材料可用来制作火箭、喷气式发动机等耐热零部件，也是高温耐腐蚀核聚变炉的防护层材料。

2.2.4　氧化铝纤维

　　氧化铝纤维是高性能无机纤维的一种。它以 Al_2O_3 为主要成分，有的还含有其他氧化物（如 SiO_2 和 B_2O_3 等），具有长纤、短纤和晶须等形式。氧化铝纤维的突出优点是高强度、高模量、超常的耐热性和耐高温氧化性。与碳纤维和金属丝相比，可以在更高温度下保持很好的抗拉强度；其表面活性好，易于与金属、陶瓷基体复合；同时还具有热导率小、热膨胀系数低、抗热震性好等优点。此外，与其他高性能无机纤维（如碳化硅纤维）相比，氧化铝纤维原料成本低，生产工艺简单，具有较高的性价比。

　　目前，已经商业化生产的氧化铝纤维品种主要有美国杜邦公司的 FP、PRD-166，美国 3M 公司生产的 Nextel 系列，英国 ICI 公司生产的 Saffil，日本 Sumitomo 公司生产的 Altel 等。这些氧化铝纤维已经广泛用于金属、陶瓷增强，在航天航空、军工、高性能运动器材以及高温绝热材料等领域有重要应用。

1. 氧化铝纤维的制备

　　由于 Al_2O_3 熔点极高，且熔体的黏度很低，用传统的熔融纺丝法无法制备连续氧化铝纤维。为此各国研究者陆续开发出不同生产方法。

　　（1）淤浆法　淤浆法是以 Al_2O_3 粉末为主要原料，同时加入分散剂、流变助剂、烧结助剂，分散于水中，制成可纺浆料，经挤出成纤，再经干燥、烧结得到直径在 $200\mu m$ 左右的氧化铝纤维。

杜邦公司用此法生产 FP 氧化铝纤维。将直径在 $0.5\mu m$ 以下的 $\alpha\text{-}Al_2O_3$ 粉末，用羟基氯化铝和少量的铝化镁作为黏结剂制得一定黏度的浆料，进行干法纺丝成纤；在一定升温速率下干燥，去除部分挥发物；然后烧结至 $1800^\circ C$，得到 $\alpha\text{-}Al_2O_3$ 多晶纤维，Al_2O_3 的质量分数为 99.9%。日本 Mitsui Mining 公司也采用淤浆法制得了 Al_2O_3 质量分数在 95% 以上的连续氧化铝纤维，原料采用 $\gamma\text{-}Al_2O_3$ 粉末与杜邦公司不同。

在烧结过程中晶粒生长较为缓慢，晶体致密，产品表面光滑，有较高的抗拉强度。因浆料中所含水分及其他挥发物较多，所以在烧结前干燥是很重要的步骤。在干燥过程中，必须根据原料的不同选择合适的升温速率，防止气体挥发时体积收缩过快而导致纤维破裂；在高温烧结过程中应保持较高的升温速率，每分钟不低于 $100^\circ C$，否则 $\alpha\text{-}Al_2O_3$ 晶粒生长太大也会降低纤维强度。

（2）溶胶-凝胶法　溶胶-凝胶法是一种新型的制备方法，一般以铝的醇盐或无机盐为原料，同时加入其他有机酸催化剂，溶于醇/水中，得到混合均匀的溶液，经醇解/水解和聚合反应得到溶胶，浓缩的溶胶达到一定黏度后进行纺丝，得到凝胶纤维，随后进行热处理得到氧化铝纤维。

美国 3M 公司通过溶胶-凝胶法生产了 Nextel 系列的陶瓷纤维。其中 Nextel 312 组分为 Al_2O_3 60%，B_2O_3 14%，SiO_2 24%（质量分数）。制备方法是：在含有甲酸根离子和乙酸根离子的氧化铝溶胶中，加入作为硅组分的硅溶胶和作为氧化硼组分的硼酸，得到混合溶胶，经浓缩成纺丝液进行挤出纺丝，然后在 $1000^\circ C$ 以上带有张力条件下烧结，得到连续氧化铝纤维。

溶胶-凝胶法具有以下优点：制品的均匀度高，尤其是多组分的制品，其均匀度可达分子或原子水平；制品纯度高，因为所用原料的纯度高，而且溶剂在处理过程中容易被除去；烧结温度比传统方法约低 $400\sim500^\circ C$；制备的氧化铝纤维直径小，因而抗拉强度有较大提高。

溶胶-凝胶法制备氧化铝纤维是近年来研究的热点，许多研究者应用这种方法控制化学计量组成制备了莫来石型（$3Al_2O_3/2SiO_2$）氧化铝纤维，具有莫来石晶体结构，不含无定型硅，提高了纤维的抗蠕变性，降低了热膨胀系数，在复合材料领域很有竞争力。溶胶-凝胶法制备氧化铝纤维工艺简单，可设计性强，产品多样化，是一种很有发展前途的制备无机材料的方法。

（3）预聚合法　日本住友化学公司的氧化铝纤维采用预聚合法制备，是以 Al_2O_3 为主要成分，并含有 B_2O_3、SiO_2 的多晶纤维。先用烷基铝加水聚合成一种聚铝氧烷聚合物，将其溶解在有机溶剂中，加入硅酸酯或有机硅化合物，使混合物浓缩成黏稠液，用干法纺丝成先驱纤维，再在 $600^\circ C$ 空气中裂解成由氧化铝和氧化硅等组成的无机纤维，最后在 $1000^\circ C$ 以上烧结，得到微晶聚集态的连续氧化铝纤维，其直径在 $10\mu m$ 左右。因为先驱体为线性聚合物，所以该法的优点是纺丝性能好，容易获得连续长纤维。

（4）卜内门法　卜内门法与溶胶-凝胶法的不同之处是先驱体不形成均匀溶胶，而是通过加入水溶性有机高分子来控制纺丝黏度，以得到氧化铝纤维。由于先驱体分子本身并不形成线性聚合物，难以得到连续的氧化铝长纤维，因此其产品一般是短纤维的形式。英国 ICI 公司产品 Saffil 氧化铝短纤维，是用卜内门法制备的：将羟基乙酸铝等混合成铝盐的黏稠水溶液，然后与聚环氧乙烷等的水溶性高分子、聚硅氧烷混合在一起进行纺丝、干燥、烧结，得到氧化铝纤维。Saffil 纤维是均匀、无杂质、柔软、有弹性的无机纤维，具有高折射率，呈惰性，是微晶的、具有丝状手感的材料。

（5）基体纤维浸渗溶液法　基体纤维浸渍溶液法采用无机盐溶液浸渗基体纤维，经过烧结除去基体纤维而得到陶瓷纤维。溶液一般采用水溶液，基体纤维为亲水性良好的粘胶纤维。其中无机盐以分子状态分散于粘胶丝纤维中，并非黏附于纤维表面，这有利于纤维的形成。此法的优点是，可以先将基体纤维编织，经浸渗、烧结，可以得到形状复杂的氧化铝纤维产品；其缺点是成本较高，且纤维质量较差。

2. 氧化铝纤维的性能

氧化铝纤维主要商品的基本性能见表 2-9。从表 2-9 中可见，氧化铝纤维最高抗拉强度可达 3.2GPa，弹性模量可达 420GPa，使用温度可达 1400℃以上，不同型号的氧化铝纤维性能有较大差异。

表 2-9　氧化铝纤维主要商品的基本性能

牌号	生产厂家	直径/μm	组成（%，质量分数）	抗拉强度/GPa	应变（%）	弹性模量/GPa	密度/（g/cm³）	使用温度/℃	熔点/℃
FP	杜邦	15~25	α-Al_2O_3 99	1.4~2.1	0.29	350~390	3.95	1000~1100	2045
PRD-166	杜邦	15~25	α-Al_2O_3 80-ZrO_2 20	2.2~2.4	0.4	385~420	—	1400	—
Altel	Sumitomo	15~25	α-Al_2O_3 85-SiO_2 15	1.8~2.6	0.8	210~250	3.2~3.3	1250	—
Saffil	ICI	3	α-Al_2O_3 95-SiO_2 5	1.03	0.67	100	2.8	1000	2000
Nextel 312	3M	11	Al_2O_3 62-SiO_2 24-B_2O_3 14	1.3~1.7	1.12	152	2.7	1200~1300	1800
Nextel 440	3M	—	Al_2O_3 70-SiO_2 28-B_2O_3 2	1.72	1.11	207~240	3.1	1430	1890
Nextel 480	3M	10~12	Al_2O_3 60-SiO_2 40	1.90	0.86	220	3.05	—	—
Nextel 550	3M	10~12	Al_2O_3 73-SiO_2 27	2.2	0.98	220	3.75	—	—
Nextel 610	3M	10~12	Al_2O_3 99-SiO_2 1	3.2	0.5	370	3.75	—	—
Nextel 720	3M	12	Al_2O_3 85-SiO_2 15	2.1	0.81	260	3.4	—	—

性能优良的多晶氧化铝纤维应具有较高的密度、较小的晶粒、低孔洞率、高结晶度以及较小的直径。此外，纤维的组成、工艺条件及制备方法也是影响氧化铝纤维性能的重要因素。高纯度氧化铝纤维（如 FP）在烧结过程中降低烧结温度可以得到较小的晶粒，但是同时导致孔洞增大，降低了抗拉强度和弹性模量。为了解决这一问题通常加入其他组分，如 PRD-166 中加入质量分数 20% 的 ZrO_2，能起到抑制晶粒增长的作用，有利于抗拉强度和弹性模量的提高。

制备方法不同，氧化铝纤维的物理性能也不同。日本住友采用预聚合法，原料采用有机铝聚合物，烧结时有机成分失去少，纤维内部空隙少，因此纤维强度高。而杜邦公司以氧化铝微粒为原料，纤维表面由于粒子间空隙而易引起缺陷，影响强度，一般采用 SiO_2 覆盖层，弥补缺陷，提高强度。氧化铝纤维的抗拉强度随直径的减小而增大，直径每减小 50%，弹性强度约升高 1.5 倍，弹性模量也相应提高。

2.3　晶须增强体

许多科学家认为，未来的金属基复合材料在很大程度上集中于非连续（包括短纤维、晶须、颗粒及片状增强体）增强材料方面的研究与应用。因此，晶须的合成和应用必将成为材料科学研究的热点之一。

晶须是在人工控制条件下以单晶形式长成的一种纤维，形态如图 2-4 所示。晶须是高技术新型复合材料中的一种特殊成员，其直径非常小，原子高度有序，因而强度接近于完整晶体的理论值。它不仅具有优良的耐高温、耐高热、耐腐蚀性能，又有良好的机械强度、电绝缘性、轻量、高强度、高弹性模量、高硬度等特性，而且在电学、光学、磁学、铁磁性、介电性、传导性甚至超导性等方面皆有显著的变化。

图 2-4　晶须的形态

2.3.1　晶须的分类

总体上讲，晶须增强体包括有机晶须和无机晶须两大类，其中有机晶须主要有纤维素晶须、聚丙烯酸丁酯-苯乙烯晶须、PHB 晶须等几种类型，在聚合物基复合材料中应用较多。无机晶须增强体分为两类：金属晶须和非金属晶须。

金属晶须可由 Fe、Cu、Ni、Zn、Sn 单一元素构成，也可由两种或多种金属元素构成的金属间化合物构成。金属晶须一般是以金属的固体、熔体或气体为原料，采用熔融盐电解法或气相沉积法制得，如可以通过在真空或惰性气体环境中，使晶须原料升华成气体，然后再使其在低温下凝固而形成晶须，或通过晶须原料与炉内气体起还原反应，从而长出晶须。金属晶须作为复合材料的增强体主要用于火箭、导弹、喷气发动机等部件上，特别是可以用作导电复合材料和电磁波屏蔽材料。

非金属晶须增强体又称陶瓷晶须增强体，它具有高强度、高模量、耐高温等突出优点，被广泛用于复合材料的增强。其大致又可分为两类：非氧化物类和氧化物类，前者如 SiC、Si_3N_4 等，具有高达 1900℃ 以上的熔点，故耐高温性好，多被用于增强陶瓷基和金属基复合材料，但成本较高。氧化物陶瓷晶须〔如 Al_2O_3、ZnO、$K_2Ti_6O_{13}$、$CaSO_4$、$nAl_2O_3 \cdot mB_2O_3$（$n = 2 \sim 9$，$m = 1 \sim 2$）、$2MgO \cdot B_2O_3$ 等〕具有相对较高的熔点（1000 ~ 1600℃）和耐热性，可用作树脂基和铝基复合材料增强体。其中，ZnO 晶须有两种形态，一种是纤维状晶须，另一种是四针状晶须，即 $T\text{-}ZnO_w$。$T\text{-}ZnO_w$ 是迄今所有晶须中唯一具有空间立体结构的晶须，因其独特的立体四针状三维结构，很容易实现在基体材料中的均匀分布，从而各向同性地改善了材料的物理性能，并赋予材料多种独特的功能特性。$nAl_2O_3 \cdot mB_2O_3$ 为硼酸铝晶须，其 n 和 m 因制备工艺的不同而不同，以 $9Al_2O_3 \cdot B_2O_3$、$2Al_2O_3 \cdot B_2O_3$ 和 $Al_2O_3 \cdot B_2O_3$ 最为常见，$Al_2O_3 \cdot B_2O_3$ 存在于天然矿物中，$9Al_2O_3 \cdot B_2O_3$、$2Al_2O_3 \cdot B_2O_3$ 则为人工产品。由于 $9Al_2O_3 \cdot B_2O_3$ 晶须的性能优异，工业晶须主要指 $9Al_2O_3 \cdot B_2O_3$。

晶须作为增强体时，其体积分数大多在 35% 以下。如用体积分数为 20% ~ 30% 的 Al_2O_3

晶须增强金属，得到的复合材料强度在室温下比原金属增加近30倍。

2.3.2 晶须的物理性质

晶须是在受控条件下培殖生长的高纯度纤细单晶体，其晶体结构近乎完整，不含有晶粒界、位错、孔洞等晶体结构缺陷，具有异乎寻常的力学和物理性能。例如铁晶须的抗拉强度高达13.4GPa，是超高强度钢的5~8倍。一般晶须的伸长率与玻璃纤维相当，而弹性模量与硼纤维相当，兼具这两种纤维的最佳性能，如图2-5所示。

另外，晶须的强度与直径也有密切的关系。当晶须直径小于$10\mu m$时，其强度急剧增加。该关系仅是晶须强度与直径的理论表达，一般认为，随着晶须直径的增大，晶须晶格缺陷相应增多，从而使其强度下降，如图2-6所示。所以在晶须制备过程中，采用何种方式、何种工艺来控制晶须以单晶形式生长，是制取高强度、高有序性、完整晶须的关键。

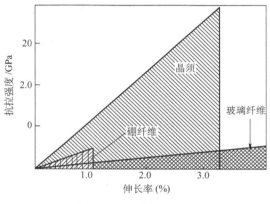

图2-5　与纤维强度的比较

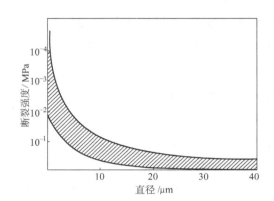

图2-6　晶须强度与直径的关系

几种有代表性的晶须增强体的物理性能见表2-10。

表2-10　几种晶须增强体的物理性能

名称	碳化硅	硼酸铝	钛酸钾	硼酸镁	氮化硅	氧化铝	莫来石
化学式	α-SiC，β-SiC	$Al_{18}B_4O_{33}$	$K_2Ti_6O_{13}$	$Mg_2B_2O_5$	α-Si_3N_4	Al_2O_3	$3Al_2O_3\cdot 2SiO_2$
色泽	淡绿色	白色	白色或淡绿色	白色	灰白色	—	—
形状	针状	针状	针状	针状	针状	纤维状	—
密度/(g/cm³)	3.18	2.93	3.3	2.91	3.18	3.95	—
直径/μm	0.1~1.0	0.5~2	0.5~2.0	0.2~2	0.1~1.6	3~80	0.5~1.0
长度/μm	50~200	10~30	10~20 10~30	10~50	5~200	50~20000	7.5~20
抗拉强度/GPa	12.9~13.7	7.84	6.68	3.92	13.72	13.8~27.6	—
弹性模量/GPa	482	392	274.4	264.6	382.2	550	—
莫氏硬度	9.2~9.5	7	4	5.5	9	—	—
熔点/℃	2316	1440	1370	1360	1900	2082	>2000
耐热性/℃	1600	1200	1200	—	—	—	1500~1700
主要制备方法	碳还原法、气相反应法、氮化硅转化法	熔融法、气相法、内部助溶剂法、外部助溶剂法	烧成法、熔融法、助溶剂法、水热法	熔融法、助溶剂法	硅氮化法、SiO_2碳热还原法、卤化硅气相氨分解法	气相合成	有机铝烧结、Al_2O_3和SiO_2粉料烧结

碳化硅晶须为三方晶系，和金刚石同属于一种晶型，是目前已经合成出的晶须中硬度最高、弹性模量最大、抗拉强度最大、耐热温度最高的产品。其分为 α 型和 β 型两种形式，其中 β 型性能优于 α 型并具有更高的硬度（莫氏硬度达 9.5 以上）、更好的韧性和导电性能，抗磨、耐高温、耐腐蚀、耐辐射，已经在飞机、导弹的外壳上以及发动机、高温涡轮转子、特种部件上得到应用。

Al$_2$O$_3$ 晶须具有多种变体，其中 α-Al$_2$O$_3$ 属于三方晶系，结构最紧密，活性低，在所有温度下稳定，电学性质最好，具有高强度、高弹性模量等优越的力学性能。α-Al$_2$O$_3$ 晶须呈白色，具有针状或纤维状结构，断面一般为六角形。

2.3.3 晶须的分散

晶须发挥增强作用，必先有效解决其在基体中的团聚问题。由于晶须增强体有较大的长径比（通常在 7~30 范围内），故分散比较困难。常用的晶须分散技术主要有球磨分散、超声分散、sol-gel 法分散，以及分散介质选择、pH 值的调整等。对于某些长径比较大、分枝较多的晶须，还需通过球磨或高速捣碎的方式减少分枝和降低长径比。晶须分散的主要关键在于消除晶须的团聚（或集聚）。形成团聚的原因主要有晶须之间的相互纠结以及由于晶须之间的化学吸附所导致的团聚。球磨和超声分散主要是借助外加机械力将纠结在一起的团聚体分散开，但还需借助合适的分散介质和分散剂以及 pH 值的调整等来改变晶须的表面状态，以消除晶须之间的化学吸附，达到均匀分散的目的；sol-gel 法分散，主要是通过将各个复合体系先制成胶体，借助胶体这一特殊介质的电化学作用，使晶须均匀分散，最终制得分散均匀的成形体。

晶须增强金属基复合材料中使用的晶须有 Si$_3$N$_4$、SiC、Al$_2$O$_3$·B$_2$O$_3$、K$_2$O·6TiO$_2$、TiB$_2$、TiC、ZnO 等。对于不同的金属或合金基体种类，所适用的晶须类型是不同的。应保证获得良好的润湿性又不产生严重的界面反应损伤晶须，如对铝基复合材料，使用最多的为 SiC、Si$_3$N$_4$ 晶须；对钛基复合材料，最佳选择是 TiB$_2$、TiC 晶须。这类复合材料的制备方法大体上可分为固态法（如粉末冶金法）和液相法（如挤压铸造法）。按晶须来源不同，晶须增强又可分为外加晶须增强和原位生长晶须增强两种。如对钛基复合材料，通过加入的单质相之间的放热反应，可以原位生长 TiB$_2$ 和 TiC 晶须增强钛基复合材料。这类复合材料具有高的抗拉强度和弹性模量；横向力学性能高，综合力学性能较好，具有良好的耐高温性能；还具有导热、导电、耐磨损、热膨胀系数小、尺寸稳定性好、阻尼性好等特点。晶须增强铝基复合材料的制备工艺较成熟，已走向实用化；而钛基和金属间化合物基等高温合金基复合材料由于加工温度高，界面控制困难，工艺复杂，还不够成熟。目前晶须增强的金属基复合材料主要应用在航天航空等领域。

2.4 颗粒增强体

近年来颗粒增强金属基复合材料迅速发展，为适应不同的性能需要可选用不同的颗粒作为增强体。目前主要选用的颗粒材料是现有的陶瓷颗粒，它们可分为：①碳化物颗粒，如 SiC、B$_4$C、TiC、WC、TaC、Cr$_7$C$_3$；②氧化物颗粒，如 Al$_2$O$_3$、TiO$_2$、ZrO$_2$、ZnO；③氮化物颗粒，如 Si$_3$N$_4$、AlN、BN 等；④硼化物颗粒，如 TiB$_2$、ZrB$_2$ 等。这类颗粒性能好、成本低，易于批量生产。Al_2O_3、SiC、B_4C、石墨等颗粒主要用于铝基、镁基复合材料，TiC、TiB 等颗粒用于钛基复合材料。常用颗粒增强体的性能见表 2-11。

表 2-11　常用颗粒增强体的性能

颗粒名称	密度 /(g/cm³)	熔点/℃	线胀系数/K⁻¹	热导率 /[W/(m·K)]	硬度 HBW	抗弯强度 /MPa	弹性模量 /GPa
碳化硅（SiC）	3.21	2700	4.0×10^{-6}	0.18	270	400~500	—
碳化硼（B₄C）	2.52	2450	5.7×10^{-6}	—	300	300~500	360~460
碳化钛（TiC）	4.92	3300	7.4×10^{-6}	—	260	500	—
氧化铝（Al₂O₃）	—	2050	7.2×10^{-6}	—	200~220	—	—
氮化硅（Si₃N₄）	3.20~3.35	2100 分解	$(2.5\sim3.2)\times10^{-6}$	0.03~0.07	89~93 HRA	900	330
莫来石（Al₂O₃·2SiO₂）	3.17	1850	5.3×10^{-6}	—	325	≈1200	—
硼化钛（TiB₂）	4.50	2980	8.0×10^{-6}	—	280~340	—	534

TiC 陶瓷属于面心三方晶系，熔点高，硬度大，具有良好的传热性和导电性。随着温度升高，其导电性降低，化学稳定性好，在常温下不与酸反应。TiC 可由熔化的金属钛（1800~2400℃）直接与碳反应生成。

Si_3N_4 与 SiC 一样是共价键结合的材料，原子间结合力强，因此具有高的弹性模量和分解温度。原子的配位数小，相对分子质量小，具有较低的密度。Si_3N_4 是人工合成的材料，具有 α 和 β 两种晶型，都属于六方晶系，α-Si_3N_4 是低温型，β-Si_3N_4 是高温型。

TiB_2 为六方晶系，晶格常数 $a=0.303034nm$，$c=0.322953nm$，$c/a=1.066$，其中的 B 原子面和 Ti 原子面交替出现，形成二维平面网状结构。TiB_2 具有高熔点（3225℃），高弹性模量。其类似于石墨结构的 B 原子层状结构及 Ti 原子的外层电子结构决定了其具有良好的导电性。Ti—B 离子键及 B—B 共价键决定了 TiB_2 具有高的硬度（960HV）和耐磨性。

2.5　其他增强体

2.5.1　金属丝

用作金属基复合材料增强体的金属丝主要有高强钢丝、不锈钢丝和难熔金属丝等连续丝或不连续丝。高强钢丝、不锈钢丝用来增强铝基复合材料，而钨丝等难熔金属丝则用来增强镍基耐热合金，提高耐热合金的高温性能。金属丝的制备已经很成熟，其制造工艺流程如图 2-7 所示。

图 2-7　制造金属丝的工艺流程

由于金属丝密度大，易与金属基体发生作用，在高温下发生相变等，故较少用它作为金属基复合材料的增强体。随着制备技术的发展，高强钢丝、不锈钢丝增强铝基复合材料用于汽车工业的研究工作正在开展。各种金属丝的性能见表 2-12。

表 2-12　金属丝的性能

金属丝	直径/μm	密度/(g/cm³)	弹性模量/GPa	抗拉强度/MPa	熔点/℃
W	13	19.40	407	4020	3673
Mo	25	10.20	329	3160	2895
钢	13	7.74	196	4120	1673
不锈钢304	80	7.80	196	3430	1673
Be	127	1.83	245	1270	1553
Ti	—	4.51	132	1670	—

钨丝和钍钨丝增强镍基耐热合金是较为成功的高温金属基复合材料。用 W-Th、W 丝增强镍基合金可以使高温持久强度提高一倍以上，高温蠕变性能也有明显提高。各种钨丝的性能见表 2-13。

表 2-13　各种钨丝的性能（1200℃高温性能）

钨合金丝牌号	密度/(g/cm³)	直径/μm	抗拉强度/MPa	持久强度(1000h)/MPa	比强度/(MPa·cm³/g)
218CS	19.1	200	745	317	39.00
W-1%ThO₃	19.1	200	841	372	44.03
W-2%ThO₃	18.9	380	1034	483	54.71
W-3%ThO₃	19.4	200	1082	317	55.77
W-5%Re-2%ThO₃	19.1	200	1020	303	53.40
W-24%Re-2%ThO₃	19.4	200	1040	193	53.61
W-Hf-C	19.4	380	1386	765	71.44
W-Hf-Re-C	19.4	380	1937	910	99.85

近年来日本正发展一种低碳高强钢丝，强度超过 5000MPa，可望用于增强镍基合金，用于制造汽车发动机零件。

2.5.2　碳纳米管

自 1991 年日本的 Iijima 首次用透射电镜发现碳纳米管（Carbon Nano Tube，CNT）以来，其以优良的力学性能，良好的导热导电性以及低的热膨胀系数，引发了科学界的研究热潮。CNT 可以看作是由单层或多层石墨片围绕中心轴按一定的螺旋角卷曲而成的无缝纳米级管。按照管壁层数的不同，CNT 可以分为单壁碳纳米管（SWNT）、双壁碳纳米管（DWNT）以及多壁碳纳米管（MWNT），如图 2-8 所示。SWNT 可以看成是由一个石墨片层

（碳原子经过 sp² 杂化和周围三个原子构成的六边形网状结构）卷积而成的圆柱面构成；而 MWNT 则可看成由多个这样的石墨片层圆柱面嵌套组成。SWNT 的直径较细，一般为零点几纳米到几纳米；而 MWNT 由于具有多层管壁，其直径相对较大，一般为几纳米到一百纳米。MWNT 的层间距为 0.34nm，与石墨中的石墨片层间距基本一致。CNT 的长度不一，短的有几百纳米，普遍可达到几微米到几十微米。目前，已有报道通过化学气相沉积技术精确制备的 CNT 的长度最长甚至可以达到米级，但量产级别的 CNT 长度仍处于微米量级。

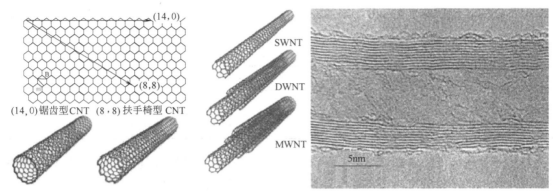

图 2-8　CNT 的形成示意图及实际 MWNT 的管壁结构

CNT 作为一种新型的管状碳结构一维纳米材料，独特的中空结构使其具有诸多优良的性能，如抗拉强度达到 50~200GPa，是钢的 100 倍，密度却只有钢的 1/6，至少比常规石墨纤维高一个数量级；它的弹性模量可达 1TPa，与金刚石的弹性模量相当，约为钢的 5 倍，是目前比强度和比刚度最高的材料之一。CNT 的硬度与金刚石相当，却具有良好的柔韧性。由于 CNT 的结构与石墨的片层结构相同，所以具有很好的电学性能。因而，CNT 被认为是理想的强化体，高性能的 CNT 增强金属基复合材料的研究已经成为复合材料领域的研究热点。

现行的 CNT 制备方法较多，包括电弧法、激光烧蚀法和催化裂解法等。电弧法是制备 SWNT 的传统方法，1991 年日本物理学家饭岛澄男就是从电弧放电法生产的碳纤维中首次发现 CNT 的。电弧法是在真空室中充入一定量的惰性气体，用填充有铁或钴作为催化剂的较细的石墨棒作为阳极，而较粗的石墨棒作为阴极，在电弧放电的过程中阳极石墨棒不断蒸发、消耗，同时在阴极上沉积出含有 CNT 的产物。

激光烧蚀法是在一长条石英管中间放置一根由金属催化剂、石墨混合的石墨靶，该管置于加热炉内。当炉温升至一定温度时，将惰性气体充入管内，并将一束激光聚焦于石墨靶上。在激光照射下生成气态碳，这些气态碳和催化剂粒子被气流从高温区带向低温区时，在催化剂的作用下生长成 CNT。

催化裂解法是在 600~1000℃ 的温度及催化剂的作用下，使含碳气体原料（如一氧化碳、甲烷、乙烯、丙烯和苯等）分解来制备 CNT 的一种方法。此方法在较高温度下使含碳化合物裂解为碳原子，碳原子在过渡金属催化剂的作用下，附着在催化剂微粒表面上形成 CNT。

随着 CNT 的宏量制备及其价格的一路降低，CNT 增强金属基复合材料日渐成为研究的焦点，Al、Cu、Mg、Ti、Fe 等基体都有涉及，但是主要集中在 Al 基和 Cu 基的研究上。例如通过轧制定向的体积分数为 3% 的 CNT 增强铝基复合材料，弹性模量可达 90GPa，抗拉强度可达 640MPa，这些性能与体积分数为 20%～25% 的碳化硅增强铝基复合材料相当，而 CNT 复合材料的机加工性与基体合金类似，体现出纳米碳材料的高效增强作用与保持良好工艺性的积极作用。

2.5.3　石墨烯

石墨烯就是单层石墨层片，如图 2-9 所示。石墨烯仅有一个碳原子尺寸厚，碳原子之间以 sp^2 杂化方式紧密排列形成蜂窝状的晶体结构，其基本结构单元是苯六元环，C—C 键长约为 0.142nm。石墨烯平面每个晶格内有 3 个 σ 键，连接十分牢固，形成稳定的六边形状。因此石墨烯的结构非常稳定，碳原子之间的连接极其柔韧，当受到外力作用时，碳原子平面发生弯曲变形，使碳原子不必重排来适应外力，可以保证自身结构的稳定性。垂直于晶面方向上的 π 键在石墨烯导电的过程中起到了很大的作用。

石墨烯是目前世界上最薄、最坚硬的材料之一，其厚度仅为 0.34nm，约为头发丝直径的二十万分之一，其表面积可达 $2630m^2/g$，同时拥有优异的电学性能、卓越的力学性能（弹性模量为 1100GPa，断裂强度为 125GPa）、良好的热学性能 [热导率约为 5000W/（m·K）] 以及负的热膨胀系数。以上诸多特性使得石墨烯成为材料科学领域研究的热点对象，利用石墨烯优良的特性，通过与金属材料复合可以赋予金属基复合材料更加优异的性能。

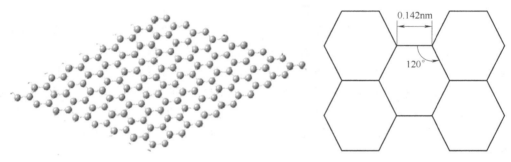

图 2-9　石墨烯示意图

自 2004 年首次用微机械剥离法制备出石墨烯以来，出现了众多石墨烯的制备方法，其中比较主流的方法有微机械剥离法、氧化石墨还原法、外延生长法和 CVD 法（化学气相沉积法）等。

微机械剥离法是采用离子束对物质表面进行刻蚀，并通过机械外力对物质表面进行剥离。2004 年 Geim 等将高定向热裂解石墨（HOPG）表面用氧等离子刻蚀微槽，并用光刻胶将其转移到玻璃衬底上，随后用透镜胶带反复撕揭，制备出了石墨烯，证明了二维晶体结构在常温下是可以存在的。微机械剥离法操作简单，制作样本质量高，是当前制取单层高品质石墨烯的主要方法。但其可控性较差，制得的石墨烯尺寸较小且存在很大的不确定性，同时效率低，成本高，不适合大规模生产。

氧化石墨还原法也被认为是目前制备石墨烯的最佳方法之一。该方法操作简单，制备成本低，可以大规模地制备出石墨烯，已成为石墨烯制备的有效途径，而且可以制备稳定的石墨烯悬浮液，解决了石墨烯不易分散的问题。另外该方法还有一个优点，就是可以先生产出同样具有广泛应用前景的功能化石墨烯——氧化石墨烯。氧化石墨还原法具体操作过程是先用强氧化剂浓硫酸、浓硝酸、高锰酸钾等将石墨氧化成氧化石墨，氧化过程即在石墨层间穿插一些含氧官能团，从而加大了石墨层间距，然后经超声处理一段时间后，就可形成单层或数层氧化石墨烯，再用强还原剂水合肼、硼氢化钠等将氧化石墨烯还原成石墨烯。该法的缺点是宏量制备容易带来废液污染，而且制备的石墨烯存在一定的缺陷，例如，五元环、七元环等拓扑缺陷或存在—OH基团的结构缺陷，这将导致石墨烯部分电学性能的损失，使石墨烯的应用受到限制。

外延生长法是指利用晶格匹配，在一个晶体结构上生长出另一种晶体的方法，可以分为SiC外延生长法和金属催化外延生长法。SiC外延生长法是指在高温下加热SiC单晶体，使SiC表面的Si原子被蒸发而脱离表面，剩下的C原子通过自组形式重构，从而得到基于SiC衬底的石墨烯。金属催化外延生长法是在超高真空条件下将碳氢化合物通入具有催化活性的过渡金属基底［如Ru（0001）、Ni（111）、Ir（111）等］表面，加热使化合物裂解，由于Si、N、H和O等元素和金属的亲和力较C低，吸附在金属表面的C原子发生重构反应生长出石墨烯。气体在吸附过程中可以长满整个金属基底，并且其生长过程为一个自限过程，即基底吸附气体后不会重复吸收，因此，所制备出的石墨烯多为单层，且可以大面积地制备出均匀的石墨烯。通过该方法有望在工业规模上生产出集成电路用石墨烯，但是，该方法的制备条件苛刻，如高温、超高真空和使用单晶基体等。

CVD法被认为是产业化生产高质量、大面积石墨烯薄膜最具潜力的方法。CVD法的具体过程是：将碳氢化合物甲烷、乙醇等通入高温加热的金属基底Cu、Ni表面，反应持续一定时间后进行冷却，冷却过程中在基底表面便会形成数层或单层石墨烯，此过程中包含碳原子在基底上溶解及扩散生长两部分。该方法与金属催化外延生长法类似，其优点是可以在更低的温度下进行，从而可以降低制备过程中能量的消耗，并且石墨烯与基底可以通过化学腐蚀金属方法分离，有利于后续对石墨烯进行加工处理。三星用这种方法获得了对角长度为30in的单层石墨烯，显示出这种方法作为产业化生产方法的巨大潜力。但该过程所制备出的石墨烯的厚度难以控制，在沉积过程中只有少部分可用的碳转变成石墨烯，且石墨烯的转移过程复杂。

制备大面积、高质量的石墨烯仍然是一个较大的挑战。虽然化学气相沉积法和氧化还原法可以大量地制备出石墨烯，但是化学气相沉积法在制备后期，石墨烯的转移过程比较复杂，而且制备成本较高，另外基底内部碳原子生长与连接往往存在缺陷。利用氧化还原法在制备石墨烯时，由于单层石墨烯非常薄，容易团聚，降低了石墨烯的导电性能及比表面积，进一步影响其在光电设备中的应用，另外，氧化还原过程中容易引起石墨烯的晶体结构缺陷，如碳环上碳原子的丢失等。

石墨烯的各种顶尖性能只有在石墨烯质量很高时才能体现，随着层数的增加和内部缺陷的累积，石墨烯诸多优越性能都将降低。要真正地实现石墨烯应用的产业化，体现出石墨烯替代其他材料的优越品质，必须在制备方法上寻求突破。

本章思考题

1. 作为金属基复合材料的增强体，应具有哪些重要特性？

2. 碳纤维具有哪些特性？按力学性能分为哪四种？

3. 碳化硅纤维具有哪些特性？其制备方法有哪些？

4. 氧化铝纤维具有哪些特性？其制备方法有哪些？

5. 晶须是如何获得的？晶须具有哪些特性？

6. 颗粒增强体具有哪些特性？

7. 碳纳米管具有哪些特性？如何制备？

8. 石墨烯具有哪些特性？如何制备？

第3章 金属基复合材料的设计

虽然复合材料的各组分保持其相对独立性，但是复合材料的性能不是组分材料性能的简单相加，而是有着重要的改进。复合材料各组分之间可以"取长补短""协同作用"，极大地弥补了单一材料的缺点，显示出单一材料所不具有的新性能。

复合材料设计是一个复杂的系统性问题，它涉及环境负载、设计要求、材料选择、成形工艺、力学分析、检验测试、安全可靠性及成本等许多因素。

3.1 金属基复合材料设计基础

3.1.1 复合效应

复合材料的整体性能不是其组分材料性能的简单叠加或平均，这其中涉及复合效应的问题。将 A、B 两种组分复合起来，得到既具有 A 组分性能特征又具有 B 组分性能特征的综合效果，称为复合效应。复合效应实质上由组分 A 与组分 B 的性能及它们之间所形成的界面性能相互作用和相互补充，使复合材料的性能在其组分材料性能的基础上产生线性或非线性的综合。显然，由不同复合效应可以获得种类繁多的复合材料。复合效应有正有负，即不同组分复合后，有些性能得到了提高，而另一些性能则可能出现降低甚至抵消的现象。复合材料的复合效应是复合材料特有的一种效应，包括线性效应和非线性效应两类。线性效应包括平均效应、平行效应、相补效应和相抵效应。相补效应和相抵效应常常是共同存在的，相补效应是希望得到的，而相抵效应要尽量避免。非线性效应包括相乘效应、诱导效应、系统效应和共振效应。另外，复合效应又可以分为平均效应和协同效应。复合效应是复合材料科学研究的重要对象和内容，也是设计新型复合材料的重要理论基础。

1. 线性效应

（1）平均效应 平均效应又称混合效应，是组分材料取长补短共同作用的结果。它是组分材料性能是否稳定的总体反映。在复合材料力学中，它与刚度问题密切相关，表现为各种形式的混合律。具有平均效应的复合材料某项性能等于组成复合材料各组分的性能与其体积分数乘积的总和，可以用混合定律来描述，即

$$K_c^n = \sum K_i^n \varphi_i \tag{3-1}$$

式中，K_c 为复合材料的某项性能；K_i 为组分 i 与 K_c 相对应的性能；φ_i 为组分 i 的体积分数。对于并联模型混合定律，$n=1$，适用于复合材料的密度、单向纤维复合材料的纵向（平行于纤维方向）的弹性模量和纵向泊松比等；对于串联模型混合定律，$n=-1$，适用于单向纤维复合材料的横向（垂直于纤维方向）的弹性模量、纵向切变模量和横向泊松比等；当 n 处于 1 与 −1 之间的某一确定值时，可以用来描述复合材料的某项性能（如介电常数、热导率等）随组分体积分数的变化。

（2）平行效应 平行效应是最简单的一种线性复合效应。它是指复合材料的某项性能

与其中某一组分的该项性能基本相当。例如，玻璃纤维增强环氧树脂复合材料的耐蚀性能与环氧树脂的耐蚀性能基本相同，即表明玻璃纤维增强环氧树脂复合材料在耐化学腐蚀性能上具有平行复合效应。平行复合效应可以表示为

$$K_c = K_i \tag{3-2}$$

（3）相补效应　复合材料中各组分复合后，可以相互补充，弥补各自的缺点，从而产生优异的综合性能，这是一种正的复合效应。相补效应可表示为

$$K_c = K_A K_B \tag{3-3}$$

式中，K_c 为复合材料的某项性能，而复合材料的性能取决于它的组分 A 和 B 的该项性能 K_A 和 K_B。当组分 A 和 B 的该项性能均具有优势时，则在复合材料中获得相互补充。

（4）相抵效应　各组分之间出现性能相互制约，结果使复合材料的性能低于混合定律预测值，这是一种负的复合效应。例如，当复合状态不佳时，陶瓷基复合材料的强度往往相互抵消。相抵效应可表示为

$$K_c^n < \sum K_i^n \varphi_i \tag{3-4}$$

2. 非线性效应

非线性复合效应是指复合材料的性能不再与组元的对应性能呈线性关系，它使复合材料的某些功能得到强化，从而超过组元按体积分数的贡献，甚至具有组元不具有的新功能。

（1）相乘效应　相乘效应又称传递特性，指在复合材料两组分之间产生可用乘积关系表达的协同作用。例如将一种具有 X/Y 转换性质的组元与另一种具有 Y/Z 转换性质的组元复合，结果得到具有 X/Z 转换性质的复合材料，其效果为

$$X/Y \cdot Y/Z = X/Z \tag{3-5}$$

借助类似关系可以通过各种单质换能材料复合成各种各样的功能复合材料。

（2）诱导效应　诱导效应是指在复合材料中两组元的相界面上，一相对另一相在一定条件下产生诱导作用（如诱导结晶），使之形成相应的界面层。这种界面层结构上的特殊性使复合材料在传递载荷的能力上或功能上具有特殊性，从而使复合材料具有某种独特的性能。

（3）系统效应　系统效应是指将不具备某种性能的诸组元通过特定的复合状态复合后，使复合材料具有单个组元不具有的新性能。系统效应的经典例子是利用彩色胶卷能分别感应蓝、绿、红的三种感光乳剂层，即可记录宇宙间千变万化、异彩纷呈的各种绚丽色彩。这一效应的机理尚不很清楚，但在实际现象中已经发现这种效应的存在。

（4）共振效应　共振效应又称强选择效应，它是指某一组元 A 具有一系列性能，与另一组元 B 复合后，能使组元 A 的大多数性能受到较大抑制，而使其中某一性能在复合材料中突出地发挥作用。例如，在要求导电而不导热的场合，可以通过选择组元和复合状态，在保留导电组元导电性的同时，抑制其导热性而获得特殊功能的复合材料。利用各种材料在一定几何形状下具有固有振动频率的性质，在复合材料中适当配置时，可以产生吸振的特定功能。

3. 协同效应

协同效应与混合效应相比，则是普遍存在且形式多样的，反映的是组元材料的各种原位特性。所谓原位特性，是指各组元在复合材料中表现出的性能并不是其单独存在时的性能，单独存在时的性能不能表征其复合后的性能。协同效应的例子很多，如增强相与基体之间的

界面反应、混杂复合材料的混杂效应、复合材料的层和效应及材料强度的尺寸效应等。协同效应变化万千,反应往往比混合效应剧烈,是复合材料的本质特征,其潜在性能是开发新材料的源泉。协同效应在复合材料力学中与强度、损伤、破坏问题有关,受诸多因素影响,微观非均匀性、制作工艺、随机因素对它有显著作用,理论分析存在不少困难,力学模型、基本规律都未充分建立,现有一些理论在精度、适用范围上都有待进一步改进和完善。

复合效应贯穿于从微观、细观到宏观的各个层次和各个层次之间,加上某些问题的研究尚需进一步研究、解决,因此,从某种意义上说,复合材料作为一门学科所研究的正是这种复合效应。

3.1.2 复合材料的可设计性

复合材料的出现与发展为材料及结构设计者提供了前所未有的好时机。设计者可以根据外部环境的变化与要求来设计具有不同特性的复合材料,以满足工程实际对高性能复合材料及结构的要求。这种可设计的灵活性加上复合材料优良的特性(高比强度、高比模量等)使复合材料在不同应用领域竞争中成为特别受欢迎的候选材料。目前,复合材料的应用已从航空、航天及国防扩展到汽车及其他领域。不过复合材料的成本高于传统材料,这在一定意义上限制了它的应用。因此,只有降低成本才可扩大它的应用,而材料的优化设计是降低成本的关键之一。

纤维增强复合材料在弹性模量、线胀系数和材料强度等方面具有明显的各向异性。复合材料的各向异性虽然使分析工作复杂化了,但也给复合材料的设计提供了一个契机。人们可以根据不同方向上对刚度和强度等材料性能的特殊要求来设计复合材料及结构,以满足工程实际中的特殊需要。复合材料的不均匀性也是其显著特点。复合材料的几何非线性及物理非线性也是要特殊考虑的。复合材料的可设计性是它超过传统材料最显著的优点之一。

复合材料具有不同层次上的宏观、细观和微观结构,如复合材料层合板中的纤维及其与基体的界面可视为微观结构,而层合板可视为宏观结构,因此可采用细观力学理论和数值分析手段对其进行设计。设计的复合材料可以在给定方向上具有所需要的刚度、强度及其他性能,而各向同性的传统材料则不具有这样的设计性。从复合材料的宏观、细观和微观结构角度来看,可将复合材料分为图 3-1 所示的几种类型。

复合材料设计涉及多个变量的优化及多层次设计的选择。复合材料设计问题要求确定增强体的几何特征(连续纤维、颗粒等)、基体材料和增强体的微观结构,以及增强体的体积分数。要想通过对上述设计变量进行系统的优化是一件比较复杂的事情。数值优化技术为材料设计问题提供了一种可行的方法。例如,当对复合材料的层合板进行设计时,为使其强度达到要求,可利用有限元法并结合适当的强度准则及本构模型对其进行材料及结构参数的优化;对复合材料壳体进行设计时,为使其稳定性达到要求,可利用有限元法并结合相应的失稳模式及准则对其进行系统优化。一般来说,复合材料设计的基本步骤如图 3-2 所示。

在传统材料的设计中,均质材料可以用少数几个性能参数表示,比较少地考虑材料的结构与制造工艺问题,设计与材料具有一定意义上的相对独立性。但是,复合材料的性能往往与结构及工艺有很强的依赖关系。因此,在复合材料产品设计的同时必须进行材料结构设计,并选择合适的工艺方法,另外还要求对设计的合理性和可靠性加以评价。复合材料的材料-设计-制造-评价一体化技术是 21 世纪发展的趋势,它可以有效地促进产品结构的高度集

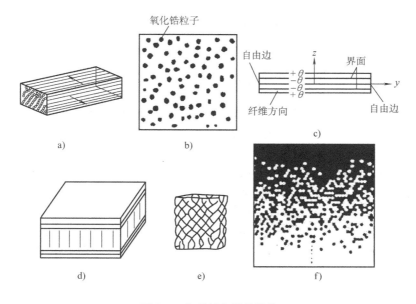

图 3-1　典型复合材料结构

a）单向纤维增强复合材料　b）颗粒增强复合材料　c）层状复合材料

d）蜂窝夹心复合材料　e）编织复合材料　f）功能梯度复合材料

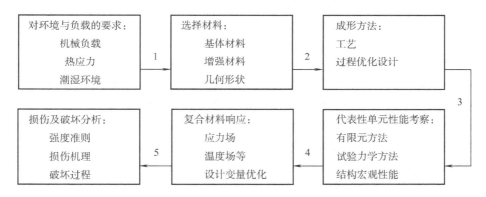

图 3-2　复合材料设计的基本步骤

成化，并且能保证产品的可靠性。复合材料一体化制造系统是根据材料设计、结构设计、工艺及可靠性评价平行发展的概念，这是一个系统工程。图 3-3 所示为复合材料一体化系统的流程框图。

3.1.3　复合材料设计的研究方法

工程结构设计原则由静态设计向动态设计过渡。在复合材料结构的设计中，许多问题都与结构的动态性能有关，因此应对复合材料结构进行动态分析，如结构的动态力学性能分析、动态响应分析以及各种自激振动的产生和控制等。

工程结构发生的力学、热学以及电磁学等现象往往是瞬态过程。因此，应以瞬态波动力学的观点设计复合材料结构。结构的动态响应与其静态问题有着本质的差别。利用弹性动力

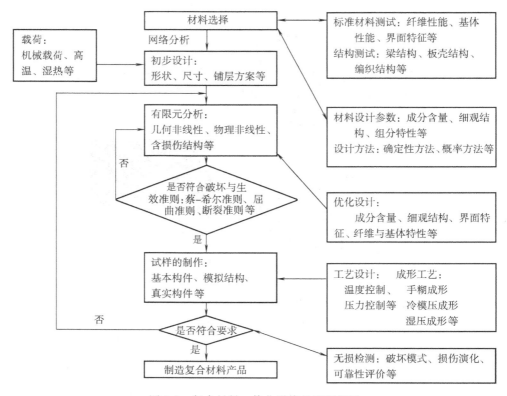

图 3-3　复合材料一体化系统的流程框图

学理论对瞬态动应力数值进行分析，可以发现结构的动应力集中系数与静应力集中系数不同。例如，含圆形孔洞的弹性体动应力集中系数可达到静应力集中系数的 1.15 倍。

　　许多工程结构承受的载荷是随机性的，在机械设备的频繁起动中其承受的载荷是动态的，在交变动态载荷下，基于载荷谱来设计一个安全可靠的结构是现代工程结构设计的特点。现代工业的发展，必须考虑交变载荷作用下的疲劳强度、寿命等问题。

　　线性结构系统设计向非线性结构系统设计的方向发展，如工程板壳结构承载时的大位移、大变形等产生的非线性力学问题。基于有限元等方法的数值分析在机械结构的应力分析中的广泛应用，大大提高了机械结构的设计水平。

　　现在已从研究定型结构转向开发研制智能结构、自适应结构。加工对象由金属材料开始转向复合材料、功能材料、智能材料。对新型复合材料结构的分析研究、控制必须使用计算机技术。

　　研究的系统由简单结构系统拓展到复杂系统，如流固耦合、气固耦合、机械运动与热学现象或电磁现象耦合系统。

　　材料和结构强度分析要充分考虑复合材料的特殊性，不仅要考虑复杂的应力状态，更要注意到材料的各向异性和非均匀性，以及从材料到结构的尺寸和形状变化对使用性能的影响，因此必须修正原有强度理论或探索新的理论。

　　既要研究宏观大型工业结构，也要研究细观和微观结构。力学与材料科学相结合从宏观到细观、微观的各个层次研究材料的力学性能，是现代力学发展的特点。对结构疲劳损伤及高温蠕变损伤进行研究，需要用到损伤力学的知识，常规的做法是对材料做大量的宏观与细观定量试验观测，工作量很大。计算机的发展使人们可以用数值模拟方法分析材料损伤演化过程，预测材料及结构的变形、破坏和使用寿命等。

对于图 3-1 所示的具有不同细、微观结构形式的复合材料，需要采用不同的分析方法和理论进行研究。对短纤维或颗粒增强复合材料的有效刚度确定，可采用等效夹杂理论或自洽理论；对于复合材料层合板的宏观刚度确定，可采用经典层合板理论；对多向编织复合材料的整体刚度确定，可采用细观计算力学方法。一般来说，从复合材料宏、细、微观结构的特征尺度来看，目前的分析手段主要有两种：细观力学分析方法和宏观力学分析方法。细观力学分析方法的目的是建立细、微观结构参数及各组分材料特性与复合材料宏观性能的定量关系；宏观力学分析方法是将复合材料均匀化，然后将其作为一个整体来进行宏观分析，研究它们的宏观平均应力场、动态响应等。对一些简单的细、微观结构和宏观几何形状，可采用细观力学方法确定复合材料的宏观弹性模量、强度、热膨胀系数及介电常数等，以作为宏观分析的基本参数。对于复杂的细、微观结构和宏观几何形状，利用现代试验技术测出复合材料的宏观响应参数，为复合材料的宏观分析提供必要的输入参数。例如，在分析层合板结构力学响应之前，需要通过细观力学方法或试验测量技术首先确定单层板的基本性能参数；然后利用经典层合板理论或有限元方法来研究层合板的宏观力学性能。通常以均匀化的宏观性能为基础的力学理论，就是复合材料宏观力学。复合材料宏观力学的理论基础是建立在试验、数值计算和理论分析基础上的。

复合材料细观力学的核心任务是了解复合材料的宏观性能同其组分材料性能及细观结构之间的定量关系和机理。目前除了预报复合材料有效性能的细观力学体系比较完善外，复合材料的强度及断裂韧性等性能预报的细观力学方法相当广泛，但还未形成完备的理论体系。当建立正确的细观力学模型时，应首先针对所研究的材料进行大量的定性或半定量的宏观性能及细观机理的试验工作；在此基础上，建立预报宏观性能的细观力学模型。由于组分材料性能（如纤维的强度）往往具有比较大的统计分散性，因此导致了材料破坏过程的复杂性，已经断裂的纤维无疑会影响尚未断裂纤维的完整性，这种相互作用是复合材料细观强度力学模型的复杂所在。如果能考虑到组分材料性能和细观结构的随机性以及它们之间的破坏相关性，建立耗散结构的统计模型，则可以正确预报材料的宏观性能，揭示复合材料细观结构的变化规律及机理。

目前软科学理论发展十分迅速，已渗透到各个科学领域，出现了许多新学科，如工程软设计理论、结构软设计理论等，计算机模糊控制也已起步。近年来已有人进行了复合材料可靠度方面的研究，并且取得了很多成果。实际上"可靠度"就是软科学理论的一个分支。复合材料也将向软科学方向发展，其原因有以下几点：

1）软科学方法可以克服传统设计中的缺陷。强度允许范围有模糊性和随机性。如果某一个次要构件的应力稍大于许用应力，只要总的方案可行，仍然可采用。按照以往的设计方法，尤其是计算机计算时，任何约束条件被轻微破坏，整个方案就被否定。因此有可能错过非常优秀的设计方案。这个矛盾只能用软科学手段来解决。

2）复合材料及其结构自身有不确定因素。一般来说，复合材料性能受许多方面影响：组分材料的性能，增强体的尺寸、体积分数及分布，界面形态性质，成形工艺等。这些影响因素存在较大程度的未确定性、模糊性。此外，由于认识的局限性，人为地造成了许多不确定因素，这需要用软科学手段来解决。

3）复合材料及其结构使用工况有不确定因素。由于使用过程中环境负载的不确定性，使复合材料结构所承受的负载和响应很难用数据或函数关系准确地表示出来，具有随机性、模糊性和未确知性，这也需要用软科学手段来解决。

3.1.4 复合材料的虚拟设计

在 20 世纪 50 年代以前，对大型宏观结构主要是先在物理模型上进行仿真试验。模拟仿真的方法技术利用相似理论将实际结构模型化后做试验。而复合材料结构的许多性能都是非线性的，因此仅仅靠比例模型无法反映复合材料结构的实际性能。通常，复合材料结构具有很强的尺寸效应，需要结合先进的试验技术和数值分析方法对其进行认真的研究。

模型是仿真的基础，数学模型是数学仿真的基础。现代计算机技术的进步，使数学仿真在仿真技术中占有特殊重要的地位。数学模型是在特定的目的支配和假设条件约束下，关于真实系统的科学抽象和映射。用科学抽象的方法建立数学模型是对实际系统的近似描述，它不可能无所不包，也不可能完全精确。复合材料分析模型包含了许多问题，目前有些特殊问题已基本解决，如材料的刚度问题。然而，绝大多数问题还没有得到满意的解答。

建立数学模型后进行虚拟试验，通过计算机仿真模拟找到最优方案，再用物理模型实验进行验证。例如，美国在研究 200℃ 以上温度使用的航空材料时，复合材料的黏结剂、结构形式、试验测试等都是通过在地面模拟试验和计算机模拟完成的。

3.1.5 原材料的选择原则

材料设计通常是指选用几种原材料组合制成具有所要求性能的材料的过程。这里所指的原材料主要是指基体材料和增强体材料。不同原材料构成的复合材料将会具有不同的性能，例如，纤维的编织形式不同将会导致其与基体构成的复合材料的性能不同。因此，为了实现所需的复合材料性能，必须选择合适的原材料。

合理选择复合材料的原材料，首先需对不同材料体系的基本特性有所了解，借助精确的试验技术、数值分析方法或先进的理论知识，对复合后的材料特性进行评价，反过来为复合材料的选材提供理论上的依据。一般来说，原材料的比较和选择标准根据用途而变化，不外乎是物理性能、成形工艺、可加工性、成本等几个方面，至于哪一个最重要，应视具体结构而定。通常原材料的选择依据如下：

1）比强度、比刚度高的原则。对于结构件，特别是航空、航天结构，在满足强度、刚度、耐久性和损伤容限等要求的前提下，应使结构质量最小。

2）材料、结构与使用环境相适应的原则。通常要求材料的主要性能在整个使用环境条件下，其下降幅值不大于 10%。一般引起性能下降的主要环境条件是温度，可以根据结构的使用温度范围和材料的工作温度范围对材料进行合理的选择。

3）满足结构特殊性要求的原则。除了结构强度和刚度的要求外，许多结构还要求具有一些特殊的性能。例如，飞机雷达罩要求具有透波性，隐身飞机要求具有吸波性等。

4）满足工艺性要求的原则。

5）成本低、效益高的原则。成本包括初期成本和维修成本，而初期成本包括材料成本和制造成本。效益指节省材料、性能提高、节约能源等方面的经济效益。因此，成本低、效益高的原则是一项重要的选材原则。

1. 基体选择的原则

基体材料是金属基复合材料的主要组成，基体在复合材料中占有很大的体积分数。在连续纤维增强金属基复合材料中基体体积分数占 50%～70%，一般占 60% 左右最佳。晶须、短纤维增强金属基复合材料基体体积分数达 70% 以上，一般在 80%～90%。而颗粒增强金属基复合材料中根据不同的性能要求，基体体积分数可在 25%～90% 范围内变化，多数颗粒增强金属基复合材料的基体体积分数约占 80%～90%。金属基体的选择对复合材料的性能有决定性的作用，金属基体的密度、强度、塑性、导热性、导电性、耐热性、耐蚀性等均将影响复合材料的比强度、耐高温、导热、导电等性能。因此在设计和制备复合材料时，需充分了解和考虑金属基体的化学特性、物理特性以及与增强体的相容性等，以便于正确合理地选择基体材料和制备方法。

基体金属对金属基复合材料的使用性能有着举足轻重的作用。基体金属的选择首先根据不同工作环境对金属基复合材料的使用性能要求，既要考虑金属基体本身的各种性能，还要考虑基体与增强体的配合及其相容性，达到基体与增强体最佳的复合和性能的发挥。

金属与合金的品种繁多，目前用作金属基复合材料的金属有铝及铝合金、镁合金、钛合金、镍合金、铜与铜合金、锌合金、铅、钛铝、镍铝金属间化合物等。基体材料成分的正确选择对能否充分组合和发挥基体金属和增强体的性能特点，获得预期的优异综合性能以满足使用要求十分重要。

（1）金属基复合材料的使用要求　金属基复合材料构（零）件的使用性能要求是选择金属基体材料最重要的依据。在宇航、航空、先进武器、电子、汽车等技术领域和不同的工况条件下，对复合材料构件的性能要求有很大的差异，要合理选用不同基体的复合材料。

作为飞行器和卫星构件宜选用密度小的轻金属合金——镁合金、铝合金作为基体。与高强度、高模量的石墨纤维、硼纤维等组成石墨/镁、石墨/铝、硼/铝复合材料，可用于航天飞行器、卫星的结构件。

高性能发动机在高温、氧化性气氛中工作，要求复合材料不仅有高比强度、高比模量性能，还要求复合材料具有优良的耐高温性能。一般的铝、镁合金就不合适，而需选择钛基合金、镍基合金以及金属间化合物作为基体材料。如碳化硅/钛、钨丝/镍基超合金复合材料可用于喷气发动机叶片、转轴等重要零件。

在汽车发动机中要求其零件耐热、耐磨、导热，具有一定的高温强度等，同时又要求成本低廉，适合于批量生产，则选用铝合金作为基体材料，与陶瓷颗粒、短纤维组成颗粒（短纤维）/铝基复合材料。如碳化硅/铝复合材料，碳纤维、氧化铝/铝复合材料可制作发动机活塞、缸套等零件。

电子工业集成电路需要高热导率、低热膨胀系数的金属基复合材料作为散热元件和基板。选用具有高热导率的银、铜、铝等金属为基体，与高热导率、低热膨胀系数的超高模量石墨纤维、金刚石纤维、碳化硅颗粒复合成具有低热膨胀系数和高热导率、高比强度、高比模量等性能的金属基复合材料，可能成为高集成电子器件的关键材料。

（2）金属基复合材料组成的特点　金属基复合材料有连续增强和非连续增强金属基复合材料，由于增强体的性质和增强机制的不同，在基体材料的选择原则上有很大差别。

对于连续纤维增强金属基复合材料，纤维是主要承载物体。纤维本身具有很高的强度和模量，而金属基体的强度和模量远远低于纤维的性能，因此在连续纤维增强金属基复合材料中基体的主要作用应是以充分发挥增强纤维的性能为主，基体本身应与纤维有良好的相容性和塑性，而并不要求基体本身有很高的强度。如碳纤维增强铝基复合材料以纯铝或含有少量合金元素的铝合金作为基体比高强度铝合金要好得多，高强度铝合金作为基体组成的复合材料性能反而低。在研究碳/铝复合材料基体合金优化过程中，发现铝合金的强度越高，复合材料的性能越低，这与基体与纤维的界面状态、脆性相的存在、基体本身的塑性有关。图3-4 所示为不同铝合金和复合材料性能的对应关系。

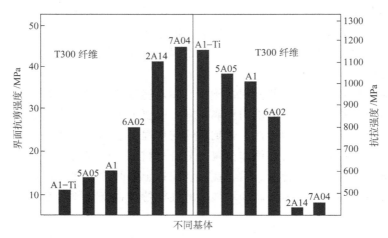

图 3-4　不同铝合金与复合材料性能的对应关系

对于非连续增强（颗粒、晶须、短纤维）金属基复合材料，基体的强度对非连续增强金属基复合材料具有决定的影响。因此要获得高性能的金属基复合材料，必须选用高强度的铝合金作为基体，这与连续纤维增强金属基复合材料基体的选择完全不同。如颗粒增强铝基复合材料一般选用高强度的铝合金为基体，如 A356、6082、7075 等高强铝合金。

总之针对不同的增强体系，要充分分析和考虑增强体的特点来正确选择基体合金。

（3）基体金属与增强体的相容性　在金属基复合材料制备过程中，金属基体与增强体在高温复合过程中会发生不同程度的界面反应，基体金属中往往含有不同类型的合金元素，这些合金元素与增强体的反应程度不同，反应后生成的反应产物也不同，需在选用基体合金成分时充分考虑，尽可能选择既有利于金属与增强体浸润复合，又有利于形成合适稳定的界面的合金元素。如碳纤维增强铝基复合材料中，在纯铝中加入少量的钛、锆等元素明显改善了复合材料的界面结构和性质，大大提高了复合材料的性能。

铁、镍等元素是促进碳石墨化的元素，用铁、镍作为基体，碳（石墨）纤维作为增强体是不可取的。镍、铁元素在高温时能有效地促使碳纤维石墨化，破坏了碳纤维的结构，使其丧失了原有的强度，做成的复合材料不可能具备高的性能。

因此，在选择基体时应充分考虑与增强体的相容性，特别是化学相容性。

2. 增强体选择的原则

根据其形态，增强体分为连续长纤维、短纤维、晶须、颗粒等。增强体应具有高比强度、高比模量、高温强度、高硬度、低热膨胀等，使之与基体金属配合、取长补短，获得材料的优良综合性能。增强体还应具有良好的化学稳定性，与基体金属有良好的浸润性和相容性。

3.2　金属基结构复合材料的设计

3.2.1　基体的选择

用于各种航天、航空、汽车、先进武器等结构件的复合材料一般均要求有高的比强度和比刚度，有高的结构效率，因此大多选用铝及铝合金和镁及镁合金作为基体金属。目前研究发展较成熟的金属基复合材料主要是铝基、镁基复合材料，用它们制成各种高比强度、高比模量的轻型结构件，广泛用于航天、航空、汽车等领域。

在发动机，特别是燃气轮机中所需要的结构材料，是耐热结构材料，要求复合材料零件在高温下连续安全工作，工作温度为 650～1200℃，同时要求复合材料有良好的抗氧化、抗蠕变、耐疲劳和良好的高温力学性质。铝、镁复合材料一般只能用在 450℃左右，而钛合金基体复合材料可用到 650℃，而镍、钴基复合材料可在 1200℃条件下使用。最近正在研究金属间化合物为耐热结构复合材料的基体。

结构复合材料的基体大致可分为轻金属基体和耐热合金基体两大类。

1. 用于 450℃以下的轻金属基体——铝、镁合金

目前研究发展最成熟、应用最广泛的金属基复合材料是铝基和镁基复合材料，用于航天飞机、人造卫星、空间站、汽车发动机零件、制动盘等，并已形成工业规模生产。

对于不同类型的复合材料应选用合适的铝、镁合金基体。连续纤维增强金属基复合材料一般选用纯铝，或含合金元素少的单相铝合金，而颗粒、晶须增强金属基复合材料则选择具有高强度的铝合金。常用牌号铝合金、镁合金的成分和性能见表 3-1。

表 3-1　常用牌号铝合金、镁合金的成分和性能

合金牌号	主要成分(%，质量分数)						密度 /(g/cm³)	线胀系数 /10⁻⁶K⁻¹	热导率/ [W/ (m·K)]	抗拉强度 /MPa	弹性模量 /GPa
	Al	Mg	Si	Zn	Cu	Mn					
1050A	99.5	—	0.08	—	0.015	—	2.6	22～25.6	218～226	60～108	70
5A06	余量	5.8～6.8	—	—	—	0.5～0.8	2.64	22.8	117	330～360	66.7
2A12	余量	1.2～1.8	—	—	3.8～4.9	0.3～0.9	2.8	22.7	121～198	172～549	68～71
7A04	余量	1.8～2.8	—	5～7	1.4～2.0	0.2～0.6	2.85	23.1	155	209～618	66～71
6A02	余量	0.45～0.9	0.5～1.2	—	0.2～0.6	—	2.7	23.5	155～176	347～379	70
2A14	余量	0.4～0.8	0.6～1.2	—	3.9～4.8	0.4～1.0	2.8	22.5	159	411～504	71
ZAlSi7Mg	余量	0.2～0.4	6.5～7.5	0.3	0.2	0.5	2.66	23.0	155	165～275	69
ZAlSi9Mg	余量	0.17～0.3	8.0～10.5	—	—	—	2.65	21.7	147	255～275	69
A240M	0.3～0.4	余量	—	0.2～0.8	—	0.15～0.5	1.78	26	96	245～264	40
ZK61M	—	余量	—	5.0～6.0	—	—	1.83	20.9	121	326～340	44
ZMgAl8Zn	7.5～9.0	余量	—	0.2～0.8	—	0.15～0.5	1.81	26.8	78.5	157～254	41

2. 用于 450~700℃ 的复合材料的金属基体

钛合金具有密度小、耐腐蚀、耐氧化、强度高等特点，是一种可在 450~650℃ 温度下使用的合金，可在航空发动机等零件上使用。用高性能碳化硅纤维、碳化钛颗粒、硼化钛颗粒增强钛合金，可以获得更高的高温性能。美国已成功地试制成碳化硅纤维增强钛基复合材料，用它制成的叶片和传动轴等零件可用于高性能航空发动机。

现已用于钛基复合材料的钛合金的成分及性能见表 3-2。

表 3-2　钛合金的成分及性能

合金牌号	主要成分(%,质量分数)					密度/ (g/cm³)	线胀系数/ $10^{-6}K^{-1}$	热导率/ [W/ (m·K)]	抗拉强度/ MPa	弹性模量/ GPa
	Mo	Al	V	Cr	Zr					
TAl	—	—	—	—	—	4.51	8.0	16.3	345~685	100
TC1	—	1.0~2.5	—	—	—	4.55	8.0	10.2	411~753	118
TC3	—	4.5~6.0	3.5~4.5	—	—	4.45	8.4	8.4	991	118
TC11	2.8~3.8	5.8~7.0	—	—	0.8~2.0	4.48	9.3	6.3	1030~1225	123
TB2	4.8~5.8	2.5~3.5	4.8~5.8	7.5~8.5	—	4.83	8.5	8.9	912~961	110
ZTiAl6V4	—	5.5~6.8	3.5~4.5	—	—	4.40	8.9	8.8	940	114

注：Ti 为余量。

3. 用于 1000℃ 以上的高温金属基复合材料的基体材料

用于 1000℃ 以上的高温金属基复合材料的基体材料主要是镍基、铁基耐热合金和金属间化合物，较成熟的是镍基、铁基高温合金。金属间化合物基复合材料尚处于研究阶段。镍基高温合金是广泛使用于各种燃气轮机的重要材料。用钨丝、钛钨丝增强镍基合金可以大幅度提高其高温性能——高温持久性能和高温蠕变性能，一般可提高 100h 持久强度 1~3 倍，主要用于高性能航空发动机叶片等重要零件。高温金属基复合材料用基体合金的性能见表3-3。

更高温度下使用的复合材料基体（如金属间化合物、铌合金等金属）正在研究开发。

表 3-3　高温金属基复合材料用基体合金的性能

基体合金及成分	密度/(g/cm³)	持久强度/MPa (1100℃,100h)	高温比强度/(MPa·cm³/g) (1100℃,100h)
Zh36 Ni-12.5-7W-4.8Mo-5Al-2.5Ti	12.5	138	112.5
EPD-16 Ni-11W-6Al/6Cr-2Mo-1.5Nb	8.3	51	63.5
Nimocast713C Ni-12.5Cr-2.5Fe/2Nb-4Mo-6Al-1Ti	8.0	48	61.3
Mar-M322E Co-21.5Cr-25W-10Ni-3.5Ta-0.8Ti		48	
Ni-25W-15Cr-2Al-2Ti	9.15	23	25.4

3.2.2　增强体的选择

1. 连续纤维

连续纤维长度很长，沿其轴向有很高的强度和弹性模量。根据其化学组成，可分为碳（石墨）纤维、碳化硅纤维、氧化铝纤维和氮化硅纤维，纤维直径为 $5.6 \sim 14 \mu m$，通常组成束丝使用，硼纤维、碳化硅纤维的直径为 $95 \sim 140 \mu m$，以单丝使用。

（1）碳纤维　碳纤维是以碳为主要元素形成的各种碳和石墨纤维的总称。根据石墨化程度，可分为以石墨微晶和无定形碳组成的碳纤维和完全石墨化的石墨纤维。碳纤维为有黑色光泽的柔韧细丝，一般单相纤维直径为 $5 \sim 10 \mu m$，产品为 $500 \sim 12000$ 根的束丝。碳纤维的性能与石墨微晶尺寸、取向和孔洞缺陷密切相关。若微晶尺寸大、结晶取向度高、缺陷少，则强度、弹性模量和导热性、导电性都显著提高。高强型碳纤维的抗拉强度最高，可达 $7000MPa$，密度为 $1.8g/cm^3$。碳纤维有优良的导热性和良好的导电性，超高模量沥青纤维的热导率可达铜的 3 倍。在惰性气体中碳纤维的优异性能可保持到 $2000℃$。但在高温下与金属有着不同程度的界面反应，导致碳纤维损伤，故碳纤维用于金属基复合材料时，需采用表面涂层处理加以改善。通过化学气相沉积法、化学镀金属法和溶胶凝胶法，在碳纤维表面形成 $10nm \sim 1 \mu m$ 不同厚度的 SiC、Al_2O_3、$Ti-B$、Ni 等涂层。

（2）硼纤维　硼纤维是运用化学气相沉积法将还原生成的硼元素沉积在载体纤维（如钨丝或碳纤维）表面上，制成具有高比强度和高比模量的高性能纤维。作为载体纤维，钨丝直径约为 $10 \sim 13 \mu m$，碳丝直径 $30 \mu m$。硼纤维的平均抗拉强度为 $3400MPa$，弹性模量为 $420GPa$，硼纤维的密度为 $2.5 \sim 2.67g/cm^3$。硼纤维的缺点是在高温下能和多数金属反应而发生脆化。为防止脆化，可在表面上包覆一层碳化硅材料。

（3）碳化硅纤维　碳化硅纤维具有高强度、高弹性模量、高硬度、高化学稳定性及优良的高温性能。碳化硅纤维是一种陶瓷纤维，碳化硅纤维的制造方法主要有化学气相沉积法和烧结法。前一种方法制造的纤维的抗拉强度大于 $3500MPa$，弹性模量为 $430GPa$。

（4）氧化铝纤维　氧化铝质量分数在 70% 以上的，称为氧化铝纤维；氧化铝质量分数低于 70% 又含二氧化硅者，称为硅酸铝纤维。氧化铝短纤维的强度超过 $1000MPa$，弹性模量超过 $100GPa$。

2. 晶须

晶须是在人工控制条件下长成的小单晶，其直径在 $0.2 \sim 1.0 \mu m$，长度为几十微米。由于晶体缺陷很少，其强度接近完整晶体的理论值，可明显提高复合材料的强度和弹性模量。金属基复合材料常用的晶须有碳化硅、氧化铝、氮化硅和硼酸铝等（见表 3-4）。

表 3-4　常用晶须的基本性能

晶须种类	密度/(g/cm³)	熔点/℃	抗拉强度/MPa	弹性模量/GPa
Al_2O_3	3.9	2080	$(1.4 \sim 2.8) \times 10^4$	$482 \sim 1033$
α-SiC	3.15	2320	$(0.7 \sim 3.5) \times 10^4$	482
β-SiC	3.15	2320	$(0.7 \sim 3.5) \times 10^4$	$550 \sim 820$
Si_3N_4	3.2	1900	$(0.35 \sim 1.06) \times 10^4$	379
C（石墨）	2.25	3590	2×10^4	980
BeO	1.8	2560	$(1.4 \sim 2.0) \times 10^4$	689

3. 颗粒

金属基复合材料的颗粒增强体一般是选用现有的陶瓷颗粒材料，主要有氧化铝、碳化硅、氮化硅、碳化钛、硼化钛、碳化硼及氧化钇等。这些陶瓷颗粒具有高强度、高弹性模量、高硬度、耐热等优点。常用陶瓷颗粒增强体的物理性能见表3-5。陶瓷颗粒呈细粉状，尺寸小于$50\mu m$，一般在$10\mu m$以下。陶瓷颗粒成本低廉，易于批量生产，所以目前颗粒增强金属基复合材料越来越受到重视。

表 3-5　常用陶瓷颗粒增强体的物理性能

陶瓷相	密度/（g/cm³）	熔点/℃	显微硬度 HV	抗弯强度/MPa	弹性模量/GPa	线胀系数/K^{-1}
SiC	3.21	2700	2700	400～500	—	4.00×10^{-6}
B_4C	2.52	2450	3000	300～500	360～460	5.73×10^{-6}
TiC	4.92	3300	2600	500	—	7.40×10^{-6}
Si_3N_4	3.2	2100(分解)	—	900	330	$(2.5～3.2)\times10^{-6}$
Al_2O_3	3.9	2050	—	—	—	9×10^{-6}
TiB_2	4.5	2980	—	—	—	

3.2.3　单向连续纤维增强金属基复合材料力学性能设计

力学性能是材料最重要的性能，复合材料具有比模量高、比强度高、抗疲劳性能及减振性能好等优点，用于承力结构的复合材料利用的是复合材料这种优良的力学性能，而利用各种物理、化学和生物功能的功能复合材料，在制造和使用过程中，也必须考虑其力学性能，以保证产品的质量和使用寿命。

1. 单向增强复合材料弹性模量

复合材料的刚度特性由组分材料的性质、增强材料的取向和所占的体积分数决定。复合材料的力学研究表明，对于宏观均匀的复合材料，弹性特性的复合是一种混合效应。它是组分材料刚性在某种意义上的平均，表现为各种形式的混合定律，界面缺陷对它的作用不是很明显。求弹性模量的解析法有两种，即求严格解的方法和利用包围法求近似解。在具体处理问题时可以用材料力学的方法，也可利用线弹性理论的方法。本章只限于材料力学方法。但不论用什么方法，首先必须选择一个具有代表性的接近真实情况的体积单元或模型。由于处理方法的不同和力学模型的不同，往往得到不同的结果，其准确性应通过试验来验证。

（1）纵向弹性模量　连续纤维平行排列于基体中，得到单向增强复合材料，如图3-5所示。沿纤维方向称为纵向（L），垂直纤维方向称为横向（T）。为了求得纵向弹性模量E_L，

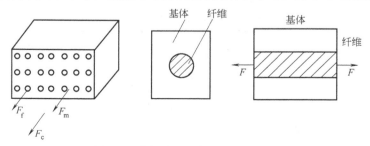

图 3-5　单向增强复合材料简化模型

将复合材料看成是两种弹性材料的并联。

假设：在纤维方向（L）上受到的拉伸载荷为 F；纤维与基体黏结牢固，有相同的拉伸应变；以 E_f、E_m 表示纤维和基体的弹性模量；以 A_f、A_m、σ_f、σ_m、φ_f、φ_m 分别表示纤维与基体的截面面积、应力及体积分数。根据力的平衡，可得复合材料所受的平均拉伸应力为

$$\sigma_{CL} = \sigma_f \varphi_f + \sigma_m \varphi_m \tag{3-6}$$

纤维与基体都在弹性变形范围内，胡克定律成立。根据等应变假设最终得到

$$E_{CL} = E_f \varphi_f + E_m (1 - \varphi_f) \tag{3-7}$$

式（3-7）就是单向增强复合材料纵向弹性模量的计算公式，称为混合律。实际上，由于纤维有屈曲、排列不整齐等缺点，使试验值与按式（3-7）计算的理论值略有偏差。为此，有人提出应加一个修正系数 k，即

$$E_{CL} = k[E_f \varphi_f + E_m (1 - \varphi_f)] \tag{3-8}$$

式中，k 值一般在 0.9~1.0 之间。当基体发生塑性变形时

$$E_{CL} = k\left[E_f \varphi_f + \frac{\mathrm{d}\sigma_m}{\mathrm{d}\varepsilon_m}(1 - \varphi_f)\right] \tag{3-9}$$

式中，$\dfrac{\mathrm{d}\sigma_m}{\mathrm{d}\varepsilon_m}$ 为基体发生塑性变形时应力-应变曲线的斜率。

（2）横向弹性模量　横向弹性模量的计算要比纵向弹性模量复杂很多，准确性也差，这是因为影响因素较多。根据纤维含量的多少，横向弹性模量的分析模型有两种：一种是纤维含量少时的纤维和基体的串联模型，此时纤维和基体具有相同的应力，$\sigma_f = \sigma_m = \sigma_{CT}$；另一种是纤维含量高时的纤维与基体的并联模型，此时纤维与基体有相同的应变，$\varepsilon_f = \varepsilon_m = \varepsilon_{CT}$。

根据胡克定律、几何条件和力的平衡，又假定界面粘接牢固，便可导出串联模型和并联模型的横向弹性模量：

串联时
$$E_{CT}^{I} = \frac{E_f E_m}{E_f \varphi_m + E_m \varphi_f} \tag{3-10}$$

并联时
$$E_{CT}^{II} = E_f \varphi_f + E_m \varphi_m = E_f \varphi_f + E_m (1 - \varphi_f) \tag{3-11}$$

显然，横向弹性模量 E_{CT}^{I} 和 E_{CT}^{II} 是两种极端状态下的模量值。E_{CT}^{I} 是纤维含量小时的极小值，E_{CT}^{II} 是纤维含量大时的极大值。实际横向弹性模量介于两者之间，是 E_{CT}^{I} 和 E_{CT}^{II} 的线性组合，即

$$E_{CT} = (1 - C)E_{CT}^{I} + CE_{CT}^{II} \tag{3-12}$$

式中，C 称为分配系数，$0 \leqslant C \leqslant 1$。$C$ 值与纤维体积分数有关，纤维体积分数越大，C 值越大，具体数值由试验确定。

（3）切变模量　纤维增强复合材料的切变模量随切应力与切应变的方向不同而改变。与横向弹性模量完全一样，有两种模型，在纤维含量少的串联模型时得到切变模量的下限，即

$$G_{LT}^{I} = \frac{G_f G_m}{G_f \varphi_m + G_m \varphi_f} \tag{3-13}$$

在纤维含量多时得到切变模量的上限，即

$$G_{LT}^{II} = G_f \varphi_f + G_m \varphi_m = G_f \varphi_f + G_m (1 - \varphi_f) \tag{3-14}$$

复合材料的切变模量是 G_{LT}^{I} 和 G_{LT}^{II} 的线性组合，即

$$G_{LT} = (1-C)G_{LT}^{I} + CG_{LT}^{II} \tag{3-15}$$

2. 单向增强复合材料泊松比

在单向纤维增强复合材料中，当沿纤维方向受拉伸（或压缩）时，在弹性范围内，其横向应变与纵向应变之比 μ_{LT} 称为纵向泊松比。计算时采用纤维与基体的并联模型，它们的纵向应变相等，且等于复合材料的纵向应变。所以

$$\mu_{LT} = \mu_f \varphi_f + \mu_m \varphi_m = \mu_f \varphi_f + \mu_m (1-\varphi_f) \tag{3-16}$$

当垂直纤维方向承受拉伸或压缩时，在弹性范围内，其纵向应变与横向应变之比称为横向泊松比 μ_{TL}，要用弹性理论推导，比较复杂。但因单向纤维增强复合材料属于正交各向异性弹性体，泊松比与弹性模量之间存在麦克斯韦定理，即

$$\mu_{TL} = \mu_{LT} \frac{E_T}{E_L} \tag{3-17}$$

3. 单向增强复合材料的强度

复合材料的强度首先和破坏联系在一起，这是一个动态过程，且破坏模式复杂。各组分性能对破坏的作用机理、各种缺陷对强度的影响，均有待于进行深入的研究。

复合材料强度的复合是一种协同效应，从组分材料的性能和复合材料本身的细观结构导出的强度性质，即建立类似于刚度分析中混合定律的协同率时遇到了困难。事实上，对于最简单的形式，即单向复合材料的强度和破坏的细观力学研究，也还不成熟。当然也可以勉强使用材料力学半经验法导出的强度混合律，但这样的预测往往不成功。

单向复合材料的轴向拉、压强度不等，轴向压缩问题比拉伸问题复杂，其破坏机理也与拉伸不同，它伴随有纤维在基体中的局部屈曲。通过试验得知，单向复合材料在轴向下，碳纤维是剪切破坏的；凯夫拉纤维的破坏模式是扭结；玻璃纤维一般是弯曲破坏。

单向复合材料的横向抗拉强度和抗压强度也不同，试验表明，横向抗压强度是横向抗拉强度的 4~7 倍。横向拉伸的破坏模式是基体和界面破坏，也可能伴有纤维横向拉裂；横向压缩的破坏是由基体破坏所致，大体沿 45° 斜面被剪坏，有时伴随界面破坏和纤维压碎。单向复合材料的面内剪切破坏由基体和界面剪切所致，这些强度数值的估算都需依靠试验。

（1）纵向抗拉强度　纤维增强复合材料的破坏主要是由纤维断裂引起的，因此它的抗拉强度 σ_{cu} 可按下式的混合律计算，即

$$\sigma_{cu} = \sigma_{fu} \varphi_f + \sigma_m^* \varphi_m = \sigma_{fu} \varphi_f + \sigma_m^* (1-\varphi_f) \tag{3-18}$$

式中，σ_{fu} 为纤维的抗拉强度；σ_m^* 为纤维断裂应变 ε_{fu} 相对应的基体拉伸应力（见图 3-6）。

应用式（3-18）时需满足两个条件：①纤维和基体在受力过程中处于线弹性变形；②基体的断裂伸长率大于纤维的断裂伸长率。

用此方法计算得到的值往往大于实测值，有时两者的差距很大，这是因为式（3-18）只反映了最理想的状态，没有考虑如纤维的屈曲、排列不整齐、纤维本身强度的离散性、界面，特别是界面上生成的脆性化合物、残余应力、基体的组织结构等因素对性能的影响，因此有人对式（3-18）进行了修正。例如，式（3-19）考虑了界面结合强度和纤维离散性的影响，计算结果与实测值很接近。

$$\sigma_c = \left\{ \left[\frac{\overline{\sigma}_f (l_b) l_b^\beta \cdot 2\tau}{d_f} \right]^{\beta/(1+\beta)} \left(\frac{1}{e\beta} \right) \right\}^{1/\beta} \left[\Gamma \left(1 + \frac{1}{\beta} \right) \right]^{-1} \varphi_f + \sigma_m^* (1-\varphi_f) \tag{3-19}$$

式中，l_b 为试样标距，通常为 25.4mm；$\overline{\sigma}_f(l_b)$ 为长为 l_b 的纤维的平均强度；τ 为界面抗剪强度；β 是韦伯系数；Γ 为伽马函数；d_f 为纤维直径；e 是自然对数的底。

（2）纤维临界体积分数 φ_{fcrit} 和最小体积分数 φ_{min}　图 3-7 所示为复合材料的抗拉强度与纤维体积分数 φ_f 的关系（混合律）。图中的 ABC 线就是式（3-18）的图示，OC 和 DF 分别是复合材料中纤维承受的载荷和基体承受的载荷与 φ_f 的关系。图上的 B 点称为等破坏点，在此点上 $\sigma_{cu}=\sigma_{mu}$，对应于此点的纤维体积分数称为纤维的临界体积分数，用 φ_{fcrit} 表示，用基体的抗拉强度 σ_{mu} 代替式（3-18）中的 σ_{cu} 可解得

$$\varphi_{fcrit}=\frac{\sigma_{mu}-\sigma_m^*}{\sigma_{fu}-\sigma_m^*} \tag{3-20}$$

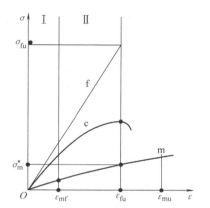

图 3-6　纤维（f）、基体（m）及复合材料（c）的应力-应变曲线

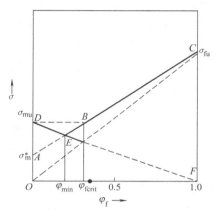

图 3-7　复合材料的抗拉强度与纤维体积分数的关系

对于不同纤维和基体组成的复合材料，其 φ_{fcrit} 也不同。如果 σ_{fu} 与 σ_{mu} 相差不大，必须要用较大的体积分数，以显示强化效果。当用强度比基体强度高出许多的纤维作为增强体时，加入少量的纤维，就有明显的效果。若干种强度的纤维增强不同基体的纤维临界体积分数见表 3-6。

表 3-6　纤维临界体积分数

基体材料	σ_m^*/MPa	σ_{mu}/MPa	纤维临界体积分数 φ_{fcrit}			
			$\sigma_{fu}=700MPa$	$\sigma_{fu}=1750MPa$	$\sigma_{fu}=3500MPa$	$\sigma_{fu}=7000MPa$
铝	28	84	0.083	0.033	0.016	0.008
铜	42	210	0.225	0.098	0.047	0.024
镍	63	315	0.396	0.150	0.073	0.036
不锈钢	175	455	0.584	0.178	0.084	0.041

从图 3-7 中的 DEF 可以看出，当 φ_f 较小时，纤维不但对基体无增强效果，反而使其强度降低，纤维可看作减少基体有效截面面积的孔洞。DF 和 AC 的交点 E 所对应的纤维体积分数称为纤维最小体积分数，用 φ_{min} 表示。用 $\sigma_{mu}(1-\varphi_f)$ 代替式（3-18）中的 σ_{cu} 可得

$$\varphi_{min}=\frac{\sigma_{mu}-\sigma_m^*}{\sigma_{fu}+\sigma_{mu}-\sigma_m^*} \tag{3-21}$$

当 $\varphi_f < \varphi_{min}$ 时，复合材料的破坏完全由基体控制；当 $\varphi_f > \varphi_{min}$ 时，纤维开始起增强作用。

（3）纵向抗压强度　纤维增强复合材料纵向抗压强度的计算比抗拉强度复杂，结果也不如抗拉强度那样准确。这是因为纵向压缩带来纤维和基体的稳定性问题。对抗压强度的分析存在两种观点：一种认为抗压强度是由纤维的屈曲失稳临界应力控制的；另一种认为基体受压后产生剪切屈曲失稳，失去了支撑纤维的能力，致使纤维发生屈曲引起复合材料的整体破坏。

复合材料沿纤维方向受压时，可以认为纤维在基体内的承力形式像弹性杆，复合材料的抗压强度是由纤维在基体内的微屈曲临界应力控制的。为了计算方便，将纵向受压的复合材料简化成为由纤维薄片和基体薄片相间粘接成的纵向受压的杆。当外载荷 P 增至一定值后，纤维开始失稳，产生屈曲，呈正弦波形。失稳有拉压型（反相屈曲）和剪切型（同相屈曲）两种，如图 3-8 所示。在拉压失稳模型中，由于纤维产生反相屈曲，迫使基体产生横向的拉压变形，用能量法可以求得纤维失稳的临界应力为

$$\sigma_{fcr} = 2\{\varphi_f E_m E_f/[3(1-\varphi_f)]\}^{1/2} \tag{3-22}$$

复合材料的临界破坏应力为

$$\sigma_c = \sigma_{fcr}[\varphi_f + (1-\varphi_f)E_m/E_f] \tag{3-23}$$

将式（3-23）代入式（3-22）得复合材料的纵向抗压强度，即

$$\sigma_{LU} = 2\left[\frac{\varphi_f E_m E_f}{3(1-\varphi_f)}\right]^{1/2}\left[\varphi_f + (1-\varphi_f)\frac{E_m}{E_f}\right] \tag{3-24}$$

在剪切失稳模型中，由于纤维产生同相弯曲，迫使基体产生剪切变形，同样用能量法可以求得纤维失稳的临界应力为

$$\sigma_{fcr} = \frac{G_m}{\varphi_f(1-\varphi_f)} + \frac{\pi^2 E_f}{12}\left(\frac{mh}{l}\right)^2 \tag{3-25}$$

式中，l 为纤维长度；h 为纤维层厚度；m 为长 l 的纤维失稳弯曲的波数。

考虑到式（3-25）中的 $(mh/l)^2$ 是一很小的值，因此忽略该式中的第二项，最终得到复合材料的抗压强度为

$$\sigma_{LU} = \frac{G_m}{1-\varphi_f} + \frac{E_m G_m}{E_f \varphi_f} \tag{3-26}$$

由这两种分析得出的结果都比实测值高。

基体的剪切屈曲不稳定是指当基体所受的压缩应力 σ_{mcr} 等于基体切变模量 G_m 时，基体材料因剪切变形而引起屈曲。在纵向压应力作用下切变模量 G_m 不再是个常数，当压应力增大时，G_m 将减小，可表示为压缩应力的函数。通过试验，测定基体材料在不同压应力作用下的切变模量，如图 3-8 所示的 G_m-σ_m 关系曲线，此曲线与 $\sigma_m = G_m$ 直线的交点 K 所表征的便是基体剪切失稳的临界应力应变的切变模量。则复合材料的抗压强度为

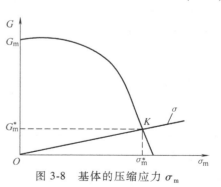

图 3-8　基体的压缩应力 σ_m
与切变模量 G_m 的关系

$$\sigma_{LU} = \overline{\sigma}_f \varphi_f + \sigma_{mcr}(1-\varphi_f) \tag{3-27}$$

式中，$\overline{\sigma}_{\mathrm{f}}$ 为纤维的压应力，试验无法测量，但当界面黏结牢固时，$\varepsilon_{\mathrm{f}} = \varepsilon_{\mathrm{m}}$，则有

$$\frac{\overline{\sigma}_{\mathrm{f}}}{E_{\mathrm{f}}} = \frac{\sigma_{\mathrm{mcr}}}{E_{\mathrm{m}}}, \quad \overline{\sigma}_{\mathrm{f}} = \frac{E_{\mathrm{f}}}{E_{\mathrm{m}}}\sigma_{\mathrm{mcr}} \tag{3-28}$$

因此得到

$$\overline{\sigma}_{\mathrm{LU}} = \sigma_{\mathrm{mcr}}\left[1 + \varphi_{\mathrm{f}}\left(\frac{E_{\mathrm{f}}}{E_{\mathrm{m}}} - 1\right)\right] \tag{3-29}$$

用式（3-29）计算的单向纤维增强复合材料的纵向抗压强度比式（3-24）和式（3-26）计算的结果更接近实际情况。应该指出，用式（3-29）计算时，需有 G_{m}、σ_{m} 的关系曲线才能定出 σ_{mcr}（或 G_{mcr}），在无该资料的情况下，作为近似计算可用基体的压缩比例极限代替 σ_{mcr}。

（4）横向拉压强度　单向纤维增强复合材料的横向抗拉强度一般取基体的抗拉强度，有时考虑到纤维不但无增强效果，还占用了基体的有效截面面积，在计算横向抗拉强度时应扣除纤维所占的截面面积，即 $\sigma_{\mathrm{m}}(1 - \varphi_{\mathrm{f}})$。

（5）抗剪强度　纤维增强复合材料受切应力作用时，由于切应力的方向不同，抗剪强度也不同。在顺纤维方向受剪切时，切应力发生在顺纤维方向的纤维层之间的截面内，这类剪切称为复合材料的层间剪切，它的抗剪强度取决于基体的抗剪强度和界面的抗剪强度。如果在垂直纤维方向承受剪切时，切应力发生在垂直纤维的截面内，这类剪切称为复合材料的面内剪切，切应力由基体和纤维共同承担，抗剪强度可由混合律决定，即

$$\tau_{\mathrm{LT}} = \tau_{\mathrm{f}}\varphi_{\mathrm{f}} + \tau_{\mathrm{m}}(1 - \varphi_{\mathrm{f}}) \tag{3-30}$$

实际上，纤维的强度不可能完全相同，通常符合某种数学分布形式，如 Weibull 分布或正态分布等。由于纤维的强度具有一定的分散性，许多比较弱的纤维在载荷较低，甚至在加工过程中就已经断裂。这样在断裂点附近纤维就会承担较大的载荷，产生了应力集中。如果能正确地描述断裂点附近的纤维承担的载荷，就能正确地确定材料的损伤演化过程和预报材料的强度。

3.2.4　短纤维增强金属复合材料力学性能设计

短纤维增强复合材料尽管不具备单向复合材料轴向上的高强度，但在横向拉、压性能方面要比单向复合材料好很多，在破坏机理方面具有自己的特点。该类材料受力基体变形时，载荷通过界面传递给纤维。在一定的界面强度下，纤维端部的切应力最大，中部最小；而作用在纤维上的拉应力是切应力由端部向中部积累的结果，所以拉应力端部最小，中部最大，如图 3-9 所示。随着纤维长度的增加，界面面积增大，

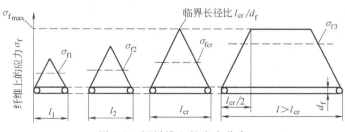

图 3-9　短纤维上的应力分布

中部的拉应力也增大。当纤维中点的最大拉应力恰好等于纤维断裂强度时，纤维的长度称为临界长度 l_{cr}。考虑纤维直径时，临界长度与纤维直径之比称为纤维临界长径比。显然，当纤维长度小于临界长度时，纤维不会被拉断，只能从基体中拔出。

1. 短纤维增强复合材料弹性模量

当推导弹性模量及下面的强度公式时，假设纤维与基体黏结牢固，纤维的长度及直径相同，不屈曲。

（1）单向短纤维复合材料的模量　单向短纤维复合材料的纵向和横向模量可按下面各式计算，即

$$\frac{E_L}{E_m}=\frac{1+(2l/d)(n_L\varphi_f)}{1-\eta_L\varphi_f} \tag{3-31}$$

$$\frac{E_T}{E_m}=\frac{1+2\eta_T\varphi_f}{1-\eta_T\varphi_f} \tag{3-32}$$

$$\eta_L=\frac{E_f/E_m-1}{E_f/E_m+2l/d} \tag{3-33}$$

$$\eta_T=\frac{E_f/E_m-1}{E_f/E_m+2} \tag{3-34}$$

式中，E_L、E_T分别为复合材料的纵向和横向弹性模量；l为纤维长度；d为纤维直径；φ_f是纤维的体积分数。式（3-32）与l/d无关，说明单向短纤维复合材料和连续纤维复合材料的E_T是相同的。

（2）随机取向的短纤维复合材料的模量　随机取向的短纤维复合材料是面内各向同性的，它的弹性模量E_R可按经验公式计算，即

$$E_R=\frac{3}{8}E_L+\frac{5}{8}E_T \tag{3-35}$$

式中，E_L和E_T分别表示具有相同纤维长径比和体积分数的单向短纤维复合材料的纵向和横向模量，它们可用试验测定，也可用式（3-31）和式（3-32）计算。

（3）具有一定方向性的短纤维复合材料的模量　上面的讨论中，把短纤维要么看成是随机排列的，要么是完全单向排列的，前者的力学性能可看成是各向同性的，后者的力学性能可看成是正交各向异性的。实际上，短纤维复合材料中一部分纤维的排列有一定的方向性，另一部分是随机排列的，在此情况下复合材料的模量$\overline{E}$可用下式计算，即

$$\overline{E}=\frac{(Q_{11}+Q_{22}+2Q_{12})(Q_{11}+Q_{22}-Q_{12}+4Q_{66})}{3Q_{11}+3Q_{22}+2Q_{12}+4Q_{66}} \tag{3-36}$$

式中，Q_{ij}为单向复合材料的刚度系数。

2. 短纤维增强复合材料强度

（1）单向短纤维复合材料的强度　混合律用于单向短纤维复合材料时应稍加改变，即用纤维的平均应力代替式（3-18）中纤维的抗拉强度，即

$$\sigma_{cu}=\overline{\sigma}_f\varphi_f+\sigma_m^*(1-\varphi_f) \tag{3-37}$$

式中，σ_m^*为对应于复合材料破坏应变时基体所承担的应力；纤维的平均应力$\overline{\sigma}_f$可用下式计算，即

$$\overline{\sigma}_f=\frac{1}{l}\int_0^\theta\sigma_f dz \tag{3-38}$$

如果作用在纤维上的拉应力从末端为零且呈线性分布，则积分后可得

$$\overline{\sigma}_{\text{f}} = \frac{1}{2}\sigma_{\text{fmax}} = \frac{\tau_{\text{my}}l}{d} \qquad (l < l_{\text{cr}}) \tag{3-39}$$

$$\overline{\sigma}_{\text{f}} = \sigma_{\text{fu}}\left(1 - \frac{l_{\text{cr}}}{2l}\right) \qquad (l > l_{\text{cr}}) \tag{3-40}$$

式中，τ_{my} 为基体承受的切应力；σ_{fu} 为纤维的抗拉强度。

所以根据长度，单向短纤维复合材料的强度可用不同的公式来表示。如果纤维长度小于临界长度，那么纤维的最大应力达不到纤维的平均强度。因此，无论作用力有多大，纤维都不会断裂。在这种情况下复合材料的破坏是出于基体或界面破坏所引起的，所以复合材料的强度 σ_{cu} 可近似地写成

$$\sigma_{\text{cu}} = \frac{\tau_{\text{my}}l}{d_{\text{f}}}\varphi_{\text{f}} + \sigma_{\text{mu}}(1 - \varphi_{\text{f}}) \qquad (l < l_{\text{cr}}) \tag{3-41}$$

如果纤维长度大于临界长度 l_{cr}，纤维的应力可以达到它们的平均强度。在这种情况下，如果所受的最大应力达到其强度时，复合材料将开始破坏，因此单向短纤维复合材料的强度可以表示为

$$\sigma_{\text{cu}} = \sigma_{\text{fu}}\left(1 - \frac{l_{\text{cr}}}{2l}\right)\varphi_{\text{f}} + \sigma_{\text{m}}^*(1 - \varphi_{\text{f}}) \qquad (l > l_{\text{cr}}) \tag{3-42}$$

和

$$\sigma_{\text{cu}} = \sigma_{\text{fu}}\varphi_{\text{f}} + \sigma_{\text{m}}^*(1 - \varphi_{\text{f}}) \qquad (l \gg l_{\text{cr}}) \tag{3-43}$$

可以用与连续纤维复合材料同样的方法求得纤维的临界体积分数和最小体积分数，即

$$\varphi_{\text{fcr}} = \frac{\sigma_{\text{mu}} - \sigma_{\text{m}}^*}{\sigma_{\text{fu}}\left(1 - \dfrac{l_{\text{cr}}}{2l}\right) - \sigma_{\text{m}}^*} \tag{3-44}$$

$$\varphi_{\text{fmin}} = \frac{\sigma_{\text{mu}} - \sigma_{\text{m}}^*}{\sigma_{\text{fu}}\left(1 - \dfrac{l_{\text{cr}}}{2l}\right) + \sigma_{\text{mu}} - \sigma_{\text{m}}^*} \tag{3-45}$$

对于同样的纤维和基体材料来说，短纤维复合材料的 φ_{fcr} 和 φ_{fmin} 比连续纤维复合材料要高，这个道理是很明显的，因为短纤维的增强作用不像连续纤维那样有效。

短纤维复合材料由于纤维的不连续性以及尺寸、分布等随机性影响，应力分布非常复杂，这也决定了短纤维复合材料具有比连续纤维复合材料低得多的强度特性。短纤维复合材料的强度与短纤维的长度也存在着一定的关系。短纤维的长度不同，其破坏机理也不同。当纤维很短时，裂纹总是在纤维端部萌生，然后裂纹绕过周围纤维而导致复合材料断裂，此过程并不导致纤维的断裂，即纤维并没有起到增强的作用。当纤维比较长时，纤维端部的微裂纹将导致周围纤维的断裂，进而导致材料破坏。为了反映短纤维长度及应力集中的影响，有人将复合材料的抗拉强度公式修改为

$$\sigma_{\text{cu}} = \varphi_{\text{f}}\sigma_{\text{fu}}/K + (1 - \varphi_{\text{f}})\sigma_{\text{mu}}^* \tag{3-46}$$

式中，K 为最大应力集中因子。

（2）随机取向的短纤维复合材料的强度　随机取向的短纤维复合材料的强度 σ_θ 可用式

（3-47）计算，即

$$\sigma_\theta = \frac{2\tau_{mu}}{\pi}\left(2 + \ln\frac{\xi\sigma_{cu}\sigma_{mu}}{\tau_{mu}^2}\right) \tag{3-47}$$

式中，τ_{mu} 是基体的抗剪强度；ξ 为小于 1 的系数；σ_{mu} 是基体的抗拉强度；σ_{cu} 为用混合律计算的单向短纤维复合材料的强度。复合材料中纤维随机分布时，复合材料的宏观强度与单向纤维增强复合材料有较大的不同。这时引入纤维方位因子 C_0 的概念，所以混合律公式可以写成

$$\sigma_{cu} = \varphi_f\sigma_{fu}F(l_{cr}/\bar{l})C_0 + (1-\varphi_f)\sigma_{mu} \tag{3-48}$$

式中，$F(l_{cr}/\bar{l})$ 是纤维临界长度与纤维平均长度比值的函数。随着新材料的出现，其破坏机理也将与前面所述材料的破坏机理不同，因此建立模型所必须考虑的因素也不尽相同。与连续纤维相比，短纤维复合材料试验值的分散性更大一些，其主要原因是纤维与基体粘接不好，纤维长度不够，不能充分发挥其增强作用，纤维排列不好等。

3.2.5 颗粒增强金属基复合材料力学性能设计

1. 颗粒增强金属基复合材料强化机制

颗粒增强金属基复合材料强化机制主要包括弥散强化、残余应力场强化、细晶强化及载荷传递强化等，这些强化机制是设计和分析相关复合材料力学性能的重要依据。

（1）弥散强化　弥散分布于合金组织中的第二相粒子可以成为阻碍位错运动的有效障碍，是用于强化金属材料的有效方法之一。对于不同的复合体系，应力集中、损伤、破坏的模式各不相同。如图 3-10 所示，按照颗粒的大小和形变特征可以将颗粒分为两类：一类是易形变颗粒，与基体组织大多呈共格关系；另一类是不易形变的颗粒，常常与基体呈非共格关系。

颗粒强化的主要机理是位错与第二相颗粒的作用，以上两类颗粒的强化机制因其与位错交互作用不同而有明显的差异。

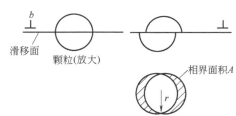

图 3-10　位错切过粒子示意图

1）位错切过强化机制。当第二相粒子与基体呈共格关系且粒子强度较低（粒子较软）时，在外加应力足够大的情况下，位错可以通过第二相粒子，这种称为切过机制。切过机制的原理是：位错移动所需的能量等于切过第二相粒子所需的能量。关于切过强化机制，目前的理论主要有有序强化、界面强化、共格应变强化、层错强化和弹性模量强化等。

2）位错非切过强化机制。当第二相粒子强度很高（较硬）且与基体呈非共格关系时，位错常常不能通过第二相粒子。根据温度和外加应力情况，这时位错可以采用两种方式绕过弥散相粒子。

① 低温、高外加应力的位错 Orowan 拱弯强化。如图 3-11 所示，在低温情况下且外加应力较大时，位错可以采取 Orowan 拱弯的方式绕过颗粒，并且在颗粒上产生位错环，然后伸直的位错才能继续向前运动。位错采用 Orowan 拱弯绕过颗粒所需的临界应力 τ_0 的大小为

$$\tau_0 = \frac{Gb}{\lambda} \qquad (3-49)$$

式中，G 为基体的切变模量；b 为柏氏矢量大小；λ 为颗粒间距。

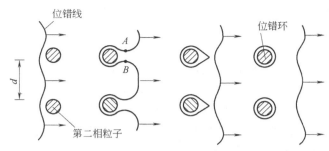

图 3-11　位错以 Orowan 拱弯方式绕过颗粒示意图

采用 Orowan 绕过机制时，弥散粒子上留下位错环。留下的位错环间接地使粒子尺寸增大，使相邻粒子之间的间距减小，这样对之后位错的绕过产生了一定的影响。同时位错环与之后绕过的位错之间也存在相互作用力，这样使绕过过程变得较为复杂。

Orowan 强化对材料屈服强度的贡献 $\Delta\sigma_{\mathrm{orowan}}$ 满足 Orowan-Ashby 方程，即

$$\Delta\sigma_{\mathrm{orowan}} = \frac{0.13Gb}{\lambda}\ln\frac{D}{2b} \qquad (3-50)$$

式中，D 为颗粒直径，其与颗粒尺寸和含量的关系满足

$$\lambda = D\left[\left(\frac{1}{2\varphi_{\mathrm{p}}}\right)^{\frac{1}{3}} - 1\right] \qquad (3-51)$$

式中，φ_{p} 为颗粒的体积分数。

② 高温、低外加应力的位错攀移机制。在高温情况下使用的复合材料（如高温合金），材料一般会发生蠕变现象，这样就引入了一个门槛应力。当外加应力小于门槛应力时，材料的蠕变速率可以忽略不计，同时材料的断裂寿命得到极大提高；而当外加应力超过门槛应力时，材料发生显著的蠕变变形现象。一般认为：在高温蠕变情况下，位错将不再采用 Orowan 拱弯绕过第二相粒子，而是通过位错的攀移方式越过粒子。这时位错绕过第二相粒子所需的外加应力通常小于 Orowan 应力值，其大小为

$$\tau_{\mathrm{th}} = (0.4 \sim 0.7)\tau_0 \qquad (3-52)$$

式中，τ_{th} 为门槛应力值，即复合材料在高温下发生蠕变所需的外加应力的大小。

（2）残余应力场强化　对于颗粒增强金属基复合材料，颗粒与基体间的热膨胀系数（Coefficient of Thermal Expansion，CTE）和弹性模量存在差异。弹性模量只在材料受外力时产生微观应力再分配，且这种效应对材料力学性能影响较小。而在复合材料的制备或后续热处理过程中，热膨胀系数差异将导致材料内部微观区域的变形不均匀，从而在第二相颗粒及其周围基体中产生残余应力场，诱导扩展裂纹偏转，同时消耗更多的能量，是复合材料增韧补强的根源之一。单个球形粒子产生的局部应力场可由 Salsing 公式表达，即

$$\sigma_{\mathrm{r}} = -2\sigma_{\theta} = \frac{\Delta\alpha\Delta T}{(1-\varphi_{\mathrm{m}})/(2E_{\mathrm{m}}) + (1-2\varphi_{\mathrm{p}})/E_{\mathrm{p}}} \qquad (3-53)$$

式中，σ_{r}、σ_{θ} 为球形颗粒边界的镜像正应力和切应力；$\Delta\alpha$ 为基体和增强体之间的线胀系数差异；ΔT 为材料加工温度和室温之间的差值；φ_{m}、φ_{p} 为基体、颗粒的体积分数；E_{m}、E_{p} 为基体、颗粒的弹性模量。

（3）细晶强化　对于金属基复合材料，颗粒的引入会改变基体合金的结晶动力学，当颗粒与基体合金之间晶体结构差异较小时，颗粒可以充当基体晶粒的形核基底，促进晶粒形核。在晶粒长大过程中，增强颗粒分布在晶粒生长前沿，阻碍元素扩散和生长前沿推移，抑

制晶粒的长大。无论是促进形核还是抑制生长，均会导致基体晶粒的细化，从而提高材料强度。材料的屈服强度 σ_y 与晶粒尺寸 d 之间的关系可以用 Hall-Petch 经验公式表示，即

$$\sigma_y = \mu_0 + kd^{-1/2} \tag{3-54}$$

式中，σ_0 为晶粒内部的变形阻力，相当于单晶试样的屈服强度；k 为 Hall-Petch 系数，与晶界结构相关，主要反映晶界对材料变形的影响。

2. 颗粒增强金属基复合材料弹性模量

由于颗粒随机分散在基体中，因此在宏观上将颗粒增强复合材料看成各向同性材料。以最小势能原理和最小功原理可以求得弹性模量的上、下限，即

$$\frac{E_p E_m}{E_m \varphi_p + E_p \varphi_m} \leqslant E_C \leqslant \frac{1-\varphi_m + 2\lambda(\lambda - 2\mu_m)}{1-\mu_m - 2\mu_m^2} E_m \varphi_m + \frac{1-\mu_p + 2\lambda(\lambda - 2\mu_p)}{1-\mu_p - 2\mu_p^2} E_p \varphi_p \tag{3-55}$$

式中，E、μ、φ 分别表示弹性模量、泊松比和体积分数；下标 p 和 m 分别代表颗粒和基体。

$$\lambda = \frac{\mu_m(1+\mu_p)(1-2\mu_p)\varphi_m E_m + \mu_p(1+\mu_m)(1-2\mu_m)\varphi_p E_p}{(1+\mu_p)(1-2\mu_p)\varphi_m E_m + (1+\mu_m)(1-2\mu_m)\varphi_p E_p} \tag{3-56}$$

如果 $\mu_p = \mu_m = \mu$，式（3-56）的 $\lambda = \mu$，则式（3-55）的上限为

$$E_C \leqslant E_m \varphi_m + E_p \varphi_p = E_m(1-\varphi_p) + E_p \varphi_p \tag{3-57}$$

同样，可以求得切变模量的上、下限：

$$\frac{G_p G_m}{G_p \varphi_m + G_m \varphi_p} \leqslant G_C \leqslant G_p \varphi_p + G_m \varphi_m = G_p \varphi_p + G_m(1-\varphi_p) \tag{3-58}$$

3. 颗粒增强金属基复合材料强度

颗粒增强复合材料的强化机理至今仍沿用弥散强化型合金的理论，并且多从位错运动的角度来进行分析。在外加切应力 σ 的作用下，当金属中的位错受力达到临界应力时发生运动，即金属发生塑性变形。如果位错运动受到质点的阻碍，有可能产生位错塞积，从而使质点受到一个较大的应力。塞积位错越多，该力就越大。

在外载荷作用下，设在基体-颗粒界面上受到的作用力为 τ，则

$$\tau = n\sigma \tag{3-59}$$

式中，n 为位错塞积数目；σ 为外应力。根据位错理论，位错塞积数目 n 为

$$n = \frac{\sigma D_p}{G_m b} \tag{3-60}$$

式中，G_m 是基体的切变模量。若颗粒之间的间距为 D_p，颗粒的直径 d_p、体积分数 φ_p 与颗粒间距之间有下列关系，即

$$D_p = [2d_p^2/(3\varphi_p)]^{1/2}(1-\varphi_p) \tag{3-61}$$

将式（3-60）代入式（3-59）得

$$\tau = \frac{\sigma^2 D_p}{G_m b} \tag{3-62}$$

如果 τ 等于颗粒的强度 σ_{pb}，颗粒开始破坏，产生裂纹，引起复合材料的变形，则

$$\tau = \sigma_{pb} = \frac{G_p}{M} = \frac{\sigma_{cy}^2 D_p}{G_m b} \tag{3-63}$$

或

$$\sigma_{cy} = \sqrt{\frac{G_m G_p b}{M D_p}} = \sqrt{\frac{G_m G_p b}{M[2d_p^2/(3\varphi_p)]^{1/2}(1-\varphi_p)}} \tag{3-64}$$

式中，σ_{cy} 为复合材料的屈服强度；M 为表征材料（颗粒）特性的常数；G_p 为颗粒的切变模量。颗粒的直径、间距以及体积分数之间必须满足式（3-61）的关系，否则颗粒将无强化作用。

3.3 金属基功能复合材料的设计

功能复合材料是指主要提供某些物理性能的复合材料，如导电、导热、磁性、阻尼、摩擦和防热等功能。功能复合材料主要由一种或多种功能体和基体组成。在单一功能体的复合材料中，功能性质由功能体提供；基体既起到粘接和赋形的作用，也对复合材料整体的物理性能有影响。多元功能复合材料具有多种功能，还可能因复合效应出现新的功能。

功能材料很难用一种物理量来衡量，需要用材料的优值进行综合评价。材料的优值是由几个物理参数组合起来对材料使用性能进行表征的量。复合材料有很多途径可以达到高优值，即按照要求调整其特有的参数，经设计来满足材料有关的物理组元。此外还可应用复合材料的复合效应来设计、制造各种功能复合材料。目前，运用乘积效应已经成功地设计出新型功能复合材料。功能复合材料具有较大的设计自由度。

从某种意义上说，功能复合材料的设计要比结构复合材料的设计复杂。结构复合材料设计主要考虑力学性能，力学性能的计算有比较成熟的理论与计算式。而功能复合材料性能的设计则不同，由于功能特性广泛，材料的功能体现比较复杂，而且没有统一的、成熟的设计理论。功能复合材料的设计原则主要是：①首先考虑关键的性能；②兼顾其他性能；③选择性能分散性小的材料；④采取尽可能简单、方便的成形工艺；⑤合理的经济性。

3.3.1 基体的选择

功能用金属基复合材料随着电子、信息、能源、汽车等工业技术的不断发展，越来越受到各方面的重视，面临广阔的发展前景。这些高技术领域的发展要求材料和器件具有优异的综合物理性能，如同时具有高力学性能、高导热性、低热膨胀系数、高导电率、高抗电弧烧蚀性、高摩擦因数和耐磨性等。单靠金属与合金难以具有优异的综合物理性能，而要靠优化设计和先进制造技术将金属与增强体做成功能复合材料来满足需求。例如电子领域的集成电路，由于电子器件的集成度越来越高，单位体积中的元件数不断增多，功率增大，发热严重，需用热膨胀系数小、导热性好的材料做基板和封装零件，以便将热量迅速传走，避免产生热应力，以提高器件的可靠性。又如汽车发动机零件要求耐磨、导热性好、热膨胀系数适当等，这些均可通过材料的组合设计来达到。

由于工况条件不同，所需的材料体系和基体合金也不同，目前已有应用的功能金属基复合材料（不含双金属复合材料），主要有用于微电子技术的电子封装和热沉材料，高导热、耐电弧烧蚀的集电材料和触头材料，耐高温摩擦的耐磨材料，耐腐蚀的电池极板材料等。主要选用的金属基体是纯铝及铝合金、纯铜及铜合金、银、铅、锌等金属。

用于电子封装的金属基复合材料有高碳化硅颗粒含量的铝基（SiC_p/Al）、铜基（SiC_p/Cu）复合材料，高模、超高模石墨纤维增强铝基（Gr/Al）、铜基（Gr/Cu）复合材料，金刚石颗粒或多晶金刚石纤维增强铝、铜复合材料，硼/铝复合材料等。

用于耐磨零部件的金属基复合材料有碳化硅、氧化铝、石墨颗粒、晶须、纤维等增强铝、镁、铜、锌、铅等金属基复合材料，所用金属基体主要是常用的铝、镁、铜、锌、铅等金属及合金。

用于集电和电触头的金属基复合材料有碳（石墨）纤维、金属丝以及陶瓷颗粒增强铝、铜、银及合金等。

功能用金属基复合材料所用的金属基体均具有良好的导热性、导电性和良好的力学性能，但有热膨胀系数大、耐电弧烧蚀性差等缺点。通过在这些基体中加入合适的增强体，就可以得到优异的综合物理性能满足各种特殊需要。如在纯铝中加入导热性好、弹性模量大、热膨胀系数小的石墨纤维、碳化硅颗粒就可使这类复合材料具有很高的热导率（与纯铝、纯铜相比）和很小的热膨胀系数，满足了集成电路封装散热的需要。

随着功能金属基复合材料研究的发展，将会出现更多品种。

3.3.2 功能体的选择

对于功能复合材料的设计，人们通常注重的是通过多种材料的复合而满足某些物理性能的要求。要改善复合材料的物理性能或者对某些功能进行设计，需要向基体中引入一种或多种功能体。可作为金属基功能复合材料功能体的物质种类很多，可以用来调节复合材料的各种物理性能。部分具有特殊功能性、可作为复合材料功能体的物质见表 3-7。值得注意的是，为了实现某种物理性质而在复合体系中引入某一物质时，可能会对其他性质产生劣化作用，需要针对实际情况对引入物质的性质、含量及其与基体的相互作用进行综合考虑。

表 3-7 部分功能体的功能性

功能性	举 例
导电性	含碳物（炭黑、石墨、碳纤维）；金属（粉、箔、纤）；SnO_2、ZnO 等及其复合物
磁性	各种铁酸盐（Sr、Ba 盐等），磁性氧化铁，Sm-Co、Nd-Fe-B
热传导性	Al_2O_3、AlN、BN、BeO
压电性	钛酸钡、钛锆酸铅
减振性	云母、石墨、钛酸钾、碳纤维、铁酸盐
隔音性	铁粉、铅粉、镓
润滑性	石墨、滑石、硫化钼、六方氮化硼、聚四氟乙烯
绝热、轻质	玻璃、石英及其他中空微球
电磁波吸收	铁酸盐、石墨、木炭粉
光散/反射	氧化钛、玻璃球、炭粉、铝粉
热辐射	氧化镁、水滑石、氧化铝、木炭粉
阻燃	氧化锑、氢氧化铝、氢氧化镁、碳酸亚铅
放射线防护	铅粉、硫酸钡
紫外线防护	氧化钛、氧化亚铅
脱水剂	氧化钙、氧化镁

3.3.3 功能复合材料调整优值的途径

功能复合材料可以通过改变复合结构的复合度、对称性、大小尺度和分布及周期性等因素，较大幅度地调整物理张量组元的数值，找到最佳组合，获得最高优值。

1. 调整复合度

复合度是参与复合的各组分的体积（或质量）分数。把物理性质不同的物质复合在一起，可以改变各组成的含量，使复合材料的某物理参数在较大范围内任意调节，同时材料的布局结构（如两种材料并联或串联）也能得到不同的变化。例如介电常数为 ε_A 的 A 物质与 ε_B 的 B 物质复合则可得到如图 3-12 所示的结果。其中：

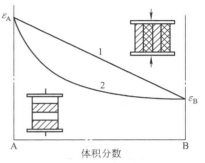

图 3-12　连接情况对不同体积分数材料性能的影响
1—并联　2—串联

并联时
$$\varepsilon = \varphi_A \varepsilon_A + \varphi_B \varepsilon_B \tag{3-65}$$

串联时
$$\frac{1}{\varepsilon} = \frac{\varphi_A}{\varepsilon_A} + \frac{\varphi_B}{\varepsilon_B} \tag{3-66}$$

并联和串联的公式就是常用的混合法则（或称混合率律）。

2. 调整连接方式

复合材料中各组分在三维空间中互相连接的形式是可以任意调整的。各种材料组分具有不同的几何形状，如颗粒状（零维，以 0 表示）、纤维状（一维，以 1 表示）、片膜状（二维，以 2 表示）和网络状（三维，以 3 表示）。可以根据需要选择不同形状的组分进行复合。例如需要功能材料是各向同性的，可用 0-3 型（或3-0 型），即颗粒分散在连续介质或网络中；如果要求具有单向性能，则可用 1-3 型，使沿纤维状功能体轴向的某性能远大于其他轴向性能；2-2 型复合时可呈图 3-12 所示的并联与串联情况。连接方式的数目 C_n 与复合材料中所含组分数目 n 有关，可按下式计算，即

$$C_n = (n+3)! / (n! \times 3!) \tag{3-67}$$

3. 调整对称性

对称性是功能复合材料组分在空间几何布局上的特征。对称性描述的方法有结晶学点群、居里群和黑白群等。不同功能复合材料的对称性需选用不同的描述方法。例如对 0-3 型复合材料，如果把球形颗粒分散在基体中可构成各向同性的复合材料，其居里群表示为 $\infty \infty m$，其光率体为一圆球；但如果用针形颗粒并按一定的方向排列，则复合材料的对称性呈各向异性，其居里群为 ∞/mm，此时可产生双折射行为。而光率体为一旋转椭球体并属正光性。如果将片状颗粒分散在基体中，则出现负光性，其他性质与针状颗粒相同。可见，尽管材料不变，但改变了分散相的形状并使之在空间对称性上发生变化，其光学性质就会完全不同。

4. 调整尺度

当功能体尺寸从微米、亚微米减小到纳米时，原有的宏观物理性质会发生很大的变化，这是由于物体尺寸减小时表面原子数增多引起的。当达到纳米尺度时，材料的表面为主要成分，如直径为 2nm 时，其表面的原子数将占总数的 80%，就会出现量子尺寸效应。另外，在原有周期性的边界条件下发生变化也使物理性质出现新的效应。因此，改变复合材料功能体的尺寸可使复合材料物理性能发生很大变化。如产生协同作用，使复合材料的电学、光学、光化学、非线性光学性能等出现异常的行为。

5.调整周期性

一般随机分布的复合材料是不存在周期性的,即使存在一定统计平均的近似周期关系,也不能因此而产生功能效应。然而,如果采用特殊工艺使功能体在基体内呈结构上的周期分布,并使外加作用场(如光、声、电磁波等)的波长与此周期呈一定的匹配关系,便可产生功能作用。例如,将经极化的压电陶瓷纤维按一定的周期距离排列在聚合物基体中,如果施加一定波长的交变电压于此功能复合材料上,使之成为谐振器,则会发生比单纯用压电陶瓷时大得多的振动。这是因为复合材料中的聚合物基体比陶瓷模量小很多,因此产生很大的增幅,从而出现机械放大行为。

由于工艺难度大等因素的限制,在上述五种调节方法中,一般仅用复合度和连接方式对功能复合材料的性质进行调节。尽管如此,这已为设计复合材料提供了很大的自由度。

3.3.4 利用复合效应创造新型功能复合材料

复合效应是复合材料特有的效应。结构复合材料基本上通过其中的线性效应起作用,但功能复合材料不仅能通过线性效应起作用(如复合度调节作用利用加和效应和相补效应),更重要的是可利用非线性效应设计出许多新型的功能复合材料。

1.乘积效应的作用

乘积效应是在复合材料两组分之间产生可用乘积关系表达的协同作用,借助乘积效应可以通过各种单质换能材料复合成各种各样的功能复合材料,见表3-8。这种耦合的协同作用之间存在一个耦合函数 F,即

$$f_A F f_B = f_C \tag{3-68}$$

式中,f_A 为 X/Y 换能效率;f_B 为 Y/Z 换能效率;f_C 为 X/Z 换能效率。$F \to 1$ 表示完全耦合,这是理想情况,实际上达不到。因为耦合还与相界面的传递效率等因素密切相关,需要深入研究。

表 3-8 部分单质换能材料以乘积效应取得的结果

A 相换能材料 (X/Y)	B 相换能材料 (Y/Z)	A-B 功能复合材料 (X/Y)(Y/Z) = (X/Z)	用途
热-形变	形变-电导	热-电导	热敏电阻,PTC
磁力-形变(磁致伸缩)	形变-电流(压电)	磁力-电流	磁场测量元件
光-导电	导电-形变(电致伸缩)	光-形变(光致伸缩)	光控机械,运作元件
压力-电场	电场-发光(场致发光)	压力-发光	压力过载指示
压力-电场	电场-磁场	压力-磁场	压磁换能器
光(短波长)-电流	电流-发光(长波长)	光(短波长)光(长波长)	光波转换器 (紫外-红外)

2.其他非线性效应

除了乘积效应外,还有系统效应、诱导效应和共振效应等,但机理还不很清楚。从实际现象中已经发现这些效应,但还未应用到功能复合材料中。

3.3.5 物理性能设计

Maxwell(1873 年)和 Rayleigh(1892 年)是最早对含夹杂复合材料进行有效传导系数计算的人。后来 Eshelby、Hill、Hashin 等人进行了开拓性的工作。目前,有关复合材料物理

特性的研究很多，这里仅简单介绍有代表性的成果。

1. 有效弹性模量

复合材料细观力学的有效弹性模量依赖于复合材料的所有细、微观结构参数和每一相材料的物理特性，对其求解较为困难，通常只能在一些近似假定条件下抽象出几何模型，构造力学和数学模型，然后进行分析求解，以建立弹性模量与材料细观结构之间的关系。但能找到严格解的，似乎只有单向连续纤维增强复合材料和颗粒增强复合材料。复合材料的有效弹性模量 C^* 和柔度 S^* 可写成

$$\overline{\sigma_{ij}} = C^*_{ijkl}\overline{\varepsilon_{kl}} \tag{3-69}$$

$$\overline{\varepsilon_{ij}} = S^*_{ijkl}\overline{\sigma_{kl}} \tag{3-70}$$

式中，$\overline{\sigma_{ij}}$ 和 $\overline{\varepsilon_{ij}}$ 分别为复合材料体内的平均应力场和应变场。根据此定义，对含夹杂复合材料的有效特性及其上、下限进行研究，研究方法主要有如下几种：

（1）自洽理论　自洽理论最初是由 Bruggeman 在研究热传导问题引入的。后来一些研究者采用这个方法研究了多晶体的弹性性能。真正将自洽理论用于复合材料有效弹性模量求解的是 Hill 和 Budiansky。自洽理论的基本思想很简单。如图 3-13 所示，自洽模型是由夹杂与有效介质构成的，而夹杂周围有效介质的弹性模量恰好就是复合材料的弹性模量。利用这一模型，Hill 证明了含夹杂复合材料有效弹性模量和切变模量的上、下限范围。Budiansky 导出了含球夹杂多相复合材料的有效弹性模量、切变模量和泊松比的三个耦合方程。Chou 计算了单向短纤维增强复合材料的有效弹性模量。有人研究了椭球夹杂随机取向的复合材料。由于自洽模型仅考虑了单夹杂与周围有效介质的作用，所以当夹杂体积分数或裂纹密度比较大时，这一模型预报的有效弹性模量则过高（硬夹杂）或过低（软夹杂）。因此，Kerner 提出了广义的自洽模型，但在求解时做了不必要的假设。后来 Smith 给出了正确的有效切变模量。

广义自洽模型由夹杂、基体壳和有效介质构成，如图 3-14 所示。夹杂与基体壳外边界所围成的体积恰好是复合材料的夹杂体积分数。与自洽模型一样，有效介质的弹性模量与复合材料的相同。采用这个模型，研究者分别计算了含球夹杂和单向圆柱夹杂复合材料的有效切变模量。与自洽模型相比，广义自洽模型更合理一些。其主要原因是广义自洽模型放宽了相之间的界面约束。但自洽模型比广义自洽模型在实际使用中具有更大的灵活性。

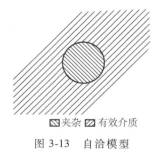

◨夹杂　▨有效介质

图 3-13　自洽模型

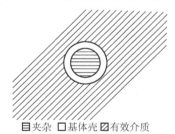

▤夹杂　□基体壳　▨有效介质

图 3-14　广义自洽模型

（2）相关函数积分法　对于含夹杂复合材料的有效弹性模量，当夹杂的体积分数比较小时，目前的理论能满足实际要求；但当夹杂的体积分数比较大时，由于传统理论没有充分考虑复合材料的细微观结构特征，因此它们不能很好地预报复合材料的有效弹性模量。在考虑了夹杂的形状、几何尺寸和分布的情况下，吴林志导出了复合材料有效弹性模量的计算表达式。

复合材料的有效弹性模量和夹杂与基体的弹性模量、夹杂的体积分数、夹杂的形状、尺寸及分布有关。从图 3-15 中可发现，当夹杂体积分数比较大时（如 0.5），相关函数积分法（实线 3）所给出的结果与试验数据点仍然很接近，但自洽模型（虚线 2）的结果却偏差比较大，图中点画线 1、4 是 Hashin 等人给出的上、下限。

影响复合材料有效弹性模量的因素可分为两类：一类是复合材料中每一组分材料的弹性性能，如夹杂和基体的弹性模量和泊松比；另一类为复合材料的细微观几何参数（如夹杂的形状、几何尺寸以及在基体中的分布）。因此，在对复合材料进行设计时应充分加以考虑。

2. 热物理性能

（1）复合材料比热容　复合材料的比热容与组分材料比热容之间的关系比较简单。研究表明，混合物的热容等于其组分物质的热容之和，其数学表达式为

$$mc_p = \sum m_i c_{pi} \tag{3-71}$$

式中，m、c_p 分别表示混合物的质量及其比热容；m_i 和 c_{pi} 分别表示 i 组分的质量和比热容。

另外，纽曼-卡普定律指出：固体化合物的热容与组成该化合物的元素热容间的关系满足混合律。事实上，除极少数几种物质外，纽曼-卡普定律是相当准确的。

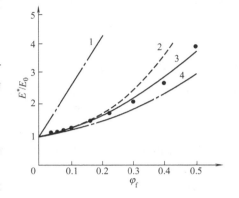

图 3-15　有效弹性模量与球夹杂体积分数的关系

复合材料的界面相可以看成是数种组分材料某种形式的化合物，而整个复合材料则可看成是各组分材料及界面相材料的某种混合物。把式（3-71）及纽曼-卡普定律运用到复合材料中便可得

$$c_p = \sum w_i c_{pi} \tag{3-72}$$

式中，w_i 为各组分材料的质量分数。复合材料比热容与各组分材料比热容间的关系符合混合律，属于典型的平均复合效应。

（2）复合材料的热膨胀系数　表征材料受热时线度或体积变化程度的热膨胀系数，是材料的重要热物理性能之一。在工程技术中对于那些在温度变化条件下使用的结构材料，热膨胀系数不仅是材料的重要使用性能，而且是进行结构设计的关键参数。材料热膨胀性能的重要性还取决于材料抗热震的能力、受热后的热应力分布和大小。特别是复合材料结构设计中常常使用各向异性的二次结构，材料的热膨胀系数及其方向性就显得尤其重要。

热膨胀系数分为线胀系数和体胀系数。线胀系数 α_l 和体胀系数 α_V 的定义为

$$\alpha_l = (\partial L/\partial T)_p / L \tag{3-73}$$

$$\alpha_V = (\partial V/\partial T)_p / V \tag{3-74}$$

式中，L 为材料的线度；T 为材料的温度；V 为材料的体积。

定义上述两个参数为真膨胀系数，即在某一温度点上的膨胀系数。工程上使用更多的是平均膨胀系数，相应的参数定义为

$$\overline{\alpha_l} = (\Delta L/\Delta T)/L \tag{3-75}$$

$$\overline{\alpha_V} = (\Delta V/\Delta T)/V \tag{3-76}$$

式中，ΔL 为材料线度的变化量；ΔT 为材料温度的变化量；ΔV 为材料体积的变化量。为方便起见，常将平均膨胀系数记作 α_l 和 α_V。一些组分材料和复合材料的线胀系数见表 3-9 和表 3-10。

表 3-9　一些组分材料的线胀系数

材　料	$\alpha_l/10^{-6}\text{K}^{-1}$	材　料	$\alpha_l/10^{-6}\text{K}^{-1}$
石英玻璃	0.5	聚乙烯	120
A 玻璃	10	聚丙烯	100
铁	12	聚四氟乙烯	140
铝	25	尼龙 66	80~100
铜	15	尼龙 11	15
环氧树脂	50~100	橡胶	250
碳化硅	3.5	聚碳酸酯	70
氧化铝	7.5	ABS 塑料	90
镍	13.5	酚醛	55
聚酯树脂	100	聚苯乙烯	140

表 3-10　某些复合材料的线胀系数

复合材料	$\alpha_l/10^{-6}\text{K}^{-1}$	复合材料	$\alpha_l/10^{-6}\text{K}^{-1}$
30%玻璃纤维/聚丙烯	40	30%碳纤维/聚酯	9
40%玻璃纤维/聚乙烯	50	石棉纤维/聚丙烯	25~40
35%玻璃纤维/尼龙 66	24	30%玻璃纤维/聚四氟乙烯	25
40%碳纤维/尼龙 66	14	玻璃纤维/ABS	29~36
单向玻璃纤维/聚酯	5~15	25%SiC/Al	18

（3）复合材料热膨胀系数的计算　复合材料的热膨胀系数与其组分材料的性能（热膨胀、模量、泊松比等）、数量和分布情况有关。这里以颗粒填充式相分布为例说明复合材料热膨胀系数的计算，热膨胀只考虑因温度变化以及由此而产生的内应力带来的材料尺寸变化，并假设：

1）在考虑起始温度的条件下，复合材料内部没有应力存在。

2）各组分材料的变形协调，即在所考虑的范围内温度变化时，各组分材料的变形程度相同。

3）温度变化时，复合材料内部的裂纹和空隙的数量和大小不发生变化。

4）温度变化时，复合材料内部所产生的附加应力均为张应力和压应力。

对复合材料的每一微小单元 ΔV，如其变形不受整体材料的约束，则在温度升高 ΔT 时，其体积变形量 $\Delta(\Delta V)'$ 由构成此体积单元的组分材料的体胀系数 α_{Vi} 和温升 ΔT 所决定，即

$$\Delta(\Delta V)' = \Delta V \alpha_{Vi} \Delta T \tag{3-77}$$

事实上，此体积元的变形受整体材料的约束，其实际变形 $\Delta(\Delta V)$ 由复合材料的体胀系数 α_{VC} 和温升 ΔT 所决定，即

$$\Delta(\Delta V) = \Delta V \alpha_{VC} \Delta T \tag{3-78}$$

两种情况下的变形量差别是由此体积元和与周围材料间的应力作用导致的。如以 σ_i 表

示该体积元与周围材料间的拉应力，根据胡克定律有

$$\sigma_i = \frac{\Delta(\Delta V) - \Delta(\Delta V)'}{\Delta V} k_i \qquad (3\text{-}79)$$

式中，k_i 是体积元 ΔV 的体积模量，与弹性模量的关系为

$$k_i = \frac{E_i}{3(1-2\mu_i)} \qquad (3\text{-}80)$$

根据以上各式，可以得到下面的关系式，即

$$\sigma_i = k_i(\alpha_{VC} - \alpha_{Vi})\Delta T \qquad (3\text{-}81)$$

考虑到复合材料的内应力之和应为零，并将复合材料等分为 n 个体积元，则有

$$\sum_{i=1}^{n} k_i(\alpha_{VC} - \alpha_{Vi})\Delta T = 0 \qquad (3\text{-}82)$$

设该两相复合材料中的增强相体积分数为 φ_R，则由增强体材料构成的体积元个数等于对 $n\varphi_R$ 取整后的数值 $m = [n\varphi_R]$。而连续相基体材料构成的体积元个数为 nm。用 K_R 和 K_M 分别表示增强体和增强体的体积模量，用 α_{VR} 和 α_{VM} 表示两者的体胀系数，则可有

$$\sum_{i=1}^{m} K_R(\alpha_{VC} - \alpha_{VR})\Delta T + \sum_{i=1}^{n-m} K_M(\alpha_{VC} - \alpha_{VM})\Delta T = 0 \qquad (3\text{-}83)$$

即

$$\varphi_R K_R(\alpha_{VC} - \alpha_{VR}) + (1-\varphi_R)K_M(\alpha_{VC} - \alpha_{VM}) = 0 \qquad (3\text{-}84)$$

所以

$$\alpha_{VC} = \frac{\alpha_{VR}K_R\varphi_R + \alpha_{VM}K_M(1-\varphi_R)}{K_R\varphi_R + K_M(1-\varphi_R)} \qquad (3\text{-}85)$$

式（3-85）即是两相复合材料的体胀系数与组分材料性能间的关系式。图 3-16 所示为两种两相复合材料体胀系数的计算值和试验值的比较，吻合得较好。

只要多种材料组成的复合材料，其组分材料是各向同性的，那么复合材料的体胀系数也可以用上述方法来计算，表达式为

$$\alpha_{VC} = \sum_i \alpha_{Vi} K_i \varphi_i \Big/ \sum_i K_i \varphi_i \qquad (3\text{-}86)$$

式中，α_{Vi} 为 i 组分的体胀系数；K_i 为 i 组分的体积模量；φ_i 是 i 组分的体积分数。

在宏观上，颗粒填充复合材料一般是各向同性的。设 α_{li} 为组分材料的线胀系数，利用复合材料体胀系数与线胀系数间的近似关系（$\alpha_V = 3\alpha_l$）和式（3-75）可得到复合材料的线胀系数 α_{lC}，即

$$\alpha_{lC} = \sum_i \alpha_{li} K_i \varphi_i \Big/ \sum_i K_i \varphi_i \qquad (3\text{-}87)$$

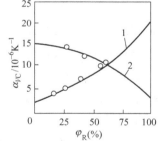

图 3-16　两种两相复合材料
体胀系数的计算值
和试验值的比较
1—Al/SiC　2—W/MgO

3. 阻尼性能

阻尼功能复合材料是指具有把振动能吸收并转化成其他形式的能量，从而减小机械振动和降低噪声功能的一种功能材料。阻尼功能复合材料的种类很多，金属基阻尼功能复合材料是其中的一种。

复合材料的阻尼特性可通过对数衰减率 δ 与阻尼因子 η（又称为损耗因子）两种方式来

描述。对数衰减率 δ 定义为振幅衰减时两相邻振幅之比取自然对数，阻尼因子 η 定义为单位弧度的阻尼能量损失与峰值势能之比，通常用下式表示，即

$$\eta = \tan\delta = D/(2\pi W) = E''/E' \qquad (3\text{-}88)$$

式中，D 为材料振动一周所损耗的振动能；W 为材料振动一周所储存的最大应变能；E'' 为损耗模量；E' 为储能模量。

大多数金属基复合材料都具有比基体合金材料更好的阻尼性能。因为第二相的加入增加了基体中的位错密度等晶体缺陷，第二相本身就具有好的阻尼性能，以及两相结合界面吸收振动能量等。但是金属基复合材料的阻尼性能仍处于较低的水平，室温时大多处在比阻尼系数小于 1% 的低阻尼范围。提高或改善金属基复合材料的阻尼性能可以采用以下方法：

（1）用高阻尼基体金属　选择阻尼性能好的金属作为制备金属基复合材料的基体，如 Zn-Al、Mg-Zr 等，将它们与常用的增强剂（碳纤维、石墨纤维等）复合。此类复合材料中，阻尼性能是由基体金属提供的。以 Zn-Al 合金为基体，以石墨纤维、碳纤维、颗粒和晶须等为增强体的金属基复合材料，由于 Zn-Al 合金的阻尼产生于两相的塑性流动，增强体的加入不会改变这种情况，因此此类复合材料的阻尼性能和力学性能都能达到较高的水平。

（2）用高阻尼增强物　因为纤维的弹性模量通常远大于基体和复合材料的弹性模量，应变能主要集中在纤维上，所以纤维对复合材料阻尼性能的贡献是主要的。采用石墨颗粒作为高阻尼增强体，与铸铁中石墨片变形吸收振动能量的作用一样，把片状石墨加入到 Al 或其他金属基体形成的金属基复合材料中可大大提高阻尼性能。例如用 SiC 颗粒和石墨颗粒混杂的方法可以制备刚度和阻尼俱佳的复合材料。此类混杂复合材料的阻尼性能主要由石墨颗粒贡献，而刚度主要由 SiC 颗粒决定。

（3）设计高阻尼界面　金属基复合材料的阻尼性能与其实际界面层的性能有关。根据界面层阻尼理论，一定厚度的强结合界面层本身的阻尼性能对复合材料的阻尼有极大影响；而弱结合界面层，其内发生的微滑移对复合材料的阻尼做出更多贡献。

目前对金属基复合材料阻尼的研究仍处在早期阶段。多数研究结果认为，适用于金属基复合材料的阻尼机制包括点缺陷弛豫、位错阻尼、晶界阻尼、热弹性阻尼和各种形式的界面阻尼，通常只有一两种阻尼机制是主导的，是综合了应变振幅、温度和频率的影响。多数研究者认为，基体位错阻尼和界面阻尼是最重要的。

3.3.6　热防护梯度功能材料设计

金属-陶瓷梯度功能材料是一种使金属和陶瓷的组分和结构呈连续变化的复合材料。复合材料的一侧是陶瓷，具有很好的耐热性能，而另一侧为金属，具有很好的强度及热传导性。在界面处，由于成分和结构是连续变化的，因此使温度梯度产生的热应力得到充分缓和。热防护梯度功能材料的研究体系如图 3-17 所示。

金属-陶瓷梯度功能材料的设计思想如图 3-18 所示。梯度功能材料的目的是获得最优化的材料组成和组分的分布（见图 3-18 中曲线）。其设计程序为：首先根据热防护梯度功能材料构件的形状和使用的热环境，以设计知识库为基础选择可能合成的材料组合和制造方法；其次是选择表示组成梯度变化的分布函数，并以材料物性数据库为依据进行温度和热应力的解析计算，几经反复直到使热应力达到最佳的分布，确定其组分和结构；最后进行材料的合成制备。其设计计算过程都是由计算机辅助设计系统来完成的。图 3-19 所示为热防护梯度

功能材料逆向设计程序（Inverse Design Procedure）框图。人们通常用成分分布函数来对梯度功能材料进行最优化设计。成分分布函数有几种表达式，其中最简单的表达式为

$$\varphi_B = (x/d)^p \tag{3-89}$$

式中，φ_B 表示 B 相的体积分数；d 为材料的厚度；x 是从 A 相表面作为起点的距离；p 为梯度分布系数。图 3-20 所示为梯度功能材料的梯度成分分布曲线。当 $p=1$ 时，成分随着材料的厚度呈直线变化；当 $p<1$ 时，A 相和富 A 相的层变薄，B 相和富 B 相的层变厚；当 $p>1$ 时，则相反。

在热防护梯度功能材料的设计中，所需要的物性数据和有关的数学模型及其热应力解析方法是主要研究解决的内容，这在很大程度上影响了设计的正确性和精确程度。目前，已提出了许多方法，下面简单做一些介绍。

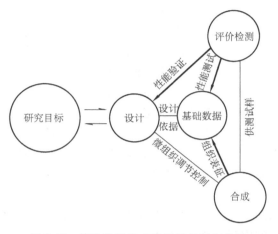

图 3-17　热防护梯度功能材料的研究体系

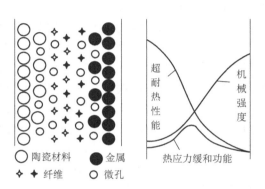

图 3-18　金属-陶瓷梯度功能材料的设计思想

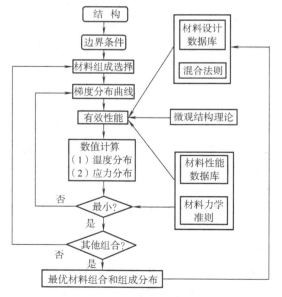

图 3-19　热防护梯度功能材料逆向设计程序框图

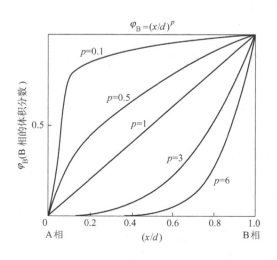

图 3-20　梯度功能材料的梯度成分分布曲线

梯度功能材料的物性参数，如弹性模量、泊松比、热导率和热膨胀系数等，主要取决于梯度层中的组成和微观结构。目前，梯度功能材料物性参数的推导方法主要有三种：实测法、复合法则法和微观力学法。实测法试样的取样和测试都很复杂，一般不采用。复合法则可半定量地确定不同混合比例复合材料的物性参数。而最简单和常用的混合律为线性混合律，即

$$P = \varphi_1 P_1 + \varphi_2 P_2 \tag{3-90}$$

式中，P 为梯度功能材料的物性参数；P_1、P_2 分别为组分 1 和 2 的物性参数；φ_1、φ_2 分别是组分 1 和 2 的体积分数。一般的表达式为

$$P = \varphi_1 P_1 + \varphi_2 P_2 + \varphi_1 \varphi_2 Q_{12} \tag{3-91}$$

式中，Q_{12} 是与 P_1、P_2、φ_1、φ_2 有关的函数。

混合律虽然比较简单，但不够精确，材料微观结构对物性的影响没有反映出来，所以提出了微观力学法。微观力学法分为二相平均场理论和三相平均场理论，是最精确的方法，缺点是计算比较麻烦。目前，采用较多的是 Wakashima 等人提出的幂函数分布形式。如梯度功能材料由组分 1 和组分 2 构成，其成分沿 x 方向呈一维连续变化，则组分 1 的体积分数 φ_{B1} 是 x 的一元函数 $\varphi_{B1}(x)$，可表示为

$$\varphi_{B1}(x) = \left(\frac{x}{d}\right)^n \tag{3-92}$$

式中，d 为梯度功能材料的厚度；n 为梯度指数。通过改变 n 值大小可以改变 $\varphi_{B1}(x)$ 曲线的形状，选取合适的 n 值可满足设计要求。也有采用 Markworth 等人提出的一元二次函数的分布形式，即

$$\varphi_{B1}(x) = a_0 + a_1 x + a_2 x^2 \tag{3-93}$$

式中，$a_i(i=0, 1, 2)$ 为可变参数，a_i 值取决于约束条件和制备工艺。因为 $\varphi_{B1}(0) = 0$，$\varphi_{B1}(d) = 1$，所以 a_i 中只有一个独立变量，可选 a_1 或 a_2。为保证 $0 \leqslant \varphi_{B1} \leqslant 1$，$a_2$ 需满足 $-d^{-2} \leqslant a_2 \leqslant d^{-2}$。比较式（3-92）和式（3-93）可见，前者给定的组成分布可调范围大，而后者用于热应力解析计算比较方便。

梯度功能材料的热应力解析方法要综合考虑制备过程和使用过程两类热应力分布情况，通过使它们互相抵消来做出最优设计。从目前的水平看，梯度功能材料设计不是一次设计就可完成的，而是要经过多次的设计-合成-性能评价的反复过程才能得到比较好的结果。

热防护梯度功能材料主要是陶瓷-金属系梯度材料。已有报道的有 TiC/Ni、TiC/Ti、TiC/NiAl、TiN/Ti、TiB$_2$/Cu、TiB$_2$/Ni、TiB$_2$/Al、ZrO$_2$/Mo、ZrO$_2$/3Y$_2$O$_3$/Ni 等，也有陶瓷-非金属系和合金-非金属系的梯度材料。

本章思考题

1. 对于金属基复合材料，纤维状增强体性能的共同要求是什么？
2. 复合材料性能的决定因素有哪些？
3. 简述金属间化合物的定义及其特点。
4. 连续纤维增强金属基复合材料与短纤维增强金属基复合材料的强化机理有何异同？
5. 弥散增强原理和颗粒增强原理有什么异同点？

6. 常见复合材料的强韧化机理有哪些?

7. 功能复合材料与结构复合材料之间有什么区别?

8. 什么是有限元模型?有限元模型在复合材料的应用中应该注意什么?

9. 金属基复合材料的物理性能有哪些?一般采用什么方法进行测量?

10. 金属基纳米复合材料的强化机理是什么?

第4章 金属基复合材料的制造技术

4.1 金属基复合材料制造技术概述

金属基复合材料制造技术是影响金属基复合材料迅速发展和广泛应用的关键问题。金属基复合材料的性能、应用和成本等在很大程度上取决于其制造方法和工艺。然而，金属基复合材料的制造相对比较复杂和困难，这是由于金属熔点较高，需要在高温下操作；同时不少金属对增强体表面润湿性很差，甚至不润湿，加上金属在高温下很活泼，易与多种增强体发生反应。目前虽然已经研制出不少制造方法和工艺，但仍存在一系列问题，所以开发有效的制造方法一直是金属基复合材料研究中最重要的课题之一。

4.1.1 金属基复合材料制造方法的分类

金属基复合材料的制造方法大致分为固态制造技术、液态制造技术和表面复合技术三种。

1. 固态制造技术

固态制造技术是在基体金属处于固态情况下，与增强材料混合组成新的复合材料的方法，包括粉末冶金技术、热压技术、热等静压技术、轧制技术、挤压和拉拔技术和爆炸焊接技术等。

2. 液态制造技术

液态技术是基体金属处于熔融状态时与增强材料混合组成新的复合材料的方法，包括真空压力浸渗技术、挤压铸造技术、搅拌铸造技术、液态金属浸渗技术、共喷沉积技术和原位反应生成技术等。

3. 表面复合技术

表面复合技术包括物理气相沉积技术、化学气相沉积技术、热喷涂技术、化学镀技术、电镀技术及复合镀技术等。

4.1.2 制造技术应具备的条件

考虑到金属基复合材料的性能、应用、成本等因素，金属基复合材料的制造技术应具备以下条件：

1）能使增强材料均匀地分布于金属基体中，满足复合材料结构和强度设计要求。

2）能使复合材料界面效应、混杂效应或复合效应充分发挥，有利于复合材料性能的提高与互补，不能因制造工艺不当造成材料性能下降。

3）能够充分发挥增强材料对基体金属的增强、增韧效果，可制得具有合适界面结构和特性的复合材料，尽量避免制造过程中在增强体-金属界面处发生不利的化学反应。

4）设备投资少，工艺简单易行，可操作性强，便于实现批量或规模生产。

5）尽量能制造出接近最终产品的形状、尺寸和结构，减少或避免后加工工序。

4.1.3　金属基复合材料制造的关键性技术

由于金属所固有的物理和化学特性，其加工性能不如树脂好。在制造金属基复合材料中需要解决一些关键技术，主要包括：

1）在高温下易发生不利的化学反应。在加工过程中，为了确保基体的浸润性和流动性，需要采用很高的加工温度（往往接近或高于基体的熔点）。在高温下，基体与增强材料易发生界面反应，有时会发生氧化反应生成有害的反应产物。这些反应往往会对增强材料造成损害，形成过强结合界面，而过强结合界面会使材料产生早期低应力破坏。同时，高温下反应的产物通常呈脆性，会成为复合材料整体破坏的裂纹源。因此，控制复合材料的加工温度是一项关键技术。

解决的方法是：①尽量缩短高温加工时间，使增强材料与基体界面反应降至最低程度；②通过提高工作压力使增强材料与基体浸润速度加快；③采用扩散粘接法可有效地控制温度并缩短时间。

2）增强材料与基体浸润性差。绝大多数的金属基复合材料，如碳/铝、碳/镁、碳化硅/铝、氧化铝/铜等，基体对增强材料浸润性差，有时根本不发生润湿现象。

解决的方法是：①加入合金元素，优化基体组分，改善基体对增强材料的浸润性，常用的合金元素有钛、锆、铌、铈等；②对增强材料进行表面处理，涂覆一层可抑制界面反应的涂层，可有效改善其浸润性。表面涂层涂覆方法较多，如化学气相沉积、物理气相沉积、溶胶-凝胶和电镀或化学镀等。

3）如何使增强材料按所需方向均匀地分布于基体中。增强材料的种类较多，如短纤维、晶须、颗粒、直径较粗的单丝、直径较细的纤维束等，在尺寸、形态、理化性能上有很大差异，使其均匀分布或按设计强度的需要分布比较困难。

解决的方法是：①对增强材料进行适当的表面处理，使其浸润基体速度加快；②加入适当的合金元素改善基体的分散性；③施加适当的压力，使基体分散性增大。

4.2　固态制造技术

4.2.1　粉末冶金技术

粉末冶金是最早用来制造金属基复合材料的方法，早在 1961 年 Kopenaal 等人就利用粉末冶金法制造纤维体积分数为 20% ~ 40% 的碳/铝复合材料，但由于性能很低，也无有效措施加以提高，这种方法已不用于制造长纤维增强金属基复合材料，而主要用于制造颗粒或晶须增强金属基复合材料。

1. 工艺过程及注意事项

粉末冶金技术制造金属基复合材料的工艺流程如图 4-1 所示。

用粉末冶金技术可以制造金属基复合材料坯料，并通过挤压、轧制、锻压、旋压等二次加工制成零部件，也可直接制成复合材料零件。美国 DWA 公司用此技术制造了不同成分的铝合金基和不同颗粒（晶须）含量的复合材料及各种零件、管材、型材和板材，它们具有很高的比强度、比模量和耐磨性，已用于汽车、飞机和航天器等。

　　粉末冶金技术也被用来制造钛基、金属间化合物基复合材料。例如，TiC 颗粒的体积分数为 10% 的 TiC/Ti-6Al-4V 复合材料，其 650℃ 的高温弹性模量提高了 15%，使用温度可提高 100℃。

　　基体粉末和颗粒（晶须）增强材料的均匀混合以及防止基体粉末的氧化是整个工艺的关键，必须采取有效措施。

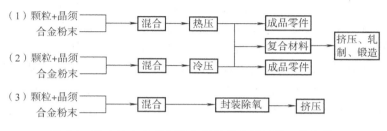

图 4-1　粉末冶金技术制造金属基复合材料的工艺流程

2. 工艺适应性

　　与搅拌铸造技术相比，在粉末冶金技术中颗粒（晶须）的含量不受限制，尺寸也可以在较大范围内变化，但材料的成本较高，制造大尺寸的零件和坯料有一定困难。

　　该工艺适于制造 SiC_p/Al、SiC_w/Al、Al_2O_3/Al、TiB_2/Ti 等金属基复合材料零部件、板材或锭坯等。常用的增强材料有 SiC_p、Al_2O_3、SiC、W、B_4C_p 等颗粒、晶须及短纤维等，常用的基体金属有 Al、Cu 和 Ti 等。

4.2.2　热压和热等静压技术

　　热压技术和热等静压技术又称扩散粘接技术，是压焊的一种，因此有时也称为扩散焊接技术。它是在较长时间的高温及不大的塑性变形作用下依靠接触部位原子间的相互扩散进行的。扩散粘接过程可分为三个阶段：①粘接表面之间的最初接触，由于加热和加压使表面发生变形、移动、表面膜（通常是氧化膜）破坏；②随着时间的推移，增强材料与合金粉末之间发生界面扩散和体扩散，使接触面粘接；③由于热扩散，结合界面最终消失，粘接过程完成。影响扩散粘接过程的主要参数是温度、压力和一定温度及压力下维持的时间，其中温度最为重要，气氛对产品质量也有影响。

1. 热压技术

　　热压工艺通常要求先将纤维与金属基体制成复合材料预制片，然后将预制片按设计要求裁剪成所需的形状，叠层排布（纤维方向），根据对纤维体积分数的要求，在叠层时添加基体箔，将叠层放入模具内，进行加热加压，最终制得复合材料或零件。为保证热压产品的质量，加热加压过程可在真空或惰性气氛中进行，也可在大气中进行。也有用纤维织物与基体箔直接进行热压制造复合材料及零件的。

　　复合材料预制片（带）的来源有：用等离子喷涂法制得的粗直径纤维/金属预制片；用液态金属浸渗法制得的细直径的一束多丝纤维-金属预制片（带、丝）；用离子涂覆法制得的预制片；将纤维用易挥发胶粘剂粘在金属箔上得到的预制片。前三种预制片中纤维与基体已经基本复合好；后一种预制片中基体与纤维完全没有复合，这种预制片也称为"生片"。生片中的胶粘剂要求在热压加热的前期完全挥发，不留残物。

复合材料的热压温度比扩散焊接高，但也不能过高，以免纤维与基体之间发生反应，影响材料性能，一般控制在稍低于基体合金的固相线。有时为了复合更好，特别在热压"生片"时，希望有少量的液相存在，温度控制在基体合金的固相线和液相线之间。选用压力可在较大范围内变化，但过高容易损伤纤维，一般控制在 10MPa 以下。压力的选择与温度有关，温度高，压力可适当降低。时间在 10～20min 即可。热压可以在大气中进行的原因：一是热压模具的密封较好，空气不易进入，有胶粘剂时挥发物起保护作用；二是在热压过程中刚性的纤维可使基体的表面氧化膜破坏，使暴露的新鲜表面良好粘接。

根据工艺特点，热压技术分为模内热压、分步热压和动态热压等几种。

热压技术是目前制造直径较粗的硼纤维和碳化硅纤维增强铝基、钛基复合材料的主要方法，其产品作为航天发动机主舱框架承力柱、发动机叶片、火箭部件等已得到应用。热压技术也是制造钨丝/超合金、钨丝/铜等复合材料的主要方法之一，其工艺流程如图 4-2 所示。

图 4-2　热压技术工艺流程

2. 热等静压技术

热等静压技术也是热压的一种，用惰性气体加压，工件在各个方向上受到均匀压力的作用。热等静压的工作原理及设备如图 4-3 所示，即在高压容器内设置加热器，将金属基体（粉末或箔）与增强材料（纤维、晶须、颗粒）按一定比例混合或排布后，或用预制片叠层后放入金属包套中，抽气密封后装入热等静压装置中加热、加压，复合成金属基复合材料。热等静压装置的温度可在几百摄氏度到 2000℃ 范围内选择，工作压力可高达 100～200MPa。

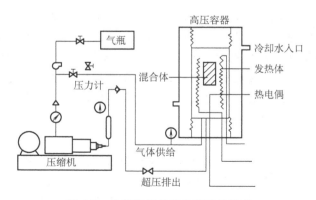

图 4-3　热等静压的工作原理及设备

热等静压制造金属基复合材料过程中温度、压力、保温保压时间是主要工艺参数。温度是保证工件质量的关键因素，一般选择的温度低于热压温度，以防止严重的界面反应。压力根据基体金属在高温下变形的难易程度而定，易变形的金属压力低一些，不易变形的金属压力高一些。保温保压时间主要根据工件的大小来确定，工件越大，保温时间越长，一般为

30min 到数小时。

热等静压工艺有三种：①先升压后升温，其特点是无须将工作压力升到最终所要求的最高压力，随着温度升高，气体膨胀，压力不断升高直至达到需要压力，这种工艺适合于金属包套工件的制造；②先升温后升压，此工艺对于用玻璃包套制造复合材料比较合适，因为玻璃在一定温度下软化，加压时不会发生破裂，又可有效传递压力；③同时升温升压，这种工艺适合于低压成形、装入量大、保温时间长的工件制造。

3. 工艺适用性

（1）热压技术　热压技术适用于制造基体金属容易制成粉末的各类金属基复合材料，如 B/Al、SiC/Al、SiC/TiC/Al、C/Mg 等复合材料零部件、管材和板材等。常用的基体金属有 Al、Ti、Cu、耐热合金等。常用的增强材料有 B、SiC、C 和 W 等。

（2）热等静压技术　热等静压技术适用于多种复合材料的管、筒、柱及形状复杂零件的制造，特别适用于铝、钛、超合金基复合材料，如各种类型的 B/Al、SiC/Ti 管材等。图4-4 所示为制造 B/Al 复合材料管的工艺流程。产品的组织均匀致密，无缩孔、气孔等缺陷，形状、尺寸精确，性能均匀。热等静压法的主要缺点是设备投资大，工艺周期长，成本高。该技术常用的基体金属有 Al、Ti 和超合金等，常用的增强材料有 B、SiC、W 等。

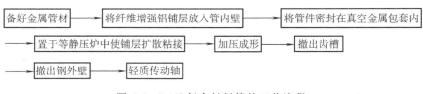

图 4-4　B/Al 复合材料管的工艺流程

4.2.3　热轧、热挤压和热拉技术

热轧、热挤压和热拉技术都是金属材料中成熟的塑性成形加工工艺，在此用于制造金属基复合材料。

热轧技术主要用来将已复合好的颗粒、晶须、短纤维增强金属基复合材料锭坯进一步加工成板材，也可将由金属箔和连续纤维组成的预制片制成板材，如铝箔与硼纤维、铝箔与钢丝。为了提高粘接强度，常在纤维上涂银、镍、铜等涂层。轧制时为了防止氧化，常用钢板包覆。与金属材料的轧制相比，长纤维/金属箔轧制时每次的变形量小，轧制道次多。对于颗粒或晶须增强金属基复合材料板材，先经粉末冶金或热压成坯料，再经热轧成复合材料板材。适用的复合材料有 SiC_p/Al、SiC_w/Cu、Al_2O_{3w}/Al、Al_2O_{3w}/Cu 等。

热挤压和热拉技术主要用于颗粒、晶须、短纤维增强金属基复合材料坯料的进一步加工，制成各种形状的管材、型材和棒材等。经挤压、拉拔后复合材料的组织变得均匀，缺陷减少或消除，性能明显提高，短纤维和晶须还有一定的择优取向，轴向抗拉强度提高很多。

热挤压和热拉技术对制造金属丝增强金属基复合材料是很有效的方法，具体做法是在基体金属坯料上钻长孔，将增强金属制成棒放入基体金属的孔中，密封后进行热挤压或热拉，增强金属棒变成丝。也有将颗粒或晶须与基体金属粉末混匀后装入金属管中，密封后直接热挤压或热拉成复合材料管材或棒材的。

热挤压和热拉技术适用于制造 C/Al、Al_2O_3/Al 复合材料棒材和管材等。常用的增强材料为 B、SiC、W 等，常用的基体金属有 Al 等。

4.2.4　爆炸焊接技术

爆炸焊接技术是利用炸药爆炸产生的强大脉冲应力，通过使碰撞的材料发生塑性变形、粘接处金属的局部扰动以及热过程使材料焊接起来。如果用金属丝作为增强材料，应将其固定或编织好，以防其移位或卷曲。基体和金属丝在焊前必须除去表面的氧化膜和污物。

爆炸焊接用底座对材料质量的优劣起着重要作用，底座材料的密度和隔声性能应尽可能与复合材料接近。用放在碎石层或铁屑层上的金属板作为底座可得到高质量、平整的复合板。

爆炸焊接的特点是作用时间短，材料的温度低，不必担心发生界面反应。用爆炸焊接可以制造形状复杂的零件和大尺寸的板材，需要时一次作业可得多块复合板。此法主要用来制造金属层合板和金属丝增强金属基复合材料，如钢丝增强铝、钼丝或钨丝增强钛、钨丝增强镍等复合材料。

4.3　液态制造技术

液态制造技术包括真空压力浸渗技术、挤压铸造技术、液态金属搅拌铸造技术、液态金属浸渗技术、共喷沉积技术和热喷涂技术等。液态制造技术是金属基复合材料的主要制造技术。

4.3.1　真空压力浸渗技术

真空压力浸渗技术是在真空和高压惰性气体共同作用下，将液态金属压入增强材料预制件，再制备金属基复合材料制品，兼具真空吸铸和压力铸造的优点。该技术由美国 Alcoa 公司于 1960 年最先发明，经过不断改进，逐步发展成能控制熔体温度、预制件温度、冷却速度、压力等工艺参数的工业性制造方法。熔体进入预制件有三种方式，即底部压入式、顶部注入式和顶部压入式。

浸渗炉由耐高压的壳体、熔化金属的加热炉、预制件预热炉、坩埚升降装置、真空系统、控制系统、气体加压系统和冷却系统组成。金属熔化过程和预制件预热过程可在真空或保护气氛条件下进行，以防止金属氧化和增强材料损伤。

1. 工艺过程

真空压力浸渗技术制造金属基复合材料的工艺流程如图 4-5 所示。

首先将增强材料预制件放入模具，并将基体金属装入坩埚中，然后将装有预制件的模具和装有基体金属的坩埚分别放入浸渗炉的预热炉和熔化炉内，密封和紧固炉体，将预制件模具和炉腔抽真空。当炉腔内达到预定真空度后开始通电加热预制件和熔化金属基体。控制加热过程使预制件和熔融基体达到预定温度，保温一定时间，提升坩埚，使模具升液管插入金属熔体，并通入高压惰性气体，在真空和惰性气体高压的共同作用下，液态金属渗入预制件中并充满增强材料之间的孔隙，完成浸渗过程，形成复合材料。降下坩埚，接通冷却系统，待完全凝固后，即可从模具中取出复合材料零件或坯料。由于凝固在压力下进行，复合材料及其制品一般无铸造缺陷。

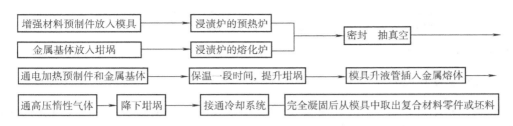

图 4-5　真空压力浸渗技术制造金属基复合材料的工艺流程

真空压力浸渗技术制备金属基复合材料的过程中，预制件的制备和工艺参数的控制是制得高性能复合材料的关键。金属基复合材料中纤维、颗粒等增强材料的含量、分布、排列方向是由预制件决定的，根据需要可采取相应的方法制造满足设计要求的预制件。常用的方法有干法和湿法两种，根据具体情况还可适当加入胶粘剂。

预制件应有一定的抗压缩变形能力，防止浸渗时增强材料发生位移或弯曲，形成增强材料密集区和富金属基体区，使复合材料性能下降。图 4-6 所示为湿法制备预制件的工艺流程。

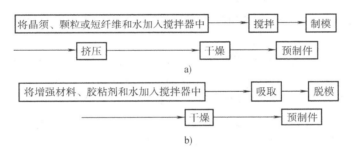

图 4-6　湿法制备预制件的工艺流程
a）压制成形工艺　b）抽吸成形工艺

真空压力浸渗技术主要工艺参数包括预制件预热温度、金属熔体温度、浸渗压力和冷却速度。预制件预热温度和熔体温度是影响浸渗是否完全和界面反应程度的最主要因素。从浸渗角度分析，金属熔体的温度越高，流动性越好，越容易充填到预制件中；预制件温度越高，金属熔体不会因渗入预制件而迅速冷却凝固，因此浸渗越充分。

2. 工艺适应性

真空压力浸渗技术具有以下特点：

1）适用面广，可用于多种金属基体和连续纤维、短纤维、晶须和颗粒等增强材料的复合，增强材料的形状、尺寸、含量基本上不受限制，也可用来制造混杂复合材料。

2）可直接制成复合零件，特别是形状复杂的零件，基本上无须进行后续加工。

3）浸渗在真空中进行，在压力下凝固，无气孔、疏松、缩孔等铸造缺陷，组织致密，材料性能好。

4）工艺简单，参数易于控制，可根据增强材料和基体金属的物理化学特性，严格控制温度、压力等参数，避免严重的界面反应。

5）设备比较复杂，工艺周期长，投资大，制造大尺寸的零件要求大型设备。

该工艺适于制造 C/Al、C/Cu、C/Mg、SiC_p/Al、SiC_w+SiC_p/Al 等复合材料零部件、板材、锭坯等。常用的增强材料为各种纤维、晶须、颗粒等增强材料。常用的基体金属为 Al、Mg、Cu、Ni 等及其合金。

4.3.2 挤压铸造技术

挤压铸造技术是利用压力机将液态金属强行压入增强材料的预制件中，以制造复合材料的一种方法，其工艺流程如图 4-7 所示。其过程是先将增强材料制成一定形状的预制件，经干燥预热后放入模具中。注入液态金属，液态金属在压力下浸渗入预制件中，压力为 70 ~ 100MPa，并在压力下凝固，制成接近最终形状和尺寸的零件，或用作塑性成形法二次加工的锭坯。

图 4-7　挤压铸造工艺流程

预制件的质量、模具的设计、预制件预热温度、熔体温度、压力等参数的控制，是得到高性能复合材料的关键。

挤压铸造的压力比真空压力浸渗的压力高得多，因此要求预制件具有高的机械强度，能承受高的压力而不变形。在制造纤维预制件时加入少量的颗粒，不但能够提高预制件的机械强度，还能防止纤维在挤压过程中发生偏聚，保证纤维在复合材料中均匀分布。

挤压铸造技术主要用于批量制造陶瓷短纤维、颗粒、晶须增强铝、镁基复合材料的零部件，且制造成本低。由于高压的作用，可以促进熔体对增强材料的润湿，增强材料不需进行表面预处理，熔体与增强材料在高温下接触的时间短，因此也不会发生严重的界面反应。

该工艺适用于制造 SiC_p/Al、SiC_w/Al、C/Al、C/Mg、Al_2O_3/Al、SiO_2/Al 等复合材料及其零部件、板材和锭坯等。常用的增强材料有各种纤维、晶须以及 C、Al_2O_3、SiC、SiO_2 等颗粒。常用的基体金属有 Al、Zn、Mg 和 Cu 等。

4.3.3 液态金属搅拌铸造技术

液态金属搅拌铸造技术是一种适合于工业规模生产颗粒增强金属基复合材料的主要方法，工艺简单，制造成本低廉。基本原理是通过一定方式的搅拌使颗粒均匀地分散在金属熔体中，然后浇注成锭坯、铸件等。

液态金属搅拌铸造技术制造颗粒增强金属基复合材料尚存在一些困难：一是为了提高增强效果，要求加入尺寸细小的颗粒，10 ~ 30μm 之间的颗粒与金属熔体的润湿性差，不易进入和均匀分散在金属熔体中，易产生团聚；二是强烈的搅拌容易造成金属熔体的氧化和大量吸入空气。因此必须采取有效的措施来改善金属熔体对颗粒的润湿性，并防止金属的氧化和吸气等。搅拌铸造的注意事项与措施包括：

（1）在金属熔体中添加合金元素　合金元素可以降低金属熔体的表面张力。例如在铝熔体中加入钙、镁、锂等元素可以明显降低熔体的表面张力，提高对陶瓷颗粒的润湿性，有利于陶瓷颗粒在熔体中的分散，提高其复合效率。

（2）颗粒表面处理　比较简单有效的方法是将颗粒进行高温热处理，使有害物质在高温下挥发脱除。有些颗粒（如 SiC）在高温处理过程中发生氧化，在表面生成 SiO_2 薄层，可以明显改善熔融铝合金基体对颗粒的润湿性。

（3）复合过程的气氛控制　由于液态金属氧化生成的氧化膜阻止金属与颗粒的混合和润湿，吸入的气体又会造成大量的气孔，严重影响复合材料的质量，因此要采用真空、惰性气体保护来防止金属熔体的氧化和吸气。

（4）有效的机械搅拌　强烈的搅动可使液态金属以高的剪切速度流过颗粒表面，有效改善金属与颗粒之间的润湿性，促进颗粒在液态金属中的均匀分布。通常采取高速旋转的机械搅拌或超声调控来强化搅拌过程。

1. 机械搅拌铸造法

机械搅拌铸造法根据工艺特点和所选用的设备可分为旋涡法、Duralcan 法和复合铸造法三种。

（1）旋涡法　旋涡法的基本原理是利用高速旋转的搅拌器的桨叶搅动金属熔体，使其强烈流动，并形成以搅拌器转轴为对称中心的旋涡，将颗粒加到旋涡中，依靠旋涡的负压抽吸作用，颗粒进入金属熔体中。经过一定时间的强烈搅拌，颗粒逐渐均匀地分布在金属熔体中，并与之复合。

旋涡法的主要工序有基体金属熔化、除气、精炼、颗粒预处理、旋涡搅拌等。该方法控制的主要工艺参数是搅拌复合工序的搅拌速度、搅拌时基体金属熔体的温度、颗粒加入速度等。搅拌速度一般控制在 500~1000r/min，温度一般选在基体金属液相线温度以上 100℃。搅拌器通常为螺旋桨形。旋涡搅拌法工艺简单，成本低，主要用来制造含较粗颗粒（直径 50~100μm）的耐磨复合材料，如 Al_2O_3/Al-Mg、ZrO_2/Al-Mg、Al_2O_3/Al-Si、SiC/Al-Si、SiC/Al-Mg、石墨/铝等复合材料。

（2）Duralcan 法　Duralcan 法为无旋涡搅拌法，是 20 世纪 80 年代中期由 Alcan 公司研究开发的一种颗粒增强铝、镁、锌基复合材料的方法。这种方法现已成为一种工业规模的生产方法，可以制造高质量的 SiC_p/Al、Al_2O_{3p}/Al 等复合材料，产量达 1.1 万 t 的颗粒增强金属基复合材料的工厂已在加拿大魁北克建立。

Duralcan 法的主要工艺过程是：将熔炼好的基体金属熔体注入可抽真空或通氩气保护、能对熔体保温的搅拌炉中，然后向金属熔体中加入颗粒增强体，并采用搅拌器在真空或充氩气条件下进行高速搅拌，使颗粒增强体均匀分布在金属熔体中。搅拌器由主、副搅拌器组成。主搅拌器具有同轴多桨叶，旋转速度高，可在 1000~2500r/min 范围内变化。高速旋转对金属熔体和颗粒起剪切作用，使细小的颗粒均匀分散在熔体中，并与金属基体润湿复合。副搅拌器沿坩埚壁缓慢旋转，转速小于 100r/min，起着消除旋涡和将黏附在坩埚壁上的颗粒刮离并带入到金属熔体中的作用。搅拌过程中金属熔体保持在一定温度，一般以高于基体液相线 50℃为宜，搅拌时间通常为 20min 左右。搅拌器的形状结构、搅拌速度和温度是该方法的关键，需根据基体合金的成分、颗粒的含量和大小等因素决定。

由于 Duralcan 法在真空或氩气中进行搅拌，有效地防止了金属的氧化和气体吸入，复合好的颗粒增强金属基复合材料熔体中气体含量低、颗粒分布均匀，铸成的锭坯的气孔率小于 1%，组织致密，性能好。这种方法适用于多种颗粒和基体，但主要用于铝合金，包括变形铝合金 6A02、2A14、2A12、7A04 和铸造铝合金 ZL101、ZL104 等。金属基复合材料熔体可以采用连续铸造、金属型铸造、低压铸造等方法制成各种零件，以及供进一步轧制、挤压用的坯料，现在能够生产的最大铸锭已达 600kg。

（3）复合铸造法 复合铸造法也采用机械搅拌将颗粒混入金属熔体中，其特点是搅拌在半固态金属中进行，而不在完全液态的金属中进行。颗粒加入半固态金属中，在搅拌作用下通过其中的固相金属将颗粒带入熔体中。通过对加热温度的控制将金属熔体中固相的质量分数控制在 40%～60%，加入的颗粒在半固态金属中与固相金属相互碰撞、摩擦，促进其与液态金属润湿复合。在强烈的搅拌下，增强颗粒逐步均匀地分散在半固态熔体中，形成颗粒均匀分布的复合材料。复合后，再加热升温到浇注温度，浇注成零件或坯料。

这种方法可以用来制造颗粒细小、含量高的颗粒增强金属基复合材料，也可用来制造晶须、短纤维复合材料。此技术存在的主要问题是基体合金体系的选择受较大限制，要求必须选择特定的体系和温度，才能析出大量的初晶相，并达到 40%～60% 的（质量分数）。

与其他制造颗粒增强金属基复合材料的方法相比，液态金属搅拌铸造法工艺简单，生产效率高，制造成本低，适用于多种基体和多种增强颗粒，最具有竞争力。

2. 外场调控铸造法

在金属基复合材料的液态法制备过程中，需要解决的三个关键问题是：颗粒的润湿、团聚颗粒的分散和阻止分散颗粒的进一步团聚。为了解决上述三个问题，通常需要对增强体表面进行改性，以促进金属熔体对颗粒表面的润湿，并对熔体进行机械搅拌，这不仅增加了制备工艺的复杂性，也易导致熔体的二次污染。近年来，随着人们对外场在冶金和凝固过程中的作用的认识逐渐深入，利用电场、磁场、超声场等外场来提高复合材料的制备效率和性能成为学术界和工业界追求的重要目标。

（1）电磁场调控 电磁场在金属基复合材料的制备过程中主要依靠电磁搅拌、电磁分离等作用实现对增强体分布、界面、铸造缺陷的调控。

电磁搅拌是在一组感应线圈内通过交流电，使之具有合适的电压相位差，再利用电磁场的交变作用，在金属熔体中感应出一个振荡磁场 B 和电流密度场 J，从而产生洛伦兹力场。如图 4-8 所示，随着线圈电流的大小、相位变化，熔体质点所受的电磁力将随之变化，强迫金属熔体流动，使熔体的温度场和溶质场均匀化，并且可以抑制晶粒的各向异性生长，使其发生机械破碎和相互摩擦，从而促使柱状晶向等轴晶转变，并在熔体中生成更多结晶核心，细化和球化基体晶粒，从而获得均匀而细小的铸态组织，减少铸件内部缺陷，提高材料表面质量。

电磁场的一个重要特点是在材料熔体和动力源无接触的情况下，将热能和机械能引入材料熔体中，实现对熔体的非接触调控，不污染金属，金属浆料纯净，也不会卷入气体，电磁参数控制方便灵活。电磁场对熔体产生的净化和搅拌效果对复合材料来说，也是促进颗粒均匀分布和改善组织的有效技术。同时电磁搅拌作用会使液态金属的温度场和浓度场的分布变得非常均匀，可消除凝固时的柱状晶生成，从而影响到搅拌质量。王志伟采用电磁搅拌技术在 ZL105 合金半固态区间加入 SiC 颗粒，从而制备出

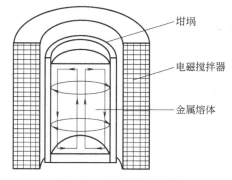

坩埚

电磁搅拌器

金属熔体

图 4-8 电磁搅拌原理图

SiC$_p$/ZL105 复合材料。结果表明，调节电磁搅拌工艺参数（励磁电压和搅拌频率）能改变熔体紊乱流动的剧烈程度，影响 SiC$_p$ 在 Al 基体中的分散性，故可间接作用于组织。当向 ZL105 合金中添加质量分数为 1.5% 的 SiC、调节电磁搅拌励磁电压为 350V、搅拌频率为 35Hz 时，复合材料的极限抗拉强度、伸长率均达到最佳，分别为 238.62MPa、5.23%，并较基体分别提升了 24.57%、37.27%。

许多共晶合金在强磁场搅拌下定向凝固时，在共生生长过程中会发生共晶相以厘米量级的宏观尺度被分离的现象，称为分离共晶现象。共晶合金中的领先析出相很容易被电磁驱动的液流冲刷折断，并被带到铸型壁（即铸件表面），在那里由于速度边界层的作用，得以沉积并形成表面具有特殊性能的复合层和析出相的梯度分布，从而制备出梯度复合材料。

电磁分离技术最初用于净化金属熔体，其基本原理是在含有异质颗粒的导电熔体中施加磁场以及与磁场垂直的电流，外加的电磁场会对导电熔体产生电磁力，使其产生定向运动。由于熔体与颗粒的电导率不同，导致熔体和颗粒在电磁场中所受电磁力大小不同，从而导致颗粒和熔体运动速度的差异。根据牛顿第三定律，当颗粒电导率大于熔体时，颗粒运动方向与熔体的受力方向相同；当颗粒电导率小于熔体时，颗粒将受到周围熔体的挤压，承受电磁挤压力（阿基米德力），因而向熔体受力方向的反方向迁移，电磁挤压力和颗粒与熔体的电导率、几何形貌、体积有关，不导电颗粒所受挤压力最大，相应的迁移速度也最大。基于此，可以通过控制电磁力的大小和方向来控制颗粒在固/液界面前沿的行为，既能使颗粒偏聚于凝固末端，也能将颗粒吞没，或将聚集的颗粒簇通过"吞没—推斥—吞没"的途径，使颗粒较为均匀地分布于基体当中，最终制备出具有特定微观结构的金属基复合材料。用电磁分离法制备自生梯度复合材料可以不要求增强相与基体之间有密度差，并且可采用稳恒磁场、行波磁场和交变磁场以及各种磁场的相互作用，制备出板状、管状和环状自生表面复合材料。

将电磁场与其他外力场进行耦合可以实现不同外力场的优势互补，制备高性能复合材料，例如电磁离心铸造是在普通离心机两侧施加一恒稳磁场，在电磁离心铸造过程中，液态金属在高速旋转的铸型带动下绕轴线运动，所受力除重力外，还有电磁力。电磁力引起的受迫对流运动对液态金属产生电磁搅拌作用。因此，电磁离心铸造既保留了普通离心铸造组织致密、疏松和气孔少等优点，又通过电磁搅拌作用，克服了普通离心铸造的缺点，使粗大的柱状晶组织转变为均匀的等轴晶组织，并使第二相的分布趋于均匀，成分偏析得到控制，从而有效地改善了离心铸件的组织和性能。

（2）超声调控　超声波是指频率大于 20kHz，超出了人耳听觉上限频率的声波。超声波具有束射性强和高能量聚焦的独特效果，在熔体中传播可以产生剧烈的振动，形成空化、声流、谐振、异质活化等诸多特殊效应，同时具有除气除杂、传热传质、细晶的作用。基于高能超声的各种有益的非线性效应，在金属基复合材料制备过程中施加超声外场是当今复合材料制备科学领域的一项创新工艺。图 4-9 所示为超声调控处理示意图，其中超声波振动装置主要包括超声波换能器、变幅杆、工具头（发射头），用于产生超声波振动，并将此振动能量向液体中发射。超声波换能器将输入的电能转换成机械能。其表现形式是超声波换能器在纵向做来回伸缩运动，振幅一般为几个微米。目前常用来制备 MMCs 的超声换能器有压电和磁致伸缩两种，后者的时间、高温稳定性优于前者，且可提供的功率较高，更适合高温熔体在超声场中的凝固。变幅杆按设计需要放大振幅，隔离反应溶液和换能器，同时也起到固定整个超声波振动系统的作用。工具头与变幅杆相连，变幅杆将超声波能量振动传递给工具头，再由工具头将超声波能量发射到熔体中。

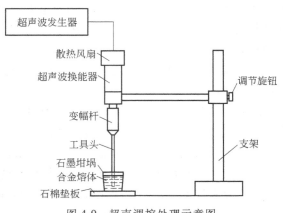

图 4-9　超声调控处理示意图

功率超声在熔体内产生的众多效应中，空化效应、声流效应和除气作用对复合材料制备的作用尤为显著。空化效应是指液体中的微小泡核在超声波作用下被激活，表现为泡核的振荡、生长、收缩及崩溃等一系列动力学过程。在声波的负压相内，媒质受到的作用力大小为 $p_h - p_a$，p_h 为流体静压力，p_a 为声压。若声压足够大，使液体受到的相应负压力也足够强，那么分子间的平均距离就会超过极限距离，从而破坏液体结构的完整性，液体被"撕裂"导致空化泡（空腔和空穴）的产生。一旦空化泡形成，它将一直增长至负声压达到极大值（$-p_a$）。在随之产生的声波正压相内这些空化泡又被压缩，导致一些空化泡进入持续振荡，另一些空化泡高速闭合崩溃，从而在极短时间内产生高达 $5.05 \times 10^7 Pa$ 局部高压以及 $1900 \sim 5200K$ 的局部高温，同时会伴随产生有强烈的冲击波和高达 $400km/h$ 的微射流，微区温度变化率可高达 $10^{10} K/s$，从而引发许多关于热学、力学、生物、化学等的特殊效应，可以打散增强体聚集，去除颗粒表面吸附的杂质，降低熔体液/固界面张力，改善增强体与基体之间的润湿性。声流作用是指由于高强声波在介质中传播存在衰减的现象，导致单位距离内熔体所受声压的不同，离工具头越近的熔体所受声压越大，而越远的熔体分子所受声压越小，压力差导致熔体内产生对流或湍流，从而减小了熔体中的温度梯度，增加了均匀形核的趋势。在高能超声情况下，当声压幅值超过一定值时，液体中可产生流体的喷射，此喷流直接离开变幅杆端面并在整个流体中形成环流。超声除气是指溶于熔体中的气体会在超声低压区析出并与周围其他气泡合并长大，然后慢慢上升到液体表面而破裂。这样可以减少复合材料中形成孔洞的概率，从而避免铸锭中产生气孔等缺陷，大大改善铸锭的质量。此外，通过超声处理，能够将氧化物等渣滓排到熔体表面，在捞渣时很容易捞出，因此制备出的复合材料没有发生夹杂。并且通过超声处理，能够除去颗粒表面吸附的杂质，有利于颗粒与基体的紧密结合。

空化和声流效应的共同作用使高能超声处理成为改善凝固组织、提高金属和合金力学性能的有效方法之一。短暂的空化作用产生的高强压力可把团聚的颗粒打碎并使之分散，同时产生的高温可以提高金属和增强体之间的润湿性；声流则在边界层破坏，加速传质、传热，促进增强相的弥散以及清洗表面杂质等方面起到了关键作用。高能超声的引入可使传统的搅拌铸造技术摆脱润湿性、分散性、颗粒大小的种种限制。王坤等人借助超声调控制备 SiC_p/7085 复合材料，发现单纯机械搅拌对 400 目颗粒的团聚与界面结合的作用效果有限；空化作用产生的微射流与瞬时高温高压能够有效破除颗粒团聚体的包裹层，打散颗粒；破除颗粒表面氧化膜，除去气体层，使熔体中的镁元素与颗粒直接接触并反应是改善熔体与颗粒润湿性的重要因素；最终在界面处生成 $MgAl_2O_4$ 强化相，从而获得更优的界面结合。Lan 等人利用功率超声处理添加外加 SiC 颗粒的 AZ91 镁合金熔体，发现超声可以有效地打散颗粒团聚，使颗粒均匀地分散在基体中。

在复合材料制备过程中，超声处理时熔体的温度、处理时间和超声功率均会影响调控效果。张燕瑰等人在半固态下用高能超声波搅拌制备 SiC_p/ZL105 复合材料，结果表明随着超声波功率的增大、作用时间的延长，基体合金中共晶体形貌由针状逐渐转变为细小的球状，SiC 颗粒分散开并逐渐趋于均匀；超声波处理熔体的温度控制在 600℃ 左右时，可以获得最佳的效果，共晶体形貌呈细小的球状颗粒，SiC 颗粒分散均匀。

（3）声/磁耦合调控　电磁搅拌对金属熔体的宏观搅拌和熔体净化效果非常突出，但是对颗粒的分散和改善颗粒润湿性方面存在不足。相反，超声分散的优势是利用空化效应打散微观领域团聚颗粒，却存在超声声压振幅作用范围有限、声流搅拌效果弱等不足。这两种物理外场的优劣互补性很强，具有重要的研究价值。张忠涛等人建立了复合场作用下合金凝固组织细化模型，当复合场作用于金属熔体时，超声场的空化作用在金属熔体内产生了很多有过冷度的微区，可以使金属熔体在其液相线以上大量生核，电磁场则可以扩大超声空化的作用效果，这些超声空化产生的初生晶核被超声声流和电磁场的搅动引起的强制对流传递到整个熔体中，同时在晶粒长大过程中，复合场产生的强制对流还可以引起树枝晶在枝晶臂发生熔断，从而进一步达到细化晶粒的目的。

Y. Tsunekawa 等人较早将声磁耦合应用于复合材料制备中，其将超声场与电磁搅拌结合，以 SiO_2 粉末为反应物，在 Al-Mg 合金熔体中制备金属基复合材料。结果表明，两种物理场的共同作用极大地改善了 SiO_2 粉末与合金熔体的润湿性，促进了原位反应的进行，从而制备出了 $MgAl_2O_4$ 和 Al_2O_3 颗粒增强铝基复合材料。李桂荣、赵玉涛等人在声磁耦合场下制备了 $TiAl_3$/6070、TiB_2/7055 复合材料。结果表明，声磁耦合场下所得的 Al_3Ti 颗粒尺寸细小，分布均匀。当超声功率为 16kW 时，约 72.4%（体积分数，下同）的 Al_3Ti 增强颗粒处于 $0.2 \sim 0.5 \mu m$ 间，处于 $0.8 \sim 1.2 \mu m$ 之间的颗粒减少至约 1.6%。房灿峰等人借助频率为 20kHz、功率为 330W 的超声场和频率为 10Hz、电流为 120A 的螺旋磁场的复合场作用制备 TiB_2/AZ31 复合材料。结果表明，施加复合场后，α-Mg 基体平均晶粒尺寸为 $79 \mu m$，组织得到了显著的细化，TiB_2 颗粒团簇的尺寸明显减小，在基体中分布均匀。

4.3.4　液态金属浸渍技术

液态金属浸渍技术是用液态金属连续浸渍长纤维，得到复合材料预制品（带、丝等）的一种方法，所以又称为连铸法。由于在液态金属中容易分散、复合完全，因此特别适用于一束多丝、直径细的连续长纤维。为了改善熔融金属对纤维的润湿性这一制备过程的关键问题，纤维在复合前必须进行表面涂覆处理，涂上润湿层，或用其他方法（如在基体中加合金元素、采用超声波等）改善润湿性。有时还要考虑纤维与液态金属在高温接触时发生化学反应的问题。

1. 纤维增强材料的初步处理

用液态金属浸渍技术制备碳（石墨）/铝、碳（石墨）/镁复合材料的核心问题是对碳（石墨）纤维进行表面处理，经处理后的纤维能与液态铝、液态镁自发浸润。当纤维束经过金属熔池时，金属自发浸渍到纤维束中，形成复合带（丝）。图 4-10 所示为用液态金属浸渍技术制备碳（石墨）/铝、碳（石墨）/镁复合带的装置简图。碳（石墨）纤维由放丝筒顺次经过除胶炉、预处理炉、化学气相沉积（CVD）炉、熔化炉，最后由收丝筒将已复合好的带或丝收集。

在除胶炉中碳（石墨）纤维经高温处理除去在纤维制造过程中涂的胶。若炉温低于450℃，除胶可在空气中进行；若炉温高于450℃，为了防止纤维的氧化，必须在保护性气氛中除胶。在预处理炉中，碳（石墨）纤维除进一步除胶、脱除残留胶外，还用化学气相沉积炉的废气进行预处理，为下一步的化学气相沉积做准备。预处理炉的温度控制在700℃，用氩气保护。

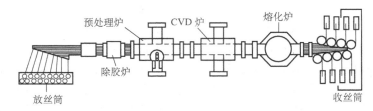

图 4-10　用液态金属浸渍技术制备碳（石墨）/铝、碳（石墨）/镁复合带的装置简图

2. 纤维表面 Ti-B 处理

Ti-B 处理是液态金属浸渍技术常用的纤维表面处理方法，主要是使用 BCl_3、$TiCl_4$ 在气相沉积炉中对纤维进行处理，在其表面生成 Ti-B 涂层。BCl_3 在常温下为气体，$TiCl_4$ 在 25℃的蒸气压约为 907Pa，因此在寒冷的季节必须加热，以提高其蒸气压，保证在气相中的浓度。BCl_3 和 $TiCl_4$ 气体以氩气为载气，以一定的流量进入化学气相沉积炉，氩气在整个密封系统中成为保护气体，沉积炉中还需加入少量的锌和海绵钛，温度控制为 700℃。在化学气相沉积炉中可能发生下列反应：

$$TiCl_4(v) + 2Zn(v) \longrightarrow 2ZnCl_2(v) + Ti(a) \tag{4-1}$$

$$BCl_3(v) + Ti(v) \longrightarrow TiCl_3(v) + B(a) \tag{4-2}$$

$$2BCl_3(v) + 4Ti(a) \longrightarrow TiB_2(s) + 3TiCl_2(s) \tag{4-3}$$

在熔化炉将基体金属熔化、保温，温度控制在高于基体熔点 50%~100%。为了防止金属氧化，熔化炉中的熔体最好置于惰性气体保护气氛中。但如果经化学气相沉积后的碳纤维在液面下进入熔体，不与表面上的氧化物接触，也可不用惰性气体保护。涂覆好的纤维在进入熔化炉前一直处于氮气保护下，一旦进入熔化炉与熔融金属接触，熔体立即自发浸渍到纤维束中，与每根纤维很好复合，得到复合丝或带，由收丝筒收集，在随后的二次加工中使用。如果表面处理后纤维与空气接触，即促进润湿的表面涂层失效，则纤维不能再与基体复合。

在很长一段时期内，一直认为能促进润湿的表面涂层由 TiB_2 组成，也有分析证明，当纤维上有 Ti-B 时复合很好，无 Ti-B 便不能复合。然而，TiB_2 在空气中是非常稳定的化合物，如果对润湿性的改善有很大的作用，则暴露于空气中后不应失效。由此可以认为，对润湿性改善做出贡献的并不是 TiB_2，而是另一种或几种在空气中不稳定的物质。进一步研究表明，当在纤维上有 Cl 时，熔体对纤维能自发润湿，无 Cl 时则反之。在化学气相沉积炉中有五种氯化物，其中三种是反应产物 $ZnCl_2$、$TiCl_3$、$TiCl_2$，另两种是原料 $TiCl_4$ 和 BCl_3，这五种氯化物中 $ZnCl_2$、$TiCl_4$、BCl_3 在空气中稳定，而钛的两种低价氯化物 $TiCl_3$ 和 $TiCl_2$ 在空气中都不稳定，对润湿性的贡献应是它们做出的。所以，一旦遇到空气便失效了。

Ti-B 处理可用于 T50、T55、T300、P55、P100、P120 等多种碳（石墨）纤维，基体合

金 1100，A201、2024、A356、5083、5154、6061 等铝（合金），AZ31、AZ91、ZE41、QE22、EZ33 等镁（合金），以及铜（合金）、铅（合金）等基体，复合纤维的强度很高，可达理论值的 90%～100%。

3. 纤维的其他表面处理技术

（1）液钠处理法　液钠处理法是将碳纤维在 He 气氛保护下相继通过 Na、Sn、Al 三种熔体，制造碳-铝复合丝（带），熔体的温度分别为 Na（550±20）℃、Sn（600±20）℃，Al 高于熔点或液相线 20～50℃。纤维束在熔体中的停留时间视其大小而定，对于单束纤维，1min 即可；对于多束的带，则需 10min 左右。为了保护纤维表面沉积的金属间化合物不溶解于熔体，在 Na 或 Sn 中添加摩尔分数为 2% 的 Mg，因为 Mg 可与 Sn 生成熔点为 778℃ 的化合物 Mg_2Sn，此外 Mg 还能起到促进纤维束被 Al 完全浸渍的作用。液钠处理法的主要缺点是钠污染，必须使用纯度高、价格昂贵的 He 作为保护气氛，且环境中不能有水分存在。

（2）溶胶-凝胶法　在制造连续碳（石墨）纤维增强镁基复合材料时，为了改善熔融镁对纤维的润湿性，对纤维进行溶胶-凝胶法处理，即先将纤维通过含有有机硅化合物的容器，使纤维黏附上有机硅化合物，然后用蒸汽处理，将有机硅化合物分解成 SiO_2，干燥后进行液态金属浸渍，得到复合丝。由于 SiO_2 涂层在空气中非常稳定，涂层又很薄，纤维仍像原来一样软，很容易加工处理，制成预制件，再用其他方法制造复合材料或零件。

（3）镀层法　碳纤维表面的金属和化合物涂层可用电镀、化学镀等方法得到，例如 Cu、Ni、Ti、Ta、Nb、B_4C、SiC、TiC 及 Ta、Nb、Zr 的碳化物。这些涂层可以改善润湿性，有些还可作为阻挡层起阻止基体与纤维发生化学反应的作用。

4. 基体金属的处理

在基体合金中添加的合金元素，主要是能与碳纤维作用，生成稳定碳化物。这些碳化物既能改善润湿性，又能起阻挡层作用。对于铝基体，从热力学上很多元素都可作为合金元素添加，但加入量必须严格控制，既要保证生成的碳化物覆盖所有纤维表面，又不能明显提高合金的熔点。添加质量分数为 0.5% 的 Ti 或 Zr、1% 的 Cr 都有很好的效果，以加 1% 的 Cr 的效果最好。液态金属浸渍法也可采用超声振动的方法来改善金属熔体对纤维的润湿性，曾用此法制备了前驱体碳化硅纤维增强铝的连续丝。液态金属浸渍法也被用来制造硼纤维增强铝的连续丝。

液态金属浸渍法的工艺过程比较复杂，特别是复合前纤维需做表面处理，得到的产品是尺寸很小的丝或带，需进行二次加工才能得到零件或材料，因此成本很高，应用受到很大限制。

4.3.5　共喷沉积技术

共喷沉积技术是制造各种颗粒增强金属基复合材料的有效方法，1969 年由 A. R. E. Siager 发明，随后由 Ospray 金属有限公司发展成工业生产规模的制造技术，现可以用来制造铝、铜、镍、铁、金属间化合物基复合材料。

共喷沉积工艺过程包括基体金属熔化、液态金属雾化、颗粒加入及与金属雾化流的混合、沉积和凝固等工序。主要工艺参数有熔融金属温度，惰性气体压力、流量、速度，颗粒加入速度、沉积底板温度等。这些参数都对复合材料的质量有重要的影响。不同的金属基复合材料有各自的最佳工艺参数组合，必须十分严格地加以控制。

1. 液态金属雾化

液态金属雾化是共喷沉积技术制备金属基复合材料的关键工艺过程，它决定了液态金属雾化液滴的大小和尺寸分布、液滴的冷却速度。雾化后金属液滴的尺寸一般为 $10\sim300\mu m$，呈非对称性分布。金属液滴的大小和分布主要决定于金属熔体的性质、喷嘴的形状和尺寸、喷射气流的参数等。液态金属在雾化过程中形成的液滴在气流作用下迅速冷却，大小不同的液滴的冷却速度不同，颗粒越小，冷却速度越快，小于 $5\mu m$ 的液滴冷却速度可高达 $10^6 K/s$。液态金属雾化后最细小的液滴迅速冷却凝固，大部分液滴处于半固态（表面已经凝固，内部仍为液体）或液态。为了使颗粒增强材料与基体金属复合良好，要求液态金属雾化后液滴的大小有一定的分布，使大部分金属液滴在到达沉积表面时保持半固态或液态，在沉积表面形成厚度适当的液态金属薄层，以利于填充到颗粒之间的孔隙，获得均匀致密的复合材料。图 4-11 所示为液态金属雾化沉积工艺示意图。

颗粒连续均匀地加入雾化金属液滴中对其在最终复合材料中的均匀分布十分重要，因此必须选择合适的加入方式、加入方向和颗粒喷射器的结构。加入量和加入速度应该稳定，颗粒加入量的波动直接影响金属基复合材料中颗粒含量的变化和分布的均匀性，造成材料组织及性能的不均匀。

雾化金属液滴与颗粒的混合、沉积和凝固是最终形成复合材料的关键过程之一。沉积和凝固是交替进行的过程，为使沉积和凝固顺利进行，沉积表面应始终保持一薄层液态金属膜，直到过程结束。为了达到沉积-凝固的动平衡，要求控制雾化金属流与颗粒的混合沉积速度和凝固速度，这主要可通过控制液态金属的雾化工艺参数和稳定衬底的温度来实现。

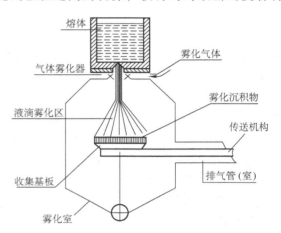

图 4-11　液态金属雾化沉积工艺示意图

2. 特点及工艺适用性

共喷沉积法作为一种制备颗粒增强金属基复合材料的新方法已逐步受到各国科技界和工业界的重视，正逐步发展成为一种工业生产方法，因为它具有下述特点：

（1）适用面广　可用于铝、铜、镍、钴等有色金属基体，也可用于铁、金属间化合物基体；可加入 SiC、Al_2O_3、TiC、Cr_2O_3、石墨等多种颗粒；产品可以是圆棒、圆锭、板带、管材等。

（2）生产工艺简单、效率高　与粉末冶金法相比没有繁杂的制粉、研磨、混合、压型、烧结等工序，而是快速一次复合成坯料，雾化速率可达 $25\sim200 kg/min$，沉淀凝固迅速。

（3）冷却速度快　金属液滴的冷却速度可高达 $10^3\sim10^6 K/s$，所得复合材料基体金属的组织与快速凝固相近，晶粒细，无宏观偏析，组织均匀。

（4）颗粒分布均匀　在严格控制工艺参数的条件下颗粒在基体中的分布均匀。

（5）复合材料中的气孔率较大　一般气孔率在 2%～5% 之间，但经挤压处理后可消除气孔，获得致密材料。

4.4　原位自生成技术

原位自生成技术是指增强材料在复合材料制造过程中在基体中自己生成和生长的方法，增强材料可以共晶的形式从基体中凝固析出，也可由加入的相应元素发生反应，或者合金熔体中的某种组分与加入的元素或化合物之间反应生成。前者得到定向凝固共晶复合材料，后者得到反应自生成复合材料。原位自生成复合材料中基体与增强材料间的相容性好，界面干净，结合牢固，特别是当增强材料与基体之间有共格或半共格关系时，能非常有效地传递应力，界面上不生成有害的反应产物，因此这种复合材料有较优异的力学性能。特别是随着设备技术的发展，近年来在增强体原位合成的过程中施加外场（电磁场、超声场、声磁耦合场）成为研究的热点，通过外场与反应熔体相互作用，可实现无污染、无接触地调控增强体的形核、生长和分散，获得增强体细小、分散均匀的高性能复合材料，外场调控原位自生成技术因此成为目前少数具有巨大产业化前景的金属基复合材料制造技术之一。

4.4.1　定向凝固法

定向凝固法制造定向凝固共晶复合材料是在共晶合金凝固过程中，通过控制冷凝方向，在基体中生长出排列整齐的类似纤维的条状或片层状共晶增强材料，而得到金属基复合材料的一种方法。控制不同的工艺参数，纤维状共晶的尺寸可在 $1\mu m$ 到几百微米范围内变化，体积分数可达百分之几到 20%。一般而言，共晶组织长成纤维还是棒状，主要取决于其体积分数与第二相的界面能。有效的增强材料应呈共晶杆状，而不是呈片层状，这就要求在液相中有大的热梯度和较低的共晶生长速率。大的热梯度和低的生长速率有助于含有杂质和添加合金元素后的共晶能定向凝固生长。

定向凝固共晶复合材料主要是作为高温结构材料用于发动机叶片和涡轮叶片。这种复合材料不但要求共晶有好的高温性能，而且基体也应该有优良的高温性能。常用的基体金属为镍基和钴基合金，其增强材料主要是耐热性好、热强度高的金属间化合物。镍基、钴基定向凝固共晶复合材料已得到应用，金属间化合物基定向凝固共晶复合材料还处于研究阶段。定向凝固共晶复合材料存在的主要问题是：为了保证对微观组织的控制，需要非常慢的共晶生长速率，材料体系的选择和共晶增强材料的体积分数有很大的局限性。这些问题影响了进一步的研究及这种材料的应用。

4.4.2　反应自生成法

在 20 世纪 80 年代后期，当美国 Lanxide 公司和 Drexel 大学的 M. J. Koczak 等人先后报道了各自研制的原位 Al_2O_3/Al 和 TiC/Al 复合材料及其相应的制备工艺后，才正式在世界范围内拉开了反应自生成法研究工作的序幕。

反应自生成法的基本原理是：根据材料设计的要求，选择适当的反应剂（气相、液相或粉末固相），在适当的温度下，通过元素之间或元素与化合物之间的化学反应，在金属基体内原位生成一种或几种高硬度、高弹性模量的陶瓷增强相，从而达到强化金属基体的目的。合成的增强相包括氧化物、碳化物、氮化物、硼化物甚至硅化物，如 Al_2O_3、TiC、SiC、TiN、TiB_2、Si_3N_4 等颗粒。与传统复合技术相比，该技术具有如下特点：①增强体是从金属基体中原位形核、长大的热力学稳定相，因此，增强体表面无污染，避免了与基体相容性不良的问题，因而与基体结合良好；②通过合理选择反应元素（或化合物）的类型、成分及其反应性，可有效地控制原位生成增强体的种类、大小、分布和数量；③可省去单独合成、处理和加入增强体等工序，工艺简单，成本低，易于推广；④在保证材料具有较好的韧性和高温性能的同时，可较大幅度地提高材料的强度和弹性模量。

目前已开发的反应自生成法主要有：自蔓延高温合成法、XD^{TM}技术、Lanxide技术、VLS技术、反应喷射沉积技术和反应机械合金化技术等。

1. 自蔓延高温合成法

自蔓延高温合成（Self-propagating High Temperature Synthesis，SHS）法是苏联科学家 A. G. Merzhanov 等人在研究 Ti 和 B 混合压实燃烧时提出的，并相继获得了美国、日本、法国、英国等国的专利。其基本原理是：将增强相的组分原料与金属粉末混合，压坯成形，在真空或惰性气氛中预热引燃，使组分之间发生放热化学反应，放出的热量引起未反应的邻近部分继续反应，直至反应全部完成。反应生成物即为增强相弥散，分布于基体中，颗粒尺寸可达亚微米级。常规 SHS 反应模式如图 4-12 所示。

M. Kobashi 等人研究表明：Ti 与 AlB_2 的反应大约在 1280K 即可进行，而 Ti 与 AlB_{12} 的反应合成温度则高达 1473K，在 Ti、AlB_{12} 预制块中加铝粉可降低反应起始温度，反应合成的 TiB_2 颗粒尺寸随预制块中钛粉含量的增大而减小。I. Gotmen 等人采用 SHS 法，制备了 30%TiB_2/Al 复合材料，TiB_2 颗粒尺寸小于 2μm。但组织中存在一定量的针状 $TiAl_3$，且复合材料的孔隙率高达 30%~40%，需经二次加工。Y. Choi 等人利用 SHS 法制备 TiC/Al 复合材料，未采用致密化技术时，产品密度仅达其理论密度的

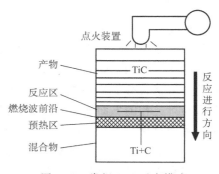

图 4-12　常规 SHS 反应模式

78%，而采用热等静压（HIP）技术致密后，产品的致密度高达理论密度的 92%。彭华新等人将挤压铸造（Squeeze-casting）与燃烧合成（Combustion-synthesis）相结合，利用 TiO_2 与 Al 之间的反应，成功地制备了 Al_2O_3-Al_3Ti-Al 原位复合材料，具有高的抗弯强度（410~490MPa）和弹性模量（156~216GPa）。SHS 法需要一定的条件：①组分之间的化学反应热效应应达 167kJ/mol；②反应过程中热损失（对流、辐射、热传导）应小于反应放热的增加量，以保证反应不中断；③某一反应物在反应过程中应能形成液态或气态，便于扩散传质，使反应迅速进行。影响 SHS 法的因素有：①预制试样的压实度；②原始组分物料的颗粒尺寸；③预热温度；④预热速率；⑤稀释剂。

SHS 法与传统的材料合成相比，其主要优点是：①工艺设备简单，工艺周期短，生产效率高；②能耗低，物耗低；③合成过程中极高的温度可对产物进行自纯化，同时，极快的升温和降温率可获得非平衡结构的产物，因此产物质量良好。该法的主要缺点是：①孔隙率高，密度低，需经二次加工才能获得最终产品；②反应过程速度快，难以控制；③产品中易出现缺陷集中和非平衡过渡相；④较难直接合成颗粒含量低的复合材料。

经过 20 多年的发展，SHS 法的理论和实践都取得了巨大的成就。今后其发展方向主要有以下几个：①结构宏观动力学理论将向深入、系统化方向发展；②利用超级计算机，开展

不同条件下 SHS 过程的数模研究，借以预测 SHS 反应过程；③SHS 技术向自动化、智能化方向发展；④SHS 工艺同现代有关工程技术融合发展。

SHS 法的发展前景广阔，主要有四个方面：①研究开发 SHS 工艺与常规压力加工方法（如挤压、轧制、冲压等）相结合，形成一种全新的"SHS-压力加工"工艺，以实现材料合成与致密化的同时进行，缩短工艺流程，节约成本和能源；②控制 SHS 法的工艺参数，从而控制材料的结构和孔隙率，是 SHS 法最有发展前途的方向之一；③由于 SHS 法可生产出高性能、高纯度原料，所以使单晶生长技术具有广阔的应用前景；④采用 SHS 法制造功能梯度材料，具有巨大的潜在应用价值。

2. XD™技术

XD™（Exothermic Dispersion）技术由美国 Martin Marietta Laboratory 的 Brupbacher 等人于 1983 年发明并申请专利。XD™是在 SHS 的基础上改进而来的，其基本原理是：将增强相组分物料与金属基粉末按一定的比例均匀混合，冷压或热压成形，制成坯块，以一定的加热速率，预热试样，在一定的温度下（通常是高于基体的熔点而低于增强相的熔点），增强相各组分之间进行放热化学反应，生成增强相，增强相尺寸细小，呈弥散分布。XD™法制备金属基复合材料的示意图如图 4-13 所示。

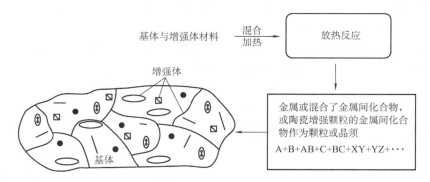

图 4-13　XD™法制备金属基复合材料的示意图

目前，利用 XD™法已制备了 TiC/Al、TiB_2/Al、TiB_2/Al-Li 等铝基复合材料，Westwood A. R. C 等人利用 XD™法制得了 TiB_2/Al 复合材料，弹性模量比纯铝高出 40%，高温性能、耐磨性、抗疲劳性也有较大提高。Kuruvilla A. K. 等人也用该法制备了 TiB_2/Al 复合材料，除塑性下降外，其他性能均有较大提高。张二林等人用 Al 粉、Ti 粉、C 粉按摩尔分数 50%Al+50%（Ti+C）混合，在 200MPa 压力下冷压成预制块，然后将预制块置于反应装置中制备了 TiC/Al 复合材料，生成的 TiC 具有亚微米尺寸（0.1~1.0μm），在 Al 液中具有良好的稳定性。马宗义等人采用 TiO_2-Al-B 体系利用 XD™法成功制备了 Al_2O_3 和 TiB_2 粒子复合强化 Al 基复合材料，该复合材料的抗拉强度比用 Al-TiO_2 体系制备的（$TiAl_3$+Al_2O_3）/Al 复合材料提高了 163%。

XD™法与 SHS 法相比具有下列优点：①致密度高，这是由于反应是在液态基体中进行的；②无须点火引燃器，设备简化，成本低；③铝基体的熔点低（670℃左右），一般加热到 700℃以上即可。但该法也存在一些不足之处：①合成反应所需的原材料均为粉末，受粉末供应品种的限制；②工序多，周期长，需经球磨混粉、真空除气、压坯成形、反应烧结等过程；③不能直接浇注成形，只能制得一些形状简单的产品。

3. Lanxide 技术

Lanxide 技术最先报道于 1986 年，其产品于 1989 年进入市场。由美国 Lanxide 公司开发的 Lanxide 技术利用了气液反应法的原理，由金属直接氧化法（DIMOX^{TM}）和金属无压浸渗法（PRIMEX^{TM}）两者组成。Lanxide 法制备复合材料示意图如图 4-14 所示。

（1）DIMOX^{TM} 法　DIMOX^{TM}（Directed Metal Oxidation）法的原理是：让高温金属液（如 Al、Ti、Zr 等）暴露于空气中，使其表面首先氧化生成一层氧化膜（如 Al_2O_3、TiO_2、ZrO_2 等），里层金属再通过氧化层逐渐向表层扩散，暴露空气后又被氧化，如此反复，最终形成金属氧化物增强的 MMCs。Murthy V. S. R. 等人运用该法制备了 Al_2O_3 增强 Al-Mg-Si 合金的复合材料，并通过阶段性生长试验研究了微观结构的演化过程。Dhandapani S. P. 和 Narciso J. 利用 DIMOX^{TM} 法制备了 Al_2O_3-SiC 增强的铝基复合材料。为了保证金属的氧化反应不断进行下去，Newkitk M. S. 等人研究了在 Al 中加入一定量的 Mg、Si 等合金元素，可破坏表层 Al_2O_3 膜的连续性，以保持 Al 液与已形成的 Al_2O_3 之间的显微通道畅通，并可降低液态 Al 合金的表面能，从而改善生成的 Al_2O_3 与 Al 液的相容性，使氧化反应能不断地进行下去。

DIMOX^{TM} 技术的优点是：①产品成本低，因为原料是价格便宜的 Al，氧化气氛用空气，加热炉可以用普通电炉；②Al_2O_3 是在压坯中生长的，压坯的尺寸变化在 10% 以下，后续加工很简单；③可以制成形状复杂的产品，且可以制备较大型复合材料部件；④调节工艺条件可以在制品中保留一定量的 Al，从而提高制品的韧性；⑤改变反应气氛和合金系可以进行其他组合（见表 4-1）；⑥该技术可以克服当今陶瓷制造中的成本高、加工难度大和大型化困难的缺点。缺点是氧化物的生长量和形态分布不易控制，分布均匀性也不太高。

表 4-1　DIMOX^{TM} 技术制造的复合材料

典型的复合材料	强化相
Al_2O_3/Al	Al_2O_3、SiC、$BaTiO_3$
AlN/Al	AlN、Al_2O_3、B_4C、TiB_2
ZrN/Zr	ZrN、ZrB_2
TiN/Ti	TiN、TiB_2、Al_2O_3

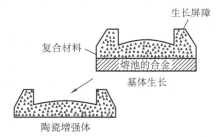

图 4-14　Lanxide 法制备复合材料示意图

（2）PRIMEX^{TM} 法　PRIMEX^{TM}（Pressureless Metal Infiltration）法与 DIMOX^{TM} 法的不同之处在于使用的气氛是非氧化性的。其工艺原理为：基体合金放在可控制气氛的加热炉中加热到基体合金液相线以上温度，将增强相陶瓷颗粒预压坯浸在基体熔体中。在大气压力下，同时发生两个过程：一是液态合金在环境气氛的作用下向陶瓷预制体中渗透；二是液态合金与周围气体反应生成新的粒子。M. Hunt 将含有质量分数为 3%~10% Mg 的 Al 锭和 Al_2O_3 预制件一起放入（N_2+Ar）混合气氛炉中，当加热到 900℃ 以上并保温一段时间后，上述两个过程同时发生，冷却后即获得了原位形成的 AlN 粒子与预制件中原有的 Al_2O_3 粒子复合增强的 Al 基复合材料。研究发现，原位形成的 AlN 的数量和大小主要取决于 Al 液渗透速度，而 Al 液的渗透速度又与环境气氛中 N_2 分压、熔体的温度和成分有关。因此，复合材料的组织和性能容易通过调整熔体的成分、N_2 的分压和处理温度而得到有效的控制。

PRIMEX™ 技术的优点为工艺简单，原料成本低，可近净成形。用 PRIMEX™ 技术制备出的复合材料导电性、导热性是传统封装材料的几倍，可用作电子封装材料和载体基板材料，目前正向宇航材料、涡轮机叶片材料和热交换机材料方向发展。但是由于该技术要把增强相粒子冷压成坯，金属或合金熔体在其中依靠毛细管力的作用渗透而制备金属复合材料，因此要求压坯材料必须能够与金属或合金润湿，且在高温下热力学稳定。

目前，利用 Lanxide 法主要用于制备 Al 基复合材料或陶瓷基复合材料，强化相的体积分数可达 60%，强化相种类有 Al_2O_3、AlN、SiC、MgO 等粒子，工艺简单，原材料成本低，可近净成形，其制品已在汽车、燃气涡轮机和热交换机上得到一定的应用。

4. VLS 技术

VLS（Vapour Liquid Synthesis）技术是由 Koczak 等人发明并申请的专利技术。其原理是：将含碳或含氮惰性气体通入到高温金属熔体中，利用气体分解生成的碳或氮与合金中的 Ti 发生快速化学反应，生成热力学稳定的微细 TiC 或 TiN 粒子，其装置简图如图 4-15 所示。反应原理可由下面方程说明，即

$$CH_4 \rightarrow [C] + 2H_2(g) \tag{4-4}$$

$$M-X + [C] \rightarrow M + XC(s) \tag{4-5}$$

$$2NH_3(g) \rightarrow 2[N] + 3H_2(g) \tag{4-6}$$

$$M-X + [N] \rightarrow M + XN(s) \tag{4-7}$$

式中，M 为金属；X 为合金元素；M-X 为基体合金。

目前，用此技术已成功地制备了 Al/AlN、Al/TiN、Al-Si/SiC 及 Al/HfC、TaC、NbC 的 MMCs。在该技术中使用的载体惰性气体为 Ar，含碳气体一般用 CH_4，也可以采用 C_2H_6 或 CCl_4；含氮气体一般采用 N_2 或 NH_3。不同的气体需要不同的分解温度，但都能在 1200 ~ 1400℃ 充分分解。美国 Lanxide 公司利用 N_2（或 NH_3）通入铝钛合金液中，制成 AlN、TiN 复合增强的铝基复合材料，并发现在添加适量的镁、锂元素时

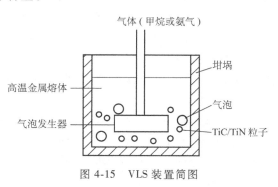

图 4-15　VLS 装置简图

可降低铝液表面能，提高增强相与基体液的界面相容性。国内崔春翔等人在真空熔炼条件下，利用气动布风板将含有 N 和 C 的混合气体注入 Al-Ti 合金液中，获得了原位 AlN（0.2~1.2μm）和 TiC（2~5μm）粒子复合增强的 Al 基复合材料。研究还发现，通过控制气体中 N_2 分压和合金熔体中 C 的活度以及加入一定量的合金元素，可抑制 Al_3Ti 和 Al_4C_3 等有害化合物的生成。

VLS 法的优点是：①生成粒子的速度快、表面洁净，粒度细（0.1~5μm）；②工艺连续性好；③反应后的熔体可进一步近净成形；④成本低。但也存在一些不足之处：①强化相的种类有限；②颗粒体积分数不够高（一般小于 15%）；③需要的处理温度很高，一般为 1200~1400℃。

5. 反应喷射沉积技术

反应喷射沉积（Reaction Spray Deposition）技术，是把用于制备近净成形的喷射沉积成形技术和反应合成制备陶瓷相粒子技术结合起来的一种技术。在喷射沉积过程中金属液流被雾化成粒径很小的液滴，它们具有很大的比表面积，同时又处于较高的温度，这就为喷射沉积过程中的化学反应提供了驱动力。借助于液滴飞行过程中与雾化气体之间的化学反应，或者在基底上沉积凝固过程中与外加反应剂粒子之间发生的化学反应，生成粒度细小、分散均匀的增强相陶瓷粒子或金属间化合物粒子，其工作原理如图 4-16 所示。

反应喷射沉积技术的反应模式有三种：

1）气氛与合金液滴之间的气-液反应，即喷射沉积成形过程中，在雾化气体中混入一定比例或全部的反应性气体（如 N_2、O_2 或 CH_4 等），通过调整雾化气体和熔融金属的成分促使增强相颗粒的原位形成。在该模式中气-液界面上的反应速度及反应时间是决定增强相粒子粒径和数量的控制因素。Layemia 等人将 N_2 和 O_2 的混合气体作为雾化介质，对 Ni_3Al 合金（含 Y 和 B）进行喷射沉积时得到了 Ni_3Al 中弥散分布 Al_2O_3 和 Y_2O_3 颗粒的坯料。通过控制混合气体中的氧分压，可以控制氧化颗粒的含量及尺寸分布，如增大混合气体中的氧含量或增大铝液的分散度（即减小熔滴尺寸），可增加氧化物的形成量。

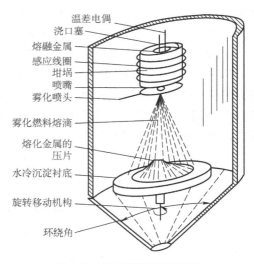

温差电偶
浇口塞
熔融金属
感应线圈
坩埚
喷嘴
雾化喷头
雾化燃料熔滴
熔化金属的压片
水冷沉淀衬底
旋转移动机构
环绕角

图 4-16　反应喷射沉积工作原理

2）将含有反应剂元素的合金液混合并雾化或将含有反应剂的合金液在雾化时共喷冲撞混合，从而发生液-液反应。在液-液反应喷射沉积过程中，通过控制金属熔滴中冷却速率和坯料中的冷却速率来控制弥散相的尺寸。Lee. A. K. 利用 $Cu[Ti]+2Cu[B]\rightarrow3Cu+TiB_2$ 已成功地制备出了 TiB_2 质量分数为 8% 的 Cu 基复合材料，该材料具有良好的热稳定性和适当的电导率。

3）液滴和外加反应剂粒子之间的固-液化学反应，即在金属液被雾化剂（如在导液管处）或雾化锥中喷入高活性的固体颗粒。在雾化过程中，固体颗粒溶解并与基体中的一种或多种元素反应形成稳定的弥散相，控制喷雾的冷却速率以及随后坯件的冷却速率，可以控制弥散相的尺寸。Lawley 等人在雾化 Fe-5%Ti（质量分数）合金时，注入 Fe-2.56%C（质量分数）合金颗粒，通过 Ti、Fe 和 C 之间的反应，得到了粒度在 $0.5\mu m$ 以下的 TiC 和 Fe_2Ti 粒子。

反应喷射沉积技术结合熔化、快速凝固的特点，在保证了细晶基体和增强颗粒分布均匀的同时，也保证了增强颗粒与基体间良好的化学或冶金结合，所制得的材料具有较高的常温和高温强度以及高耐磨、耐热性能。由于反应喷射沉积工艺有：①可近净成形；②可获得大体积分散的增强相粒子；③粒子分布均匀，且粒径可控；④工艺成本低、生产速度快等一系列优点，因此具有很好的发展应用前景。

反应喷射沉积技术的缺点表现为：①技术工艺过程复杂，已有的理论模型还不能精确地控制喷射沉积过程；②其工艺方面存在很多理论和实际问题有待解决；③该方法所需设备昂贵，所制得的复合材料大多需加上挤压工序，因而其生产成本高。目前反应喷射沉积技术尚处于研究的初始阶段，研究材料大多为 Al 基等轻合金。随着快速凝固与雾化技术的进一步发展，对反应喷射沉积工艺的研究将会更加成熟和完善，并将在开发新型快速凝固金属基复合材料方面发挥更大的作用。

6. 反应机械合金化技术

反应机械合金化（Reaction Mechanical Alloying, RMA）技术是利用机械合金化过程中诱发的各种化学反应制备出复合粉末，再经固结成形、热加工处理而制备成所需材料的技术。近年来研究表明，反应机械合金化过程可诱发在常温或低温下难以进行的固-固（S-S）、固-液（S-L）和固-气（S-G）多相化学反应。利用这些反应已经制备出了一系列高熔点金属间化合物，如 TiC、ZrC、TfC、NbC、（Ta、Re）C、Cr_3C_2、MoC、FeW_3C、Ni_3C、Al_4C_3、FeN、TiN、AlTaC 等。这种技术已成功地用于 MMCs 的制备。

反应机械合金化是一种高能球磨技术。通过磨球、粉末和球罐之间强烈的相互作用，将外部能量传递到元素粉末或金属化合物粉末颗粒中，使粉末颗粒发生变形、断裂和冷焊，并被不断细化，使未反应的表面不断暴露出来，从而明显增加了反应的接触面积，缩短了原子的扩散距离，促进不同成分颗粒之间发生扩散和固态反应，以及实现混合粉末在原子量级上的合金化。

反应机械合金化是一个非平衡过程，其热力学与动力学条件不同于传统工艺。在反应机械合金化过程中，不能按常规的热力学和动力学来分析合金的形成机理。研究表明，反应机械合金化形成饱和固溶体的混合焓为正值。而通常情况下多元合金体系非晶态转变的驱动力主要来自负混合焓。因此 RMA 过程的混合焓对合金化起抑制作用，混合焓不再是合金形成的决定因素。合金化的形成动力主要来源于外界的机械强制驱动力，它迫使粉末在强制力作用下产生大量的应变和缺陷，这在合金化过程中起着重要的作用。反应机械合金化过程中产生大量的晶体缺陷，降低了生成物所需的有效反应能，同时提供了在低温下固态反应传质的条件。因为球磨产生高密度位错和严重晶界变形，破坏了晶体结构的完整性。外界传递的能量在缺陷处大量集聚，增加了粉末粒子的化学活性，降低了原子扩散的能量，为溶质元素在基体中扩散提供了较快的通道，组元间在室温下可显著进行原子扩散，并按非平稳状态下的热力学条件进行相变，因而反应机械合金化技术可用来制备一些常规方法无法制备的合金材料。

Arnhol 等人通过 RMA 制备出了高温强度、抗热冲击性能和抗高温蠕变性能（500℃）优异的 DISPA12Si12MMC，这种材料已成功地用在一些高温部件上。Jangg 等人以铝粉和石墨粉为原料，利用 RMA 制备出的 Al_4C_3/Al 在常温下抗拉强度达 400MPa，伸长率为 2% ~ 5%，维氏硬度为 1.4GPa，高温强度比商用锻铝要高。S. Ezz 等人利用 RMA 制备的 Al_2O_3、Al_4C_3/Ni 复合材料中的弥散相粒子的尺寸为 30nm 左右，这种复合材料在 450℃下具有优异的抗高温蠕变性能和显微组织稳定性。高桥辉男等人通过 RMA 技术制备的 Cu/TiC 复合材料的抗拉强度为 657MPa，伸长率为 11%；ZrC/Cu（2.5%，体积分数）复合材料的抗拉强度为 725MPa，伸长率为 12%。

利用反应机械合金化制备的 MMCs 具有以下优点：①由于增强相粒子是在常温或低温化学反应过程中生成的，因此其表面洁净，尺寸细小（<100nm），分散均匀；②在机械合金化过程中形成的过饱和固溶体在随后的热加工过程中会脱溶分解，生成弥散细小的金属化合

物粒子；③粉末系统储能很高，有利于降低其致密化温度。

自 20 世纪 80 年代初首次用 RMA 技术获得非晶态合金以来，固态反应非平衡相变已成为材料科学的前沿课题。固态相变与元素的化学势、混合热、界面能、互扩散及界面反应等多种因素有关。迄今为止，对固相反应非平衡相变的机理仍缺乏深入的了解和认识，许多试验现象没有得到满意的解释，缺乏普适的反应判据，界面上亚稳相的形核长大及相选择规律等许多问题，有待进一步澄清。但是，现代 RMA 技术由于世界各国材料科学家的密切关注和积极参与，发展十分迅速。仅在非晶和纳米晶固态反应非平衡相变方面，到 1992 年发表的文章超过 150 多篇。T. H. Courtney 甚至称这项技术为"神灯"。一系列的研究表明，RMA 是制备亚稳材料的有效途径，从热力学角度，它将大量能量储存于界面，使材料处于亚稳态，在一定条件下能量将会释放，并伴随固相反应的发生，形成通常条件下不易形成的亚稳相。工程应用的合金材料，如超导材料、稀土永磁合金、金属间化合物、高比强合金、高温金属-陶瓷复合材料、超耐蚀合金、贮氢合金、超磁阻材料等均可通过这一技术在固态下合成。

7. 其他方法

（1）接触反应法　接触反应（Contact Reaction，CR）法是在 SHS 法、XD^{TM}法的基础上开发的一种制备金属基复合材料的新工艺。其工艺原理是：将基体元素（或合金）粉末和强化相元素（或合金）粉末按一定比例混合，混合后的粉末冷压成具有一定致密度的预制块，然后将预制块压入处于一定温度的合金液中，反应后在合金液中生成尺寸细小（$<1\mu m$）的强化相，该合金液经搅拌、静置后即可浇注成各种形状的复合材料铸件。其装置如图 4-17 所示。

常用的元素粉末有 Ti、C、B 等，化合物粉末有 Al_2O_3、TiO_2、B_2O_3 等。该方法可用于制备 Al 基、Mg 基、Cu 基、Ti 基、Fe 基、Ni 基复合材料，强化相可以是硼化物、碳化物、氮化物等，现已成功制备了 TiC/Al-Si、TiC/Al-Cu 和 TiB_2/Al 复合材料，其力学性能优异。

接触反应法具有成本低、工艺简单、增强体与基体结合好、增强体大小和数量容易控制等优点，尤其值得指出的是，该法可以通过铸造的方法获得各种形状、尺寸的复合材料铸件，应用范围较宽，是一种很有市场和经济竞争能力的方法。该法目前仍处于初步研究阶段。

（2）混合盐反应法　混合盐反应法是由 London Scandinavian Metallurgical 公司根据铝合金晶粒细化剂生产工艺提出的一种生产复合材料的专利技术。其基本原理是将含有 Ti 和 B 的盐类（如 KBF_4 和 K_2TiF_6）混合后，加入到高温的金属熔体中，在高温作用下，所加盐中的 Ti 和 B 就会被金属还原出来而在金属熔体中反应形成 TiB_2 增强粒子，扒去不必要的副产物，浇注冷却后即获得了原位 TiB_2 增强的金属基复合材料。混合盐反应原理如图 4-18 所示。

J. V. Wood 等人在 Al-7Si-0.3Mg 合金液中，加入 KBF_4 和 K_2TiF_6，在基体中获得了尺寸为 $0.5\sim2\mu m$，质量分数为 4%~8%，且分布均匀的原位 TiB_2 粒子，所获得的 TiB_2/Al 复合材料与外加相同质量分数的 SiC/Al 复合材料相比，具有更高的力学性能和耐磨性能。P. Davies 等人研究表明：混合盐反应法制备的 9%TiB_2/2024 和 8%TiB_2/A356 复合材料的抗拉强度、屈服强度和弹性模量均高于基体，但伸长率均低于基体。陈子勇等人采用 K_2TiF_6 和 KBF_4 混合盐反应法制备了 TiB_2/Al-4.5Cu 复合材料，且当混合盐加入质量为基体的 20%

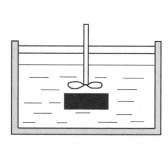

图 4-17　接触反应法制备装置

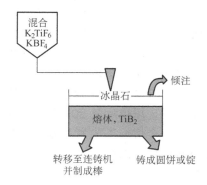

图 4-18　混合盐反应原理

时，复合材料的综合性能最好，抗拉强度达 352MPa，伸长率达 4.4%，硬度达 146HBW。赵芳欣等人研究了混合盐反应法制备 TiB_2 粒子增强 AlSi7 复合材料，在 TiB_2 质量分数为 5% 时，在复合材料中可以生成稳定且均匀分布的 TiB_2 粒子，未发现 $TiAl_3$ 等相，材料的弹性模量由 72.3GPa 提高至 96.8GPa，TiB_2 粒子对热处理组织与性能无明显影响。

混合盐反应法的主要优点是：①工艺简单，周期短，无须真空和惰性气体保护系统，也无须球磨混粉和压坯成形等工序；②可直接浇注成形，易于批量生产和推广；③原材料为盐类，来源广泛且成本低。但也存在一些缺点：①生成的 TiB_2 常被盐膜包覆，削弱了 TiB_2 的增强效果；②反应过程中有大量气体逸出，需要良好的通风装置；③制备的颗粒体积分数较低；④形成的液态渣清除困难，并对坩埚及操作工具有腐蚀作用。

（3）熔体直接反应法　熔体直接反应（Direct Melt Reaction，DMR）法又称熔体反应法，是综合了接触反应法和混合盐反应法的特点发展而成的一种新的原位复合材料制备技术。其基本原理是：将含有增强相颗粒形成元素的固体颗粒或粉末在某一温度下加到熔融的铝合金表面，然后搅拌使反应充分进行，从而制备内生颗粒增强的复合材料。与其他制备工艺相比，熔体直接反应工艺的特点是：①该工艺以现有的铝合金熔炼工艺为基础，在熔体中直接形成增强颗粒，并且可以直接铸造成各种形状的复合材料铸件，因此，工艺简单，工期短，复合材料制备成本低，易于推广；②增强体颗粒大小和分布易于控制，并且其数量可在较大范围内调整；③该工艺可同时获得高强度、高韧性的复合材料。H. Nakata 等人利用熔体直接反应法制备了 TiC_p/Al 复合材料，采用含稳定碳化物形成元素的 Al-Ti 合金锭和不稳定碳化物 SiC 或 Al_4C_3 颗粒作为原材料，首先在氩气保护下，将 Al-Ti 合金置于 MgO 坩埚中熔化，并过热至 1200℃，然后加入经过干燥的 SiC 或 Al_4C_3 颗粒，搅拌使之充分反应，在熔融铝中形成 TiC 颗粒，最后将熔体浇入金属型中制得 TiC_p/Al 复合材料。用该工艺合成的 TiC 颗粒细小，接近于 1μm，体积分数可达 10%。研究还表明，向原位形成的 TiC_p/Al 熔体中加入 Mg 或 Cu 可进一步提高材料的抗拉强度、屈服强度和弹性模量。陈子勇等人研究了 TiO_2 和熔剂以质量比 1∶1 混合加入铝熔体中的反应温度对凝固组织的影响。结果表明：在 880℃ 下凝固组织中未发现 Al_3Ti 和 Al_2O_3；920℃ 下凝固组织中有很多细小的 Al_3Ti 颗粒弥散分布于基体中；而 950℃ 下凝固组织中 Al_3Ti 转变为短棒状。由此可见，在 $Al-TiO_2$-熔剂体系下 920℃ 是较适宜的反应温度，制备的 Al_3Ti/Al 复合材料凝固组织最好。凌兴珠等人用该法制备了 TiB_2/Al 复合材料，在 TiB_2 含量相同的情况下，其抗拉强度较外加法制备的 TiB_2/Al 复合材料高得多。赵玉涛等人开发了 Al-Zr-O 和 Al-Zr-B-O 原位反应新体系，研究了电磁场下原位反应生成铝基复合材料的凝固组织及其与性能之间的相互关系，成功制备了体积分数为15%（$Al_3Zr+Al_2O_3$）$_p$/Al、15%（$Al_3Zr+Al_2O_3$）$_p$/A356 和 15%（$Al_3Zr+ZrB_2+Al_2O_3$）/A356 等系列低成本、高性能的复合材料。同时，开发了新型工业规模制备技术——物理场（电磁场或超声场）作用下熔体反应法+半连铸快速凝固成形集成新技术，并开展了该类复合材料在汽车零部件（轮毂）上的应用研究，实现了成果转化及产业化。

综上所述，原位反应合成复合材料的方法很多，各有其优缺点。而熔体直接反应法由于以现有的铝合金熔炼工艺为基础，在铝熔体中直接形成增强颗粒，并且可以铸造成各种形状的复合材料铸件，因此，该法工艺简单，工期短，复合材料制备成本低，易于推广，具有广阔的应用前景。

4.5 表面复合技术

4.5.1 物理气相沉积技术

物理气相沉积（Physical Vapor Deposition，PVD）的实质是材料源的不断汽化和在基材上的冷凝沉积，最终获得涂层。传统的物理气相沉积过程中不发生化学反应，但经过改进后有时也通入反应气体，在基材上生成化合物。物理气相沉积分为真空蒸发、溅射和离子涂覆三种，是成熟的材料表面处理方法，后两种也曾在实验室中用来制备金属基复合材料的预制片（丝）。

1. 溅射

溅射是靠高能粒子（正离子、电子）轰击作为靶的基体金属，使其原子飞溅出来，然后沉积在增强材料（纤维）上，得到复合丝，经扩散粘接法最终制得复合材料或零件，纤维体积分数可高达80%。电子束由电子枪产生，离子束可借助惰性气体（如氩气）在辉光放电中产生。沉积速度为 $5\sim10\mu m/min$。溅射法的优点是适用面较广，如用于钛合金、铝合金等，且基体成分范围较宽，合金成分中不同元素的溅射速率的差异可通过靶材成分的调整得到弥补，对于溅射速率差别大的元素，可先不将其加入主体金属中，而作为单独的靶同时进行溅射，从而在最终的沉积物中得到需要的成分。

2. 离子涂覆

离子涂覆的实质是使汽化了的基体在氩气的辉光放电中发生电离，在外加电场的加速下沉积到作为阴极的纤维上形成复合材料。在日本曾用离子涂覆法制备碳纤维-铝复合材料预制片。具体过程是：将铝合金制成直径为2mm的丝，清洗后送入涂覆室的坩埚内熔化蒸发，铝合金蒸气在氩气的辉光放电中发生电离，沉积到作为阴极的碳纤维上。碳纤维产品都是一束多丝，因此在送入涂覆室前必须将其分开，使其厚度不超过4根纤维直径，在涂覆前纤维先经离子刻蚀。调节纤维的运送速度可以方便地控制铝涂层的厚度。得到的无纬带宽度为 $50\sim75mm$。

物理气相沉积法尽管不存在界面反应问题，但其设备相对比较复杂，生产效率低，只能制造长纤维复合材料的预制丝或片。如果是一束多丝的纤维，则涂覆前必须先将纤维分开，而这是目前尚未解决的问题。因此，物理气相沉积法目前并未正式用来制造金属基复合材料，但有时被用来对纤维进行表面处理，如涂覆金属或化合物涂层。

4.5.2　化学气相沉积技术

化学气相沉积（Chemical Vapor Deposition，CVD）是化合物以气态在一定的温度条件下发生分解或化学反应，分解或反应产物以固态沉积在工件上得到涂层的一种方法。最基本的化学气相沉积装置有两个加热区：第一个加热区的温度较低，维持材料源的蒸发并保持其蒸气压不变；第二个加热区温度较高，使气相中（往往以惰性气体作为载气）的化合物发生分解反应。

作为化学气相沉积用的原材料应是在较低温度下容易挥发的物质，这种物质在一定温度下比较稳定，但能在较高温度下分解或被还原，作为涂层的分解或还原产物在作业温度下是不易挥发的固相物质。常用的化合物是卤化物，其中以氯化物为主，以及金属的有机化合物。

用化学气相沉积法只能得到长纤维复合材料预制丝，大多数基体金属只能用它们的有机化合物作为材料源，这些化合物有铝的有机化合物三异丁基铝，价格昂贵，在沉积过程中的利用率低，因此在早期曾用来做对比试验，并无实用价值。但这种方法可用来对纤维进行表面处理，涂覆金属镀层、化合物涂层和梯度涂层，以改善纤维与金属基体的润湿性和相容性。

4.5.3　热喷涂技术

按照加热源分类，热喷涂分为等离子喷涂和氧乙炔焰喷涂。尽管等离子喷涂的设备比氧乙炔焰喷涂复杂，但由于工艺参数和气氛容易控制，因此在复合材料制造上，主要采用等离子喷涂。

1. 等离子喷涂过程

等离子喷涂是利用等离子弧的高温将基体熔化后喷射到工件（增强材料）上，冷却并沉积下来的一种复合方法。具体过程是：先将纤维缠绕在包有基体金属箔的圆筒上，纤维之间保持一定的间隔，然后放在喷涂室中进行喷涂，过程结束后剪开取下，便得到复合材料预制片，再经热压或热等静压等二次处理，最终得到型材或零件。

2. 关键技术

喷涂过程中的关键是得到致密的与纤维粘接良好的基体涂层和避免基体的氧化。喷涂用的基体原料为粉末，减小粉末的粒度能提高涂层的致密性，但粒度太小，粉末流动不易，难以保证供给速度。因此，粉末直径一般不小于 $2\mu m$，通常为 $10\sim45\mu m$。在较高的温度下进行喷涂可以提高涂层的致密性和与纤维的粘接强度，但等离子体流离开喷枪后温度急剧下降，并且距离越远，温度下降越大，这就需要增加功率来提高等离子体发生区域的温度。向产生等离子弧的氩气中添加 5%～10%的电离电压比氩高的氦气可以达到提高功率的目的。等离子体发生区的温度提高后，等离子体的热膨胀变大，也有利于提高流速。涂层的状态也与喷枪离纤维的距离、粉末供给速度、气氛等有关。喷枪离纤维近，附着效率高，但涂层表面粗糙，纤维容易受等离子体焰流的热损伤和机械损伤。喷枪离纤维远，则纤维损伤小，但附着效率低，涂层质量不均匀性大。粉末供给速度小，涂层均匀性好，但涂覆时间长。为了提高涂层的致密性，减少氧化物含量，喷涂必须在真空或保护性气氛中进行。虽然熔体的温度很高，但与纤维的接触时间很短，因此不必担心它们之间发生有害的化学反应。

3. 工艺适用性

等离子喷涂法适用于直径较粗的纤维单丝，例如用化学气相沉积法得到的硼纤维和碳化硅纤维，它是制造这两种纤维增强铝、钛基复合材料预制片的大规模生产方法。美国和苏联在航天飞机上使用的，也是最早使用的金属基复合材料——硼/铝复合材料，以及美国的碳化硅/钛复合材料，就是用等离子喷涂法制得预制片，然后用热压或热等静压法加工而成的。

对于一束多丝的纤维束，为得到每根纤维上都均匀涂有基体的预制片，在喷涂前需先将纤维铺开成几根纤维直径厚的层。可用压缩空气将一束多丝的纤维吹开。

等离子喷涂法不能直接制成复合材料零件，只能制造预制片，且组织不够致密，必须进行二次加工。用等离子喷涂法可以制造耐热和耐磨的复合涂层，例如在铁基、镍基合金中加入 SiC、Al_2O_3 等陶瓷颗粒，可以显著提高它们的耐热性和耐磨性。

4.5.4 电镀、化学镀和复合镀技术

1. 电镀

电镀是利用电化学原理，在直流电场作用下将金属从含有其离子的电解液中沉积在工件（增强材料，一般为纤维）上。通常将要涂覆的金属作为阳极，使其不断溶解于电解液中。随着金属离子不断向阴极迁移，沉积在工件上。对电镀的两个基本要求是作为阴极的增强材料（纤维）必须导电，基体金属必须形成稳定的电解液。但是，能用作金属基复合材料增强材料的纤维中只有碳（石墨）纤维能导电，且其电阻率也较大。铝、镁、钛等金属的电负性大，不能用水溶液电镀，只能用无水电解液；只有铜、镍、铅等金属可用水溶液电镀。因此电镀法还没有在金属基复合材料制造中正式应用，只用来对碳纤维进行镀铜、镀镍表面处理。

2. 化学镀

化学镀是在水溶液中进行的氧化还原过程，溶液中的金属离子被还原剂还原后沉积在工件上，形成镀层。这个过程不需电流，因此化学镀有时也称为无电镀。由于无须电流，工件可以由任何材料制成，在工业上已经广泛应用。

金属离子的还原和沉积只有在催化剂存在的情况下才能有效进行，因此工件在化学镀前必须先用 $SnCl_2$ 溶液进行敏化处理，然后用 $PdCl_2$ 溶液进行活化处理，使在工件表面上生成金属钯的催化中心。铜、镍一旦沉积下来，由于它们的自催化作用（除铜、镍外，具有自催化作用的金属还有铂系元素、钴、铬、钒等），还原沉积过程自动进行，直到溶液中的金属离子或还原剂消耗尽。化学镀镍用次亚磷酸钠做还原剂，用枸橼酸钠、乙醇酸钠等做络合剂；化学镀铜用甲醛做还原剂，用酒石酸钾钠做络合剂；此外还需添加促进剂、稳定剂、pH 值调整剂等试剂。除了用还原剂从溶液中将铜、镍还原沉积外，还可用电负性较大的金属（如镁、铝、锌等），直接从溶液中将铜、镍置换出来，沉积在工件上。化学镀法被用来在碳纤维或石墨粉上镀铜。

3. 复合镀

复合镀是通过电沉积或化学液相沉积，将一种或多种不溶固体颗粒与基体金属一起均匀沉积在工件表面上，形成复合镀层的方法。这种方法在水溶液中进行，温度一般不超过 90℃，因此可选用的颗粒范围很广，除陶瓷颗粒（如 SiC、Al_2O_3、TiC、ZrO_2、B_4C、Si_3N_4、BN、$MoSi_2$、TiB_2）、金刚石和石墨等外，还可选用易受热分解的有机物颗粒，如聚四

氟乙烯、聚氯乙烯、尼龙。复合镀法还可同时沉积两种以上的不同颗粒制成混杂复合镀层。例如同时沉积耐磨的陶瓷颗粒和减摩的聚四氟乙烯颗粒，使镀层具有优异的抗摩擦性能。复合镀法主要用来制造耐磨复合镀层和导电耐电弧烧蚀复合镀层。常用的基体金属有镍、铜、银、金等，金属用常规电镀法沉积，加入的颗粒被带到工件上与金属一起沉积。通过在金属镀层中加入陶瓷颗粒，可以使工件表面形成有坚硬质点的耐磨复合镀层；将陶瓷颗粒和 $MoSi_2$、聚四氟乙烯等同时沉积在金属镀层中制成有自润滑性能的耐磨镀层。金、银的导电性能好，接触电阻小，但硬度不高，不耐磨，抗电弧烧蚀能力差，加入 SiC、La_2O、WC、$MoSi_2$ 等颗粒可明显提高它们的抗磨和抗电弧烧蚀能力，成为很好的触头材料。复合镀法设备、工艺简单，成本低，过程温度低，镀层能设计选择，组合上有较大的灵活性，但主要用于制作复合镀层，难以得到整体复合材料，同时还存在速度慢、镀层厚度不均匀等问题。

本章思考题

1. 金属基复合材料制造相对比较复杂和困难的主要原因有哪些？

2. 影响扩散粘接过程的主要参数有哪些？试就其中一个参数对扩散粘接过程的影响进行说明。

3. 粉末冶金法材料成本较高，制造大尺寸零件和坯料有一定困难，试分析其应用前景。

4. 搅拌铸造法与复合铸造法的工艺过程有什么异同？

5. 共喷沉积技术的主要特点有哪些？

6. 经过表面处理的增强纤维必须避免与空气接触，其作用是什么？请举例说明在实际生产中如何实现。

7. 试说明真空压力浸渗技术的工艺过程以及主要特点。

8. 试说明液态金属搅拌铸造技术的优缺点，并举例说明克服其缺点的途径。

9. 试结合具体金属基复合材料，对粉末冶金技术和共喷沉积技术的优势进行比较。

10. 液态金属搅拌制备金属基复合材料过程中使用超声、磁场的目的及意义是什么？

11. 采用物理气相沉积和化学气相沉积技术对纤维增强体进行表面改性时应注意哪些事项？

12. 列举三种颗粒增强金属基复合材料的制备方法，并对其发展前景进行分析。

第5章 金属基复合材料的成形加工

为了制成实用的金属基复合材料构件，需对金属基复合材料进行二次成形加工和切削加工。增强物的加入给金属基复合材料的二次加工带来了很大的困难。例如，陶瓷纤维、晶须、颗粒增强金属基复合材料，增强物硬度高、耐磨，使这种复合材料的切削加工十分困难。不同类型的金属基复合材料构件的加工要求和难度有很大差别，对连续纤维增强金属基复合材料构件，一般在复合过程中完成成形过程，辅以少量的切削加工和连接即成构件；而短纤维、晶须、颗粒增强金属基复合材料，则可采用铸造、塑性成形、焊接、切削加工等二次加工制成实用的金属基复合材料构件。本章以颗粒增强金属基复合材料为例加以说明。

5.1 金属基复合材料液态成形

金属基复合材料的液态成形主要是通过凝固的形式获得零件的方法，包括常规的铸造、特种铸造及新近发展的 3D 打印技术等。常见金属零部件的液态成形方法均可用来制造颗粒增强金属基复合材料（PRMMCs）零件，但由于增强颗粒的加入改变了金属熔体的黏度、流动性等性质，高温时还可能发生增强颗粒与基体金属之间的化学反应、颗粒的沉降等问题，因此在选择工艺方法和参数时必须考虑金属基复合材料的特点，对现有成形工艺进行必要的改进。

5.1.1 常规铸造成形

1. 铸造成形方法

铸造成形成本较低，便于一次形成复杂工件，所需设备相对简单，能适应规模生产，是研究与应用较多、发展较快的复合材料成形方法。目前，铸造成形方法按增强材料和金属液体的混合方式不同，可分为搅拌铸造、正压铸造和负压铸造等方法。

（1）搅拌铸造成形　目前，搅拌铸造成形有两种：液态机械搅拌法与半固态机械搅拌法。液态机械搅拌法是通过搅拌器的旋转运动使增强材料均匀分布在液体中，然后浇注成形。此法所用设备简单，操作方便，但增强颗粒不易与基体材料混合均匀，且材料的吸气较严重。半固态搅拌法是利用合金在固液温度区间经搅拌后得到的流变性质，将增强颗粒搅入半固态熔液中，依靠半固态金属的黏性阻止增强颗粒因密度差而浮沉来制备复合材料。此法能获得增强颗粒均匀分布的复合材料，但是只适用于有固液相温度区间的基体合金材料。

（2）正压铸造成形　正压铸造成形可按加压方式分为挤压铸造和离心铸造。挤压铸造一般是按零件的形状制作增强物预制块，将预制块放入铸型，在重力下浇入液态金属或合金，液体在压头作用下渗入预制块。国内曾采用此法制备出增强物分布均匀、组织致密、无缺陷的 Al-石墨复合材料及铸件。离心铸造法是在离心作用下将金属液体渗入增强材料间隙形成复合材料的一种方法。日本松下润二采用这种方法制造出 Al-Si 基石墨增强复合材料。

（3）负压铸造成形　负压铸造成形有两种方法：真空吸铸法和自浸渗法，这两种方法都需要采用预制体。真空吸铸法是将预制体放入铸型后，将铸型一端浸入金属液中，而将铸型的另一端接真空装置，使液态合金吸入预制体内的一种方法。北京航空材料研究所用此法生产 SiC/Al 复合棒材取得成功。自浸渗法原理是破坏金属液体表面的氧化层以改善液体与增强颗粒的浸润性，借助预制体内的毛细管力作用使金属液体引入增强材料间隙。上述制备方法，要求增强相在基体中分布均匀，材料在加工过程中具有较高的利用率和小的工程消耗，后续处理及加工应尽可能少，生产成本应尽可能低。

2. 铸造成形的技术问题

（1）增强颗粒与金属熔体的润湿性　增强颗粒进入基体金属熔体，并能很好地分散，首要的条件是两者必须相互润湿。以铝合金为例，常用的增强颗粒 Al_2O_3、SiC 与 Al 的润湿性都比较差，它们的接触角 θ 大于 90°。而有些增强颗粒表面存在的氧化物，由于其吸附气体、水分等，使增强颗粒与金属基体的润湿性变得更差。为解决增强颗粒与金属基体润湿性差的问题，可采取以下措施：

1）增强颗粒表面涂层。预先在增强颗粒表面涂覆一层能与金属熔液润湿良好的金属（如 Cu、Ni 等），接触角会下降 80°～100°，这样增强物就能顺利地进入并均匀地分散在金属基体中。

2）金属基体中加入某些合金元素。在作为基体的金属熔体中加入某些合金元素，可有效地降低表面张力，改善润湿性。如在铝合金中加入 Mg、Li 等合金元素，都有明显的效果。

3）用某些盐对增强颗粒进行预处理。盐能清除增强颗粒表面的氧化膜和有关污染物，因而大大改善了颗粒与金属液的润湿性。

4）对增强颗粒进行超声清洗或预热处理。增强颗粒表面的气体吸附和氧化污染都会阻碍它们与金属熔体的相互润湿和结合。如果对增强颗粒进行丙酮等有机溶剂中的超声振动清洗，或较高温度的真空预热，可以清除增强颗粒表面污染物，有效提高润湿性。

（2）增强颗粒分布均匀性　在外加增强颗粒制备 PRMMCs 的铸造法中，增强颗粒的密度一般与基体金属相差较大，且两者互不润湿，因而颗粒在金属基体中容易上浮、下沉及偏聚。Stokes 质点上浮速度表达式为

$$v = \frac{2}{9}\frac{g}{\eta}r^2(\rho_{金属液} - \rho_{增强颗粒}) \tag{5-1}$$

式中，η 为金属液的黏度（Pa·s）；r 为增强颗粒半径（m）；g 为重力加速度，取值 9.8m/s^2；ρ 为密度（kg/m^3）。

根据式（5-1），颗粒在金属液内的浮沉速度与增强颗粒和金属液的密度差及颗粒半径的平方成正比，并与金属熔体的黏度成反比。调整提高金属熔体的黏度，减小增强颗粒的粒径，均可使颗粒的上浮速度或下沉速度变小，从而使颗粒增强相不易聚集、结团，使 PRMMCs 的组织均匀、性能提高。值得注意的是，金属熔体的黏度通常是通过添加合金元素来提高的，黏度增大使复合材料存在气体及夹杂物不易排出的问题。

（3）增强颗粒与基体金属的界面结构　PRMMCs 的界面问题一直是本领域研究的关键问题之一。PRMMCs 的界面有三种类型：增强体与基体互不反应也互不溶解；增强体与基体不反应但能互相溶解；增强体与基体互相反应生成界面反应物。多数 PRMMCs 是以界面反应的形式结合。在采取工艺措施改善 PRMMCs 界面浸润性的同时，必须防止界面过度反应，以避免脆性相的生成。这些脆性相可能成为裂纹萌生源，削弱复合材料的力学性能。界

面结合力是表征界面结合状态的重要参数，因为界面有双重作用：一方面起到传递应力的作用，使增强体承担主要载荷；另一方面又以界面脱粘和增强体的拨出使裂纹偏移和吸收能量。试验证明确实存在最佳界面结合状态，这时复合材料的性能最优越。

选择适当的增强体-金属基体组合是保证界面结合良好的重要途径。目前，经验性的界面组合规律是基于元素化学位与体系的反应速率建立的，包括两方面：①元素化学位相近，物质亲和力大，容易发生润湿，发生反应的可能性小；②体系的反应速率常数小，界面反应层薄，适量的界面反应能促进增强体颗粒与金属基体润湿的结合，提高界面结合强度，对复合材料是有利的。因此，应选择合适的增强颗粒与金属基体组合，使用适当的复合工艺，以获得具有一定扩散层或化学反应层的复合材料，提高其性能。当材料是表层复合时，复合层与基体的结合层是否牢固，比整体复合时更重要，一定体积分数硬质颗粒的存在仅是复合材料具备高抗磨性的必要条件，同时希望增加颗粒对基体的合金化作用，以形成牢固的、可支持增强相的黏结层，这样才能使增强相在磨损过程中不易从基体中剥落。

（4）PRMMCs 的凝固过程 PRMMCs 的凝固过程中由于增强体的存在，其温度场和浓度场、晶体生长的热力学和动力学过程都会发生变化。在非平衡凝固条件下，这些变化均将对 PRMMCs 的组织和性能产生明显影响。复合材料凝固过程中，由于颗粒与基体的结构及物理化学性质差异较大，因此，一般情况下颗粒进入固相则能量升高，即在热力学上颗粒将被推移。但由于颗粒被推移的同时受到液体的黏滞力作用而使推移被阻碍，且流体对颗粒的阻力随运动速度的增加而增加。因此，当界面推力与流体阻力平衡时即达到临界态，此时的速度即为临界推移速度 $v_{C,p}$。Shangguan 等人根据该原理同时考虑到颗粒与基体热导率差异对界面形状的影响，提出

$$v_{C,p} = \frac{a_0 \Delta \sigma_0}{12 \eta \alpha R} \tag{5-2}$$

其中

$$\Delta \sigma_0 = \sigma_{pS} - \sigma_{pL} - \sigma_{LS}$$
$$a_0 = r_p + r_m$$
$$\alpha = \kappa_p / \kappa_m$$

式中，κ_p 和 κ_m 分别为颗粒和基体的热导率；r_p 和 r_m 分别为颗粒和基体的原子半径；η 为流体的黏度；R 为颗粒半径；σ_{pS}、σ_{pL} 和 σ_{LS} 分别为颗粒/固相、颗粒/液相及液相/固相的界面能；α 为颗粒/基体热导率比；$\Delta \sigma$ 为界面能差。

由式（5-2）表明，颗粒推移的临界速度随界面能差的增大而增大，随液体黏度、颗粒/基体热导率比及颗粒尺寸的增大而减小。但上述结论是以各向同性的单个球形颗粒为研究对象而获得的，未考虑颗粒体积分数及基体晶粒大小的影响。因此，研究复合材料凝固过程中颗粒被生长界面推移的距离，对考察颗粒分布的均匀性更为合理。

为建立模型，做如下假设：

1）固-液界面为平界面。

2）颗粒体积分数为 φ_p，局部固相体积分数为 φ_S，界面前沿颗粒体积分数为 $\varphi_{p,m}$，颗粒半径为 R。

3）界面以等速度 v 均匀生长，且小于单个颗粒推移的临界速度 $v_{C,p}$。

4）颗粒在液体中充分混合。

则界面前沿液体中颗粒的体积分数为

$$\varphi_{p,m} = \frac{\varphi_p}{1-\varphi_S} \tag{5-3}$$

根据液体黏度与颗粒体积分数的关系，界面前沿液体的黏度为

$$\eta_m = \eta(1+2.5\varphi_{p,m}+10.05\varphi_{p,m}^2) \tag{5-4}$$

将式（5-4）代入式（5-2），颗粒推移的临界速度为

$$V_{C,p,m} = \frac{a_0\Delta\sigma_0}{12\eta_m\alpha R} = \frac{v_{C,p}}{1+2.5\varphi_{p,m}+10.05\varphi_{p,m}^2} \tag{5-5}$$

可见，液体中颗粒的体积分数增加，液体的黏度也增大，从而使推移的临界速度降低。令界面生长速度 $v=v_{C,p,m}$，即得颗粒的相对推移距离为

$$S/L = 1 - \frac{20.1\varphi_p}{-2.5+\sqrt{6.25+40.2(v_{C,p/V}-1)}} \tag{5-6}$$

当颗粒体积分数较小时，则

$$S = \left(1 - \frac{2.5\varphi_p}{v_{C,p/V}-1}\right)L \tag{5-7}$$

式中，S 为颗粒被固-液界面推移的距离；L 为自凝固开始至凝固结束的局部区域宽度，在等轴晶凝固时其为晶粒半径。

由式（5-7）可见，随着颗粒体积分数 φ_p 及界面生长速度 v 的增加，推移距离 S 减小；另一方面，随着推移临界速度 $v_{C,p}$ 及基体晶粒半径 L 减小，推移距离也减小。

上述结论虽然是在平界面条件下得到的，但对于粒子尺寸远小于界面尺寸的等轴晶或枝晶生长的情形也适用。

总之，铸造成形法是一种经济、可批量生产复杂零件的有效方法，并可借鉴现有成熟的铸造工艺，是生产颗粒增强金属基复合材料零件的主要方法之一。图 5-1 所示为采用 Rio Tinto Alcan 公司推出的 Duralcan 品牌的系列铝基复合材料生产的赛车前制动盘铸件。

连续纤维增强金属基复合材料零件的制造也可采用真空吸铸、真空压力铸造的方法。如氧化铝纤维增强镁基复合材料，可选用真空铸造的方法制造。图 5-2 所示为真空铸造法制造的连续纤维增强镁基复合材料零件。

图 5-1　采用铝基复合材料生产的铸件

图 5-2　真空铸造法制造的连续纤维增强镁基复合材料零件

5.1.2 特种铸造成形

1. 压铸成形

压铸（Die Casting）是一种高效铸造方法，如图 5-3 所示，类似于注塑成形，其主要过程是使熔融状态或半熔融状态合金浇入压铸机的压室，随后在高压的作用下，以极高的速度充填到压铸模的型腔内，并在高压力下使熔融合金冷却、凝固成形。高压力和高速度是压铸时熔融合金充填成形过程的两大特点，也是压铸与其他铸造方法最根本的区别。压铸模具通常用热作模具钢加工而成，具有很高的尺寸精度和很小的表面粗糙度值，因此压铸成形的铸件尺寸精度高。目前压铸成形主要用于有色金属，如锌、铜、铝、镁、铅、锡以及它们的合金。

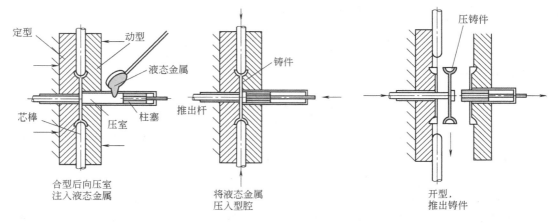

图 5-3 压铸过程示意图

由于具备上述特点，使压铸件的结构、质量、性能、工艺以及生产过程都有自己的特征。相比较其他铸造方法，压铸主要具有以下优点：

1）压铸件精度较高，尺寸稳定，一致性好，加工余量很小，可不经过机械加工或对表面进行少量加工后即可使用，提高了材料利用率，节约了加工费用。由于压铸零件成形过程始终是在压力作用下填充和凝固的，轮廓峰谷、凸凹、窄槽等都能清晰地压铸出来，锌合金最小压铸壁厚可达 0.3mm，铝合金最小压铸壁厚可达 0.5mm，最小铸孔直径可为 0.7mm，可铸最小螺距为 0.75mm。

2）压铸件组织致密，具有较高的强度和硬度，液体金属在压模内迅速冷却，同时又在压力下结晶，所以压铸件表层金属的晶粒较细，组织致密，表面硬度较高。

3）压铸生产效率很高，压铸生产过程易于实现机械化和自动化。

相对于基体合金，对金属基复合材料进行冷、热加工及机加工相对较难，且复合材料成本较高，这些因素极大地限制了金属基复合材料的应用。压铸是一种高效的近净成形工艺，因此将压铸工艺应用于金属基复合材料的成形具有重要的实用价值。为了将压铸工艺与颗粒增强铝基复合材料很好地结合起来，扩大铝基复合材料的应用范围，黄洁雯等人成功制备了国内首批 SiC 颗粒增强铝基复合材料的压铸件。SiC 颗粒在压铸件中的分布较在常规铸锭中更为均匀，且 SiC 颗粒与基体结合处的界面也比铸锭中更为清晰，复合材料压铸件的布氏硬度也高于相应常规铸件。

张恩霞等人采用压铸工艺实现了 $SiC_p/ZL102$ 材料复杂铸件的成形，结果表明，SiC 颗粒体积分数低于 12% 的情况下，SiC 颗粒含量越高，复合材料的成形性能越好。可见，SiC 颗粒增强铝基复合材料能够用压铸的方法制备复杂压铸件，SiC 颗粒在压铸件中分布更为均匀，且呈单颗粒，压铸件的硬度比复合材料铸锭的硬度高，SiC 颗粒增强铝基复合材料的压铸件耐磨性高于复合材料常规铸锭。杨滨等人将压铸工艺应用于原位合成 4%（体积分数）TiC/Al-9Si-1.4Cu-0.9Mg 复合材料的成形，结果表明铸件性能明显高于基体合金，完全能满足某型号电动车电动机转动端盖结构件的使用要求。

2. 低压铸造成形

低压铸造既不同于普通的重力铸造，又异于压力铸造，它是介于两者之间的一种铸造方法。如图 5-4 所示，其基本原理是：将熔体储存在密闭的空间内，以干燥空气或惰性气体为媒介在熔体表面施加比大气压大 $0.02 \sim 0.07 MPa$ 的气体压力，在压力作用下，熔体通过浸放在熔体里的升液管上升，通过浇口进入上方与炉子连接的模具内，并从模具型腔下部慢慢开始填充，保持一段时间的压力使熔体完全充满型腔并逐渐凝固。凝固是从产品上部开始向浇口方向扩展，浇口部分凝固的时刻就是加压结束的时间，最后当铸件冷却至固相温度以下便可从模具中取出产品。因此，低压铸造主要凭借从浇口开始的冒口压力效果和铸件的方向性凝固得到良好的铸件。

低压铸造具有以下特点：

1）浇注时的压力和速度可以调节，故可适用于各种不同铸型（如金属型、砂型等）、合金及尺寸的铸件。

2）采用底注式充型，金属液充型平稳，无飞溅现象，可避免卷入气体及对型壁和型芯的冲刷，容易形成方向性凝固，内部缺陷少，提高了铸件的合格率。

3）熔体在压力下充型、结晶，提高了充型效果（尤其是薄壁铸件），铸件轮廓清晰，组织致密，表面光洁，力学性能较高，对于大型薄壁件的铸造尤为有利。

4）省去补缩冒口，浇口较小，材料利用率提高到 $85\% \sim 95\%$，因此可以大幅度降低材料费和机加工工时。

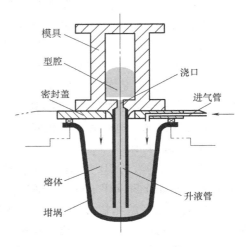

图 5-4　低压铸造原理

5）劳动强度低，劳动条件好，设备简易，易实现机械化和自动化。

由于低压铸造的上述优点，使该工艺在短短几十年内得到了国内各大厂家的广泛采用，解决了一些高难度和高要求的产品问题，成为汽车相关部件（如气缸头、气缸体、制动鼓、离合器罩、轮毂、进气歧管等）的常用制备技术。由于复合材料的流动性比基体合金低得多，传统的重力铸造压头有限，而且提高压头必然产生更大的冲击、飞溅和湍流，对铸件质量产生不利的影响，因此在材料具有流动性的时间内，对于薄壁铸件，很难充填成形。因此，基于低压铸造技术的诸多优点，采用低压铸造技术实现复合材料的成形具有重要的应用潜力。运用低压铸造实现体积分数为 10% SiC_p 复合材料板状件（厚度为 10mm）的成形，该板件轮廓清晰，表面较平整、光滑，基本无浇不足、粘砂等铸造缺陷，飞边现象也较轻，成形效果良好，与原重力铸造铸锭相比，SiC 颗粒分布均匀性有一定程度的提高。张泳昌等人将 SiC 蜂窝陶瓷体放在模具浇口部位，采用低压铸造工艺制备 SiC/Al 蜂窝陶瓷复合材料。在低压铸造过程中 Al 液温度为 716℃，模具预热温度为 800℃，高纯氮气气氛温度为 800℃，铸造压力为 7.5MPa。SiC 蜂窝陶瓷孔洞中注入 Al 及其合金液的低压铸造过程中，外力的作用可一方面克服 SiC 蜂窝陶瓷的结构造成的 Al 液的渗入阻力，另一方面可以一定程度上弥补 SiC 与纯 Al 润湿性差造成的力学性能的降低。朱坤亮等人采用热浸镀的方法制备镀有过渡介质铅锡合金的钢板，之后将镀媒介合金钢板放入铸型中，采用低压铸造复合法使铅液进入铸型后两者复合，最终得到了铅-钢层状复合材料。

然而低压铸造也存在一定的缺点，主要体现在：①浇口方案的自由度小，因而限制了产品的适用性（浇口位置、数量以及产品内部壁厚变化等）；②铸造周期长，生产性差，为了维持方向性凝固和熔液流动性，模温较高，凝固速度慢，可能引发增强体与基体之间的界面反应；③靠近浇口的组织较粗，下型面的力学性能不高；④为了保证浇口形状和位置，需要全面的、严密的管理（温度、压力等）。

5.1.3　3D 打印

3D 打印的实质是增材制造技术，其成形原理是基于 3D 模型，通过计算机的控制将材料逐层累积叠加，最终将虚拟的三维模型变为立体实物，是大批量制造模式向个性化制造模式转变的标志性技术。3D 打印机与普通打印机的工作原理基本相同，只是打印材料有些不同。普通打印机的打印材料是墨水和纸张，而 3D 打印机内装有金属、陶瓷、塑料、砂等不同的"打印材料"，是实实在在的原材料。打印机与计算机连接后，通过计算机控制可以把"打印材料"一层层叠加起来，最终把计算机上的立体图形变成实物。金属材料 3D 打印方法按热源分为激光、电弧和电子束等。

1. 激光 3D 打印

目前，常用的激光 3D 打印的方法主要有激光选区熔化（Selected Laser Melting，SLM）、激光立体成形（Laser Solid Forming，LSF）及激光选择烧结（Selective Laser Sintering，SLS）等。

（1）激光选区熔化技术　激光选区熔化（SLM）技术的原理如图 5-5 所示，在惰性气体舱室中，激光按特定路径扫描铺粉辊预先铺放的一层金属粉末，金属熔化并与前一层形成冶金结合，如此层层堆积，形成所需实体。由于该技术所采用的金属粉末细小（一般小于 20μm），铺粉层薄（≤0.05mm），因此，SLM 制品具有高的尺寸精度（±0.05mm）和表面质量（表面粗糙度值 $Ra \leq 10\mu m$）的特点。采用 SLM 可以自由成形出传统方法无法加工的复杂结构，如多孔结构等。SLM 制造复合材料的主要方法是混合粉末法，即基体粉末与增强体粉末混合，激光按设计图样的截面形状对特定区域的粉末进行加热，使熔点相对较低的基体粉末熔化，从而把基体和增强体粘接起来

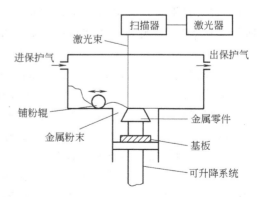

图 5-5　激光选区熔化技术的原理

实现组分的复合。

SLM 工艺过程中的主要参数有：①激光功率；②扫描速度；③扫描间距；④铺粉厚度。SLM 制造激光功率一般在数百瓦级，精度高，质量好，加工余量小；除精密的配合面之外，制造的产品一般经喷砂或抛光等后续简单处理就可直接使用。该技术烧结速度快，成形件质量精度高，适合中、小型复杂结构件，尤其是复杂薄壁型腔结构件的高精度整体快速制造。该方法存在的问题是混合粉末中两种材料的密度不同，易出现沉降使制品成分不均匀。通过合成单一复合材料粉末进行技术改进，制得的复合材料粉末能克服混合粉末的易沉降、不均匀等问题，从而能够制得品质更高的制品。目前采用 SLM 技术已成功制备出金刚石增强金属基复合材料，结果显示，SLM 成形获得的金属胎体与金刚石表面以冶金结合为主，可提高金刚石的结合强度，从而提高复合材料及金刚石工具的使用性能；但高能激光束也可能对金刚石颗粒造成较严重的热损伤。

（2）激光立体成形　激光立体成形（LSF）技术是在快速成型技术和大功率激光熔覆技术蓬勃发展的基础上迅速发展起来的一项新的增材制造技术。激光立体成形技术的基本原理是，首先在计算机中生成零件的三维 CAD 实体模型，然后将模型按一定的厚度切片分层，即将零件的三维形状信息转换成一系列二维轮廓信息，随后在数控系统的控制下，用同步送粉、激光熔覆的方法将金属粉末材料按照一定的填充路径在一定的基材上逐点填满设定的二维形状（见图 5-6），重复这一过程逐层堆积形成三维实体零件。

激光立体成形将增材成形原理与激光熔覆技术很好结合，并融合一系列现代先进技术，是通过自由成形的增材制造技术实现高性能致密金属零件快速成型的技术。激光立体成形的原材料为金属粉末，零件成形是在高能激光作用下的快速熔化和凝固过程中完成的，零件材料几乎完全致密，显微组织十分细小均匀，没有传统铸件和锻件中的宏观组织缺陷。该技术适于难加工金属材料的制造、损伤零部件的修复、异种材料混合制造、梯度材料的制备等。LSF 技术成形时有几个关键因素，分别是：①粉末形状；②搭接率；③激光能量。这项技术的主要优势有：①材料具有优越的组织和性能；②快速制造，节省材料，降低成本；③能合理控制零件不同部分的成分和组织；④可以制备熔点高、难加工的材料。

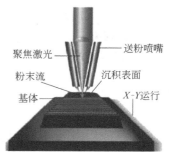

图 5-6　激光立体成形原理

聚焦激光——送粉喷嘴
粉末流
沉积表面
基体——X-Y运行

LSF 制备零部件的瞬态熔凝过程具有很高的温度梯度，在制品内部易形成较大的内应力，造成制品变形。甚至出现熔覆层剥落和裂纹，严重影响了 LSF 制品的性能和精度。准确控制成形过程产生的变形及减轻或消除残余应力的影响已经成为制约 LSF 技术发展的关键因素之一。

2. 电弧 3D 打印

电弧 3D 打印（Wire and Arc Additive Manufacture，WAAM）技术是以电弧为热源，采用逐层堆焊的方法制造 3D 金属零件。基于熔化极气体保护焊（MIG）的电弧 3D 打印系统如图 5-7 所示。电弧增材制造三维实体零件依赖于逐点控制的熔池在线、面、体的重复再现，若从载能束的特征考虑，其电弧越稳定，越有利于成形过程控制，即成形形貌的连续一致性较好。因此，电弧稳定、无飞溅的非熔化极气体保护焊（TIG）和基于熔化极惰性/活性气体保护焊（MIG/MAG）开发出的冷金属过渡（Cold Metal Transfer，CMT）技术成为目前主要使用的热源提供方式。电弧增材制造是数字化连续堆焊成形过程，其基本成形硬件系统包括成形热源、送丝系统及运动执行机构。

成形过程中的参数对零件的质量有非常大的影响，所以很多学者对零件质量和参数之间的关系进行了大量研究。总体而言，电弧 3D 打印的载能束具有热流密度低、加热半径大、热源强度高等特征，成形过程中往复移动的瞬时点热源与成形环境强烈相互作用，其热边界条件具有非线性时变特征，故成形过程稳定性控制是获得连续一致成形形貌的难点，尤其对大尺寸构件而言，热积累引起的环境变量变化更显著，达到定态熔池需要更长的过渡时间。针对热积累导致的环境变化，如何实现过程稳定性控制以保证成形尺寸精度，是现阶段电弧增材制造的研究热点。基于视觉传感系统的焊接质量在线监测与控制技术首先被移植应用于该领域，并取得了一定成果。

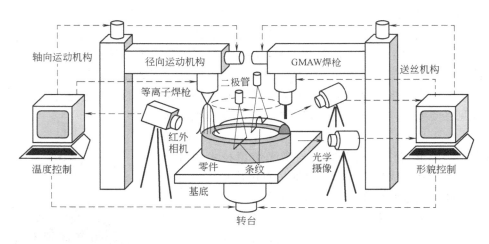

图 5-7　基于熔化极气体保护焊（MIG）的电弧 3D 打印系统

3. 电子束 3D 打印

常用的电子束 3D 打印技术主要有电子束选区熔化（Electron Beam Selected Melting，EB-SM）和电子束熔丝沉积（Electron Beam Freeform Fabrication，EBF[3]）。

（1）电子束选区熔化　电子束选区熔化技术原理与 SLM 类似，是在真空环境下以电子束为热源，以金属粉末为成形材料，通过不断在粉末床上铺展金属粉末，然后用电子束扫描熔化，使一个个小的熔池相互熔合并凝固，这样连续不断进行，形成一个完整的金属零件实体。这种技术可以成形出结构复杂、性能优良的金属零件，可以与锻件相比，但是成形尺寸受到粉末床和真空室的限制。电子束选区熔化原理如图 5-8 所示，粉末溃散、变形与开裂及扫描方式是成形过程中需要注意的问题。

（2）电子束熔丝沉积　这项技术是近些年来新兴的增材制造技术。电子束熔丝沉积增材制造技术与其他增材制造技术一样，利用计算机对零件的三维 CAD 模型进

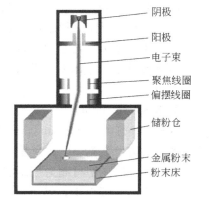

图 5-8　电子束选区熔化原理

行分层处理，生成特定加工路径，通过高能的电子束对送进的金属丝材进行熔化，按照预定路径逐层堆积，并通过合适的参数与前一层进行良好的冶金结合，直至形成致密的金属零件（见图 5-9）。该工艺具有成形速度快、保护效果好、材料利用率高、能量转换率高等特点，适用于钛合金、铝合金等中、大型活性金属的成形、制造和结构修复。所以有着其他方法不可比拟的优越性。

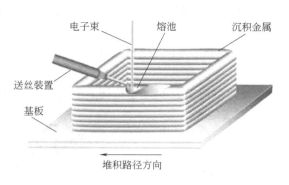

图 5-9　电子束熔丝沉积原理

近 20 年来，3D 打印技术取得了快速的发展，所用的材料种类越来越多，成形结构越来越复杂，零件的精度越来越高，使 3D 打印技术应用范围不断扩大。复合材料 3D 打印集材料制备与成形于一体，是 3D 打印技术最前沿的部分之一，在航空航天、医疗等领域的应用迅速扩大，未来具有很大的发展潜力。

5.2　金属基复合材料塑性成形

金属基复合材料利用轧制、挤压、拉拔和超塑性成形等工艺方法制造板材、棒材、管材、型材和零件，是一种工业规模生产金属基复合材料零件的有效方法。这种利用材料的塑性成形方法制备出来的零件组织致密，性能好。然而，与基体金属材料相比，金属基复合材料的塑性很差，室温下的伸长率一般都低于 10%，即使是在高温下，采用常规的成形工艺，其伸长率也没有明显提高，这使金属基复合材料塑性成形加工困难，并已成为阻碍金属基复合材料进一步开发应用的主要因素之一。塑性成形是铝基复合材料主要的后续加工方法，其主要目的是致密化（消除孔隙），改变 SiC 颗粒分布，或者获得指定形状。随着铝基复合材料应用范围的逐渐扩大，塑性加工问题越来越引起了人们的关注，探索其塑性成形就具有重要的现实意义。目前铝基复合材料的塑性成形方式主要有轧制、挤压及拉拔等。

5.2.1　塑性成形的力学基础

复合材料高温塑性成形涉及材料的基本力学变形行为，如拉伸、压缩等。由于压缩成形是大多数塑性成形工艺都会涉及的力学变形过程，因而对复合材料受压缩时力学行为的分析显得尤为重要。

复合材料在受压时存在明显的应变软化现象，压缩变形的应力-应变曲线上有明显的峰值，即当压缩变形量大到一定程度以后，开始出现应变软化现象。晶须增强铝基复合材料高温压缩变形后，其组织结构的最明显特点是晶须发生了有序分布，即晶须产生了垂直于压缩方向的定向排列。压缩变形时所表现出的应变软化行为与晶须有序化有关，即当晶须垂直于压缩方向排列时，晶须所承受的载荷下降，于是，复合材料表现出应变软化现象。

金属基复合材料的压缩强度可由下式给出，即

$$\sigma_c = \sigma_m \left(\frac{l}{d} \right) \varphi_f \sum_{i=1}^{n} \frac{\cos^2 \alpha_i}{n} + \sigma_m \tag{5-8}$$

式中，(l/d) 为晶须的平均临界长径比；α_i 为晶须取向同压缩方向的夹角；σ_m 为基体合金的流变应力；φ_f 为晶须的体积分数。当复合材料高温压缩变形时，压缩过程中晶须长轴的取向分布函数可以用下式给出，即

$$f(\theta) = A\exp(-B\theta) + C\sin\theta \tag{5-9}$$

式中，θ 为取向角；A、B、C 均为应变 ε 的线性函数，进一步推导出复合材料高温压缩流变应力近似表达式为

$$\sigma_c = \varphi_f (\overline{l/d}) \sigma_m \int_0^{2\pi} \int_0^{\pi/2} \sin2\theta\cos\theta f(\theta)\,\mathrm{d}\theta\mathrm{d}\varphi + \sigma_m \tag{5-10}$$

从而使复合材料高温压缩变形过程中晶须取向分布与应力-应变曲线关系的研究趋于定量化。

复合材料压缩过程中晶须发生了转动和折断，虽然对晶须的转动已进行了一些定量研究，但对于晶须转动的认识仍然停留在表观上。复合材料拉伸过程中的晶须承受一定的力矩，在该力矩的作用下晶须将发生转动。晶须转动的表达式为

$$\beta = \sigma\sin(2\alpha)/(4G) \quad (弹性阶段) \tag{5-11}$$

$$\beta = 0.75\varepsilon\sin(2\alpha) \quad (塑性阶段) \tag{5-12}$$

式中，β 为晶须转动的角度；σ 为复合材料所受的拉伸应力；α 为晶须长轴与拉伸方向的夹角；ε 为复合材料的拉伸应变；G 为切变模量。

晶须的转动是由基体的塑性变形引起的，因此塑性变形机制（如位错滑移、攀移等）将对晶须的转动起着主导作用。由于复合材料的基体属于多晶体，因此位错滑移、攀移与晶须转动的关系是十分复杂的。

对挤压态晶须呈定向分布的复合材料进行压缩变形研究，结果表明变形温度越高，复合材料中晶须转动越容易。应变量越大，晶须转动程度越大。提高变形温度以及采用有利于基体金属流动的变形方式可使晶须折断程度较小。晶须转动越容易，晶须的折断程度越小。复合材料变形时晶须的折断是晶须与基体金属变形不协调导致的晶须处应力集中的结果。

对复合材料液-固两相区高温压缩变形进行研究，结果表明在固相线以下的温度压缩变形时，其应力-应变曲线呈三阶段变化规律，即弹性变形阶段、软化变形阶段和硬化变形阶段。复合材料在接近或高于固相线温度高温压缩时，晶须的折断主要由晶须之间的相互作用产生，而不是与基体交互作用。在这个温度区间，晶须的强化作用降低。变形速率对复合材料液-固两相区压缩曲线的影响规律是：随着变形速率的增大，应力-应变曲线逐渐向上平移。高温压缩变形时，晶须的加入增加了压缩屈服强度、弹性模量和高温强度。高温压缩变形过程中变形抗力的大小以及是否出现应变软化现象，主要与变形过程中晶须的转动、折断和分布均匀性，基体合金的加工硬化与动态回复、变形过程中绝热现象导致材料内部的温度升高等因素有关。复合材料纯固相的变形机制为位错的运动协调晶界的变形，而在微量液相存在时，变形机制为沿晶界和界面的位错运动协调晶界的滑移和界面的滑移，同时伴随着液相的协调作用。人们对非连续增强金属基复合材料变形时的增强体断裂进行了一些研究，包括组织观察和有限元数值模拟等方面，普遍接受的观点是应力集中导致增强体折断。对于晶须的情况，晶须折断直到它的长度达到塑性松弛，可以维持应力在相对低的水平。

5.2.2　轧制成形

轧制是指轧件由摩擦力拉进旋转的轧辊间，借助于轧辊施加的压力，有时伴以热作用，

使材料发生塑性变形的过程，其原理如图 5-10 所示。通过轧制使材料具有一定的形状、尺寸和性能。轧制方式按材料温度可以分为热轧和冷轧；按轧机排列方式可以分为单机架轧制、半连续轧制和连续轧制。

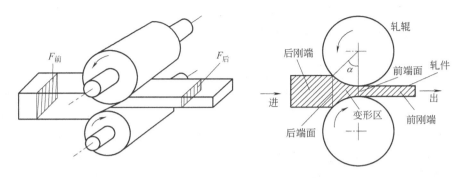

图 5-10　轧制成形过程示意图

轧制后，晶须排布方向变化很大，严重影响材料的变形行为和各向异性，轧制过程容易引起诸如孔洞、纤维断裂，甚至宏观裂纹等缺陷，并且常常伴随着由于与冷轧辊相接触而带来的试样温度骤降。因而致密化处理很少直接使用轧制，通常是先进行挤压，然后再轧制，这样既能提高复合材料的致密度，又能进一步提高复合材料的组织均匀性。

影响轧制工艺的因素较多，如：

1. 温度

25%（体积分数）SiC_p/Al 复合材料经过 16∶1 挤压后，经过三道轧制后的致密度见表5-1。从表 5-1 中可以看出，在 350℃ 轧制时，复合材料的致密度略有下降，这主要是由于温度较低时，复合材料的塑性较差，变形抗力大，轧制过程中部分颗粒断裂。

表 5-1　不同温度轧制后 25%SiC_p/Al 复合材料的致密度

预热温度/℃	350	400	450	500	550
致密度(%)	98.8	99.0	99.2	99.4	99.3

2. 变形量

25%（体积分数）SiC_p/Al 复合材料经过 16∶1 挤压后，在预热温度分别为 350℃ 和450℃ 进行不同变形量轧制后的致密度见表 5-2。从表 5-2 中可以看出，在 450℃ 轧制时，致密度随着变形量的变化不明显。但是 350℃ 轧制时，复合材料的致密度降低。

表 5-2　25%SiC_p/Al 复合材料在不同变形量轧制后的致密度

变形量(%)	50	75	85
致密度(%,350℃)	99.0	98.9	98.9
致密度(%,450℃)	99.0	99.2	99.2

3. 预热温度

对挤压比为 25∶1 的 15%（体积分数）SiC_p/Al 复合材料预热 350℃ 和 500℃ 进行轧制后，抗拉强度分别为 230MPa 和 245MPa。由于温度低时，轧制变形抗力较大，而且变形速度较快，SiC 颗粒来不及转动来协调基体变形，在切应力的作用下断裂。350℃ 轧制时，复合材料中 SiC 颗粒断裂。而 SiC 颗粒的断裂是拉伸时的主要裂纹源,因此在 350℃ 下轧制复合材料的抗拉强度较低。

4. 轧制比

25%(体积分数)SiC_p/Al 复合材料经过挤压比 25∶1 挤压后,在 450℃ 下进行的不同变形量轧制后的抗拉强度见表 5-3。可看出在不同轧制变形量后,复合材料的抗拉强度变化不大,变形量较大时,抗拉强度略有下降。说明经过挤压以后,复合材料中的孔隙大部分已经焊合,轧制变形不能进一步提高复合材料的致密度。

累积叠轧工艺(Accumulative Roll-Bonding,ARB)的原理是将几十微米厚的金属箔相互叠加起来,在一定温度的真空中压缩后进行真空退火,然后在室温下逐渐轧制成薄片,并切割成同样大小,以备下一次叠加、压缩和轧制;或者直接将几毫米厚的金属板相互叠加、压缩后,逐渐热轧制成薄片,并切割成同样大小,以备下一循环使用。经过多次压缩和轧制,就可以得到块体纳米材料。在该工艺中,开裂是一个严重的问题,特别是在轧制道次较多时,其边部裂纹往往会扩展至板材中心。但对于大多数金属材料而言,通过一些技术改进可以避免裂纹的产生。为了保证轧制后板材能够焊合在一起,每道次的变形量不得低于 50%。

目前,韩国、日本等国家的研究者已经采用这种方法成功地制备出 Cu、Al 及其合金的块体纳米材料。S. H. Lee 等人研究了 5%(体积分数)SiC_p/Al 复合材料在累积叠轧过程中显微组织及力学性能的变化,结果表明,经过 8 道次的累积叠轧变形,试样获得了均匀的超细晶组织。ARB 工艺易于在传统轧机上实现,制备的板材具有层压复合钢板的特性,然而,ARB 加工过程中需要较高的切应力条件,不能使用润滑剂,这对轧辊的服役寿命是不利的。

表 5-3 25%SiC_p/Al 复合材料在不同变形量轧制后的抗拉强度

轧制变形量(%)	50	75	85
抗拉强度/MPa	245	247	244

5.2.3 挤压成形

在诸多塑性成形手段(挤压、轧制、锻造、拉拔等)中挤压(见图 5-11)是二次加工最为常用的手段之一,因此挤压是这类复合材料研究的重点。由于金属基体中含有一定体积分数的增强物(晶须、颗粒),大大降低了金属的塑性,变形阻力大,成形困难,坚硬的增强颗粒将磨损模具,因此对常规的工艺需进行相应的改进,如挤压温度、挤压速度和挤压力等。

挤压时,影响材料在模具中流动的因素很多,如挤压方法、制品形状和尺寸、合金种类、模具的结构与尺寸、工艺参数、润滑条件等。影响挤压成形的主要因素有挤压变形时模具及坯料的预热温度、挤压比和挤压变形速度,以及润滑剂。

1. 润滑剂

润滑剂的作用是改变挤压坯料和模具之间的摩擦力。摩擦力越小,由于坯料内

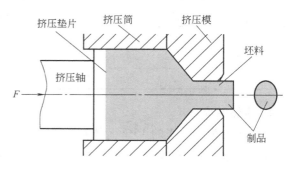

图 5-11 挤压成形示意图

外层材料流动不均匀所形成的附加拉应力就越小。挤压初期，润滑剂量足，而且分布均匀。随着挤压的进行，主要成分为石墨的润滑剂，随着金属的流动被带走，尤其是凹模模孔处，材料流动很快，石墨很快耗尽。

2. 挤压温度

选择最佳挤压温度应考虑以下因素：金属的塑性应较好；变形抗力尽可能小；型材具有最高强度；较高的生产率和较低的劳动成本。为了保持挤压制品的整体性，在挤压过程中，塑性变形区的温度必须与 SiC_p/Al 复合材料塑性最好的温度范围相适应。

随着复合材料坯料及模具预热温度的升高，挤压力显著降低，见表 5-4。温度每升高 $50℃$，最大挤压力降低 $10\sim20MPa$。

表 5-4　SiC_p/Al 复合材料不同温度下的最大挤压力

温度/℃	350	400	450	500
最大挤压力/MPa	280	265	248	235

3. 挤压比

在热挤压中，不论是哪种挤压方式，其最大单位挤压力和变形功都随变形程度的增加而增大。变形程度较多采用断面收缩率 Z 来表示。

$$Z = \frac{A_0 - A_1}{A_0} \times 100\% \qquad (5\text{-}13)$$

式中，A_0 为挤压前坯料的横截面面积；A_1 为挤压型材的横截面面积。

从式（5-13）可以看出，挤压比越大，复合材料的变形程度越大。研究表明，当挤压比大于 5 时，剪切变形才能深入到制品中心，使制品在横截面上的力学性能趋于均匀。为了获得性能均匀性较好的制品，实际生产中挤压比应大于 5，对于棒材挤压的情形更是如此。当挤压比为 36∶1 时，挤压棒材表面很少出现周期性环状裂纹。

4. 挤压速度

SiC_p/Al 复合材料由于 SiC 颗粒的加入，使基体的变形抗力增加，因此，SiC_p/Al 复合材料的挤压力比基体要高，容易产生第一类或第二类裂纹而使挤压制品表面发生碎裂，但可以通过降低挤压速度，使过多的热量从高温加工的剪切变形区扩散出去，使该问题得以解决。但是，如果挤压速度过低，又会出现第三类低速撕裂现象。试验过程中曾经观察到，在 $450℃$ 预热温度条件下，当以 $5mm/s$ 的挤压速度挤压棒材时，在整段棒材表面上都出现了严重的撕裂现象。当挤压速度逐渐升高时，撕裂缺陷的分布密度随挤压速度的提高而逐渐减小。有的只在挤压材料的前端表面出现撕裂，挤压速度升高至中速 $10mm/s$ 以上时，撕裂缺陷则被完全消除。挤压速度的选择往往还要受挤压温度的限制。

5. SiC 颗粒体积分数

图 5-12 所示为 SiC_p/Al 复合材料经过相同挤压比 25∶1 后，SiC_p 的体积分数对最大挤压力的

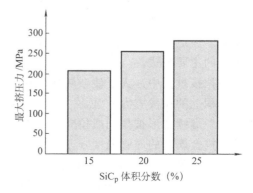

图 5-12　复合材料中 SiC 颗粒的体积分数对最大挤压力的影响

影响。从图 5-12 中可以看出，最大挤压力随着 SiC_p 体积分数的增大而增大。

挤压参数对 SiC_p/Al 复合材料成形性的影响往往不是彼此孤立的。例如，随着温度的升高，最大挤压力下降，但是随着温度的升高，润滑剂烧蚀也在增加，润滑剂的减少会增大挤压力。因为挤压过程中机械能转化为热能，挤压速度增加时，必须改变模具的预热温度。在挤压 SiC_p/Al 复合材料时，挤压温度一般选在 500℃ 以下，挤压速度大于 8mm/s。

在挤压过程中，金属基复合材料的显微组织除了会发生纤维断裂外，在某些情况下还会形成平行于挤压方向的"陶瓷富集带"（Ceramic Enriched Bands），如图 5-13 所示。尽管产生这种现象的原因还不十分清楚，但已经进行的研究工作表明，挤压条件与增强材料的长径比是两个重要的影响因素，而原始组织的均匀性并不十分重要。

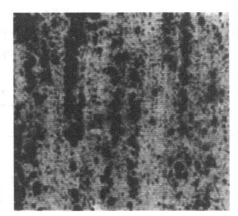

图 5-13　挤压形成的陶瓷富集带

5.2.4　拉拔成形

拉拔是在外加拉力的作用下，迫使金属通过模孔产生塑性变形，以获得与模孔形状、尺寸相同的制品的加工方法，原理如图 5-14 所示。拉拔成形方法按制品种类分为实心材拉拔和空心材拉拔，其中，实心材拉拔主要有棒材、型材、线材的拉拔，空心材拉拔主要包括圆管和异形管的拉拔。拉拔成形具有制品尺寸精确、表面光洁、所用拉拔设备和模具简单、制造容易等优点。

按拉拔时材料的温度分为冷拔、热拔和温拔，在再结晶温度以下的拉拔是冷拔，在再结晶温度以上的拉拔是热拔，高于室温低于再结晶温度的拉拔是温拔。冷拔是金属丝、线生产中应用最普遍的拉拔方式。按拉拔过程中坯料同时通过的模具数量可分为：只通过一个模具的单道次拉拔，依次连续通过若干（2～25）个模子的拉拔是多道次拉

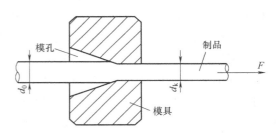

图 5-14　拉拔成形原理

拔。单道次拉拔的线速度低，生产力及劳动生产率低，常用于大丝径、低塑性及异形丝、线的拉拔。多道次拉拔的线速度高，机械自动化程度高，生产力及劳动生产率高，是金属丝、线生产的主要方式。

在拉拔过程中，为了使金属在模孔内发生塑性变形，作用于出模口处被拉拔材料单位横截面面积上的拉拔应力 σ_1 必须大于模孔内变形区中金属的变形抗力 σ_0；而为了防止金属丝出模孔后继续变形被拉细或拉断，从而破坏稳定的拉拔过程，拉拔应力 σ_1 必须小于出模孔后被拉拔金属丝的屈服强度 σ_s，因此实现拉拔过程的条件通常表示为：$\sigma_0 < \sigma_1 < \sigma_s$。拉拔过程中的安全系数 K 也可用材料抗拉强度 σ_b 与 σ_1 的比值表示。拉拔过程中的安全系数 K 值一般为 1.4～2.0，$K < 1.4$ 表示拉拔应力 σ_1 过大，出模孔后的金属丝可能继续变形出现拉细或拉断现象，拉拔过程不稳定；$K > 2.0$ 说明拉拔应力 σ_1 较小，拉拔变形量过小，拉拔道次增多。

5.2.5　超塑性成形

金属基复合材料具有优异的综合性能，然而其机械加工性能较差，这限制了其应用和发展。利用超塑性实现近净成形是复合材料成形加工的一条重要途径。所谓超塑性，是指材料在一定的内部条件和外部条件下，呈现出异常低的流变抗力、异常高的流变性能的现象。超塑性的特点有伸长率大，无缩颈，应力小，易成形。在超塑性成形过程中，应变速率通常表达为

$$\dot{\varepsilon} = A\frac{DEb}{kT}\left(\frac{b}{d}\right)^p\left(\frac{\sigma-\sigma_0}{E}\right)^n \tag{5-14}$$

式中，b 为柏氏矢量大小；D 为相关的扩散系数；E 为弹性模量；k 为玻耳兹曼常数；T 为热力学测试温度；d 为晶粒直径；p 为晶粒直径指数；σ 为流变应力；σ_0 为门槛应力；n 为应力指数；A 为几何常数。

按实现超塑性的条件可以将超塑性分为组织超塑性、相变超塑性和其他超塑性三类。组织超塑性又称细晶超塑性或恒温超塑性，指材料晶粒通过细化、超细化和等轴化，在变形期间保持稳定，在一定变形温度区间 $[T>0.5T_m，T_m$ 指材料的液相线温度（热力学温度）] 和一定变形速度条件下（应变速率在 $10^{-4}\sim10^{-1}\mathrm{s}^{-1}$ 之间）所呈现出的超塑性；相变超塑性又称为转变超塑性或变态超塑性，是材料在变动频繁的温度环境下受应力作用时经多次循环相变或同素异构转变而得到的很大变形量；其他超塑性主要包括短暂超塑性、相变诱发超塑性以及消除应力退火过程中，应力作用下积蓄在材料内能量释放获得的超塑性。

在金属基复合材料中，增强体和基体的相互协调成了影响其超塑性的重要因素。在合金中，两相晶界间滑动被普遍认为是超塑性变形的主要机制。在金属基复合材料中，高温下晶粒会长大，而其长大的过程又受到增强体的限制，这就使大量位错在增强体附近沉积下来形成应力集中，使孔洞得以形成和长大。因此，复合材料中影响超塑性的重要指标并不是晶粒度，增强体为孔洞的形核与长大所创造的条件则成了关键。复合材料中由于基体受到增强体的限制，其晶粒度一般均较小，而且在拉伸过程中也不易长大，因此很少为了获得细小的晶粒度而进行复杂的热处理过程。影响金属基复合材料超塑性的另一个重要因素是界面状态。影响金属基复合材料超塑性的因素还有温度、应变速率、应变硬化、晶粒形状、内应力以及增强体的含量、尺寸、分布方式等。

超塑性变形过程中组织变化有以下特点：

1）晶粒形状与尺寸的变化。变形时晶粒等轴化，超塑性变形后晶粒长大。

2）晶粒的滑动、转动和换位。

3）晶粒条纹带。超塑性拉伸后的初始晶界呈现宽带区，宽带区中有条纹，称为条纹带（Striated Band）。关于条纹带的形成，有两种观点：一种认为条纹带的出现是扩散蠕变所致；另一种认为除了扩散蠕变外，晶界迁移和从材料内部挤出的新晶粒也是重要的形成原因。

4）位错。晶界处发生了强烈的位错攀移和相抵消的过程。在超塑性变形时，金属内部可动位错密度比未变形时高出许多，这是由于微细晶粒可提供大量晶界，使晶界滑动容易产生。但与此伴生的应力集中也增多，且集中在晶界及其附近，从而导致产生更多的位错，以便松弛应力集中。这些过程以极快的速度同时发生，否则不能保证晶界滑动的连续性。当变

形较大时，位错密度增大较多，同时较明显地集中于晶界及三角晶界处。但在这些地方并未发现位错塞积现象，说明在晶界处发生了强烈的位错攀移和抵消过程。

5）孔洞。孔洞在高温拉伸时可以通过两种方式发生：外部缩颈和内部空穴。孔洞是超塑性变形过程中普遍存在的组织变化。在超塑性变形达到一定变形程度时，就会出现孔洞的形核，然后随着变形增加，孔洞长大，发生孔洞的聚合或连接，最终导致材料断裂。

按照孔洞形状，孔洞大致可分为两类：一类为产生于三个晶粒交界处的楔形孔洞或 V 形孔洞，这类孔洞是由于应力集中产生的；另一类为沿晶界，特别是相界产生的圆形孔洞或 O 形孔洞，它们的形状多半接近圆或椭圆。这类孔洞可以看作是过饱和的空位晶界（或相界）汇流、聚集（沉淀）而形成的。

孔洞形核有两种观点：一为复合材料变形前就存在；二为超塑性变形的晶界滑移过程中，经过一定的应变最后在界面上形成的。Stroh 运用 Zener 的假设（在切应力作用下发生晶界滑动时，在三叉晶界处产生裂纹）提出的孔洞形核条件为

$$\tau^2 > \frac{12\nu G}{\pi L} \tag{5-15}$$

式中，τ 为切应力；ν 为孔洞的表面能；L 为滑动晶面长度（相当于晶界凸起之间的距离或晶界粒子之间的距离）；G 为切变模量。

在超塑性变形过程中，随着晶界滑移的进行，由于颗粒与基体的弹性模量等物理性能不同，以及硬颗粒对滑移的阻碍作用必将产生界面应力集中，特别是对尺寸较大的颗粒，这些界面应力难以释放，因此，颗粒/基体的界面成为孔洞优先形核的位置。极限颗粒尺寸可由下式表示，即

$$\Delta = \left[\Omega\sigma\delta D_{gb} / (kT\dot{\varepsilon}) \right]^{1/3} \tag{5-16}$$

式中，Ω 为原子体积；σ 为流变应力；δD_{gb} 为边界扩散；k 为玻耳兹曼常数；T 为热力学温度；$\dot{\varepsilon}$ 为应变速率。当颗粒尺寸小于 Δ 时孔洞的生成是有限的；反之，将引起明显的孔洞生成和扩散。

孔洞的连接大多发生在增强体颗粒与基体的界面上，连接方向与拉伸轴存在一定的角度。所以复合材料超塑性变形过程中孔洞的连接也许与复合材料中增强颗粒与基体界面受到的切应力有关。应力集中可能是促进孔洞形核的主要因素。

一般认为，超塑性变形过程中孔洞长大的机制有两种：一是反应力促进孔洞沿晶界扩散的长大机制；二是孔洞周围材料的塑性变形引起孔洞长大的机制。在扩散孔洞长大时，根据 Beere 和 Speight 等人提出的模型，孔洞长大速率可由下式表示，即

$$\left(\frac{d_r}{d_e} \right)_d = \frac{2\Omega\delta_{gb}D_{gb}}{kT} \frac{1}{r^2} \left(\frac{\sigma - 2\nu/r}{\dot{\varepsilon}} \right) \alpha \tag{5-17}$$

式中，Ω 为原子体积；δ_{gb} 为晶界宽度；D_{gb} 为晶界扩散系数；r 为孔洞半径；ν 为表面能；σ 为流动应力；T 为热力学温度；$\dot{\varepsilon}$ 为应变速率；k 为玻耳兹曼常数；α 为考虑孔洞尺寸与间距的系数，其值为

$$\alpha = \frac{1}{4\ln\left[\lambda / (2r) \right] - \left\{ 1 - (2r/\lambda)^2 \left[3 - (2r/\lambda)^2 \right] \right\}} \tag{5-18}$$

式中，λ 为孔洞之间的距离。

研究表明，孔洞在金属及合金超塑性变形过程中广泛存在，然而在超塑性变形过程中孔洞的形状是不规则的，因此定性地分析孔洞的形状是研究超塑性变形机制的关键。超塑性变形时，复合材料中液相的存在可以有效地松弛由晶界滑移产生的应力集中，进而限制孔洞的长大。

图 5-15 所示为孔洞形成示意图。

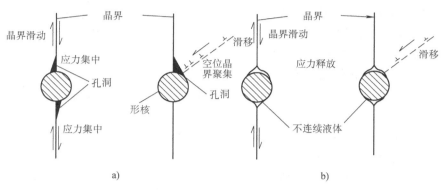

图 5-15　孔洞形成示意图

a）界面高应力集中处孔洞形成　b）有液相存在时应力释放

超塑性材料一般都是孔洞敏感材料，成形过程中孔洞的演变会大大降低成形材料的成形性能及成形后零件的使用性能，因此认识超塑性成形过程中孔洞损伤演变的规律极具理论价值和实际意义。但对于超塑性成形这类高温、型腔封闭、变形机制复杂的金属成形问题，常规方法测试分析困难，成本高，准确性差，效果不如人意。而基于现代有限元方法的数值模拟技术则为此类问题的解决提供了有效的手段，成为材料加工领域最具有发展前景的前沿方向之一。

5.3　金属基复合材料连接技术

金属基复合材料（MMCs）作为一种结构材料，具有强度高、耐磨、耐高温的优良特性，而且这些性能可以根据用户的需要进行调整，在汽车工业、航空航天、国防工业、航运海运、运动商品等方面的应用已越来越广泛，因此它的连接技术已显得非常重要。目前 MMCs 侧重于以轻合金（如铝合金、镁合金、钛合金等）作为基体，以陶瓷颗粒或纤维（如 SiC、Al_2O_3、B_4C 等）作为增强体，由于基体与增强体性能的不同，使这种先进材料的焊接成为一个难题，成为限制它走向大规模实用化的障碍。目前对于 MMCs 连接技术的研究十分欠缺，尚未开发出任何一种成熟的 MMCs 焊接技术。

目前用于 MMCs 的各种连接技术包括熔化焊接（钨和惰性气体焊接、电子和激光束焊接、接触电阻焊接、电容放电焊接、等离子体焊接）、固相连接（扩散连接、摩擦焊接和磁励电弧对接），钎焊和胶粘、等离子喷涂连接以及快速红外连接。这些方法都可以用于连接 MMCs 工件，但要使这些带有接头的 MMCs 工件在实际中应用，理论和技术上均有一些问题需要解决。

5.3.1　连接方法及其特点

MMCs 的种类十分繁多，不同的复合材料具有不同的特性，需要不同的连接技术，所以用于 MMCs 的连接技术种类较多，目前可以在实际中应用的已有十几种。

1. 熔化焊接

目前在 MMCs 熔化焊接方面的研究工作相对较多，结果表明，各种熔化焊接方法均可以用于 MMCs，但是效果不够理想，特别是对于铝基 MMCs，还存在一系列的问题需要解决，主要有：

（1）常规的熔化焊接需要在高温下进行，而高温会引起复合材料基体与增强体界面上的化学反应，如在 SiC 颗粒增强的铝基 MMCs 中，SiC 颗粒与铝基体发生反应，生成大量脆性 Al_4C_3，从而导致材料的力学性能大幅度下降。

（2）采用常规的熔化焊接加工 MMCs，当基体被加热到熔点以上熔化时，增强体仍然保持固态，因此熔池黏滞性很高，基体与增强体很难熔合，在熔池的冷却过程中会发生增强体的剥离。

（3）如果 MMCs 采用粉末冶金法制造，闭塞在材料里的气体会在熔池凝固时逸出，导致大量的气孔在熔池和热影响区（HAZ）形成。

这些问题可以通过在熔池中添加合金化元素、提高焊接热循环速度、减少焊接时工件的热输入等方法在一定程度上得到缓解。图 5-16 所示为 Duralcan 公司用氩弧焊接 SiC_p/Al 复合材料传动轴以及自行车车架，就是成功的实用案例。

a)　　　　　　　　　　　　　　　b)

图 5-16　Duralcan 公司用氩弧焊接 SiC_p/Al 复合材料传动轴以及自行车车架

a）传动轴　b）自行车车架

常用的 MMCs 的熔化焊工艺有：

（1）钨电极惰性气体保护焊（TIG 焊）　TIG 焊是在惰性气体保护下（见图 5-17），钨电极和焊接工件间产生电弧使工件局部熔化连接在一起，必要时可添加焊料。

铝基 MMCs 结构件采用 TIG 焊的标准焊接程序和设备即可，但需要进行一些预处理或者添加焊料。如 Duralcan W6A.10A 压延件，添加富含镁的焊料 ER5356 可获得较为理想的接头（接头的力学性能见表 5-5）；6061-T6/20SiC_p 工件，在焊接前需进行真空排气，焊接时添加富含硅的铝焊料 ER4043 或 4047 可获得较为理想的接头，真空排气可去除粉末冶金法制造 MMCs 时材料内部存留的氢气，避免焊接处

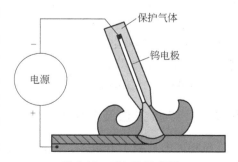

图 5-17　TIG 焊示意图

114

产生气孔，而 ER4043 和 4047 焊料可增强 SiC 颗粒在基体中的润湿性，抑制 SiC 颗粒与铝基体发生反应；还有 2080/20SiC$_p$ 添加 ER4047、7475/20SiC$_p$ 添加 ER4047、DuralcanF3S.20S 铸件添加 ER4047、6061/B 添加 ER4043 都可以用 TIG 焊方法获得较好的焊接效果。

表 5-5　自行车管 TIG 焊接接头的力学性能

材　料	抗拉强度/MPa	屈服强度/ MPa	伸长率(%)
6061-T6	324	290	5.0
Duralcan W6A.10A-T6	359	324	5.0
Duralcan W6A.10A-T6 接头	310	283	2.2

（2）金属极惰性气体保护焊（MIG 焊）　MIG 焊是把小直径电极丝放在焊接工件处（见图 5-18），电极丝与工件之间产生电弧使工件熔化。为了保护熔融的高温材料，需在电极丝周围通入惰性气体。MIG 焊与 TIG 焊一样在焊接 MMCs 方面受到研究人员较多的关注。该方法也可用于 DuralcanW6A.20A 压延件的焊接。为获得较好的焊接效果，需添加焊料 ER5356，接头经过热处理后，抗拉强度超过类似条件焊接的 6061-T6 合金接头。通过预先进行真空排气处理并使用 ER4043 焊料，采用 MIG 焊对粉末冶金法制备的 SiC$_p$/Al MMCs 进行焊接，得到的接头强度超过精锻合金接头的强度。MIG 与 TIG 两种方法焊接 MMCs 在技术上都是比较可靠的，为了比较这两种方法，用这两种方法焊接 Comral 85 MMCs（20μm 的 Al$_2$O$_3$ 颗粒增强的 6061 合金），然后对接头的微观结构进行分析，结果表明两种接头上都分布着较多的孔洞，但 MIG 焊比 TIG 焊产生的孔洞稍少一些，这与 TIG 焊的熔池温度高有关。

（3）电子束焊接（EBW 焊）　EBW 焊是在真空条件下（见图 5-19），将阴极产生的电子束通过正电压加速后，用磁透镜聚焦在工件表面，电子束撞击焊接材料表面产生热量，使工件熔化焊接在一起。电子束的能量密度可达 10^6 W/cm^2，而 TIG 焊的能量密度只有 10^2 W/cm^2，因此该方法得到的焊缝深度大而宽度小。EBW 焊接方法具有热循环速度快和工件热输入小的特点，可有效地抑制脆性相 Al$_4$C$_3$ 的形成。EBW 方法可用于薄片形纤维加强 MMCs（1.2μm 厚片形 VKA-2Al/B 复合材料）的

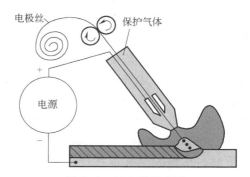

图 5-18　MIG 焊示意图

对头焊接，测试表明该方法的确可减少焊接过程中脆性相 Al$_4$C$_3$ 的生成，但对焊接工件的几何形状有较严格的限制。

（4）激光束焊接（LBW 焊）　LBW 焊（见图 5-20）与 EBW 焊方法类似，也是一种能量束焊接方法，能量密度约为 10^6 W/cm^2。采用光学透镜聚焦，高能量密度的激光束与工件表面相互作用产生耦合效应，使 MMCs 熔化焊接在一起。脉冲和连续激光器都可用于铝基 MMCs 的焊接，脉冲 Nd-YAG 激光器焊接 SiC 颗粒增强 Al-Cu 合金的研究表明，SiC$_p$ 与铝的反应程度与激光能量输入成正比，因此通过精确控制激光输出参数（主要指激光强度和脉冲持续时间）可以控制焊接熔融区内脆相 Al$_4$C$_3$ 的生成，在适当的激光强度（$\leqslant 4.0 \times 10^9$ W/cm^2）和脉冲时间（8~10ms）下，焊区内脆相的数量和尺寸都大大减少。连续 CO$_2$ 激光器与脉冲 Nd-YAG 激光器焊接 A356/15SiC$_p$ 复合材料的比较表明，连续激光器的焊接效果比脉冲激光器差一些。

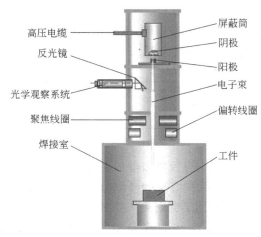

图 5-19　电子束焊接原理

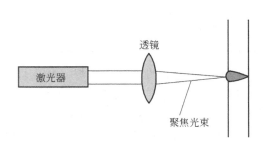

图 5-20　激光束焊接

（5）接触电阻焊接　接触电阻焊接（见图 5-21）是利用焊接材料之间的电阻，通入外接电流产生热量完成 MMCs 的焊接。硼丝增强铝合金 MMCs 的焊接研究表明，硼丝在熔池中完全被破坏，获得的焊缝脆性高、强度低，因此该方法不适合焊接这种复合材料。用接触电阻法焊接 $20SiC_p/6082$ 时发现，大量 SiC 颗粒从基体中剥离出来，焊接效果也很不理想。

（6）电容放电焊接　电容放电焊接是把存在大容量电容中的电能快速释放出来熔融工件使其焊接的方法。该方法可用于 $SiC_p/6061$-T6、$SiC_f/6061$-T6、$B_4C_p/6061$-T6 和 $B_4C_p/2024$-T6 复合材料自身的焊接以及 6061 合金与 $SiC_p/6061$ 的焊接。与 TIG 焊和 LBW 焊相比，焊接效果更好，在焊区没有观察到孔洞和增强体的破坏，但焊

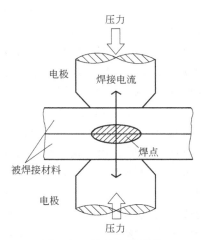

图 5-21　接触电阻焊接

接时的热输入不能过高，否则就会有 Al_4C_3 片形沉淀和硅块形沉淀析出。

（7）等离子体焊接　等离子体焊接（见图 5-22）是把等离子气体通在钨电极周围形成等离子电弧熔化 MMCs，使其焊接在一起，焊接时也需通入保护气体。用该方法焊接 6061/ $30SiC_p$ 的研究表明，在添加 Al_3Zr 和 Al_3Ti 的条件下，焊接保持了材料的延展性，Al_4C_3 得到一定程度的抑制。

2. 固相连接

与熔化焊接方法相比，固相连接方法可避免 MMCs 工件发生高温熔融，因此不存在与熔化焊接有关的一系列问题。但是这种方法对于加工工件的几何形状有限制，而且加工过程中工件焊接处有较大的变形。

（1）扩散连接　扩散连接主要指固相扩散连接（SSDB）和过渡液相连接（TL PDB）两种方法。SSDB 方法是在连接工件上加一个小载荷，然后在保护气氛下或真空中升温，使工件发生微变形并连接在一起。对于铝基 MMCs，连接温度约为 325～520℃，扩散时间取决于温度和材料，加工前需进行表面清洁。由于 MMCs 的连接不仅有基体与基体的连接，还有颗

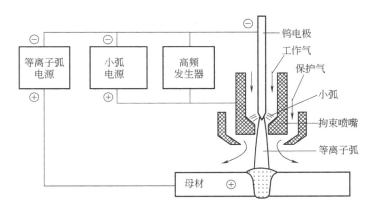

图 5-22　等离子体焊接原理

粒与颗粒的连接，而颗粒之间的连接十分脆弱，因此在连接工件间放入一个金属薄片提高连接强度。如 Al_2O_3 短纤维增强的 6061，不加金属层的连接强度为 98MPa，而加入银或铜层（厚度 $5\mu m$ 或 $6\mu m$）的连接强度分别为 188MPa 或 179MPa。在航空工业中，扩散连接法已成功地用于 MMCs 工件的制造中。

TL PDB 是将一个金属薄片置于连接工件间，对于铝基 MMCs，一般用铜、锌和银箔，加热工件至铜（锌、银）、铝的共晶温度形成共晶，使 MMCs 黏结在一起。如用铜作为中间层，黏结前界面上的化学成分变化是 100% 铝到 100% 铜，加热到共晶温度后，铜、铝原子互相扩散，但铜原子向铝中扩散是铝原子向铜中扩散的 2000 倍，因此富铝固溶区比富铜固溶区宽得多，连接后界面上铜的分布为 0%-3.65%-0%。TL PDB 方法可成功地对接 Duralcan W6A.15A 复合材料，用铜作为金属箔中间层，接头的抗拉强度为 340MPa，连接成功率为 95%。TL PDB 连接同一种 MMCs 或 MMCs 与其他材料时均存在颗粒剥离问题，如精确控制连接温度和连接时间，该问题可得到一定程度的解决。

（2）摩擦焊接　摩擦焊接（见图 5-23）是通过两个工件相对摩擦产生热量使工件结合。一般是一个工件固定在轴上，另一个绕其旋转，经过一段时间后，停止旋转并加载使工件接合在一起。

有多种摩擦焊接法可用于 MMCs。惯性摩擦焊接 Duralcan W6A.16A 复合材料及 6061 复合材料，效果比较理想，接头强度较高；

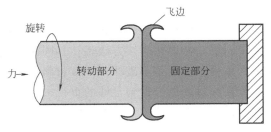

图 5-23　摩擦焊接原理

连续动力摩擦焊接 SiC 颗粒增强 A357 铸态铝合金，焊接后经过合适的热处理，HAZ 全部恢复至原来状态；还有旋转摩擦焊接用于 $14SiC_p/2618$ 复合材料，连续动力摩擦焊接短纤维 $SiC_p/6061$ 复合材料。近年来 MMCs 的摩擦焊接引起了较多的注意，对摩擦焊接过程的机理、焊缝的微观结构及力学性能都有所报道。

（3）磁励电弧对焊（MIAB）　MIAB 是电弧在放射性磁场作用下绕管形工件的端部快速转动，产生热量使工件连接，接头再经过锻造完成焊接。焊接时需在管形工件内通入氮或 Ar-5H_2 保护气体。MIAB 法用于加工直径 25mm、壁厚 2mm 的 $25SiC_p/2124$-T4 复合材料管材时，效果较为理想。

3. 钎焊

钎焊用于 MMCs 始于 20 世纪 60 年代，最近对该方法的研究比较少。钎焊与熔化焊接不同，它不必熔化 MMCs 的基体材料，因此不存在基体与增强体的反应，增强体的破坏大大减小。用钎焊方法焊接 MMCs 时钎料的选择和温度的控制很重要，如钎焊 6061/50B 时采用 Al_2Si 钎料，会有 Si 析出在晶界上，导致工件切向强度降低，而采用 Al_2CuZn 钎料（熔点 380℃）则不会发生这个问题。

4. 胶粘

胶粘是目前人们较为关注的 MMCs 连接方法，连接过程中 MMCs 不承受外加热循环，但连接前需进行表面预处理。胶粘的效果与黏结剂、表面预处理方法密切相关，黏结剂主要有环氧树脂和聚丙烯，表面热处理方法包括表面刻划、阳极氧化、表面磷酸处理等。对胶粘 $Al_2O_3/6061$ 的研究表明，表面刻划技术对于提高黏结强度非常有效。

胶粘方法是一种具有发展前景的 MMCs 连接方法，接缝处耐腐蚀、抗疲劳、韧性高，可黏结不同类型的 MMCs，接缝外表面光滑。但存在接缝强度低、寿命短、质量难以保证的问题，这些问题可以通过表面预处理得到缓解。

5.3.2 不同连接技术的比较

熔化焊接是比较常用的 MMCs 连接技术，它的缺点是增强体与基体间发生化学反应，熔池黏滞性高，在凝固过程中发生增强体颗粒剥离，这些问题可以通过控制热循环速度和热输入来解决，如具有快速热循环和低热输入的激光束焊接和电子束焊接可有效降低增强体与基体间的化学反应。另一方面，也可以通过添加钎料把合金化元素加入到熔池中解决，如果添加合适的钎料，钨极惰气保护焊接和金属惰气保护焊接都可用于 MMCs 铸件的修复。目前，市场上的高尔夫球杆、自行车车架的接头都采用常规的熔化焊接工艺连接。

固相连接，尤其是摩擦焊接在 MMCs 的焊接方面具有很大潜力，由于是低温操作，界面反应被抑制，熔池的黏滞性降低，但在产生摩擦过程中需要移动工件，摩擦产生的热量会引起表面增强体颗粒或纤维的破碎。扩散连接法用于 MMCs 效果也较好，但在两连接工件间需添加中间层。与熔化焊接方法相比，固相连接更适合 MMCs。钎焊法在 20 世纪 60 年代受到较多的重视，优点是不破坏 MMCs 材料，接头强度可达到焊接基底材料的 80%～90%。

胶粘法目前也未得到足够的重视，该方法的特点是不需要在 MMCs 上外加热循环，可在室温条件下操作，但关于该方法的研究十分有限，尚需进一步研究，重点在于优化表面处理方法，以延长接头的寿命。各种常规 MMCs 连接技术的优点和缺点具体见表 5-6。

表 5-6 常规 MMCs 连接技术的优点和缺点

	工艺方法	优点	缺点
熔化焊接	钨极惰气保护焊接	在焊接时可使用金属焊料，以减少 Al/SiC 复合材料中 Al_3C_4 的产生，增加 Al/SiC 复合材料中加强粒子的润湿性	在 Al/SiC 复合材料中会产生 Al_3C_4，当使用金属焊料时，焊接强度降低
	金属惰气保护焊接	在焊接时可使用金属焊料，以减少 Al/SiC 复合材料中 Al_3C_4 的产生，增加 Al/SiC 复合材料中加强粒子的润湿性	在 Al/SiC 复合材料中会产生 Al_3C_4，当使用金属焊料时焊接强度降低

（续）

	工艺方法	优点	缺点
熔化焊接	电子束焊接	在真空环境中可高速焊接	在 Al/SiC 复合材料中会产生 Al_3C_4，焊接需要在真空环境下进行
	激光束焊接	不需要真空环境即可高速焊接	在 Al/SiC 复合材料中会产生 Al_3C_4，焊接需要有保护气体
	接触电阻焊接	可高速焊接	有可能产生加强颗粒偏析，对焊接工件的几何形状有限制
固相连接	扩散连接	为了提高连接性能，可使用中间层，不发生颗粒-基体间反应	过量扩散会导致连接性能下降
	过渡液相扩散连接	为了提高连接性能，可使用中间层，不发生颗粒-基体间反应	有可能形成有害的金属间化合物；工作效率低；价格昂贵
	摩擦焊接	不发生颗粒-基体间反应；在热处理后可达到很高的连接强度；适于连接两种材料	需去除飞边
	磁励电弧对头焊接	适于连接管形工件	只能焊接限定形状的工件；焊接后需对焊接部位进行处理（内部和外部）
钎焊		可用于连接两种材料，基体材料无需熔化	焊接需要惰性气体或真空环境
胶粘		连接加工时所需温度相对较低	为获得较高强度，需对表面进行预处理

5.3.3 新型连接技术

由于以上常规的焊接方法用于 MMCs 都存在界面反应、操作复杂等问题，因此在改进这些常规方法时，必须积极开发新型连接方法，以获得性能更为理想的 MMCs 接头。目前一些研究人员已在这方面进行了尝试，比较成功的有三种：可用于焊接铝基 MMCs 的等离子喷涂法、可用于焊接钛基 MMCs 的快速红外连接法（RIJ）及对大多数金属基复合材料都适用的搅拌摩擦焊接法（FSW）。

1. 等离子喷涂法

等离子喷涂技术一般用来制造表面涂层，以改善金属或合金的耐磨、耐热、耐蚀性，而用于连接 MMCs 尚未引起人们的广泛注意。事实上，对于 SiC 或 Al_2O_3 颗粒增强 6061 合金 MMCs 的研究表明，这是一种非常适于 MMCs 连接的新技术，喷涂过程热输入非常小，焊接基底材料不发生熔化，因此，接缝处几乎没有脆性 Al_4C_3 相、孔洞以及 HAZ 的形成。如果选择合适的喷涂粉末，在适当的工艺条件下，接缝处的力学性能可达到与焊接的基底复合材料接近的水平。等离子喷涂技术的工艺过程如图 5-24 所示。

（1）喷涂前的预热处理和喷涂后的加

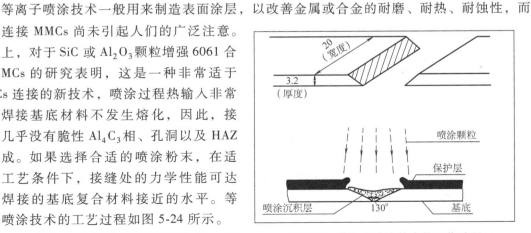

图 5-24 等离子喷涂技术的工艺过程

强处理 喷涂连接 MMCs 接头的抗拉强度测试表明，焊接基底材料的预热处理十分必要，它可以防止热喷涂后材料迅速冷却，降低基底与热喷涂材料之间热胀冷缩的差距，降低焊接基底材料的湿度，防止熔融的喷涂金属颗粒与基底材料牢固黏结。如对于 1100 合金基复合材料、纯铝作为喷涂粉末的情况，在 200℃ 预热后接头可达到最佳力学性能，但预热温度过高会导致基底发生氧化。

为了增加等离子喷涂接头的密度和黏结强度，采用热等静压（HIP）或固溶+时效热处理等方法对接头进行后期处理，不仅可以强化接头，还可以使基底重新固溶，因为在喷涂前的热处理过程中，基底的抗拉强度降低 30%。如对于 2014 合金基复合材料，焊接后在 500℃ 固溶处理和 160℃ 时效处理可使接头性能有较大提高。

（2）喷涂参数与喷涂粉末的选择 喷涂参数主要包括喷涂距离、喷涂坡口角度、喷涂枪的移动速度等。研究表明，喷涂距离及坡口角度对于喷涂接头的强度影响较大，如图 5-25 和图 5-26 所示。坡口角度越大，接头的黏结强度越大。原因在于随着坡口角度增大，颗粒撞击力增大，从而沉积涂层的孔洞数量减少。一般坡口角度选择 130°，喷涂距离选择 95mm。

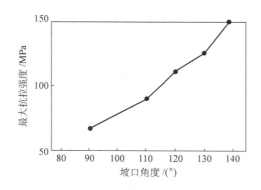

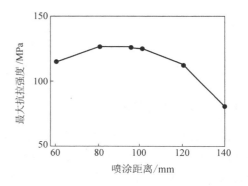

图 5-25 坡口角度对等离子喷涂接头抗拉强度的影响
喷涂粉末：热处理 15%SiC$_p$/2014 Osprey 粉末
基底：SiC$_p$/6061；预热温度：200℃；
喷涂距离：95mm

图 5-26 喷涂距离对等离子喷涂接头抗拉强度的影响
喷涂粉末：热处理 15%SiC$_p$/2014 Osprey 粉末
基底：SiC$_p$/6061；预热温度：200℃；
坡口角度：130°

喷涂粉末可以选择 SiC 颗粒增强 Al-Si-Ti 合金和 2014 合金（Al-Cu-Si-Mg），合金中的硅可以起到以下几方面的作用：①降低铝合金的熔点，使其在喷涂过程中易于熔化；②减小焊接衬底中铝与 SiC 的反应程度；③防止液体合金颗粒氧化。活性金属钛的加热可以起到以下作用：①防止 Al$_4$C$_3$ 相的形成；②改善 SiC$_p$ 在铝中的润湿性。喷涂粉末可通过球磨含 SiC 或 Al$_2$O$_3$ 颗粒的铝合金制得，也可以用 Osprey SiC$_p$ 增强复合材料粉末制得。比较而言，后者的 SiC 颗粒可更均匀、更深入地进入金属中。喷涂粉末的选择是一个复杂的问题，钛和硅的含量、SiC 和 Al$_2$O$_3$ 颗粒的含量和尺寸对接头抗拉强度均有影响，而且在喷涂过程中还会有 SiC 颗粒及镁的损失，因此，对于等离子喷涂连接技术，最重要的是开发合适的复合材料粉末。

2. 快速红外连接法

快速红外连接法（RIJ）是一种快速、简便而且经济实用的技术，加工过程中不需要真空环境，一般用于各种连接难度较大的先进材料。这种技术可用于钛基复合材料 SCS-

61β21S，21S 是 Ti-15Mo-2.7Nb-3Al-0.25Si，增强纤维为 $147\mu m$ 的 SiC_f，表面有厚度为 $3\mu m$ 的富碳涂层。钎料是厚度为 $17\mu m$ 的 METGLAS 钎焊箔 5003，成分为 Ti-15Cu-15Ni。首先将放置好钎料的钛基 MMCs 样品置入红外炉中，通过螺钉固定。连接过程不需要附加压力，加工温度通过接头处的镍铬-镍铝合金热电偶控制，在热循环之前以及整个加工过程中均需通入氩气至加热室防止氧化，达到预定加热温度需要 $20\sim30s$，加热温度为 $1100℃$，加热时间为 $5\sim30s$，连接后样品快速冷却至室温。红外炉能够快速冷却样品的原因在于：红外炉能够有选择地传输能量，当样品被加热到所需温度时，炉壁还能保持冷却状态，因此样品从 $1100℃$ 降到 $900℃$ 以下超过 $10s$，在 $5min$ 后达到周围环境温度，不需要连接后的稳定化处理，而常规的加工方法连接后要进行加热处理，防止脆性 ω 相形成。用该方法获得接头的最佳抗剪强度为 $610\sim642MPa$，此强度接近钛基 MMCs 的层间抗剪强度。

3. 搅拌摩擦焊接（FSW）

搅拌摩擦焊接（Friction Stir Welding，FSW）是英国焊接研究所于 1991 年发明的专利焊接技术。与常规摩擦焊类似，搅拌摩擦也是一种固态连接技术，其热源来自工件和搅拌头之间的摩擦，不同之处在于搅拌摩擦焊接过程是由一个圆柱体或其他形状（如带螺纹圆柱体）的搅拌针伸入工件的接缝处，高速旋转的搅拌针对材料内部进行摩擦和搅拌，同时，搅拌头的肩部（轴肩）与工件表面摩擦生热，并防止塑性状态材料溢出。此外，轴肩还可以起到清除待焊工件表面氧化膜的作用。如图 5-27 所示，在焊接过程中工件要刚性固定在背垫上，搅拌头边高速旋转，边沿工件的接缝与工件相对移动。焊接过程中高速旋转的搅拌头与待焊工件摩擦产生温升使材料软化，接缝两侧材料在搅拌头带动下产生剧烈塑性流变和材料混合作用，搅拌头沿接缝移动形成均匀、致密的焊缝，由此形成的焊缝具有锻造组织特点。

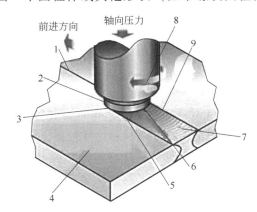

图 5-27　搅拌摩擦焊示意图
1—接缝　2—搅拌头前沿　3—前进侧
4—母材　5—搅拌针　6—搅拌头后沿
7—焊缝　8—搅拌头旋转方向　9—后退侧

FSW 具有下列显著特点：①不需要金属填料；②不需要覆盖气体或焊剂；③不产生粗大的凝固组织和热变形；④节省能源 80% 以上。此外，FSW 还可以进行多种接头形式和不同焊接位置的连接。FSW 可以有效地避免氧化产生的缺陷，获得性能良好的金属基复合材料接头，是实现金属基复合材料工业化焊接生产的一种理想选择。由于制备工艺的影响，复合材料中的增强相经常在基体中发生偏聚。FSW 后，由于焊接工具的搅拌作用，增强相在基体中分布更加均匀。MMCs 中的增强相为基体组织再结晶提供了更多的形核位置，同时增强相也会抑制再结晶晶粒长大。

FSW 工艺参数包括搅拌头旋转速度、焊接速度、搅拌针压入量和搅拌头倾角等。研究表明，在选择合适的焊接工具的前提下，焊接参数对接头的性能影响很大，但各种参数并不独立，要获取良好的性能还必须将搅拌头转速、焊接速度及搅拌头倾角等各参数进行匹配，使焊接热循环温度保持在某一特定范围内。采用搅拌摩擦焊对 2024-T4 铝合金与体积分数为

55%的 SiC_p/6061Al 复合材料进行搭接焊接，对其微观组织进行观察分析，并研究搅拌针压入量和旋转速度对焊缝抗剪强度的影响。结果表明：焊核区形成明显的洋葱环形貌，其微观组织为 SiC 颗粒富集带与贫乏带的相间分布；界面区 SiC 颗粒细碎，分布均匀，前进侧易产生裂纹缺陷，裂纹边沿分布有搅拌工具脱落颗粒；随着搅拌针压入量和旋转速度的增加，焊缝强度均先升高后降低，在压入量为 0.6mm、旋转速度为 800r/min 时，焊缝强度达到最高值 81.8MPa。汪山山着重研究了搅拌头旋转速度对焊缝质量的影响，结果表明随着旋转速度的升高，焊接热输入量增大，金属流动性得到改善，飞边、沟槽等宏观缺陷显著增多，焊缝形貌越来越粗糙；接头微观组织研究表明，由于搅拌头的搅拌作用，相比于母材，在焊核区增强相颗粒分布更加均匀，更多增强相颗粒发生破碎，且随着旋转速度的增加，这种趋势增强。接头的抗拉强度研究表明，在 1300r/min 以内时，随着旋转速度增加，接头抗拉强度随之增加，最大值为 166MPa，进一步增加到 1500r/min 时，强度又有所降低，为 154MPa。

高体积分数增强相复合材料具有优异的物理性能和力学性能，然而由于增强相颗粒与基体间的物理、化学性质差异很大，使其焊接性较差。采用传统熔化焊接进行连接时容易出现气孔、裂纹等缺陷，并在焊缝中生成大量脆性相，难以获得理想的焊接接头。宋学成等人采用搅拌摩擦焊，对特殊对接形式下体积分数为 55%的 SiC_p/Al 复合材料与 2024 铝合金进行了异种材料焊接，结果表明，轴肩影响区的前进侧存在大量细小的 SiC 颗粒，其分布呈带状，在旋转速度为 750r/min 时，获得了较高的焊缝强度，为复合材料母材强度的 83.1%，接头的断裂机制为复合材料基体自身的断裂及其与 SiC 颗粒的脱粘。

尽管 MMCs 的 FSW 已取得良好效果，但也面临一些重要挑战，主要表现在以下两方面：首先，由于金属基复合材料塑性较差，限制了 FSW 参数的选择，使焊接参数局限在较窄的范围；其次，金属基复合材料的增强相通常为坚硬的陶瓷颗粒，使用钢制工具焊接 MMCs 时，增强相造成焊接工具严重磨损，这不仅降低了焊接工具的寿命，工具磨屑也会污染焊缝，降低接头的力学性能。

综上所述，MMCs 作为一种新型结构材料，在走向实用化的过程中需要开发新型连接技术或改进已有的连接技术。目前，已经有熔化焊接、固相连接、钎焊、胶粘、等离子喷涂、快速红外连接等多种方法用于 MMCs，但没有一种完全成熟，都需要进一步地改进，以简化工艺过程。提高接头的力学性能，尤其是要加强对接头断裂韧性和疲劳特性的研究工作。如果没有合适的 MMCs 连接技术，即使它的性能/价格能够达到在工业上广泛应用的水平，其实用化也是不可能的，因此，MMCs 的连接工艺研究应该引起足够的重视。

5.4 金属基复合材料机械加工

金属基复合材料由于连续纤维、短纤维、晶须、颗粒等增强物的存在，给切削加工带来很大困难。连续纤维增强金属基复合材料具有明显的各向异性，沿纤维方向材料的强度高，而垂直纤维方向性能低，纤维与基体的结合强度低，因此在加工过程中容易造成分层脱粘现象，破坏了材料的连续性，用常规的刀具和方法难以加工。而晶须、颗粒增强金属基复合材料由于增强物均很坚硬，本身就是磨料，在加工过程中对刀具的磨损十分严重。金属基复合材料加工困难，加工成本高也是金属基复合材料发展的障碍之一。

为了寻找有效的加工方法，人们研究开发了如激光束加工、电火花加工、超声波加工等新的加工方法；也研究了各种新刀具材料，目前比较有效的是金刚石、聚晶金刚石、金刚石薄膜刀具。金刚石和聚晶金刚石刀具在 500m/min 的切削速度下能有效地加工 SiC_p/Al 复合材料零件；选用聚晶金刚石刀具进行车削、钻孔等加工，刀具寿命长，加工精度高，成本低。下面以 SiC_w/Al 复合材料和（$Al_3Zr+Al_2O_3$）$_p$/ZL101A 原位复合材料为例分析其切削加工特性。

5.4.1　切削加工

1. SiC_w/Al 复合材料的切削加工

（1）SiC_w/Al 复合材料的切削机理

1）SiC_w/Al 复合材料的塑性变形特点。SiC_w/Al 复合材料由塑性很高的铝合金基体和强度很高并且很脆的 SiC 晶须增强体组成，试验结果表明，晶须与基体间的界面结合强度很高，在复合材料的变形和断裂过程中不发生界面开裂现象，因此 SiC_w/Al 复合材料的塑性变形是由基体铝合金的塑性变形和晶须的转动或折断共同协调完成的。

根据上述 SiC_w/Al 复合材料的组成特点，其塑性变形有以下三个特点：

① SiC_w/Al 复合材料的屈服强度较低，但变形强化能力较大。由于晶须的存在，当复合材料受外加应力时，晶须周围的基体合金将产生应力集中，导致局部过早出现屈服，因此从宏观上表现为屈服强度较低。随外加应力的增大，这种局部屈服现象增多，同时这些局部塑性变形又受到其他晶须的阻碍，使塑性变形抗力增大，因此从宏观上表现为复合材料的变形强化能力较大。

② SiC_w/Al 复合材料受拉伸应力时，从宏观上表现为脆性断裂（拉伸断裂伸长率仅为2%左右），但在微观上却发生了大量的塑性变形。基体铝合金的塑性很好，在复合材料拉伸过程中，铝合金很容易发生塑性变形，但由于受到晶须的制约，这些塑性变形只能发生在局部的微观区域，并且各个区域的变形方向不一致，所以虽然在一些微观区域内基体铝合金发生了大量的塑性变形，但从宏观上复合材料在拉伸方向上的伸长变形很小。图 5-28 所示为 SiC_w/Al 复合材料的拉伸断口，可以看出，虽然拉伸断裂伸长率仅为 2.5%，但复合材料的拉伸断口为韧窝型断口，这表明在复合材料断裂之前基体合金发生了大量的塑性变形。

③ SiC_w/Al 复合材料的塑性变形能力与其所受应力状态关系很大。当受拉伸应力时，由于复合材料中晶须的应力集中作用，使很多区域内萌生微裂纹，这些微裂纹在拉伸应力作用下很容易扩展并连接，导致复合材料断裂，因此 SiC_w/Al 复合材料的拉伸断裂伸长率很低。当受压缩应力时，一方面复合材料中晶须受力矩的作用容易发生转动，配合基体合金的塑性变形，使微裂纹不易萌生；另一方面，产生的微裂纹在压应力作用下不易扩展，因此 SiC_w/Al 复合材料在压缩应力下表现出较大的塑性变形能力。尤其是在挤压变形过程中，复合材料处于三向压应力状态，塑性变形能力更大。在 SiC_w/Al 复合材料热挤压变形时，一次挤压比可以达到 22∶1。

2）SiC_w/Al 复合材料切削过程材料去除机制。切削 SiC_w/Al 复合材料时的材料去除机制与切削常用塑性金属时基本相同，切削过程中都有可能产生鳞刺现象。但由于 SiC_w/Al 复合材料具有上述独特的塑性变形特点，所以在其切削过程中可能存在一些特殊现象，为此采用聚晶金刚石车刀，在 S1-255 超精密车床上进行了一些探讨切削机理的试验。

试验结果表明，SiC_w/Al 复合材料切削过程中在聚晶金刚石车刀上形成积屑瘤。这主要是由于 SiC_w/Al 复合材料具有一定的塑性，并且基体铝合金与聚晶金刚石之间有一定的粘接强度。此外 SiC_w/Al 复合材料易产生加工硬化，这也是容易产生积屑瘤的一个因素。

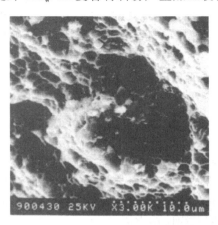

图 5-28　SiC_w/Al 复合材料的拉伸断口

伴随着积屑瘤的形成，SiC_w/Al 复合材料加工表面同时形成了鳞刺，如图 5-29 所示。由于 SiC_w/Al 复合材料中存在着晶须硬脆相，所以在其鳞刺形成过程中还存在一些特殊性，具体体现在导裂阶段和层积阶段。由于晶须的应力集中作用，在切削 SiC_w/Al 复合材料时，切削刃附近的塑性变形区内不同的微观区域所受的应力大小不同，因此在开裂时应力较大的区域将更容易形成较大的裂口。另外，由于切削层在前刀面（简称前面）的停留，对切削层起挤压作用，使刀尖附近切削层中的压应力增加，引起了 SiC_w/Al 复合材料塑变能力的提高，从而使鳞刺更加严重。

由于 SiC_w/Al 复合材料中存在着微观各向异性，使其在切削过程中可能产生撕裂破坏。在切削各向同性材料时，切削刃前方工件上的裂纹在第一变形区内传播，而且传播方向大致沿着主切削力方向，即切削速度方向，所以裂纹并不会扩展到加工面之下，有利于形成较为光滑的加工表面。但是对于 SiC_w/Al 复合材料这种微观各向异性的材料，情况则有所不同。SiC 晶须是长径比为 20 左右的长棒状单晶体，对于 SiC_w/Al 复合材料中每根晶须及其周围的微小区域，在不同方向上有不同的抗拉强度，沿垂直于晶须轴向的方向强度较弱，产生拉伸与撕裂的可能性较大。另外，裂纹扩展到与其扩展方向夹角不同的晶须时，晶须对裂纹的扩展具有不同的抵抗阻力，裂纹倾向于沿晶须方向扩展，而不易在垂直于晶须方向扩展。因此，SiC_w/Al 复合材料的微观不均匀性将导致某些裂纹扩展到已加工表面以下，影响了表面粗糙度。

3）SiC_w/Al 复合材料切削表面残余应力形成机理。SiC_w/Al 复合材料切削表面残余应力的形成机理比较复杂，影响因素较多，其中里层材料弹性变形恢复是影响表面残余应力的主要因素。另外，由于基体铝合金的线胀系数比 SiC 晶须高 5 倍，所以切削表面还将产生残余应力。

上述分析结果和切削表面电镜观察结果都表明，在 SiC_w/Al 复合材料的切削过程中，材料表面发生了大量的塑性变形。在材料表面发生塑性变形的同时，里层材料将产生弹性变形。当切削过程结束后，里层材料的弹性变形恢复将使材料切削表面产生残余应力。试验结果表明，SiC_w/Al 复合材料切削表面的残余应力均为压应力，所以切削过程中里层材料产生的弹性变形应该是拉伸弹性变形。

在切削 SiC_w/Al 复合材料过程中,由于切削热的作用,将使材料表面的温度升高。切削过程结束后,材料表面温度下降,SiC_w/Al 复合材料将发生收缩变形。由于基体铝合金的线胀系数远大于 SiC 晶须,所以铝合金的收缩变形将受到 SiC 晶须的限制,导致在 SiC_w/Al 复合材料切削表面的基体铝合金中产生残余拉应力。

图 5-29　SiC_w/Al 复合材料
加工表面形成的鳞刺

(2) SiC_w/Al 复合材料的切削性能

1) 切削参数对 SiC_w/Al 复合材料表面粗糙度的影响。图 5-30 显示出了切削速度 v、进给速度 v_f 和背吃刀量 a_p 对 SiC_w/Al 复合材料表面粗糙度的影响。从图 5-30a 可以看出,随着切削速度增大,材料表面粗糙度值下降,并且下降趋势越来越小,这与普通金属切削规律基本一致。切削速度对表面粗糙度的影响规律可以从材料切削表面的鳞刺产生和撕裂破坏两方面加以说明。切削表面的扫描电镜观察结果表明,随着切削速度的增大,鳞刺现象减弱,如图 5-31 所示,这主要是由于切屑与前面的平均摩擦因数及切屑与前面接触宽度降低而使冷焊现象减弱造成的,符合塑性金属切削的一般规律。另一方面,随着切削速度的增大,切削功率增大,刀具能够对工件提供更大的剪切能量,还由于材料的应变速度提高,刀具直接剪断晶须的可能性大大增加,这样就减小了材料撕裂破坏的可能性,材料表面出现裂纹的频率及裂纹的大小都降低,因此表面粗糙度值也随之减小。

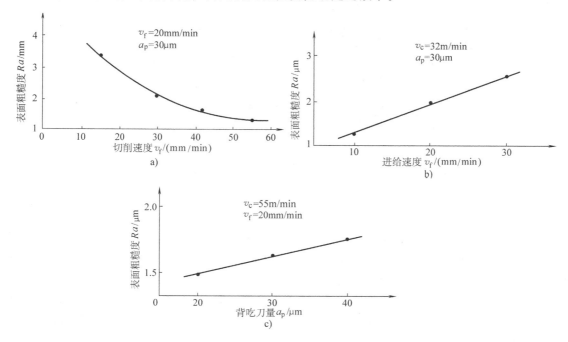

图 5-30　切削参数对表面粗糙度的影响

125

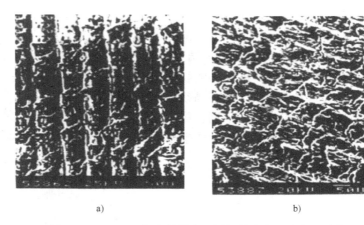

a)   b)

图 5-31 SiC_w/Al 复合材料在不同切削速度下的表面形貌

a) $v_c = 16m/min$ b) $v_c = 55m/min$

从图 5-30b 可以看出，随着进给速度的增大，材料表面粗糙度值增大。由于进给速度增加，材料加工表面出现鳞刺的概率及形成鳞刺的高度增大，即表面粗糙度值增加，如图 5-32 所示。另外，SiC_w/Al 复合材料切削过程中产生撕裂破坏，在小进给切削条件下，刀具的挤压和碾平作用填平了一些由于撕裂破坏而造成的凹坑，这也增大了材料加工表面粗糙度值。

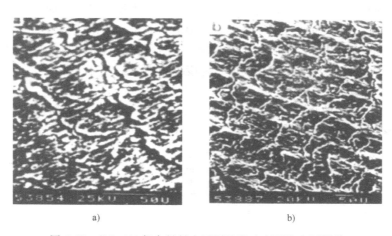

a)   b)

图 5-32 SiC_w/Al 复合材料在不同进给速度下的表面形貌

($v_c = 32m/min$，$a_p = 30\mu m$)

a) $v_f = 20mm/min$ b) $v_f = 10mm/min$

从图 5-30c 可以看出，背吃刀量对 SiC_w/Al 复合材料加工表面粗糙度基本没有影响。但随着背吃刀量的减小，表面粗糙度值略有减小，这主要是由于刀具对材料的碾平作用使撕裂破坏产生的凹坑被填平，表面质量略有改善。

2）晶须取向对 SiC_w/Al 复合材料切削表面粗糙度的影响。SiC_w/Al 复合材料的切削过程之所以有自己独特的特点，就是因为在基体铝合金中加入了晶须硬脆相，因此晶须取向与切削方向间的夹角对 SiC_w/Al 复合材料的切削加工表面粗糙度将有很大的影响。为研究这一影响规律，需制备出晶须定向排列的 SiC_w/Al 复合材料。如前所述，通过对复合材料进行挤压变形，可以使晶须沿挤压变形方向定向排列。用线切割方法沿垂直于晶须取向方向截取圆柱形切削试样，在圆柱端面方向观察晶须取向。图 5-33 所示为晶须取向与切削速度方向示意图。由图 5-33 可见，通过外圆切削一周，就可以得到晶须取向与切削速度方向间夹角（以下简称晶须角）为 0°~180° 之间的各个角度下的加工表面，图中的 A、B、C、D、E 点相对应的晶须角分别为 0°、45°、90°、135° 和 180°。

切削试验用刀具为聚晶金刚石车刀，机床为 CM6125，在两组不同的切削参数下得到的晶须角与表面粗糙度的关系如图 5-34 所示。两组数据均表明，当晶须角在 45° 附近时，表面粗糙度值最小；当晶须角为 135° 时，表面粗糙度值最大。

刀具切削 SiC_w/Al 复合材料遇到晶须时，晶须在刀具的作用下可能发生以下三种情况：一种是晶须在复合材料中被拔出；另一种是晶须发生转动；还有一种是晶须直接被刀具剪断。

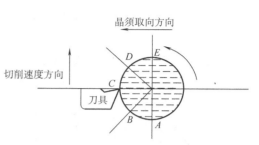

图 5-33　晶须取向与切削速度方向示意图

晶须被拔出或发生转动都将使复合材料加工表面里层产生较大的塑性变形甚至形成裂纹或孔洞，使表面粗糙度值增大。当晶须直接被刀具剪断时，材料的破坏基本上在预切削面上进行，可以获得较为光滑的加工表面。

当切削速度较低时，晶须直接被剪断的可能性降低，因此切削过程中主要是发生晶须拔出或晶须转动。当晶须角为 0° 时，晶须很容易被拔出，而且晶须不发生转动。由于晶须平行于加工表面，因此晶须拔出留下的凹坑较浅，对表面粗糙度影响不大。随着晶须角增大，表面粗糙度值开始增大，这时晶须拔出的可能性已经很低，因此晶须转动是影响复合材料表面粗糙度值的主要因素。随着晶须角增大，晶须转动程度增加，更容易产生撕裂破坏，因此表面粗糙度值增大。当晶须角达到 135° 时，由于晶须转动造成的撕裂破坏程度最大，表面粗糙度值达到最大。随着晶须角的继续增大，晶须转动倾向减小，表面粗糙度值开始下降。当切削速度较大时，晶须有可能直接被剪断，使加工表面粗糙度值降低，如图 5-34 下面的曲线所示，但这时表面粗糙度随晶须角的变化规律与切削速度较低时基本一致。

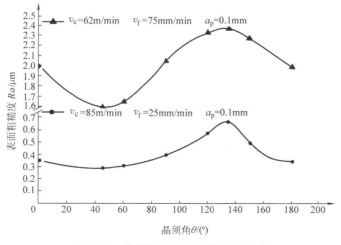

图 5-34　晶须角与表面粗糙度的关系

图 5-35 所示为不同晶须角的 SiC_w/Al 复合材料切削表面形貌。当晶须角为 0°时，加工表面存在很多与切削速度方向平行的长条状凹坑，并且深度较浅，这些凹坑是晶须脱落所致，如图 5-35a 所示。当晶须角为 45°时，凹坑的数量和尺寸均减小，这时表面粗糙度值较低，如图 5-35b 所示。当晶须角为 90°时，晶须不易拔出，表面上的那些凹坑均为晶须转动导致的撕裂破坏所致，如图 5-35c 所示。当晶须角为 135°时，加工表面产生了很深的凹坑，表明此时发生了较为严重的撕裂破坏，并且深度较大，这时加工表面粗糙度值较大，如图 5-35d 所示。

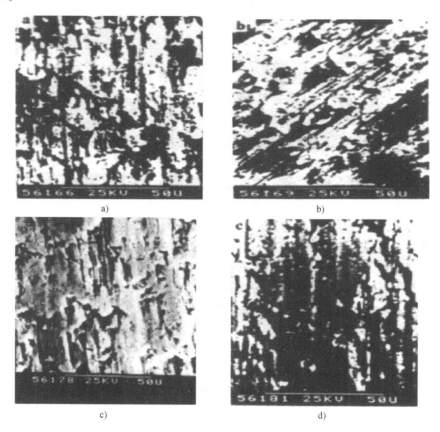

图 5-35　不同晶须角的 SiC_w/Al 复合材料切削表面形貌

（$v_c = 85m/min$，$v_f = 25mm/min$，$a_p = 0.1mm$）

a）0°　b）45°　c）90°　d）135°

2.（$Al_3Zr+Al_2O_3$）$_p$/ZL101A 原位复合材料的切削加工

近年来，反应合成原位复合材料已成为金属基复合材料的研究热点。然而，有关原位合成金属基复合材料的切削加工性方面的研究还鲜见报道。赵玉涛等人研究了不同颗粒体积分数的（$Al_3Zr+Al_2O_3$）$_p$/ZL101A 原位复合材料与基体 ZL101A 的切削加工性能对比，并就切削加工过程中刀具磨损、加工表面粗糙度、切削力及加工表面层和亚表面层的显微损伤等问题进行探讨。

（1）（$Al_3Zr+Al_2O_3$）$_p$/ZL101A 复合材料的切削性能　切削试验用材料为（$Al_3Zr+Al_2O_3$）$_p$/ZL101A 复合材料（颗粒体积分数分别为 4%、8%、12%）及 ZL101A 合金基体。

选用常规的 K20 硬质合金（94%WC+6%Co，指质量分数）刀具进行切削，切削试样均为 $\phi30\text{mm}\times260\text{mm}$ 的圆棒料（金属型浇注），$(Al_3Zr+Al_2O_3)_p/ZL101A$ 复合材料的显微组织如图 5-36 所示。

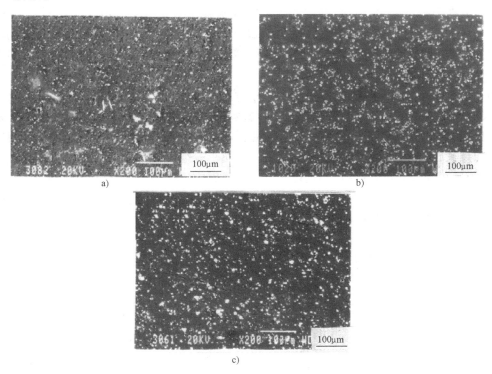

图 5-36　$(Al_3Zr+Al_2O_3)_p/ZL101A$ 复合材料切削加工试样的显微组织

a）理论颗粒体积分数为 4%　b）理论颗粒体积分数为 8%　c）理论颗粒体积分数为 12%

图 5-37 所示为在切削参数 $v_c=2.20\text{m/s}$、$f=0.2\text{mm/r}$、$a_p=0.25\text{mm}$ 的条件下，切削不同颗粒体积分数的 $(Al_3Zr+Al_2O_3)_p/ZL101A$ 复合材料和基体 ZL101A 合金的刀具磨损曲线。

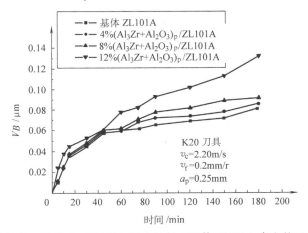

图 5-37　$(Al_3Zr+Al_2O_3)_p/ZL101A$ 复合材料和基体 ZL101A 合金的刀具磨损曲线

由图 5-37 可见，在切削参数相同条件下，颗粒体积分数分别为 4% 和 8% 的（$Al_3Zr +$ Al_2O_3）$_p$/ZL101A 复合材料与基体 ZL101A 合金的刀具磨损曲线均较接近。而当颗粒体积分数为 12% 时，（$Al_3Zr+Al_2O_3$）$_p$/ZL101A 复合材料的刀具磨损曲线与基体 ZL101A 合金的刀具磨损曲线有明显分开的趋势，但幅度不大。这说明熔体反应内生（$Al_3Zr+Al_2O_3$）$_p$/ZL101A 复合材料切削加工时刀具的磨损速率与基体 ZL101A 合金相近。因此，从刀具寿命的角度来看，内生 Al_3Zr 和 Al_2O_3 颗粒增强 ZL101A 合金基复合材料具有良好的切削加工性。这一点明显不同于外加颗粒增强金属基复合材料。

图 5-38 所示为切削速度 v_c 和进给速度 v_f 对颗粒体积分数为 12% 的（$Al_3Zr+Al_2O_3$）$_p$/ZL101A 复合材料切削时刀具后面磨损 VB 的影响曲线。由图 5-38 可见，切削速度 v_c 越高、进给速度 v_f 越小，则 VB_{max} 值越大。其原因在于 v_c 越高，相同时间内切削路程越长，切除的材料体积越大，所以刀具的磨损量越大。另一方面，进给速度 v_f 越小，切削层厚度 a_c 越薄，加工表面与后面间的摩擦越严重，且切屑粉末对后面的研磨作用也越强，故刀具的磨损量增加。因此，用 K20 硬质合金切削加工（$Al_3Zr+Al_2O_3$）$_p$/ZL101A 复合材料时，应选用适中的切削速度和较大的进给速度。

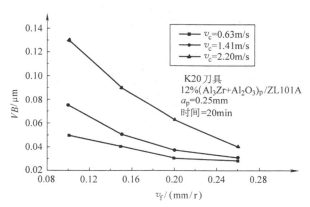

图 5-38　体积分数为 12%（$Al_3Zr+Al_2O_3$）$_p$/ZL101A 复合材料切削时的 VB 影响曲线

（2）刀具的磨损机理分析　为了有效地控制和减小刀具磨损，有必要对刀具的磨损机理进行研究。由于刀具-工件间极其复杂的摩擦，会产生各种类型的物理作用和化学作用，引起刀具磨损。其机理归纳起来主要有以下 4 种：①磨粒磨损；②黏结磨损；③扩散磨损；④氧化磨损。其中，扩散磨损和氧化磨损仅在高速切削时发生。

图 5-39 所示为体积分数为 12%（$Al_3Zr+Al_2O_3$）$_p$/ZL101A 复合材料切削加工表面及切屑的微观形貌。图 5-39a、b 分别为加工表面的正面形貌和纵剖面的侧向形貌。由图 5-39a 可见，加工表面上分布着细小的颗粒和沿着切削方向的划痕。由图 5-39b 可见，磨粒微切削作用产生了沟槽和隆起（脊）。图 5-39c、d 分别为复合材料切屑的正面（远离加工表面）和背面（邻近加工表面）的组织。由图 5-39c 可见，（$Al_3Zr+Al_2O_3$）$_p$/ZL101A 复合材料的切屑为挤裂切屑，且切屑内存在大量的显微裂纹。从图 5-39d 发现，切屑中分布着细小的颗粒，且颗粒无破碎现象。这表明由于（$Al_3Zr+Al_2O_3$）$_p$/ZL101A 复合材料内生颗粒增强体尺寸细小，可减少刀具直接剪切颗粒的机会，从而减少崩刃现象发生。此外，组织中（见图 5-39d）还存在许多孔洞和裂纹，这些均有利于断屑。在（$Al_3Zr+Al_2O_3$）$_p$/ZL101A 复合材料

的切削试验过程中，也证实其切屑为 C 形屑，且未发现崩刃现象；而基体 ZL101A 合金切屑为长螺卷屑。

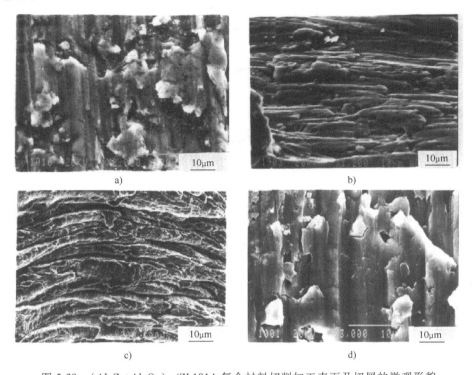

a)　　　　　　　　　　　　　b)

c)　　　　　　　　　　　　　d)

图 5-39　$(Al_3Zr+Al_2O_3)_p$/ZL101A 复合材料切削加工表面及切屑的微观形貌

a) 加工表面的正面形貌　b) 纵剖面的侧向形貌　c) 切屑的正面（远离加工表面）　d) 切屑的背面（邻近加工表面）

综合上述观察和分析可以得出，$(Al_3Zr+Al_2O_3)_p$/ZL101A 复合材料切削时刀具的磨损主要为磨粒磨损机制，其模型如图 5-40 所示。

（3）复合材料的表面加工质量　图 5-41 所示为切削速度 v_c 对体积分数为 12%（$Al_3Zr+Al_2O_3$）$_p$/ZL101A 复合材料和基体 ZL101A 合金表面粗糙度的影响。由图 5-41 可见，在背吃刀量 a_p 和进给速度 v_f 一定的条件下，随着切削速度 v_c 的增大，复合材料的表面粗糙度值显著下降，且当 $v_c=1.41$m/s 时（对应的 $n=900$r/min），表面粗糙度值最低，其值为 4μm。而当切削速度继续增大时，表面粗糙度值又呈上升趋势。此外，在相同切削参数的情况下，12%（$Al_3Zr+Al_2O_3$）$_p$/

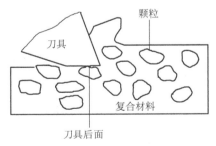

图 5-40　$(Al_3Zr+Al_2O_3)_p$/ZL101A 复合材料切削时刀具的磨损模型

ZL101A 复合材料的表面粗糙度值明显低于基体 ZL101A 合金。

图 5-42 所示为进给速度对体积分数为 12%（$Al_3Zr+Al_2O_3$）$_p$/ZL101A 复合材料和基体 ZL101A 合金表面粗糙度的影响。从图 5-42 可见，当切削速度 $v_c=1.41$m/s、背吃刀量 $a_p=0.25$mm 时，随着进给速度的增大，体积分数为 12%（$Al_3Zr+Al_2O_3$）$_p$/ZL101A 复合材料的表面粗糙度值增大，但其增大幅度明显小于基体 ZL101A 合金。

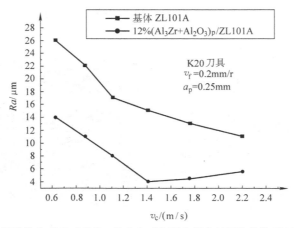

图 5-41 切削速度 v_c 对体积分数为 12% （Al$_3$Zr+Al$_2$O$_3$）$_p$/ZL101A 复合材料和基体 ZL101A 合金表面粗糙度的影响

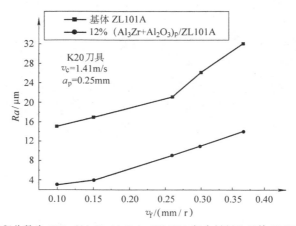

图 5-42 进给速度 v_f 对体积分数为 12% （Al$_3$Zr+Al$_2$O$_3$）$_p$/ZL101A 复合材料和基体 ZL101A 合金表面粗糙度的影响

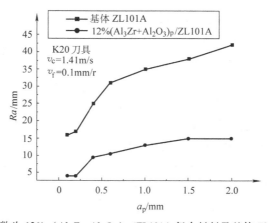

图 5-43 背吃刀量对体积分数为 12% （Al$_3$Zr+Al$_2$O$_3$）$_p$/ZL101A 复合材料及基体 ZL101A 合金表面粗糙度的影响

图 5-43 所示为背吃刀量对体积分数为 12% （Al$_3$Zr+Al$_2$O$_3$）$_p$/ZL101A 复合材料及基体 ZL101A 合金表面粗糙度的影响。由图 5-43 可见，当 $v_c = 1.41\text{m/s}$，$v_f = 0.1\text{mm/r}$ 时，随着背吃刀量 a_p 的增加，体积分数为 12% （Al$_3$Zr+Al$_2$O$_3$）$_p$/ZL101A 复合材料和基体 ZL101A 合金

的表面粗糙度值均增加，但复合材料上升幅度显著小于基体合金。

综上所述，体积分数为 12%（$Al_3Zr+Al_2O_3$）$_p$/ZL101A 复合材料切削加工表面粗糙度值随着切削速度的升高而下降，随后又上升，因此存在最佳切削速度 v_c（= 1.41m/s）；表面粗糙度值随着进给速度 v_f 及背吃刀量 a_p 的增大而增大，但增加幅度均明显低于基体 ZL101A 合金。另一方面，在相同切削参数条件下，体积分数为 12%（$Al_3Zr+Al_2O_3$）$_p$/ZL101A 复合材料的表面粗糙度值显著低于基体 ZL101A 合金，即从表面粗糙度来看，熔体反应生成体积分数为 12%（$Al_3Zr+Al_2O_3$）$_p$/ZL101A 复合材料的切削加工性明显优于基体 ZL101A 合金。

根据图 5-41~图 5-43 结果，选取最佳切削参数为 v_c = 1.41m/s，v_f = 0.1mm/r，a_p = 0.2mm，对不同颗粒体积分数的（$Al_3Zr+Al_2O_3$）$_p$/ZL101A 复合材料及基体 ZL101A 合金进行切削加工，并测其加工表面粗糙度，结果如图 5-44 所示。从图 5-44 可见，随着颗粒体积分数的增大，（$Al_3Zr+Al_2O_3$）$_p$/ZL101A 复合材料切削加工表面粗糙度值显著减小。

（4）加工表面及亚表面的 SEM 观察　图 5-45 所示为（$Al_3Zr+Al_2O_3$）$_p$/ZL101A 复合材料及基体 ZL101A 合金加工表面的 SEM 形貌。从图 5-45 可见，基体 ZL101A 合金加工表面

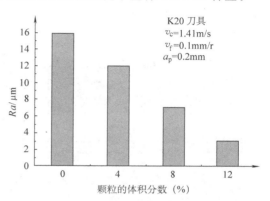

图 5-44　颗粒的体积分数对复合材料加工表面粗糙度的影响

a)

b)

c)

d)

图 5-45　（$Al_3Zr+Al_2O_3$）$_p$/ZL101A 复合材料及基体 ZL101A 切削加工表面的 SEM 形貌

a）基体 ZL101A 加工表面低倍组织　b）基体 ZL101A 加工表面高倍组织

c）复合材料切削加工表面低倍组织　d）复合材料切削加工表面高倍组织

存在大量的白色块状区（见图 5-45a），图 5-45b 所示为该白色块状的高倍观察，由该图可见，白色块状区存在严重的黏着撕裂损伤，表面粗糙度值大；而（$Al_3Zr+Al_2O_3$）$_p$/ZL101A复合材料的加工表面白色块状区很少（见图 5-45c），其高倍观察显示该表面较平坦（见图 5-45d）。

图 5-46 所示为（$Al_3Zr+Al_2O_3$）$_p$/ZL101A 复合材料及基体 ZL101A 合金加工亚表面的SEM 形貌。基体 ZL101A 合金加工时亚表面存在较大的裂纹（见图 5-46a、b），而颗粒体积分数为 4% 的（$Al_3Zr+Al_2O_3$）$_p$/ZL101A 复合材料加工亚表面裂纹显著减小（见图 5-46c）。当颗粒体积分数为 12% 时（$Al_3Zr+Al_2O_3$）$_p$/ZL101A 复合材料的加工亚表面已观察不到裂纹（见图 5-46d）。

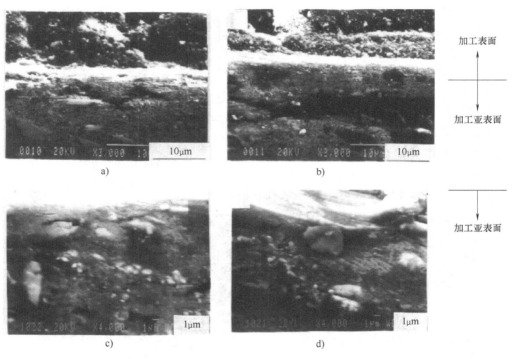

图 5-46　（$Al_3Zr+Al_2O_3$）$_p$/ZL101A 复合材料及基体 ZL101A 合金加工亚表面的 SEM 形貌

a）基体 ZL101A 加工亚表面　b）基体 ZL101A 加工亚表面存在大裂纹
c）4%（$Al_3Zr+Al_2O_3$）$_p$/ZL101A 亚表面　d）12%（$Al_3Zr+Al_2O_3$）$_p$/ZL101A 亚表面

（5）复合材料的切削机理分析　在切削加工中，当刀具切入工件时，首先在接触部分产生弹性变形，随着刀具的进一步切入，载荷增大。若工件材料为韧性金属，则在刀具前面应力大的部分开始屈服，出现塑性区，如图 5-47 所示；若工件为脆性金属材料，则在其产生屈服的同时，传播脆性裂纹，直至加工部分完全断裂。模拟快速落刀试验（Quick-stop Test）切削（$Al_3Zr+Al_2O_3$）$_p$/ZL101A 复合材料加工表面的显微组织如图 5-48 所示。可见随着颗粒体积分数的增大，复合材料的切削层呈现脆性断裂。这表明（$Al_3Zr+Al_2O_3$）$_p$/ZL101A 复合材料的切削机理很大程度上由材料的断裂行为控制。由于该复合材料由塑性好、强度较低的基体 ZL101A 合金与强度高、脆性大的 Al_3Zr 和 Al_2O_3 颗粒增强体复合而成，因此，该复合材料切削表面的塑性变形机制不同于基体 ZL101A 合金，表现出较强的抗塑变流动特性，强度高，硬度高，脆性大，消耗的切削功也大。

另一方面，通过对（$Al_3Zr+Al_2O_3$）$_p$/ZL101A 复合材料和基体合金在低速 $v=0.88m/s$（$n=560r/min$）和高速 $v=2.20m/s$（$n=1400r/min$）切削过程中的切屑形态进行观察发现，该复合材料的切屑主要为挤裂切屑，而基体 ZL101A 的切屑为带状切屑，且（$Al_3Zr+Al_2O_3$）$_p$/ZL101A 复合材料的切屑中存在大量的显微裂纹（见图 5-39c、d）。这表明该复合材料切削时倾向于崩解、塌落，而不像韧性材料那样发生剪切断裂（见图 5-48a、b）。但是，（$Al_3Zr+Al_2O_3$）$_p$/ZL101A 复合材料的切削机理比其他产生不连续切屑的脆性材料要复杂得多。从复合材料的切屑背（底）面的显微观察（见图 5-49）可见，复合材料的切屑背面在流过刀具前面时发生剧烈的塑性变形（见图 5-49a），塑性变形做的功转变成热量，集中在这薄薄的一层体积内，并引起组织的变化（见图 5-49b）。由于复合材料中颗粒与基体的热失配（$\Delta\alpha\cdot\Delta T$）而引起应力集中，并导致显微裂纹的产生（见图 5-49c、d），同时增强体 Al_3Zr 和 Al_2O_3 的存在将影响裂纹的扩展过程，最终影响复合材料的断裂及切屑的形成。而对基体 ZL101A 合金而言，其切屑背面的形貌如图 5-49e、f 所示。ZL101A 合金在各种切削速度下，尤其是在低速时刀具表面均有积屑瘤产生。积屑瘤的存在使切屑背面产生鳞刺（见图 5-49e）和犁沟（见图 5-49f）。同时，积屑瘤的存在对刀具磨损、工件表面质量及切削力均有影响。关于（$Al_3Zr+Al_2O_3$）$_p$/ZL101A 复合材料的切削机理还有待进一步深入研究。

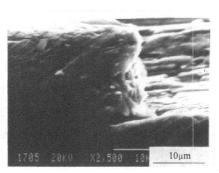

a)

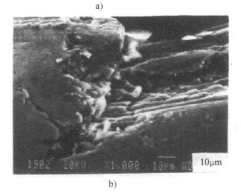

b)

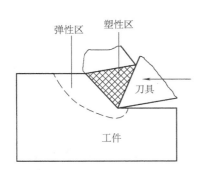

图 5-47　切削加工时工件中
的弹、塑性区示意图

图 5-48　模拟快速落刀试验切削复合
材料加工表面的显微组织

a）4%（$Al_3Zr+Al_2O_3$）$_p$/ZL101A

b）12%（$Al_3Zr+Al_2O_3$）$_p$/ZL101A

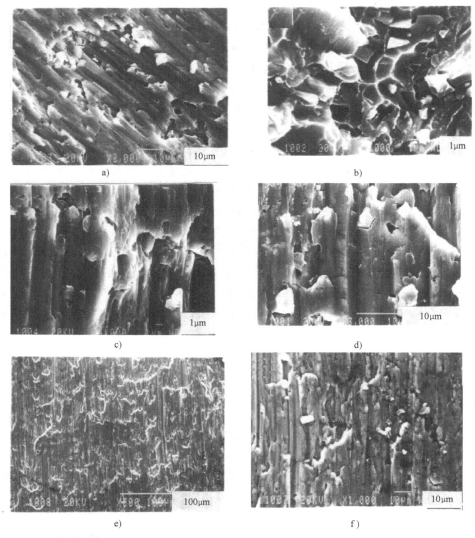

图 5-49 （Al₃Zr+Al₂O₃）ₚ/ZL101A 复合材料和基体 ZL101A 的切屑背（底）面形貌

a）复合材料切屑背面的塑性变形 　b）复合材料切屑背面的网状组织
c）复合材料切屑背面的显微裂纹 　d）复合材料切屑背面的颗粒与孔洞
e）基体 ZL101A 切屑背面的低倍组织 　f）基体 ZL101A 切屑背面的高倍组织

5.4.2　磨削加工

1．磨削加工概述

　　磨削加工主要是用砂轮、磨石等磨具对工件表面进行切削加工（见图 5-50）。通常把使用砂轮进行加工的机床称为磨床，用磨石或磨料进行加工的机床称为精磨机床。磨削加工在机械加工中隶属于精加工，加工量少，精度高。磨具是由许多细小且极硬的磨料微粒（碳化硅、刚玉、氮化硼、金刚石等），用结合剂黏结的一种切削工具。磨具可分为固结磨具（砂轮、磨石、磨头等）、涂附磨具（砂布、砂纸、砂带等）和研磨膏。从切削作用来看，磨具表面上的每一颗微细磨粒的作用相当于一把细微切削刃，磨削加工如同无数细微切削刃同时切削。

磨削与其他切削加工方式（如车削、铣削、刨削等）相比，具有以下特点：

1）磨削加工的范围很广，几乎各种表面都可以用磨削进行加工，如内外圆柱面、圆锥面和平面，以及螺纹、齿轮和花键等特殊、复杂的成形表面。

2）磨削速度（砂轮线速度）很高，可达 $30 \sim 50 \mathrm{m/s}$，超过 $45 \mathrm{m/s}$ 时称为高速磨削；磨削温度较高，可达 $1000 \sim 1500℃$；磨削过程历时很短，只有 $10^{-4} \mathrm{s}$ 左右。

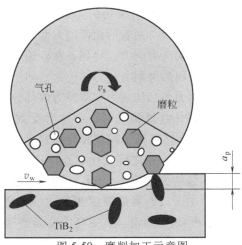

图 5-50　磨削加工示意图

3）磨削加工可以获得较高的加工精度和很小的表面粗糙度值，磨削通常用于半精加工和精加工，精度可达 IT8 ~ IT5 甚至更高，一般磨削表面粗糙度为 $Ra\ 1.25 \sim 0.16 \mu\mathrm{m}$，精密磨削为 $Ra\ 0.16 \sim 0.04 \mu\mathrm{m}$，超精密磨削为 $Ra\ 0.04 \sim 0.01 \mu\mathrm{m}$，镜面磨削可达 $Ra\ 0.01 \mu\mathrm{m}$ 以下。

4）磨削不但可以加工软材料，如未淬火钢、铸铁等，还可以加工淬火钢及其他刀具不能加工的硬质材料，如瓷件、硬质合金等。

5）磨削时的背吃刀量很小，在一次行程中所能切除的金属层很薄。

磨削的比功率（或称比能耗，即切除单位体积工件材料所消耗的能量）比一般切削大，金属切除率比一般切削小，故在磨削之前工件通常都先经过其他切削方法去除大部分加工余量，仅留 $0.1 \sim 1 \mathrm{mm}$ 或更小的磨削余量。随着缓进给磨削、高速磨削等高效率磨削技术的发展，现已能从毛坯直接把零件磨削成形。磨削也可以用作毛坯的预加工和清理等粗加工工作，如磨除铸件的浇冒口、锻件的飞边和钢锭的外皮等。

2. 金属基复合材料的可磨性

可磨性是指在一定标准下，一种材料从原材料被磨削加工到成品的难易程度。可磨性的评估标准包括最小的刀具磨损、较长的磨削工具寿命、较小的磨削力、较低的磨削温度、较小的振动、更小的表面粗糙度值、最小的残余应力和表面缺陷、最大的尺寸合格性、更高的材料去除率。可磨性没有完善的评估参考资料，可以依据部分与磨削功能相关的完整规范来评估。

复合材料的力学性能主要由基体性质、增强体性质、界面性质和各相体积分数决定。在磨削铝这样较软的金属材料时，磨屑黏附在砂轮表面阻塞砂轮，颗粒的存在提高了材料的硬度，降低了砂轮表面阻塞。但是，复合材料磨削加工产生大量的热，导致加工过程中工件温度升高，延展性增加，从而加大磨削工具的负载。磨削工具负载引起振动，导致工件表面粗糙化并降低材料去除率，这就对砂轮的结构和材质提出了特别要求。

复合材料的硬度与颗粒的硬度以及基体的加工硬化有关，磨粒与复合材料表面的作用可看作小范围的压痕现象，其抗变形能力主要取决于压头相对颗粒的位置、压头与颗粒的尺寸比、颗粒的体积分数以及应用负载，且复合材料的加工难点在于颗粒对基体约束的变化以及基体材料不均匀性的影响。

（1）磨削力　磨削力反映了磨削过程的基本特征，它与复合材料的性能、磨削用量、表面形成机理等都有密切的关系。磨削力可以分解为法向力和切向力,法向力为砂轮和工件表面的接触压力,两者的比值则为磨削力分力比。由于砂轮磨粒具有较大的负前角,所以法向磨削力大于切向磨削力,特别是在砂轮表面钝化和堵塞的情况下,法向分力更大,一般工程陶瓷等硬脆材料的磨削力分力比较大,即法向力明显大于切向力,说明金刚石磨料难以切入陶瓷表面。切向力包括切削力和摩擦力两部分,只有切削力直接去除材料形成加工表面。

当增强体含量相同时,磨削力受到增强体颗粒尺寸、磨料类型、磨粒大小的影响。粗SiC 颗粒复合材料较细颗粒复合材料具有更高的法向力和切向力。在高磨削速度下,金刚石刀具和碳化硅颗粒之间发生相互作用,金刚石发生碳化,从而导致法向分力的增大。磨料类型也影响磨削力的大小,SiC 砂轮比立方氮化硼(CBN)砂轮和金刚石砂轮需要更高的磨削力。这是由于后两者的硬度更高,具有更好的切削性能。在低速磨削时,由于犁耕作用,SiC 砂轮和 CBN 砂轮具有更高的法向磨削力。随着磨削速率的增大,法向磨削力逐渐降低。磨料尺寸也影响金属基复合材料的可磨性,粗糙的金刚石磨粒在磨削 SiC/Al 复合材料时需要较高的磨削力。

磨削力还受到背吃刀量、进给速度和主轴转速等磨削工艺条件的影响,如图 5-51 所示。图 5-51b 所示为干磨条件下磨削 SiC/2024 的(SiC 的体积分数为 45%,金刚石砂轮)法向力 F_x 和切向力 F_y 随进给速度的变化规律。可见,磨削力随着主轴转速的增大而减小,随着进给速度和背吃刀量的增大而增大,且法向力大于切向力。加工参数对切向力和法向力的影响程度不同,法向力随磨削加工参数的变化幅度较大,而切向力随加工参数的变化幅度小。

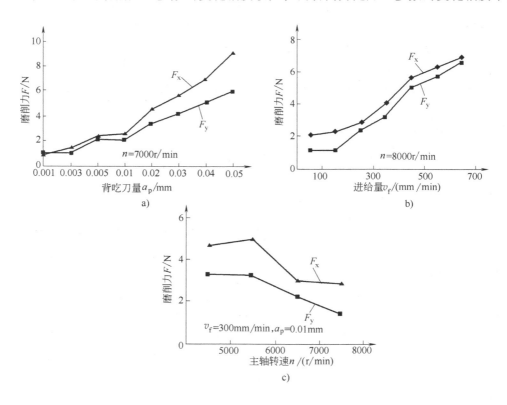

图 5-51 不同磨削工艺下 SiC/2024 磨削力的变化

除上述因素外，冷却（润滑）条件对磨削力也具有明显的影响。图 5-52 所示为进给速度 $v_f = 0.6 \text{m/min}$ 时，体积分数为 56%SiC/Al（SiC 尺寸为 60μm）复合材料工件在湿磨削、干磨削、冷冻磨削条件下磨削力随背吃刀量的变化。可见，干磨削的切向磨削力高于湿磨削，而干磨削法向磨削力小于湿磨削，因此，干磨削条件下的法向磨削力比较小。干磨削的切向磨削力较大是因为干磨削没有磨削液的润滑作用，磨削过程中砂轮与工件间的切向摩擦力较大。另外，干磨削的磨屑难以排出，会造成砂轮堵塞，这也是干磨削切向摩擦力较大的原因。

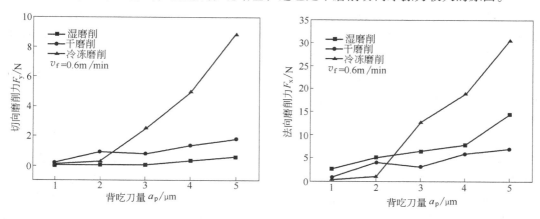

图 5-52　SiC/Al 在湿磨削、干磨削和冷冻磨削条件下磨削力随背吃刀量的变化

（2）磨削温度　磨削加工是一种高速加工，动能主要转化为热能，大量的热能传入工件，使工件表面和次表面温度升高，导致工件尺寸精度产生偏差，并可能造成工件次表面损伤（如相变、硬度变化、表面残余应力、极限情况下的表面和次表面开裂）。为了避免这些不利影响，可以通过测量工件表面温度并选择合适的切削液来保持合适的磨削温度。尽管测量磨削区的准确温度难度较大，但可以通过聚焦红外放射型温度计在磨屑轨迹上测量磨削温度的变化趋势。

当磨削 SiC/Al 复合材料时，增强体颗粒尺寸较小（5μm），磨削时的磨削温度较高，且砂轮速度对磨削温度影响不大。MMCs 中粗大增强体颗粒会导致磨削温度降低，且随着砂轮速度的增大导致温度上升。

随着砂轮线速度的增加，磨削温度有上升的趋势。当线速度达到一定值后，磨削温度趋于稳定。Paulo Davim 研究表明，磨削 SiC/Al 复合材料时，存在一个临界速度 v（$= 1400 \text{m/min}$）。相对 SiC 砂轮和 CBN 砂轮，金刚石砂轮产生相对较低的磨削温度。

（3）表面完整性　表面完整性是磨削性能的一个重要评估指标。从已有的复合材料磨削加工表面形貌研究结果看，磨削加工表面除由于砂轮磨粒切削产生的几何残留痕迹外，其表面存在的主要缺陷和产生原因主要包括：

1）软的基体金属堵塞砂轮后造成的非正常磨削表面。

2）由于基体熔点低，磨削时磨削区基体受热软化而被涂抹于局部已加工表面。

3）磨削时受砂轮磨粒挤压造成的由颗粒增强体破碎和脱落而留下不规则凹坑或不规则自由表面。对陶瓷磨削的材料去除机理研究表明，材料脆性破坏去除是陶瓷磨削中最常见到的去除方式，在脆性破坏去除时，材料的去除是通过裂纹（主要是横向和径向裂纹）的形成及扩展引起材料脆性碎裂或材料压碎的方式来实现的，因此，由于砂轮磨粒对颗粒增强体挤压而造成的脆性破坏缺陷对磨削表面完整性的破坏影响极大。

4）SiC 颗粒或破碎颗粒被砂轮磨粒推挤而在表面形成犁沟。

5）磨削时颗粒压溃相间的合金基体而造成缺陷。

6）高颗粒体积分数复合材料在磨削力的作用下，相邻颗粒之间相互挤压，在颗粒中形成贯穿裂纹。

这些缺陷的存在不仅对已加工表面的完整性造成破坏，而且使表层颗粒与基体合金的界面结构发生破坏，对复合材料的表面物理、力学性能产生直接影响。研究认为这些缺陷对表面粗糙度的影响甚至大于切削残留面积的高度和切削刃不平整度的影响，在表面完整性要求较高的情况下，这些缺陷已成为不可逾越的障碍。而且增强颗粒的大小和体积分数对复合材料的已加工表面形貌影响非常大，增强相体积分数越大、颗粒越粗大，复合材料已加工表面缺陷越严重，表面粗糙度值越大。

普通磨削加工过程中磨粒磨削刃在加工表面留下的加工痕迹为相互平行的直线。而复合材料磨削加工表面还要受到颗粒去除方式、基体的涂覆和其他随机因素的影响，其表面形貌更为复杂。高体积分数 SiC_p/Al 复合材料的磨削加工表面如图 5-53 所示，可见，磨削加工表面除犁沟外还存在涂抹、凹坑等缺陷。SiC_p/Al 复合材料磨削加工表面的缺陷包含两类：一类是由磨削 Al 合金软基体材料产生的涂覆及破碎颗粒被砂轮磨粒推挤而在 Al 合金基体上形成的犁沟；另一类是磨削 SiC 颗粒造成的缺陷，主要有磨削时受砂轮磨粒挤压造成的由 SiC 颗粒破碎和破碎 SiC 颗粒脱落而留下的不规则凹坑、颗粒局部破碎拔出产生的孔洞、落入砂轮和加工表面之间的破碎颗粒被重新压入加工表面留下的凸起等。

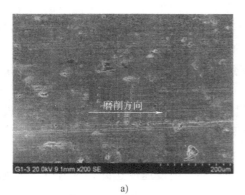

a)

b)

图 5-53　高体积分数 SiC_p/Al 复合材料的磨削加工表面

a）磨削加工表面 SEM 照片　b）表面轮廓三维形貌

对于颗粒增强复合材料，磨削表面完整性也受颗粒含量的影响。例如，磨削加工低 SiC 体积分数（13%～50%）的 SiC/Al 复合材料时，磨粒划过软质的铝基体和硬脆的 SiC 颗粒时容易形成不均匀表面缺陷，而少量镶嵌于铝基体中的 SiC 颗粒在磨削过程中容易剥落滑移造成 Al 基体被撕裂和形成沟槽。高体积分数（>50%）的 SiC/Al 复合材料由于增强相 SiC 颗粒含量高，表面加工质量取决于 SiC 颗粒和铝合金基体之间的浸润性及热膨胀系数的匹配性，这些参数直接决定了增强颗粒和基体之间结合的紧密程度。工件表层缺陷同样受 SiC 含量与界面性质的影响，磨削加工过程产生的微裂纹、疲劳裂纹受增强相的影响，裂纹偏析、裂纹分枝、弹性失配、塑性失配以及残余应力共同起作用，会导致裂纹扩展延滞。因此，SiC 颗粒的粒径越大、含量越高，磨削加工过程对砂轮造成的磨损就越严重，SiC 颗粒的剥落会在工件表面形成凹坑，剥落与破碎的颗粒压入工件表面也会形成划痕与裂纹。

除了复合材料本身存在的不均匀性和不规则性，孔穴和微裂纹等缺陷，基体-增强相界面的结合状况和结合强度等因素显著地影响复合材料的磨削加工性能及表面完整性，磨削参数和磨削工艺条件对复合材料已加工表面的形成机理和表面质量也起着重要作用。不同的磨削参数和磨削工艺条件下复合材料磨削表面形貌及其形成机理有很大的不同。图 5-54 所示为干磨削条件下不同磨削工艺参数对 SiC/2024 复合材料已加工表面粗糙度的影响（SiC 体积分数为 45%，金刚石砂轮）。可见，随着背吃刀量和进给速度的增大，表面粗糙度值呈增大趋势。提高主轴转速能够降低表面粗糙度值，这主要是因为随着主轴转速的升高，每个金刚石颗粒在工件表面上切削次数增多，在多个磨粒累计切削作用下，加工表面上残余高度减小，使加工表面粗糙度值下降；加工表面温度升高可导致基体材料软化，并涂覆在已加工表面上，降低已加工表面的粗糙度值。

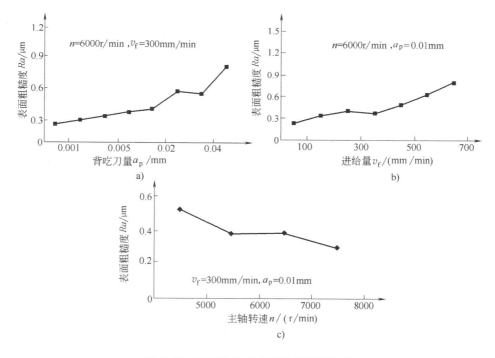

图 5-54　工艺参数对表面粗糙度的影响

a）背吃刀量　b）进给量　c）主轴转速

在同等条件下，湿磨削表面粗糙度值通常明显小于干磨削，这是由于磨削液及时清除了砂轮和加工表面之间的磨屑，从而减少了磨屑对已加工表面产生的划痕，也降低了砂轮将部分磨屑中的硬颗粒重新压入已加工表面的概率。同时，磨削液也起着降低切削温度和润滑的作用，磨屑堵塞砂轮的程度降低，使湿磨削加工表面粗糙度值小于干磨削。

本章思考题

1. 铸造成形技术有什么特点？试列举一种说明其工艺过程。
2. 请简要阐述铸造成形的技术问题。
3. 请简要阐述金属基复合材料的超塑性。
4. 颗粒增强铝基复合材料可以采用何种方法进行连接？每种方法各有什么特点？
5. 金属基复合材料的连接技术问题有哪些？
6. 试以原位合成铝基复合材料为例，说明金属基复合材料的切削机理。
7. 磨削与其他切削加工方式相比，有什么特点？

第6章　金属基复合材料的界面及其表征

21世纪对材料的要求是多样化的，金属基复合材料（MMCs）的研制开发将有很大进展，而金属基复合材料整体性能的优劣与金属基复合材料界面结构和性能关系密切。本章将介绍金属基复合材料的界面及其特征。

6.1　界面的定义

金属基复合材料中增强体与金属基体接触构成的界面，是一层具有一定厚度（纳米以上）、结构随基体和增强体而异的、与基体有明显差别的新相——界面相（界面层）。它是增强相和基体相连接的"纽带"，也是应力及其他信息传递的桥梁。界面是金属基复合材料极为重要的微结构，其结构与性能直接影响金属基复合材料的性能。复合材料的增强体不论是纤维、晶须还是颗粒，在成形过程中将会与金属基体发生不同程度的相互作用和界面反应，形成各种结构的界面。因此，深入研究金属基复合材料界面的形成过程、界面层性质、界面黏合、应力传递行为对宏观力学性能的影响规律，从而有效进行控制，是获取高性能金属基复合材料的关键。

随着对界面研究的不断深入，人们发现界面效应与增强体及金属基体两相材料之间的润湿、吸附、相容等热力学问题有关，与两相材料本身的结构、形态以及物理、化学等性质有关，与界面形成过程中所诱导发生的界面附加的应力有关，还与复合材料成形加工过程中两相材料相互作用和界面反应程度有密切关系。复合材料界面结构极为复杂，需围绕增强体表面性质、形态、表面改性及表征以及增强体与基体的相互作用、界面反应、界面表征等方面来探索界面微结构、性能与复合材料综合性能的关系，从而进行复合材料界面优化设计。

6.2　界面的特征

金属基复合材料的基体一般是纯金属或合金，合金既含有不同化学性质的组成元素和不同的相，同时又具有较高的熔化温度。因此，此种复合材料的制备需在接近或超过金属基体熔点的高温下进行。金属基体与增强体在高温复合时易发生不同程度的界面反应；金属基体在冷却、凝固、热处理过程中还会发生元素偏聚、扩散、固溶和相变等。这些均使金属基复合材料界面区的结构变得复杂。界面区的组成、结构明显不同于基体和增强体，受到金属基体成分、增强体类型、复合工艺参数等多种因素的影响。

在金属基复合材料界面区出现材料物理性质（如弹性模量、热膨胀系数、热导率、热力学参数）和化学性质等的不连续性，使增强体与基体金属形成了热力学不平衡的体系。因此，界面的结构和性能对金属基复合材料中应力和应变的分布，导热、导电及热膨胀性能，载荷传递，断裂过程都起着决定性作用。针对不同类型的金属基复合材料，深入研究界面精细结构、界面反应规律、界面微结构及性能对复合材料各种性能的影响，界面结构和性能的优化与控制途径，以及界面结构性能的稳定性等，是金属基复合材料界面研究的重要内容。

6.2.1 界面的结合机制

界面的结合力有三类：机械结合力、物理结合力和化学结合力。

机械结合力就是摩擦力，它取决于增强体的比表面和表面粗糙度值以及基体的收缩，比表面和表面粗糙度值越大，基体收缩越大，摩擦力也越大。机械结合力存在于所有复合材料中。

物理结合力包括范德华力和氢键，它存在于所有复合材料中，在聚合物基复合材料中占有很重要的地位。

化学结合力就是化学键，它在金属基复合材料中有重要作用。

根据上述三类结合力，金属基复合材料中的界面结合可以分为以下四种，实际的复合材料界面可以是下述情况中的一种或多种（即混合结合）。

1. 机械结合

机械结合是基体与增强体之间纯粹靠机械连接的一种结合形式，它由粗糙的增强体表面及基体的收缩产生的摩擦力完成。具有这类界面结合的复合材料的力学性能差，不宜作为结构材料使用。例如，以机械结合的纤维增强复合材料除不大的纵向载荷外，不能承受其他类型的载荷。事实上由于材料中总有范德华力存在，纯粹的机械结合很难实现。应该指出，机械结合存在于所有复合材料中。

2. 溶解和润湿结合

溶解和润湿结合是基体与增强体之间发生润湿（接触角小于 90°），并伴随一定程度的相互溶解（或基体和增强体之一溶解于另一种之中）而产生的一种结合形式。这种结合是靠原子范围内电子的相互作用产生的，因此要求复合材料各组元的原子彼此接近到几个原子直径的范围内才能实现。增强体表面吸附的气体和污染物都会妨碍这种结合的形成，所以必须进行预处理，除去吸附的气体和污染膜。

3. 反应结合

反应结合是基体与增强体之间发生化学反应，在界面上形成化合物而产生的一种结合形式。其中典型的代表为 Al-C 系和 Ti-B 系。在 Al-C 和 Ti-B 两个体系中，如果工艺参数控制不当，没有采取相应的措施，以致在界面上生成过量的脆性反应产物，材料强度极低，像这类没有实用价值的复合材料的结合不能称为反应结合。可见反应结合中必须严格控制界面反应产物的数量。

氧化物结合是反应结合的一种特殊情况，例如 Ni-Al_2O_3 复合材料的结合本来是机械结合，但在氧化性气氛中 Ni 氧化后，与 Al_2O_3 作用形成 NiO·Al_2O_3，变成了反应结合。又如 Al-B、Al-SiC 复合材料，由于 Al 表面上的氧化物膜与硼纤维上的硼氧化物，或 SiC 纤维上的硅氧化物间发生相互作用，形成氧化物结合，正是这种氧化膜提供了复合材料的表观稳定性。

4. 交换反应结合

交换反应结合是基体（含有两种以上元素）与增强体之间，除发生化学反应在界面上形成化合物外，还通过扩散发生元素交换的一种结合形式。钛合金（例如 Ti-8Al-1V-1Mo）-硼系是这种结合的典型代表。Ti 与 B 的作用分为两个阶段：

$$Ti(Al) + 2B \longrightarrow (Ti, Al)B_2 \tag{6-1}$$

$$(Ti, Al)B_2 + Ti \longrightarrow TiB_2 + Ti(Al) \tag{6-2}$$

即首先形成（Ti, Al）B_2，然后因为 Ti 与 B 的亲和力大于 Al 与 B 的亲和力，（Ti, Al）B_2 中的 Al 被 Ti 置换出来，再扩散到钛合金中。因此，界面附近的基体中有铝的富集，这构成了额外的扩散阻挡层，使反应速度常数降低。这种结合是反应结合的一种特殊情况。

6.2.2　界面分类及界面模型

1. 界面分类

上述几种金属基复合材料界面（机械结合、溶解和润湿结合、反应结合及交换反应结合）可以分成Ⅰ、Ⅱ、Ⅲ三种类型：Ⅰ型界面表示增强体与基体金属既不溶解也不反应（包括机械结合和部分氧化物结合）；Ⅱ型界面表示增强体与基体金属之间可以溶解，但不反应（包括溶解和润湿结合）；Ⅲ型界面表示增强体与基体之间发生反应并形成化合物（包括反应结合和交换反应结合）。常见金属基复合材料体系的界面类型见表6-1。

表 6-1　常见金属基复合材料体系的界面类型

界面类型	体　系
Ⅰ型	C/Cu, W/Cu, Al_2O_3/Cu, Al_2O_3/Ag, $B(BN)/Al$, B/Al[①], SiC/Al[①], 不锈钢/Al[①]
Ⅱ型	$W/Cu(Cr)$, W/Nb, C/Ni[②], V/Ni[②], 共晶体[③]
Ⅲ型	$W/Cu(Ti)$, $C/Al(>100℃)$, Al_2O_3/Ti, B/Ti, SiC/Ti, Al_2O_3/Ni, SiO_2/Al, B/Ni, B/Fe, $B/$不锈钢

① 伪Ⅰ型界面。
② 该体系在低温下生成 Ni_4V。
③ 当两组元溶解度极低时划为Ⅰ类。

表6-1中部分列入Ⅰ型界面的实际为伪Ⅰ型界面，伪Ⅰ型界面是指在热力学上该体系的增强体与基体之间应该发生化学反应，但基体金属的氧化膜阻止反应的进行。而反应能否进行，取决于氧化膜的完整程度。当氧化膜尚完整时，属于Ⅰ型界面；当工艺过程中温度过高或保温时间过长而使基体氧化膜破坏时，组分之间将发生化学反应，变为Ⅲ型界面。具有伪Ⅰ型界面特征的复合材料系在工艺上宜采用固态法（如热压、粉末冶金、扩散粘接），而不宜采用液态浸渗法，以免变为Ⅲ型界面而损伤增强体。

表6-1中列出的 W/Cu 复合材料界面跨越了三种不同的界面类型，Petrasek 等人对此进行了系统的研究，发现在基体铜中加入不同的合金元素，会出现不同的界面情况。

1）W_f/Cu 系。在 W 丝周围未发生 W 与 Cu 的相互溶解，也未发生相互间的化学反应。

2）W_f/Cu（Co、Al、Ni）系。由于基体中的合金元素（Co、Al、Ni）向 W 丝中扩散，导致其再结晶温度下降，使 W 丝外表面晶粒因再结晶而粗大，结果导致 W 丝变脆。

3）W_f/Cu（Cr、Nb）系。合金元素（Cr、Nb）向 W 丝中扩散、溶解并合金化，形成 W（Cr、Nb）固溶体。此种情况对复合材料性能影响不大。

4）W_f/Cu（Ti、Zr）系。W 与合金元素 Ti 与 Zr 均发生反应，并形成化合物，使复合材料的强度和塑性均下降。

2. 界面模型

在早期的研究中，人们认为复合材料在界面处无反应、无溶解，界面厚度为零，且复合材料性能与界面无关。随后，研究人员提出了强界面理论，认为基体最弱，基体产生的塑性变形将使增强体间的载荷传递得以实现；复合材料的强度受增强体强度的控制，预测复合材料力学性能的混合法则也是根据强界面理论导出的。由此可见，对于不同类型的界面，应当有与之相应的不同模型。

1）Ⅰ型复合材料界面模型由 Cooper 等人提出，该界面模型的界面存在机械互锁，且界面性能与增强体和基体均不相同；复合材料性能受界面性能的影响，影响程度取决于界面性能与基体、纤维性能的差异程度；Ⅰ型界面模型包括机械结合和氧化物结合两种界面类型。

Ⅰ型界面控制复合材料的两类性能，即界面抗拉强度（σ_i）和界面抗剪强度（τ_i）。受界面抗拉强度 σ_i 控制的复合材料性能包括横向强度、压缩强度以及断裂能量；受界面抗剪强度 τ_i 控制的复合材料性能包括纤维临界长度 l_c（或称有效传递载荷长度）、纤维拔出情况下的断裂功以及断裂时基体的变形，Ⅰ型界面控制如图 6-1 所示。

2）Ⅱ、Ⅲ型复合材料的界面理论模型。Ⅱ、Ⅲ型界面模型认为复合材料的界面具有既不同于基体，也不同于增强体的性能，它是有一定厚度的界面带。界面带可能由于元素扩散、溶解造成，也可能由于反应造成。

不论Ⅱ型或Ⅲ型界面，都对复合材料性能有显著影响。例如 B/Ti 复合材料界面属于Ⅲ型，其横向破坏是典型的界面破坏。

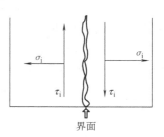

图 6-1 Ⅰ型界面控制

Ⅱ、Ⅲ型界面涉及复合材料的 10 类力学性能指标，包括基体抗拉强度（σ_m）、增强体抗拉强度（σ_f）、反应层抗拉强度（σ_r）、基体/反应层界面抗拉强度（σ_{mi}）、增强体/反应层界面抗拉强度（σ_{fi}）、基体抗剪强度（τ_m）、增强体抗剪强度（τ_f）、反应层抗剪强度（τ_r）、基体/反应层界面抗剪强度（τ_{mi}）和增强体/反应层界面抗剪强度（τ_{fi}）。各项强度指标所对应的应力方向如图 6-2 所示，自左至右依次为增强体、反应层和基体。

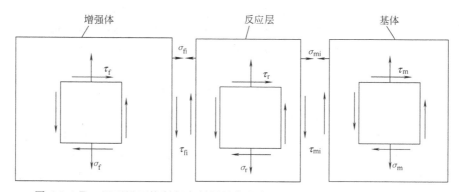

图 6-2 Ⅱ、Ⅲ型界面控制复合材料性能的各项强度指标所对应的应力方向

反应层抗拉强度是最重要的界面性能，反应层的强度、弹性模量与基体和增强体有很大不同。反应层的断裂应变一般小于增强体的断裂应变。反应层中裂纹的来源有两种，即在反应层生长过程中产生的裂纹（反应物固有裂纹）和在复合材料承受载荷时先于增强体出现的裂纹。

反应层裂纹的长度对复合材料性能的影响与反应层的厚度直接相关。反应层裂纹的长度一般等于反应层厚度，当少量反应（反应层厚度小于 500nm）时，反应层在复合材料受力过程中产生的裂纹长度小，反应层裂纹所引起的应力集中小于增强体固有裂纹所引起的应力集中，所以复合材料的强度受增强体中的裂纹控制。当中等反应（反应层厚度为 500～1000nm）时，复合材料强度开始部分受反应层中的裂纹控制，增强体在一定应变量后发生破坏。当大量反应（反应层厚度为 1000～2000nm）时，反应层中产生的裂纹会导致增强体破坏，此时复合材料的性能主要由反应层中的裂纹控制。

由上述研究结果可见，在 Ⅱ、Ⅲ 型界面的复合材料中，反应层裂纹是否对复合材料性能发生影响，取决于反应层的厚度，可以认为存在一个反应层的临界厚度，超过此临界厚度，反应层裂纹将导致复合材料性能下降；低于此临界厚度，复合材料的纵向抗拉强度基本上不受反应层裂纹的影响。影响反应层临界厚度的因素如下：

① 基体的弹性极限。若基体弹性极限高，则裂纹开口困难，此时，反应层临界厚度大，即允许裂纹长一些。

② 增强体的塑性。如果增强体具有一定程度的塑性，则反应层裂纹尖端引起的应力集中将使增强体发生塑性变形，从而使应力集中程度降低而不致引起增强体断裂。此时的界面反应层临界厚度值大；若增强体是脆性的，则反应层中裂纹尖端造成的应力集中很容易使增强体断裂，此时的临界厚度值变小。例如不锈钢丝增强铝复合材料系中，由于增强体是韧性的，反应层裂纹尖端产生的应力集中使增强体发生塑性变形（产生了滑移带），如图 6-3 所示。又例如，碳纤维增强铝复合材料系中，增强体是脆性的，反应层裂纹产生的应力集中使增强体断裂，如图 6-4 所示。可见后者的界面反应层临界厚度小于前者。

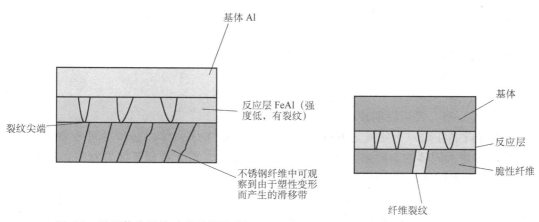

图 6-3　增强体为塑性时的裂纹形成机理　　　　图 6-4　增强体为脆性时的裂纹形成机理

6.2.3　界面的物理化学特性

1. 润湿现象

当液体与固体接触时，液体的附着层将沿固体表面延伸的现象称为润湿现象或浸润；而当液体仍然团聚成球状而不铺展开，则称为润湿不好或不浸润。在金属基复合材料的制备过程中，液态基体能润湿固态增强体是获得性能良好的金属基复合材料的必要条件。

在固体表面上液滴保持力学平衡时合力为零（见图6-5），则

$$\gamma_{SV} - \gamma_{SL} = \gamma_{LV}\cos\theta \tag{6-3}$$

$$\cos\theta = \frac{\gamma_{SV} - \gamma_{SL}}{\gamma_{LV}} \tag{6-4}$$

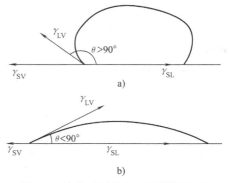

式中，γ_{LV}、γ_{SV}、γ_{SL}分别为液-气、固-气的表面张力和固-液的界面张力；θ为液体对固体的浸润角或接触角。

若$\gamma_{SV} < \gamma_{SL}$，则$\cos\theta < 0$，$\theta > 90°$，液体不能润湿固体。当$\theta = 180°$时，固体表面完全能被液体润湿，液体呈球状。

图6-5 液体对固体表面的浸润情况
a) $\theta > 90°$　b) $\theta < 90°$

若$\gamma_{LV} > \gamma_{SV} - \gamma_{SL}$，则$1 > \cos\theta > 0$，$\theta < 90°$，液体能润湿固体。

若$\gamma_{LV} = \gamma_{SV} - \gamma_{SL}$，则$\cos\theta = 1$，$\theta = 0°$，这时液体完全浸润固体。

$\gamma_{SL} - \gamma_{SV} > \gamma_{LV}$，则液体在固体表面完全浸润时仍未达到平衡而铺展开来。

液体对固体吸引力的大小用液体对固体的黏着功W_a来表示，黏着功是指将$1cm^2$的固-液界面拉开所需要做的功，液体对固体的吸引力越大，黏着功也越大。黏着功可表示为

$$W_a = \gamma_{LV} + \gamma_{SV} - \gamma_{SL} \tag{6-5}$$

或

$$W_a = \gamma_{LV} + \gamma_{LV}\cos\theta = \gamma_{LV}(1 + \cos\theta) \tag{6-6}$$

液体自身的吸引力大小用液体的内聚能W_c来衡量，内聚能是指将$1cm^2$截面的液体拉开时所需做的功。液体自身的吸引力越大，内聚能也越大。内聚能与界面张力之间的关系式为

$$W_c = 2\gamma_{LV} \tag{6-7}$$

只有当黏着功W_a大于内聚能W_c时，液体才能对固体浸润。W_a与W_c之差定义为液体在固体表面的铺开系数S，即

$$S = W_a - W_c = (\gamma_{SV} - \gamma_{SL}) - \gamma_{LV} \tag{6-8}$$

S为正值（$S > 0$）时，发生浸润现象。

从上述分析中可知，为使液态基体能很好地润湿固态增强体，必须尽可能增大γ_{SV}与γ_{SL}的差值，即增大固体的表面张力和减小固-液界面张力。对于金属基复合材料，可以采取下列措施来改善金属基体对增强体的润湿性：

1）改变增强体的表面状态和结构以增大γ_{SV}，即对增强体进行表面处理，包括机械、物理和化学清洗、电化学抛光和涂覆等。最有效的办法是进行表面涂覆处理，如在碳纤维上涂覆Cu、Ni、Cr等金属涂层，涂覆SiO_2、碳化物等化合物涂层。

2）改变金属基体的化学成分以降低γ_{SL}，最有效的方法是向基体中添加合金元素。如在Al-C系中添加能与碳生成碳化物的元素，像Ti、Ta、Nb、Zr、Hf、Cr等都能改善铝对碳纤的润湿性；在Ni-Al_2O_3系中向Ni中添加Ti、Cr等能改善Ni对Al_2O_3的润湿性。

3）改变温度。通常升高温度能减小液态基体与固态增强体间的接触角，改善润湿性。但温度不能过高，否则将促进基体与增强体之间的化学反应，严重影响复合材料的性能。

4）改变环境气氛。固体或液体表面吸附的不同气体能改变γ_{SV}和γ_{LV}，如气氛中10%的

氧使液态银的表面张力从 $1200 \times 10^{-5} \, \text{N/cm}$ 降到 $400 \times 10^{-5} \, \text{N/cm}$，这可解释为什么镀 Ni 的 Al_2O_3 晶须能被银浸渗而结合良好。另外，在氧化性气氛中制造 Ni-Al_2O_3 复合材料时也能降低接触角而提高材料的性能。

5）提高液相压力。提高液相压力可以改善其对固体的润湿性。有人导出了下面的关系式，即

$$p_c = 4\gamma_{LV} \frac{\varphi_f}{d_f} \cos\theta \tag{6-9}$$

式中，p_c 为毛细压力；γ_{LV} 为液体表面能；φ_f 为纤维的体积分数；d_f 为纤维直径。当 $\theta < 90°$ 时，p_c 为正，液态金属在此驱动力的作用下能渗入纤维束中；当 $\theta > 90°$ 时，p_c 为负，液态金属不能自发渗入纤维束中，只有在一定外压作用下克服此阻力金属才能浸入。各种类型的加压浸渗工艺便是在此基础上发展起来的。

6）某些物理方法（如超声波），也能改善液态金属对固态增强体的润湿性。部分单位采用超声波成功地用液态浸渗法制成了 Al-C、Al-SiC 复合材料。

2. 基体与增强体之间的化学相容性

除了极少数的方法（如用爆炸焊接制造层合板）外，金属基复合材料部件在较高的温度下制造，温度范围通常稍低于或稍高于基体的熔点，或者在基体合金的固相线和液相线之间，因此其基体和增强体之间的相互作用往往不可避免，生成严重影响复合材料性能的化合物。这就是基体与增强体的化学相容性问题。化学相容性是指组成复合材料的各组元（基体和增强体）之间有无化学反应及反应速度的快慢，包括热力学相容性和动力学相容性两个方面。基体和增强体的化学反应，即不相容是金属基复合材料发展的主要技术障碍之一。

基体与增强体的热力学相容性是指它们之间的热力学平衡状态。事实上，在较宽的温度范围内复合材料各组元不可能处于完全平衡状态，即完全相容。只有极少数"自然"的复合材料，例如定向凝固共晶中才有比较理想的相容性。通过对基体与增强体的相容性研究，只能找到在一定条件下热力学上比较相容的复合材料体系。更为现实的是设置基体与增强体发生化学反应的动力学障碍，以降低反应速度，达到在一定条件下的动力学相容性，得到有实用价值的金属基复合材料。

（1）热力学相容性　决定热力学相容性的关键因素是温度，热力学相容性温度比较直观的可由相图得到。但比较实用的相图很少，所以具体的复合材料体系中的相容性问题往往只能通过试验得到解决。下面以几种常用的金属基复合材料为例说明。

1）铝及铝合金复合材料。铝及铝合金由于密度小、力学性能好，是一种广泛应用的结构材料；可作为其增强体的有碳纤维、硼纤维、碳化硅（包括纤维、晶须和颗粒）、氧化铝（包括纤维、晶须和颗粒）以及不锈钢丝等。

① Al-C 系。到目前为止，还没有 Al-C 系相图，但已知此系中有一稳定化合物，其分子式为 Al_4C_3，碳的摩尔分数为 42.86%，具有斜方六面体晶格，晶格参数为：$C_1 = 85.6 \, \text{nm}$，$\alpha = 22°8'$。在室温到 2000K 的温度范围内，Al 与 C 反应生成 Al_4C_3 的标准生成自由能都为负值。深入的研究表明，Al_4C_3 的成分不定，实际上是成分可在不大的范围内变化的 C 在 Al 中的固溶体。因此，Al 与 C 在热力学上是不相容的，它们在低温下已开始反应，但速度非常缓慢，随着温度的上升，反应越来越剧烈，生成的 Al_4C_3 也越来越多。根据基体成分和碳结

构的不同，两者明显作用的温度在 400~500℃ 范围内。

碳在固态和液态铝中的溶解度都不大，固溶度为 0.015%（质量分数）；而在 800℃、1000℃、1100℃、1200℃ 时的溶解度分别为 0.1%、0.14%、0.16%、0.32%（质量分数）。

② Al-B 系。Al-B 系可生成三种化合物：AlB_2、AlB_{10} 和 AlB_{12}，它们在高温下都不稳定。AlB_2 和 AlB_{12} 的分解温度分别为 975℃ 和 2070℃，但它们是室温稳定的化合物；AlB_{10} 的稳定范围为 1660~1850℃。在 Al-B 复合材料中，AlB_2 和 AlB_{12} 都可能存在，视基体的成分而定。在达到平衡时，如是工业纯铝，例如 1100（相当于国内牌号 1035、1200、8A06），则最终产物是 AlB_2；如是铝合金，例如 6061（相当于国内牌号 6A02），则最终产物是 AlB_{12}。

B 在 Al 中的溶解度很小，最大固溶度为 0.025%（质量分数），730℃ 和 1300℃ 时的溶解度分别为 0.09% 和 2.0%（质量分数）。

③ Al-SiC 系。Al 对 SiC 的润湿性不好，Al-SiC 伪二元系中按下式进行反应：$4Al+3SiC = Al_4C_3+3Si$，此式的标准自由能变化为 $-15kJ/mol$。因此，反应的推动力不大，温度小于 620℃ 时，Al 实际上与 SiC 不作用。向 Al 中添加 Si 可以抑制在更高温度时 SiC 与固态和液态铝之间的反应，改善相容性，因而可以采用液态法来制造 Al-SiC 复合材料。

④ Al-Al_2O_3 系。在 1000℃ 以下 Al 对 Al_2O_3 的润湿性差，用液态法制造 Al-Al_2O_3 复合材料时 Al 又与 Al_2O_3 发生化学反应。向 Al 中添加合金元素 Li（质量分数<3%）时，既可抑制反应，又可改善 Al 对 Al_2O_3 的润湿性。

⑤ Al-Fe 系。Al-Fe 中生成若干化合物，其中大多数在室温下稳定，因此用液态法制造 Al-Fe 复合材料时，这些化合物都有生成的可能性。向 Fe 中加合金元素 C、Cr、Cu、Ni、Mo、Si 等都能抑制反应的进行，其中以 Si 最为有效。应该指出，尽管 Fe 与 Al 的固态反应存在着孕育期，但在高于 500℃ 的温度时就能发生化学反应，生成 Fe_2Al_5，如用塑性变形法制造 Al-Fe 复合材料，塑性变形将促使反应在更低的温度下进行，压缩比越大，反应开始的温度也越低。

Al 和 Fe 的相互固溶度都很小，400~450℃ 时 Fe 在 Al 中实际上不固溶，500℃、600℃、655℃ 时 Fe 在 Al 中的固溶度分别为 0.006%、0.025%、0.052%（质量分数）。

2）Ti 及钛合金基复合材料。Ti 和钛合金的密度小、力学性能好、熔点又比较高，是理想的中温使用的复合材料基体。

① Ti-B 系。Ti-B 系中生成两种化合物，在高温和室温都稳定的 γ-TiB_2，以及在一定温度范围内稳定的 δ-TiB。因此 Ti 与 B 在热力学上是不相容的，反应产物为 TiB_2，B 和 Ti 的相互固溶度都很小，750~1300℃ 时 B 在 Ti 中的固溶度不大于 0.053%（质量分数），1670℃±25℃ 的溶解度稍大于 0.13%（质量分数）。

② Ti-SiC 系。Ti-SiC 系中 Ti 与 SiC 发生化学反应，生成 TiC、Ti_5Si_3、$TiSi_2$ 及更复杂的化合物。因此，它们是不相容的。目前，有研究人员在研制含 Ti 的 SiC 纤维，试图改善相容性。

③ Ti-C 系。Ti-C 系中有一稳定的可变组成的化合物 TiC_{1-x}（$0<x<0.05$），熔点约为 3080℃（在此点含 C 的质量分数为 16.5%），因此 Ti 与 C 是不相容的。600℃、800℃、920℃ 时 C 在 α-Ti 中的固溶度分别为 0.12%、0.27%、0.48%（质量分数），而在 900℃、1400℃、1750℃ 时 C 在 β-Ti 中的溶解度分别为 0.15%、0.27%、0.8%（质量分数）。

3）镍及镍合金基复合材料。镍合金是高温使用的金属基复合材料的合适基体。主要复合体系有：

① Ni-W 系。Ni-W 系中生成化合物 Ni_4W，它在高温分解，分解温度为 971℃；但在常温稳定，这是一个可变成分化合物，W 的摩尔分数为 17.6%~20.0%。将钨丝增强镍基复合材料在氩气和真空中分别加热到 1000℃、1090℃ 和 1040℃ 还发现另外两个相——NiW 和 NiW_2。这两相的生成对极微量的氧非常敏感。对于 Ni-W 复合材料，应避免 1000℃ 左右的温度交替变化，以防止界面的不稳定性。在 1000℃ 以上使用的 Ni-W 复合材料，只要使用的温度条件稳定，可以认为 Ni 与 W 在热力学上是相容的。

Ni 在 W 中的固溶度很小，约为 0.3%（质量分数），但 W 在 Ni 中的固溶度很大，最高可达 40%（质量分数）。因此 W 在 Ni 中的溶解是制造和使用 Ni-W 复合材料的最大危险。在 Ni 中添加合金元素 W，达到饱和状态，可以防止 W 丝在 Ni 中的溶解。

② Ni-Mo 系。Ni 和 Mo 在热力学上是不相容的，此系中生成三种化合物，它们在高温都不稳定，MoNi 在 1364℃ 分解，$MoNi_3$ 和 $MoNi_4$ 分别在 911℃ 和 876℃ 分解，两者都是固相反应产物。这三种化合物在常温都稳定。Ni 在 Mo 中的固溶度很小，约 1.5%（质量分数），但 Mo 在 Ni 中的固溶度很大，最高可达 39.3%（质量分数）。

③ Ni-SiC 系。Ni 与 SiC 是不相容的，500℃ 时两者的作用已很显著，在 1000℃ 两者已完全反应，SiC 作为增强体将消失，反应产物为镍硅化合物，如 Ni_2Si、NiSi、$NiSi_2$ 及更复杂的化合物。Cr 能加速 Ni 与 SiC 的作用，但 SiO_2 对 SiC 有保护作用。

④ Ni-TiN 系。Ni 与 TiN 不发生化学反应，它们在热力学上是相容的。但液态 Ni 对 TiN 的润湿性很差，Ni 中添加 W 或 Mo 能适当改善 Ni 对 TiN 的润湿性，而添加 Si 和 C 则能显著改善润湿性。

⑤ Ni-金属碳化物系。在含 Ti、Cr、Nb、Mo、W 等的镍基高温合金中，碳总是与过渡元素结合成碳化物，因此，在一定的温度和时间范围内，某些碳化物纤维或碳化物涂层能与镍基体稳定共存。其中最有前途的是在 Ni 中溶解度很小的锆（Zr）和铪（Hf）的碳化物。

⑥ Ni-C 系。Ni 与 C 在热力学上是相容的，它们之间不发生化学反应。Ni 实际上不溶于 C，C 在 Ni 中的固溶度不大，最高为 0.55%（质量分数），在 1550℃ 的液态 Ni 中 C 的溶解度约为 2.8%（质量分数），C 在 Ni 中的溶解不会引起基体性能的明显变化。

Ni-C 系中最严重的问题是 Ni 能促进碳纤维的再结晶。将镀镍碳纤维进行热暴露处理，从 600℃ 开始碳纤维的强度开始降低。对强度降低了的纤维进行电镜和 X 射线分析表明，在碳纤维内部发现镍环、石墨晶体的排列更有规律，晶粒变大，层间距更接近典型的石墨晶体的层间距。温度越高，时间越长，石墨化程度也越高，Ni 也越向纤维中心移动，这说明热暴露的结果造成了碳纤维的再结晶。该材料发生碳纤维再结晶的机理是 C 先溶解在 Ni 中，很快穿过 Ni 层，在纤维的外缘析出，形成石墨结构。

也有人提出，将镀镍碳纤维在高于 900℃ 进行热暴露处理，纤维强度反而增加，热暴露时间越长，纤维强度越高。其原因是镀镍层在热暴露过程中进入到纤维上的各种缺陷中，似乎"治愈"了这些缺陷，强度的分散性也明显降低。

4）镁及镁合金基复合材料。纤维增强镁基复合材料是比强度和比模量最高的金属基复合材料。

① Mg-C 系。Mg-C 系中生成两种化合物——Mg_2C_3 和 MgC_2，它们在常温下稳定，但在高温下都不稳定，其分解温度分别为 660℃ 和 600℃，高于 600℃ 时 MgC_2 分解成 Mg_2C_3 和石墨。高于 660℃ 时 Mg_2C_3 分解成 Mg 和石墨。Mg 和 C 是不相容的，温度高于 450℃，两者的反应已很显著。液态 Mg 对 C 的润湿性差。

② Mg-B 系。Mg 和 B 生成若干种化合物，其中最典型的是与 AlB_2 具有相同六方晶格的 MgB_2，它在小于 1050℃ 条件下稳定。此外还有 MgB_4、MgB_6、MgB_{12} 及介于后两者之间的若干种化合物，MgB_6 和 MgB_{12} 的稳定温度分别为 1150℃ 以下及 1700℃ 以上。因此从热力学上讲 Mg 与 B 是不相容的，生成若干种在常温下稳定的化合物。

由上面的分析可知，除了极少数体系外，金属基复合材料的基体与增强体在热力学上是不相容的。在部分体系中增强体发生再结晶和其他的结构变化（Ⅱ类相互作用），但在大多数体系中发生化学反应，生成脆性化合物（Ⅲ类相互作用）。复合材料在热暴露过程中抗拉强度与时间的关系如图 6-6 所示，超过某一临界时间后性能迅速降低。部分常见金属基复合材料体系的相容性见表 6-2。

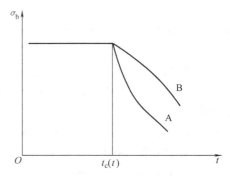

图 6-6　复合材料抗拉强度与热暴露时间的关系

表 6-2　部分常见金属基复合材料体系的相容性

纤　维	基体(涂层)	热暴露时间 /h	热暴露温度 /℃	曲线类型 (见图 6-6)	作用类型
C	Al	24	580	A	Ⅱ
C-HT	Al	100	475	A	Ⅱ
C-HM	Al	100	550	A	Ⅱ
C	Ni	1	600	—	Ⅰ
C	Ni	5	600～800	—	Ⅰ
C	Ni	<1	900	A	Ⅰ
C-Ⅱ	Ni	1	900	A	Ⅰ
C	Ni	24	1000	A	Ⅰ
C-Ⅰ	Ni	1	1230	A	Ⅰ
C	Ni	1	>1270	—	—
C	Ni-C	24	500	A	Ⅰ
C	Co	24	700	A	Ⅰ
C	Cu	24	800	B	—
SiC	Al	24	700	—	—
SiC	Al-3%Mg	10	580	—	—
B/SiC	Ti	0.5	870	B	Ⅱ
B/SiC	Ti-6Al-4V	0.5	350	B	Ⅱ

（续）

纤　维	基体（涂层）	热暴露时间/h	热暴露温度/℃	曲线类型（见图 6-6）	作用类型
B	Al-3%Mg	100	400	—	Ⅱ
	Al-3%Mg	>10	500	—	—
	Al-6061	1	540	—	—
		0.1	580	—	—
		1000	230	B	Ⅱ
		100	370	B	Ⅱ
		≈0	540	—	—
		2	505	—	—
	Ti	1200	630	B	Ⅱ
		0.15	870	B	Ⅱ
	Ti-6Al-4V	1500	540	B	Ⅱ
		4.3	760	B	Ⅱ
	Ni	24	400	B	—
Al₂O₃	Ni	<1	1000		
	80Ni-20Cr	<1	1000		
	Ni-Cr-Fe	<16	1000		
	TiC	0	1420		
	HfC	>0	1320	—	—
	W	0	1320		
		<16	1000		
Mo	Ni	<100	1100		
W	Ni	<1	1100		

（2）动力学相容性及界面反应的控制　由于绝大多数有前景的复合材料体系在热力学上不相容，人们致力于减慢基体与增强体之间相互作用的速度，达到动力学相容性，得到有实际应用价值的金属基复合材料。复合材料各组分之间发生相互作用可能有两种情况：生成固溶体或生成化合物。

1）基体与增强体之间不生成化合物，只生成固溶体。这种情况并不导致复合材料性能的急剧降低，主要危险是增强体的溶解消耗。在假设增强体扩散的前提下，如果金属基体中增强体的原始浓度为零，基体表面上增强体原始浓度在整个过程中保持不变，并等于其在该温度下基体中的极限浓度，基体至少是半无限物体，扩散系数与浓度无关。根据菲克第二定律得

$$c = c_0 \{ 1 - \exp [X/(2\sqrt{Dt})] \} \tag{6-10}$$

式中，c 为 t 时间后离基体与增强体接触面 X 处扩散（增强）物的浓度；c_0 为扩散物在基体中的极限浓度；D 为扩散系数。扩散系数 D 与温度的关系可用阿伦尼乌斯方程式表示，即

$$D = A\exp [-Q/(RT)] \tag{6-11}$$

式中，A 为常数；Q 为半扩散激活能；R 为摩尔气体常数，8.314J/（mol·K）；T 为热力学温度。根据式（6-10）和式（6-11）可以计算在一定温度下和一定时间后复合材料中扩散带的浓度。

2）基体和增强体之间生成化合物。基体与增强体发生化学反应、生成化合物时，如果假定化合物层均匀，则化合物层厚度又与时间 t 之间有下列抛物线关系式，即

$$X^n = Kt, \text{或 } X = K\sqrt[n]{t} \tag{6-12}$$

式中，n 为抛物线指数；K 为反应速度常数。这个式子的导出有一个前提，即反应是由参与反应的组分通过反应层的扩散过程控制的。K 与温度的关系遵循阿伦尼乌斯关系式，即

$$K = A\exp[-Q/(RT)]$$

因此式（6-12）可改写为

$$X = A\sqrt[n]{t}\exp[-Q/(RT)] \tag{6-13}$$

考虑到用作动力学研究的试样，在其制造加工过程中在界面上已经建立了一定厚度的反应层 X_i，引入当量时间 t_0（生成与制造相同厚度的反应层时所需要的受热时间），则式（6-12）可改写为

$$(X+X_i)^n = K(t+t_0) \tag{6-14}$$

抛物线指数 n 对于大多数金属基复合材料体系为 2，但对于有些体系，例如 Ti-SiC，有些研究者得到的指数为 2，有些研究者得到的指数随温度而变，900℃时为 1.3，1000℃时为 2，1200℃时为 5。图 6-7 所示为典型的抛物线指数为 2 的 Ti-B 复合材料的动力学曲线。

根据界面的定义，它将基体与增强体结合成一个整体，在具有Ⅲ类界面的金属基复合材料中，基体和增强体主要靠生成的化合物结合在一起。为了有效地传递载荷，要求整个界面连续、结合牢固，即所谓力学连续性；为了能有效地阻断裂纹，又要求界面不连续、结合适度，即所谓物理化学不连续性。界面的结合状态和结合强度常常用化合物的数量，即化合物层的厚度来表示。化合物量过少，界面结合太差，它将不能有效传递载荷，因而不能充分发挥增强体的作用；化合物太多，界面结合过强，将改变复合材料的破坏机制。两种情况下都不能得到性能

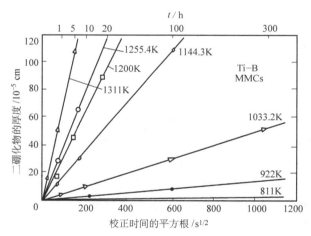

图 6-7　Ti-B 复合材料的动力学曲线

良好的金属基复合材料。为了兼顾有效传递载荷和阻止裂纹两个方面，必须要有最佳的界面结合状态和强度，即最佳的化合物层厚度，也称临界厚度或极限厚度。对于纤维增强复合材料，它的计算式为

$$\delta_1^* = \left[\left(\frac{d_f}{2}\right)^2 + \delta_1(d_f + \delta_1)\left(\frac{E_f\overline{\sigma}_{ul}}{E_1\overline{\sigma}_{uf}}\right)^{\beta_i}\right]^{1/2} - d_f/2$$

或

$$\delta_1^* = \frac{d_f}{2}\left[\sqrt{1+\left(\frac{E_f \overline{\sigma}_{ul}^n}{E_1 \overline{\sigma}_{uf}}\right)^{\beta_i}}-1\right] \tag{6-15}$$

式中，δ_1^* 为化合物层的临界厚度；δ_1 为已知平均强度 $\overline{\sigma}_{ul}$ 的化合物层的厚度；d_f 为纤维直径；$\overline{\sigma}_{uf}$ 和 $\overline{\sigma}_{ul}$ 分别为纤维及化合物层的平均抗拉强度；E_f、E_1 分别为纤维和化合物层的弹性模量。β_i 为化合物层的 Weibull 系数，表示化合物层中的强度分布，通常为 3、4、5、6；$\overline{\sigma}_{ul}^n$ 为化合物层归一化了的平均抗拉强度，即截面面积等于纤维截面面积的化合物层的平均抗拉强度，它可按下式计算化合物层的截面面积 A：

$$\overline{\sigma}_{L1}/\overline{\sigma}_{L2} = (A_{L2}/A_{L1})^{1/\beta_i} \tag{6-16}$$

由式 (6-16) 可以看到，δ_1^* 随 d_f 及 $E_f \overline{\sigma}_{ul}^n/(E_1 \overline{\sigma}_{uf})$ 的增大而增大，当 $E_f \overline{\sigma}_{ul}^n/(E_1 \overline{\sigma}_{uf})=1$ 时，$\delta_1^* = 0.2 d_f$。若干纤维及其化合物层的临界厚度见表 6-3。

鉴于具有Ⅲ类界面复合材料的热力学不相容性，为使其能够实用，必须改善基体和增强体的动力学相容性，即设置它们之间发生化学反应的障碍，降低反应速度或反应产物的生长速度，使在复合材料制备及随后的服役过程中化合物的厚度小于临界厚度。设置动力学障碍或扩散阻挡层的有效办法包括增强体（主要是纤维）的表面涂覆处理，以及基体中添加合金元素或者采用强化的工艺方法减少基体与增强体在高温下接触的时间，从而控制化合物的厚度低于临界值。

3. 典型金属基复合材料体系的动力学特点

设置动力学障碍包括两个方面：提高反应扩散的激活能；降低扩散系数（反应速度常数）。以往绝大多数研究工作并没有就这两方面单独进行，都是统一考虑，而且由于各复合材料体系中的动力学行为千变万化，不同的研究者都针对具体的体系进行研究。

（1）Al-C 系 前面已经指出，根据碳纤维的结构及基体的成分，两者发生明显作用的温度为 400~500℃。纤维的石墨化程度高，作用温度也高，未经石墨化处理的纤维则在较低温度下开始与基体发生明显作用。图 6-8 所示为纤维种类、温度与生成的反应产物 Al_4C_3 之间的关系。现有的 Al-C 复合材料所有制备方法的工作温度都在 500℃以上，不论哪类纤维与基体的反应都不可避免。

表 6-3 若干纤维及其化合物层的临界厚度

纤维/化合物层 （沉积）	纤维		化合物层（沉积）		β_i	$\delta_1^*/\mu m$
	E_f/GPa	σ_{uf}/GPa	E_1/GPa	$\overline{\sigma}_{ul}^n/GPa$		
B/SiC	380	3.5	470	2.3	3	3.62
					4	1.90
					5	1.04
					6	0.51
B/B$_4$C	380	3.5	470	2.3	3	3.62
					4	1.90
					5	1.04
					6	0.51

（续）

纤维/化合物层 （沉积）	纤维		化合物层（沉积）		β_i	$\delta_1^* / \mu m$
	E_f / GPa	σ_{uf} / GPa	E_1 / GPa	$\overline{\sigma}_{ul}^n / GPa$		
B/BN	380	3.5	90	1.4	3	70.6
					4	101.13
					5	111.97
					6	196.0
B/TiB$_2$	380	3.5	510	1.0	3	0.24
					4	0.05
					5	0.011
					6	0.002
B/AlB$_2$	380	3.5	430	0.7	3	0.145
					4	0.030
					5	0.005
					6	0.008

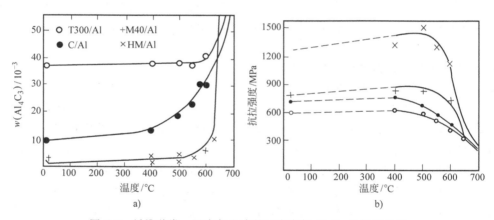

图 6-8　纤维种类、温度与生成的反应产物 Al$_4$C$_3$ 之间的关系

a）复合丝中 Al$_4$C$_3$ 的质量分数与温度的关系　b）复合丝抗拉强度和温度的关系

在碳纤维上涂覆金属，特别是与碳容易生成碳化物的金属，能起一定的扩散阻挡层作用，例如 Ti、Nb、Ta、Hf、Zr 等。这些金属的密度都很大，并且为了比较有效地起动力学阻碍作用，涂层必须有一定的厚度。

20 世纪 70 年代发展了以 BCl$_3$ 和 TiCl$_4$ 为原料，用化学气相沉积法在碳纤维上涂覆 TiB$_2$ 的技术，并在此基础上建立了有一定产量的半工业性车间。后来发现，用此法处理的碳纤维尽管与多种液态金属有很好的润湿性，但由于没有生成致密的 TiB$_2$ 层，因此不能起扩散阻挡层作用。用此法制得的是复合丝或宽度不大的无纬带，由于整体与纤维在高温的接触时间短，生成的化合物量不多但性能不低，然而在进一步加工成零件时，复合材料的性能将明显降低。

用化学气相沉积法在碳纤维上涂碳化物涂层（如 SiC、TiC、NbC、TaC、HfC 等）及氮化物涂层（如 TiN）均能起扩散阻挡层的作用，其中以 SiC 的效果最好，TiN 次之。如果在涂覆这些化合物前先在碳纤维上沉积一层热解碳，则由于碳层能在纤维及化合物涂层之间起缓冲作用，因而效果更好。图 6-9 所示为各种涂层的效果，这些化合物涂层虽然能对碳纤维起保护作用，但不能被液态铝润湿。为了改善润湿性能，必须对涂覆化合物层后的碳纤维进行二次涂覆处理。例如在 SiC 层外面再涂金属 Cr 层，可以得到很好的效果。

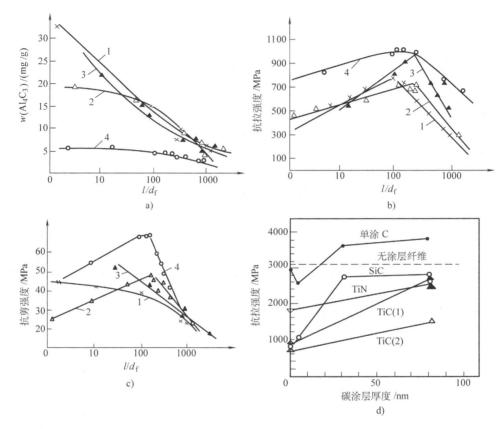

图 6-9　碳纤维上的不同涂层对碳纤维及 C/Al 复合材料性能的影响

a）复合材料中 Al_4C_3 的质量分数　b）C/Al 复合材料的抗拉强度

c）抗剪强度　d）各种涂层对碳纤维性能的影响

1—纤维原涂层　2—纤维涂 Cr　3—纤维涂 SiC　4—纤维涂 SiC+Cr

在碳纤维上用气相沉积法涂热解碳层也能改善其与铝基体的相容性。所有的碳纤维都是一束多丝，即一束纤维中有数千甚至上万根单丝，在这样形态的纤维上进行表面涂覆是一个比较复杂和成本昂贵的过程。

与碳纤维表面涂覆相比，在基体中添加合金元素是比较简单和廉价的改善动力学相容性的方法；原则上向基体中加入能与碳生成碳化物的元素都能改善动力学相容性，因为纤维表面上生成的碳化物都是有效的扩散阻挡层，这些元素有 Cr、Ce、V、Nb、Si、Mo、Fe、Ta、Ti、W、Hf、Co、Mn 等。合金元素的添加量决定于添加这种元素后铝合金的熔点，以及使碳化物层覆盖所有纤维的表面积，但厚度又不能过大。因此，元素的加入量必须严格控制。加入过量的元素会使合金熔点升高，在纤维上形成过厚的化合物层，这都将严重影响复合材料的力学性能。另外，元素向界面附近的基体中富集也能起到一定的反应动力学阻碍作用。

对现有的工程合金的研究表明，几种含铜的铝合金的界面反应都较其他合金严重，因此以它们为基体的复合材料性能也差，且铜含量越高，性能越差。像 7A04、2A14、2A12 这些铝合金都不宜作为 Al-C 复合材料的基体。铜主要在界面上以 CuAl$_2$ 的形态析出，严重时穿过相邻两纤维之间的基体将纤维桥接，CuAl$_2$ 的析出改变了界面状态，也改变了复合材料的性能。CuAl$_2$ 的析出量越多，性能越差。现有合金中高的硅含量可以保护纤维，降低其与基体的作用。

为了分析一些合金元素对 Al-C 系界面反应动力学的影响及影响机理，配制了若干种二元铝合金。以含铜量高的 Al-Cu 二元合金为基体的复合材料的宏观性能测试及微观组织结构分析都证实了选择该种基体合金对界面相容性的恶化作用。以含铜量低的铝基复合材料进行研究时发现，铜的加入一方面提高了反应的激活能（与纯铝基体相比），另一方面也增大了速度常数。按照动力学方程，激活能越大，界面反应进行得越慢；速度常数越大，界面反应进行得越快，这两个矛盾因素共同作用的结果使 Al-Cu/Gr 的界面反应速度小于 Al/Gr 的，即铜的加入，在其含量低时，对改善动力学相容性有利。

铝基体中加入一定数量的 Ti（<1%，质量分数），从宏观上既能适当提高（与纯铝基体相比）复合材料的室温抗拉强度，又能使性能发生显著下降的温度范围得到提升，即增加复合材料在高温时的强度保持率（见图 6-10）。从动力学上，Ti 的加入增大了界面反应的激活能，降低了速度常数，使界面反应显著减慢。微观分析指出，基体中的钛向界面富集，在界面上发现了 TiC 和 TiO$_2$ 两种化合物，它们能保护纤维不与基体发生相互作用。

Ce 和 Zr 的加入可以提高复合材料力学性能的高温强度保持率，间接地说明了这两种元素在一定程度上能够减慢界面反应。

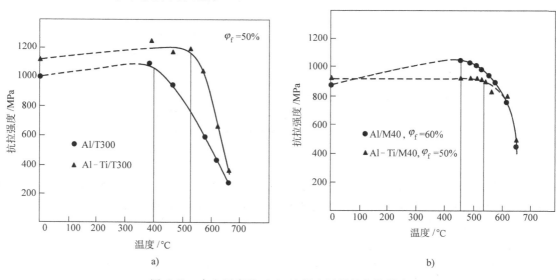

图 6-10　合金元素钛对 C/Al 复合材料性能的影响
a）T300 碳纤维　b）M40 石墨纤维

（2）Al-B 系　如前所述，Al 与 B 在热力学不相容，根据基体的成分不同，反应产物为

AlB_2 或 AlB_{12}。但 Al-B 复合材料是最早研究成功和正式使用的金属基复合材料。减慢 Al-B 的反应速度、减少硼化物生成量的有力措施是在硼纤维上涂覆扩散阻挡层。SiC、B_4C 和 BN 是三种有效的化合物涂层，它们可用化学气相沉积法得到。硼纤维与碳纤维不同，其单丝直径较粗（$95\sim150\mu m$），对这种纤维进行表面涂覆处理比碳纤维容易得多。

Al-B 复合材料可用等离子喷涂和热压法制造，先用等离子喷涂法得到 Al-B 无纬带，此时纤维与基体在高温接触的时间极短。无纬带则用热压法制成需要的零件，热压时的温度较低，基体处于固态，基体和纤维上的氧化膜只有部分受到破坏，未受破坏的氧化膜对于硼纤维是有效的保护层。因此，即使硼纤维不进行涂覆处理，用固态法制造复合材料时，也不必担心生成太多的反应产物而严重影响材料的性能。

向基体中加入能与硼生成硼化物的元素（如 Ti、Zr 和 Hf），可以减慢 Al 与 B 的反应速度，因为在纤维表面上生成的硼化物本身就是扩散阻挡层。表 6-4 中给出了合金元素对 Al-B 系中反应速度的影响（通过反应层的相对厚度来反映），由表可知，Hf 是最有效的；但向基体中添加合金元素来减慢反应速度的方法在实际中并未得到应用。

表 6-4　合金元素对 Al-B 系中反应速度的影响

温度 /℃	热暴露时间 /min	反应层的相对厚度/μm			
		Al	Al-Ti	Al-Zr	Al-Hf
750	45	1	0.92	0.79	0.71
750	90	1	0.93	0.79	0.71
800	45	1	0.85	0.74	0.67
800	90	1	0.81	0.72	0.63
850	45	1	0.79	0.58	0.50
850	90	1	0.79	0.57	0.50

注：Al-B 复合材料经热暴露处理的结果。

（3）Ti-B 系　Ti-B 系是到目前为止在理论上研究得比较早和比较系统的金属基复合材料体系之一。Ti 与 B 在热力学上不相容，生成 TiB_2 和 TiB 两种化合物，以 TiB_2 为主。Ti-B 是典型的具有第Ⅲ类界面的复合材料，随着温度的升高和时间的延长，反应产物的量不断增加。为了减慢反应速度，在基体中添加合金元素和纤维表面涂覆处理两方面都进行了大量工作。

合金元素对反应速度的影响可用比速度常数 S_E 来衡量，即

$$S_E = \frac{钛合金的速度常数 - 纯钛的速度常数}{合金元素的质量分数} \tag{6-17}$$

如果 S_E 为负值，则说明添加该元素可以减慢反应速度。纯钛和二元钛合金与 B 的反应速度常数 K 及比速度常数 S_E 见表 6-5。

从表 6-5 中可以看出，合金元素对 Ti-B 系反应动力学的影响大致可以分为三种类型。第一类对反应速度无影响（即 $S_E = 0$），如 Si 等，它们不起阻挡反应层的作用。第二类能降低反应速度，而且随其含量增加，反应速度呈线性下降，如 Ge、Cu 等，它们与 B 不起反应，是一种稀释剂，能降低 Ti 的有效浓度。第三类为在一定含量范围内对反应速度有明显降低作用的元素，如 Mo、V 等。合金元素对 Ti-B 系反应速度常数的影响如图 6-11 所示，由图 6-11 和表 6-5 中可以看到，合金元素中 V 的作用最特殊，即在曲线上有一最小值。

表 6-5　760℃时纯钛和二元钛合金与 B 的 K 及 S_E

基　体	$K/[10^{-7}L/(mol \cdot s)]$	$S_E/10^{-7}(cm/s^{1/2})$
Ti	5.2	—
Ti-0.5Si	5.2	0
Ti-20SiC	5.3	0
Ti-2Ge	5.1	−0.05
Ti-10Cu	4.7	−0.05
Ti-10Al	3.8	−0.14
Ti-30Mo	1.8	−0.10
Ti-17V	2.0	−0.19
Ti-22V	1.3	−0.18
Ti-30V	0.6	−0.15
Ti-70V	0.9	—
V	2.5	—

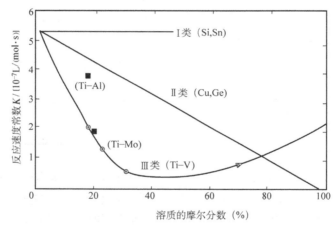

图 6-11　合金元素对 Ti-B 系反应速度常数的影响

Ti、Mo、Hf 的二硼化物是亚化学计量的，即化学式中 B 原子的数量不足 2。对于 Ti 来说，$TiB_{1.95} \sim TiB_{1.98}$ 的区域最大，温度降低此区域缩小，不足的 B 形成空穴，B 的扩散首先将利用这些空穴进行。Mo 和 Hf 的二硼化物中的 B 原子数略多于 Ti 的二硼化物中的 B 原子数，即它们更接近化学式 MeB_2。因此，Mo 和 Hf 的加入将减少空穴的数量，使反应速度常数降低。V 的二硼化物既可是超化学计量的，也可是亚化学计量的，如果加入到亚化学计量的化合物中，它将是超化学计量的，或反之。在亚化学计量的 Ti 的二硼化物中加 V，将使其中的空穴减少，反应速度常数必将降低。当其加入量超过一定数值后，又将显示亚化学计量化合物的特性，此时空穴增加，反应速度也将增大。因此，合金元素 V 对 Ti-B 系反应速度常数的影响表示为图 6-11 中所示的曲线。

在硼纤维上涂覆扩散阻挡层（如 SiC、B_4C、BN），也能减慢反应速度。其中 B_4C 的结构与 B 的结构非常接近，因此效果最好，760℃时涂 B_4C 的硼纤维和未经涂覆的硼纤维与 Ti

的反应层生长速度之比为 1:5。SiC 的阻挡层效果比 B_4C 差，SiC 与 Ti 在热力学上不相容，SiC 只起着牺牲层的作用，760℃时涂 SiC 的硼纤维与涂 B_4C 的硼纤维和 Ti 基体的反应层的生长速度之比为 3:1。随着温度的升高，两种阻挡层的效率都将降低。

（4）Al-SiC 系　相对而言，由于反应 $3SiC + 4Al \rightarrow Al_4C_3 + 3Si$ 的标准自由能变化是个不大的负值（$\approx -15kJ/mol$），因此 Al-SiC 系是比较稳定的，低于 620℃时实际上两者不作用。SiC 纤维增强铝基复合材料的制造温度或者低于基体的熔点，或者虽然温度较高，但接触时间较短，因此通常不必担心生成过量有害化合物而严重损害复合材料的性能。但 SiC 颗粒增强铝基复合材料多在液态下制备，且接触时间也相对较长，有时还需考虑二次加工，SiC 颗粒与铝基体的相互作用便不可忽略。SiC 与 Al 的反应动力学可用下式表示，即

$$a = b + 571.06\exp(-5308.6/T)\exp\{-28.2/[t(T-902.9)]\} \tag{6-18}$$

式中，a 为材料中 Si 的质量分数；b 为基体中原有的 Si 质量分数；t 为时间。严格控制温度及向基体中添加 Si 都可减少反应产物的量。

（5）Al-Fe 系　Al-Fe 系中的主要反应产物为 Fe_2Al_5，向基体中加合金元素 Si、Mg、Cu、C 及在钢丝上涂 Cr 都能减慢 Fe_2Al_5 的生长速度。

（6）Ni-W 系　Ni-W 系中虽然生成成分不固定（W 的摩尔分数 = 17.6% ~ 20.0%）、高温不稳定（分解温度为 971℃）的化合物 Ni_4W，但此系中的主要问题是 W 在 Ni 中的溶解（最高质量分数可达 40%）及 W 在高温时的再结晶。

除了向 Ni 中加 W（理想的加入量是该温度下 W 在 Ni 中的溶解度）防止 W 丝的溶解外，加 Cu、Mn、Fe、Mo 也能降低 W 在 Ni 中的溶解度。Ni 中加合金元素 Cr、Al、Ti 可以减慢扩散层的生长速度。向 W 中添加 Cu、Al、Mn 等元素可以抑制 W 在高温时的再结晶，其中 Al 的效果最好。钨丝上涂氮化物涂层（如 TiN），也是防止其溶解、提高与基体的相容性的有效途径。

6.2.4　界面的稳定性

金属基复合材料的主要特点在于它比树脂基复合材料能在更高的温度下使用，因此对金属基复合材料的界面要求在允许的高温条件下，长时间保持稳定。如果某一种复合材料及其半成品的原始性能很好，但在较高温度下使用或在进一步加工过程中由于界面发生变化而使性能下降，则这种复合材料没有实际使用价值。金属基复合材料的界面不稳定因素有两类：物理不稳定和化学不稳定。

1. 物理不稳定因素

物理不稳定因素主要表现为基体与增强体之间高温条件下发生溶解以及溶解与再析出现象。发生溶解的典型例子是钨丝增强镍基复合材料。钨在镍中有很大的固溶度，尽管在制造时可以采取快速浸渗和快速凝固的办法来防止溶解，但这种复合材料用于制作高温下工作的零部件（如涡轮叶片），工作温度在 1000℃以上，如不采取有力措施，将产生严重后果。例如在 1100℃左右使用 50h，0.25mm 直径的钨丝只剩下 60%。溶解现象也不一定造成坏的结果，例如在钨铼合金丝增强铌合金基复合材料中，钨也会溶入铌合金中，但由于形成很强的钨铌合金会对钨丝的损失起补偿作用，结果强度能基本保持恒定或者略有提高。

在界面上的溶解再析出过程可使增强体的聚集态形貌和结构发生变化，对性能产生极大

影响。金属基复合材料中最典型的例子是碳纤维增强镍基复合材料。原先人们以为，Ni-C系中不生成化合物，它们在化学上应是相容的，因此将它作为一种有前景的、能在高温下应用的复合材料进行研究。但很快就发现，这种体系在 800℃ 以上时碳会先溶入镍，而后又析出，析出的碳都变成了石墨结构，同时由于碳变成石墨结构在其内留下了空隙，给镍提供了渗入碳纤维扩散聚集的地方，结果使碳纤维的强度严重降低。温度越高，时间越长，碳纤维的强度损失越大。图 6-12 所示为 Ni-C 复合材料经热处理后的微观形貌和碳纤维局部 X 射线衍射结果。

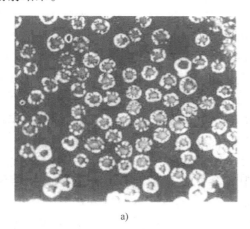
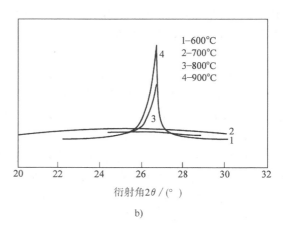

a)   b)

图 6-12　Ni-C 复合材料经热处理后的微观形貌和碳纤维局部 X 射线衍射结果
a）微观形貌　b）碳纤维局部 X 射线衍射结果

2. 化学不稳定因素

化学不稳定因素主要是复合材料在制造、加工和使用过程中发生的界面化学作用，它包括界面反应、交换反应和暂稳态界面的变化几种现象。

发生界面反应时，生成化合物，绝大多数化合物相比于几种金属基复合材料常用的增强体更脆，在外载荷作用下首先在化合物中产生裂纹，当化合物超过一定厚度后，复合材料的性能将因此而降低。此外，化合物的生成也可能对增强体本身的性能有所影响，因此这是一种十分有害的因素，务必设法消除或抑制。基体与增强体的化学反应可能发生在化合物-增强体之间的接触面上，即增强体一侧；也可能发生在基体-化合物之间的接触面上，即基体一侧；也可能在两个接触面上同时发生。在研究比较多的几种复合材料中以发生在基体一侧比较多见。

交换反应不稳定因素主要发生在当基体为含有两种或两种以上元素的合金时，过程可分为两步：第一步为增强体与合金生成化合物，此化合物中暂时包了合金中的所有元素；第二步为根据热力学规律，增强体元素总是优先与合金中的某一元素起反应，因此原先生成的化合物中的其他元素将与邻近基体合金中的这一元素起交换反应，直至达到平衡。交换反应的结果是最易与增强体元素起反应的合金元素将富集在界面层中，而不易或不能与增强体反应的基体合金元素将在邻近界面的基体中富集。有人认为，基体中不形成化合物的元素向基体中的扩散事实上控制着整个过程的速度，因此，可以选择适当的基体成分来降低交换反应的速度；部分钛合金-硼复合材料中存在这种不稳定因素。应该指出，交换反应的不稳定因素不一定有害，有时还有益。如钛合金-硼复合材料，正是那些不易和不能与 B 生成化合物的元素在界面附近的富集，提供了 B 向基体扩散的额外阻挡层，因此减慢了反应速度。

暂稳态界面的变化发生在具有准 I 类界面的复合材料中，发生变化的主要原因是原先的氧化膜由于机械作用、球化、溶解等受到破坏，逐步向 II 类界面转变，这当然也是很危险的。保持氧化膜的不破坏是消除这类不稳定因素的最有效办法。

通过上面的分析可以清楚地看到，为了得到性能良好的复合材料，必须有一个合适的界面。对于一些复合材料，应将基体与增强体之间的溶解和相互作用控制在一定的范围；对于另一些复合材料，则应改善基体与增强体的润湿性和结合强度。

6.2.5　界面结构及界面反应

界面微区结构和特性对金属基复合材料的各种宏观性能起着关键作用。清晰地认识界面微区、微结构、界面相组成、界面反应生成相、界面微区的元素分布、界面结构和基体相、增强体相结构的关系等，无疑对指导制备和应用金属基复合材料有重要意义。

国内外学者利用高分辨率电镜、分析电镜、能量损失谱仪、光电子能谱仪等现代材料分析手段，对金属基复合材料界面微结构表征进行了大量的研究工作。对一些重要的复合材料，如碳（石墨）/铝、碳（石墨）/镁、硼/铝、碳化硅/钛、钨/铜、钨/超合金等金属基复合材料的界面结构进行了深入研究，并已取得了重要进展。这些复合材料的界面微结构，界面结构与组分、制备工艺的关系已基本清楚。

1. 有界面反应产物的界面微结构

多数金属基复合材料在制备过程中发生不同程度的界面反应。轻微的界面反应能有效地改善金属基体与增强体的浸润和结合，是有利的；严重界面反应将造成增强体的损伤和形成脆性界面相等，十分有害。界面反应通常在局部区域中发生，形成粒状、棒状、片状的反应产物，而不是同时在增强体和基体相接触的界面上产生层状物。只有严重的界面反应才可能形成界面反应层。

碳（石墨）/铝基复合材料是研究发展最早、性能优异的复合材料之一。碳（石墨）纤维的密度小（$1.8 \sim 2.1 \mathrm{g/cm^3}$），强度高（$3500 \sim 7000 \mathrm{MPa}$），模量高（$250 \sim 910 \mathrm{GPa}$），导热性好，线胀系数接近于零。用它来增强铝、镁组成的复合材料，综合性能优异。但是碳（石墨）纤维与铝基体在 500℃ 以上会发生界面反应，因此有效地控制界面反应十分重要。碳/铝复合材料典型界面微结构如图 6-13 所示。当制备工艺参数控制合适时，界面反应轻微，界面形成少量细小的 Al_4C_3 反应物，如图 6-13a 所示。制备时温度过高、冷却速度过慢将发生严重的界面反应，形成大量条块状 Al_4C_3 反应产物，如图 6-13b 所示。

碳（石墨）/铝、碳（石墨）/镁、氧化铝/镁、硼/铝、碳化硅/铝、碳化硅/钛、硼酸铝/铝等一些主要类型的金属基复合材料，都存在界面反应的问题。它们的界面结构中一般都有界面反应产物。

2. 有元素偏聚和析出相的界面微结构

金属基复合材料的基体常选用金属合金，很少选用纯金属。基体合金中含有各种合金元素，用以强化基体合金。有些合金元素能与基体金属生成金属间化合物相，如铝合金中加入铜、镁、锌等元素会生成细小的 Al_2Cu、Al_2CuMg、Al_2MgZn 等时效强化相。由于增强体表面的吸附作用，基体金属中合金元素在增强体的表面富集，为在界面区生成析出相创造了有

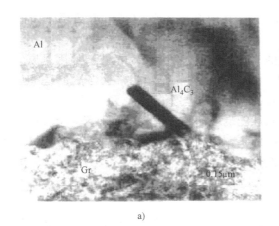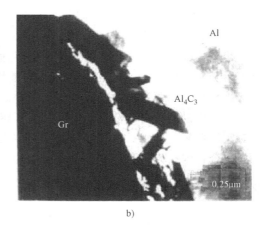

a)   b)

图 6-13 碳/铝复合材料典型界面微结构

a）快速冷却（23℃/min） b）慢速冷却（6.5℃/min）

利条件。在碳纤维增强铝或镁复合材料中均可发现界面上有 Al_2Cu 或 $Mg_{17}Al_{12}$ 化合物析出相存在。图 6-14 所示为碳/铝（含镁）复合材料界面析出物形貌，可清晰地看到界面上条状和块状的 $Mg_{17}Al_{12}$ 析出相。

3. 增强体与基体直接进行原子结合的界面结构

由于金属基复合材料组成体系和制备方法的特点，多数金属基复合材料的界面结构比较复杂，存在不同类型的界面结构，即界面不同的区域存在增强体与基体直接原子结合的清洁、平直界面结构，有界面反应产物的界面结构，以及有析出物的界面结构等。只有少数金属基复合材料（主要是自生增强体金属基复合材料）才有完全无反应产物或析出相的界面结构。图 6-15 所示为 $TiB_2/NiAl$ 原位复合材料的界面高分辨率电子显微镜图（HRTEM），可以看出 TiB_2 与 NiAl 的界面平直，无中间相存在。在大多数金属基复合材料中既存在大量的直接原子结合的界面结构，又存在反应产物等其他类型的界面结构。

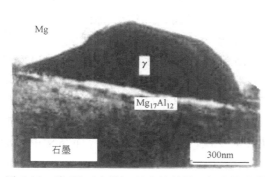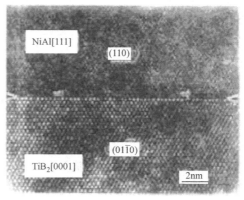

图 6-14 碳/铝（含镁）复合材料界面析出物形貌   图 6-15 $TiB_2/NiAl$ 原位复合材料 HRTEM

4. 其他类型的界面结构

金属基复合材料基体合金中不同合金元素在高温制备过程中会发生元素的扩散、吸附、和偏聚，在界面微区形成合金元素浓度梯度层。元素浓度梯度的厚度、浓度梯度的大小与元素的性质、加热过程的温度和时间有密切关系。如用电子能量耗损谱测定经加热处理的碳化钛颗粒增强钛合金基复合材料中的碳化钛颗粒表面，发现存在明显的碳浓度梯度。碳浓度梯度层的厚度与加热温度有关。经 800℃ 加热 1h，碳化钛颗粒中碳浓度从 50% 降到 38%，其梯度层的厚度约为 1000nm；而经 1000℃ 加热 1h，其梯度层厚度为 1500nm。

金属基体与增强体的强度、模量、热膨胀系数有差别，在高温冷却时还会产生热应力，在界面区产生大量位错。位错密度与金属基复合材料体系及增强体的形状有密切关系，如图 6-16 所示。

由于金属基复合材料体系和制备过程的特点，有时同时存在反应结合、物理结合、扩散结合的界面结构，对界面微结构起决定作用，并对宏观性能有明显影响。

5. 金属基复合材料的界面反应

如前所述，金属基复合材料制备过程中会发生不同程度的界面反应，形成复杂的界面结构。这是金属基复合材料研制、应用和发展的重要障碍，也是金属基复合材料所特有的问题。金属基复合材料的制备方法有液态金属压力浸渗、液态金属挤压铸造、液态金属搅拌、真空吸铸等液态法，还有热等静压、高温热压、粉末冶金等固态法。这些方法均需在超过金属熔点或接近熔点的高温下进行，因此基体合金和增强体不可避免地发生不同程度的界面反应及元素扩散作用。界面反应和反应的程度决定了界面结构和特性，主要行为有：

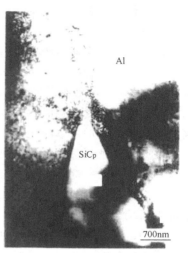

图 6-16　碳化硅颗粒增强铝基复合
材料界面处的高密度位错区

（1）增强了金属基体与增强体界面结合强度　界面结合强度随界面反应强弱的程度而改变，强界面反应将造成强界面结合。同时界面结合强度对复合材料内残余应力、应力分布、断裂过程均产生极重要的影响，直接影响复合材料的性能。

（2）产生脆性的界面反应产物　界面反应结果一般形成脆性金属化合物，如 Al_4C_3、AlB_2、AlB_{12}、$MgAl_2O_4$ 等。界面反应产物在增强体表面上呈块状、棒状、针状、片状，严重反应时则在纤维颗粒等增强体表面形成围绕纤维的脆性层。

（3）造成增强体损伤和改变基体成分　图 6-17 所示为严重的界面反应后高性能石墨纤维被侵蚀的表面形貌；同时反应还可能改变基体的成分，如碳化硅与铝液反应使铝合金中的硅含量明显升高。

除界面反应外，在高温和冷却过程中界面区还可能发生元素偏聚和形成析出相，如在界面区析出 $CuAl_2$、$Mg_{17}Al_{12}$ 等新相。所析出的脆性相有时将相邻的增强体连接在一起，形成脆性连接，导致脆性断裂。

综上所述，可以将界面反应程度分为三类：

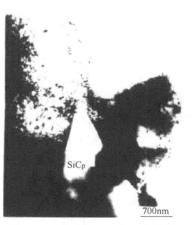

图 6-17　严重界面反应后高性能
石墨纤维被侵蚀的表面形貌

第一类为弱界面反应。它有利于金属基体与增强体的浸润、复合和形成最佳界面结合。由于这类界面反应轻微，所以无纤维等增强体损伤并无性能下降，无大量界面反应产物。界面结合强度适中，能有效传递载荷和阻止裂纹向纤维内部扩散。界面能起到调节复合材料内部应力分布的重要作用，因此希望发生这类界面反应。

第二类为中等程度界面反应。它会产生界面反应产物，但没有损伤纤维等增强体的作用，同时增强体性能无明显下降，而界面结合明显增加。由于界面结合较强，在载荷作用下不发生因界面脱粘使裂纹向纤维内部扩展而出现的脆性破坏。界面反应的结果会造成纤维增强金属的低应力破坏。应控制制备过程的工艺参数，避免这类界面反应发生。

第三类为强界面反应。有大量界面反应产物，形成聚集的脆性相和界面反应产物脆性层，造成纤维等增强体严重损伤，强度下降，同时形成强界面结合。复合材料的性能急剧下降，甚至低于没有增强的金属基体的性能。这种工艺方法不可能制成有用的金属基复合材料零件。

界面反应程度主要取决于金属基复合材料组分的性质、工艺方法和参数。随着温度的升高，金属基体和增强体的化学活性均迅速增大。温度越高和停留时间越长，反应的可能性越大，反应程度越严重。因此在制备过程中，严格控制制备温度和高温下的停留时间是制备高性能复合材料的关键。

由以上分析可知，制备高性能金属基复合材料时，界面反应程度必须合理控制以形成合适的界面结合强度。

一些学者在计算界面层对力学性能的影响时，提出了不同界面反应层厚度对金属基复合材料强度的影响。实际上界面反应往往发生在局部区域，反应产物分布在增强体表面，将明显提高界面的结合强度，并足以使复合材料发生脆性破坏。所以用反应层厚度并不能说明力学性能的情况。

6.2.6 界面对性能的影响

在金属基复合材料中，界面结构和性能是影响基体和增强体性能充分发挥、形成最佳综合性能的关键因素。

不同类型和用途的金属基复合材料界面的作用和最佳界面结构性能有很大差别。如连续纤维增强金属基复合材料和非连续增强金属基复合材料的最佳界面结合强度就有很大差别。

对于连续纤维增强金属基复合材料，增强纤维均具有很高的强度和模量。纤维强度比基体合金强度要几倍甚至一个量级，纤维是主要承载体。因此要求界面能起到有效传递载荷、调节复合材料内的应力分布、阻止裂纹扩展、充分发挥增强纤维性能的作用，使复合材料具有最好的综合性能。界面结构和性能要具备以上要求，界面结合强度必须适中，过弱不能有效传递载荷，过强会引起脆性断裂，纤维作用不能发挥。图6-18是纤维增强复合材料的断裂模型。当复合材料中某一根纤维发生断裂产生的裂纹到达相邻纤维的表面时，裂纹尖端的应力作用在界面上。如果界面结合适中，则纤维和基体在界面处脱粘，裂纹沿界面发展，钝化了裂纹尖端；当主裂纹越过纤维继续向前扩展时，纤维出现"桥接"现象，如图6-18a所示。当界面结合很强时，界面处不发生脱粘，裂纹继续发展穿过纤维，造成脆断，如图6-18b所示。颗粒、晶须等非连续增强金属基复合材料，基体是主要承载体，增强体的分布基本上是随机的，因此就要求有足够强的界面结合，以发挥增强效果。

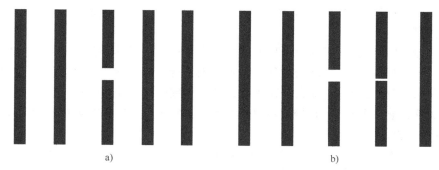

图 6-18　纤维增强复合材料的断裂模型

a) 纤维"桥接"示意　b) 裂纹穿过纤维，造成脆断示意

1. 连续纤维增强金属基复合材料的低应力破坏

大量研究发现，连续纤维增强金属基复合材料存在低应力破坏现象，即在制备过程中纤维没有受损伤，纤维强度没有变化，但复合材料的抗拉强度远低于理论计算值，纤维的性能和增强作用没有充分发挥。例如，碳纤维增强铝基复合材料，在纤维没有受损伤并保持原有强度的情况下，抗拉强度下降 26%。

导致低应力破坏的主要原因是，500℃加热处理所发生的界面反应使铝基体界面结合增强，强界面结合使界面失去调节应力分布、阻止裂纹扩展的作用；裂纹尖端的应力使纤维断裂，造成脆性断裂。解决的办法是：通过适当冷热循环处理来松弛和改善界面结合，可改善低应力破坏现象。M40/6A02 复合材料经冷热循环处理以后，由于碳纤维与铝基体的热膨胀系数相差较大，在循环过程中界面处产生热应力交变变化，松弛和改善了界面结合。经 10 次热循环以后，减弱了强的界面结合，使材料抗拉强度比循环处理前提高了 25%～40%，比较充分地发挥了纤维的增强作用，使实测抗拉强度接近混合律估计值，证明了界面结合强度对断裂过程的影响。

导致低应力破坏的另一个重要原因是纤维在基体中分布不均匀，特别是某些纤维相互接触，使复合材料内部应力分布不均匀。当纤维接触时，在拉伸状态中特别容易造成应力集中。一根纤维断裂，会使相互接触的纤维发生连锁状断裂，裂纹迅速扩展并导致断裂，造成复合材料低应力破坏。

纤维与基体之间存在脆性界面相也是复合材料低应力破坏的原因之一。一般在受载时，界面反应形成的脆性化合物和合金中析出的金属间化合物首先断裂形成裂纹流，或在增强体之间形成脆性连接，引起低应力破坏。

2. 界面对金属基复合材料力学性能的影响

界面结合强度对复合材料的弯曲、拉伸、冲击和疲劳等性能有明显影响，以碳纤维增强铝基复合材料为例，界面结合适中的 C/Al 复合材料的弯曲压缩载荷高，是弱界面结合的 2～3 倍，材料的抗弯刚度也大大提高。

弯曲破坏分为材料下层的拉伸破坏区和上层的压缩破坏区。在拉伸破坏区内出现基体和纤维之间脱粘以及纤维轻微拔出现象；在压缩区具有明显的纤维受压崩断现象。可见界面结合适中，纤维不但发挥了拉伸增强作用，还充分发挥了抗压强度和刚度增强的作用。出于纤维的抗压强度和刚度比抗拉强度和刚度更大，因此对提高弯曲性能更为有利。强界面结合的复合材料弯曲性能最差，受载状态下在边缘处一旦产生裂纹，便迅速穿过界面扩展，造成材料脆性弯曲破坏。

界面结合强度对复合材料的冲击性能影响较大。纤维从基体中拔出，与基体脱粘后，不同位移造成的相对摩擦会吸收冲击能量，并且界面结合还影响纤维和基体的变形能力。

试验发现，三种复合材料的典型冲击载荷-时间关系曲线如图 6-19 所示。

1）弱界面结合的复合材料虽然具有较大的冲击能量，但其冲击载荷值比较低，刚性很差，整体抗冲击性能差。

2）适中界面结合的复合材料，冲击能量和最大冲击载荷都比较大。冲击具有韧性破坏特征，界面既能有效传递载荷，使纤维充分发挥高强度、高模量性能，提高抗冲击能力，又能使纤维和基体脱粘，使纤维大量拔出和相互摩擦，提高塑性能量吸收。

3）强界面结合复合材料明显呈脆性破坏特征，抗冲击性能差。

界面区存在脆性析出相对复合材料的性能也有明显影响。铝合金是金属基复合材料常用的基体合金，而铝合金中的时效强化相在复合材料制备中于界面处析出，甚至在两根纤维之间析出，形成连接两根纤维的脆性相，更易使复合材料发生脆性断裂。如高强度铝合金中的 $CuAl_2$ 相在界面区形成就十分有害。

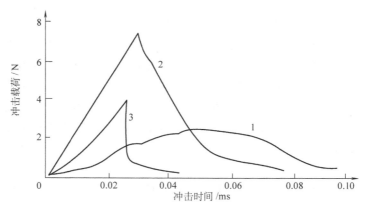

图 6-19　三种复合材料的典型冲击载荷-时间关系曲线

1—弱界面结合　2—适中界面结合　3—强界面结合

3. 界面对金属基复合材料微区域性能的影响

界面结构和性能对复合材料内微区域，特别是近界面微区域的性能有明显影响。由于金属基体和增强体的物理性能及化学性能等有很大差别，通过界面将两者结合在一起，会产生性能不连续性和不稳定性。强度、模量、热膨胀系数、热导率的差别会引起残余应力和应变，形成高密度位错区等。界面特性对复合材料内性能的不均匀分布有很大的影响。

复合材料内，特别是近界面微区域，明显存在性能的不均匀性分布。利用超显微硬度计在扫描电镜中对复合材料界面区域和基体区域的硬度分布进行测定，发现复合材料内存在微区域超显微硬度分布的不均匀性。硬度的分布有一定规律，界面结构和性能对其有明显影响。超显微硬度值在界面区明显升高，越接近界面，硬度值越高，并与界面结合强度和界面微结构有密切关系。当采用冷热循环处理，界面结合松弛后，近界面微区域的超显微硬度值与基体的硬度值趋于一致。

6.2.7　界面优化与界面反应控制

界面优化的目标是形成能有效传递载荷、调节应力分布、阻止裂纹扩展的稳定界面结构。解决途径主要有纤维等增强体的表面涂层处理、金属基体合金化及优化制备方法和工艺参数等。

1. 纤维等增强体的表面涂层处理

纤维表面改性及涂层处理可以有效地改善浸润性和阻止严重的界面反应。国内外学者进行了大量的研究。选用化学镀或电镀在增强体表面镀铜、镀银，选用化学气相沉积法在纤维表面涂覆 Ti-B、SiC、B_4C、TiC 等涂层以及 C/SiC、C/SiC/Si 复合涂层，选用溶胶-凝胶法在纤维等增强体表面涂覆 Al_2O_3、SiO_2、SiC、Si_3N_4 等陶瓷涂层。涂层厚度一般在几十纳米到 $1\mu m$，有明显改善浸润性和阻止界面反应的作用，其中效果较好的有 Ti-B、SiC、B_4C、C/SiC 等涂层。特别是用化学气相沉积法，控制其工艺过程能获得界面结构最佳的梯度复合涂层。如利用 Textron 公司生产的带有 C、Si、SiC 复合梯度涂层的碳化硅纤维、SCS-2、SCS-6 等，可制备出高性能的金属基复合材料。

2. 金属基体合金化

在液态金属中加入适当的合金元素改善金属液体与增强体的浸润性，阻止有害的界面反应，形成稳定的界面结构，是一种有效、经济的优化界面及控制界面反应的方法。

金属基复合材料增强机制与金属合金的强化机制不同，金属合金中加入合金元素主要起固溶强化和时效强化金属基体相的作用。如铝合金中加入 Cu、Mg、Zn、Si 等元素，经固溶和时效处理，在铝合金中生成细小的时效强化相 Al_2Cu（θ 相）、Mg_2Si（β 相）、$MgZn_2$（η 相）、Al_2CuMg（S 相）、Al_2MgZn_3（T 相）等金属间化合物，有效地起到时效强化铝基体相的作用，提高铝合金的强度。

对金属基复合材料，特别是连续纤维增强金属基复合材料，纤维是主要承载体，金属基体主要起固结纤维和传递载荷的作用。金属基体组分的选择不在于强化基体相和提高基体金属的强度，而应着眼于获得最佳的界面结构和具有良好塑性的合适的基体性能，使纤维的性能和增强作用得以充分发挥。因此金属基复合材料中，应尽量避免选择易参与界面反应生成界面脆性相、造成强界面结合的合金元素。如铝基复合材料基体中的 Cu 元素易在界面产生偏聚，形成 $CuAl_2$ 脆性相；严重时 $CuAl_2$ 脆性相将纤维"桥接"在一起，造成复合材料低应力脆性断裂。针对金属基复合材料最佳界面结构的要求，选择加入少量能抑制界面反应、提高界面稳定性和改善增强体与金属基体浸润性的元素。例如在铝合金基体中加入少量的 Ti、Zr、Mg 等元素，对抑制碳纤维和铝基体的反应、形成良好界面结构、获得高性能复合材料有明显的作用。

在相同制备方法和制备工艺条件下，含有质量分数为 0.34%Ti 的铝基体与 P55（美国牌号）石墨纤维反应轻微，在界面上很少看到 Al_4C_3 反应产物，抗拉强度为 789MPa。而纯铝基体界面上有大量反应产物 Al_4C_3，抗拉强度只有 366MPa，仅为前者的一半。此结果表明，加入少量 Ti 在抑制界面反应和形成合适的界面结构上效果明显，方法简单易行。

合金元素的加入对界面稳定性有明显效果。例如在铝合金中加入质量分数为 0.5% 的 Zr，可明显提高界面稳定性和抑制高温下的界面反应，使复合材料在较高的温度下仍能保持高的力学性能。在铝中加入质量分数为 0.1%~0.5%Zr 的复合材料在 400℃、600℃ 加热保温的抗拉强度见表 6-6。由表 6-6 可见，加入质量分数为 0.5% 的 Zr 可以有效阻止高温下碳和铝的反应，形成稳定的界面，600℃ 加热 1h，抗拉强度与纯铝基体复合材料室温的抗拉强度相近，显示出明显的效果。

总之，在基体金属中加入少量的合金元素，并应用相应的制备工艺是一种经济有效、简单可行的优化界面结构和控制界面反应的途径。

表 6-6 不同基体成分对碳/铝复合材料抗拉强度的影响

基体	抗拉强度/MPa		
	室温	400℃、1h	600℃、1h
纯 Al	1155.4	1014.3	748.7
Al-0.1%Zr	1095.6	1032.1	862.4
Al-0.5%Zr	1224	1232.8	1102.5

3. 优化制备方法和工艺参数

金属基复合材料界面反应程度主要取决于制备方法和工艺参数，因此优化制备方法和严格控制工艺参数是优化界面结构和控制界面反应最重要的途径。由于高温下金属基体和增强体元素的化学活性均迅速增加，温度越高，反应越激烈，在高温下停留时间越长，反应越严重，因此在制备方法和工艺参数的选择上首先考虑制备温度、高温停留时间和冷却速度。在确保复合完好的情况下，制备温度应尽可能低，复合过程和复合后高温下保持时间尽可能短，在界面反应温度区冷却尽可能快，低于反应温度后冷却速度应减小，以免造成大的残余应力，影响材料性能。其他工艺参数如压力、气氛等也不可忽视，需综合考虑。

金属基复合材料的界面优化和界面反应的控制途径与制备方法有紧密联系，因此必须考虑方法的经济性、可操作性和有效性。不同类型的金属基复合材料应有针对性地选择界面优化和控制界面反应的途径。

6.3　金属基复合材料的界面设计

6.3.1　界面结合特性设计

为了得到性能优异且能满足各种需要的金属基复合材料，需要有一个合适的界面，使增强体与基体之间具有良好的物理、化学和力学上的相容性。大多数金属基复合材料中基体对增强体的润湿性不好，必须设法改善。很多有应用前景的体系中增强体和基体之间靠化学反应，在界面上生成一定的化合物形成结合，使之成为一个整体并传递载荷。这些化合物都很脆，在外载荷作用下容易产生裂纹，当化合物层达到一定厚度后，裂纹会立即向纤维中扩展，造成纤维的断裂及复合材料的整体破坏，因此化合物的数量（即化学反应）必须严格控制。少数体系中增强体与基体结合不好，必须采取措施来增强它们之间的结合。增强体与基体的弹性性能（弹性模量、泊松比）存在着很大的差异，因此即使在最简单的纵向载荷作用下，也会在界面上产生横向应力，使界面的力学环境复杂化，这些横向应力往往对复合材料的整体性能有害。增强体与基体之间的热膨胀系数不匹配，在复合材料中产生热残余应力，此残余应力与两者热膨胀系数之差成正比，热残余应力有害。复合材料在受载过程中如有一根纤维断裂，此纤维原来承受的应力必将重新分配在其周围的邻近纤维上。为使此应力均匀分配于邻近纤维乃至更多的纤维上，要求纤维与基体之间有合适的界面结合强度，否则如果界面结合过强，容易造成邻近纤维上应力集中而断裂，如此连锁反应，很快使复合材料整体被破坏。

为了解决这些问题，必须对界面进行设计，并采用相应的措施达到最终目的。前述有关章节中提出的一些措施，例如增强体的表面涂覆处理、基体中添加合金元素、采用有效的强化工艺方法、严格控制工艺参数等都只能解决一个或若干个问题，并且这些问题本身相互矛盾。譬如，为了提高复合材料的力学性能，通常采用高性能的增强体，它们的弹性性能与基体的弹性性能相差很大，这些增强体的热膨胀系数也比基体小得多，这样的矛盾用一般的方法不易解决。

一个理想的、能解决上述所有问题的界面，应是从成分上及性能上由增强体向基体逐步过渡的区域；它能提供增强体与基体之间适当的结合，以便有效传递载荷；它能阻碍基体与增强体因化学反应而生成过量有害的脆性化合物。通过控制工艺参数达到合适的界面结合强度，满足各种性能的要求。如果过渡层由脆性化合物组成，则不能太厚，它应是界面允许的脆性化合物层的一部分；过渡层与基体接触的外层应能被液态基体很好润湿。

增强体上的梯度涂层能够满足上述多种功能的要求。在理论上可以对各种金属基复合材料体系设计各自有效的多功能梯度涂层，其中有些已在或正在实验室中实施。其实质是连续改变基体和增强体的组成和结构，使其内部界面消失，从而得到功能相应于组成和结构的变化而缓变的非均质材料，以减小或克服结合部位的性能不匹配因素。下面以碳纤维增强铝基复合材料为例简述其界面设计过程。

碳纤维与铝基体在物理、化学和力学上都不相容，为此体系设计了一个多功能梯度涂层，其结构为 C—C+SiC—SiC—SiC+Si—Si。

碳纤维上的软碳涂层将有助于裂纹走向的改变，钝化裂纹尖端的应力场有利于保护纤维，使复合材料的脆性断裂转变为正常断裂。中间的 SiC 层是一个扩散阻挡层，能阻止或减慢碳纤维与铝基体的相互作用。外层的 SiC 层是润湿层，它能被液态铝基体很好润湿，对纤维、基体无害。在此涂层中从里到外 Si/C 原子比从 0~1，C/Si 原子比从 1~0，这种成分和结构上的渐变使弹性性能和热膨胀系数也发生渐变，结果将界面上的横向应力和热残余应力显著减小。C/Si 多功能梯度涂层可用化学气相沉积法得到，改变温度、反应物的流速、反应物的比例等参数可以控制各层的厚度、涂层总厚度和结构、基体和增强体的结合强度。用带有多功能梯度涂层的碳纤维与铝基体制得的复合材料具有优异的性能。当软碳层、C-Si 梯度层、Si 层的厚度分别为 $0.2\mu m$、$0.25\mu m$、$0.2\mu m$ 时，用体积分数为 35%、平均抗拉强度为 3300MPa 的碳纤维增强 Al-Si-Mg 所得的复合材料的抗拉强度最高达到 1225MPa。

6.3.2　界面设计优化的系统工程

由于复合材料界面的重要性和复杂性，因此对界面进行优化设计已成为当前广为关注的问题。然而具体实施尚有一定的难度，有待逐步攻克。界面涉及原材料的选择、工艺方法和参数的设定、使用环境和条件的作用等诸多问题，以及这些条件的相互交叉影响。可以考虑采用系统工程的方法加以解决，但迄今尚未见有关报道。图 6-20 所示为复合材料界面设计的系统工程框图，首先要充分了解复合材料中涉及界面的结构和对性能的要求，然后由模拟件入手进行各种界面行为的考察。在此基础上决定界面层的应有结构与性质，由此制备复合材料试件，测试各有关性能并与原定要求进行对比，根据结果考虑进一步改善的措施。最后在进入实际工件制造时，针对其工艺现实性、经济性等方面进行综合评价，正式付诸实施。随着复合材料各种基础数据的积累，以及计算机技术的进步，可以预料在不远的将来定能实现便捷的计算机辅助界面优化设计。

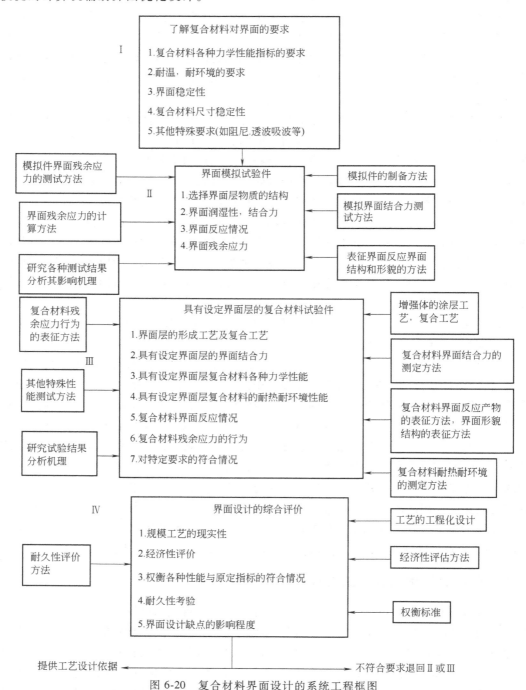

图 6-20　复合材料界面设计的系统工程框图

6.3.3　计算机模拟在界面设计中的应用

随着对物质基本属性的研究不断深入，所研究的空间尺度也在不断变小。目前，材料应用环境日益复杂化，为了明确服役环境对复合材料性能的影响，通过试验手段研究材料服役性能也变得越来越困难。计算材料学则可以从物理或化学基本理论出发，利用计算机技术模拟各种研究对象和环境，所涵盖的研究视野跨越了纳观、微观、介观和宏观等各个领域（见图 6-21）。针对某一实际问题，在不同的尺度下，所采用的建模理论和计算方法也不尽相同，可以从不同尺度对复合材料进行多层次、跨尺度的研究。此外，对于试验条件难以实现的环境，如超高温、超高压等极端环境，也可以采用合适的计算方法模拟材料在该环境下的服役性能、失效机理，这对于以最终性能预测为目标的复合材料设计也具有重要的指导和参考价值。相对于传统试验手段，采用计算机模拟方式进行复合材料的界面研究具有极大的时间和经济优势，对于稀贵金属基复合材料的研究显得尤为突出。在复合材料领域，计算材料学研究已成为与试验测试同等重要的研究手段，而且随着计算材料学的不断发展，它的作用会越来越大。

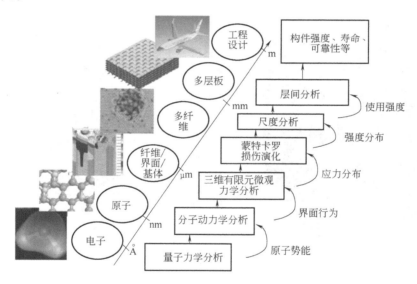

图 6-21　计算材料学中各种模拟方法所对应的尺度

复合材料的表面或界面一直都是计算材料学的重点研究对象。其研究方法主要有有限元法、分子动力学法、第一性原理法等，下面分别进行简要介绍。

1. 有限元法

数值模拟技术通常用于研究有关"场"的问题，包括位移场、应力场、电磁场、温度场等。其主要思路为：在给定条件下求解该问题的控制方程（一般为常微分或偏微分方程）。在少数简单方程和边界条件下，能够获得精确解；而较复杂的问题可以对其方程和边界进行简化得到简化解，且常常使用数值求解方法，所得为其数值解。目前，数值模拟技术主要有有限元法、边界元法、离散单元法和有限差分法等。其中，作为一种较为成熟的数值模拟计算技术，有限元法已广泛应用于力学、机械、材料等各领域。

　　有限元法是将求解区域划分成许多小的单元子域，彼此相邻的子域在节点处相连接，对其进行数值求解得到每个节点处的量，而单元子域内的解可由单元节点量通过选定函数插值求得。该方法的单元形状简单，易于建模，节点量之间的方程也容易给出。细观尺度的理论分析有限元模拟的模型主要有两种：一种是基于几何建模的周期性单胞模型；另一种是基于实际微观结构的有限元模型。周期性单胞模型理想化了细观结构，假设增强体颗粒均匀分布在合金基体中，整个材料由这样的单胞周期性排列组成。例如，在金刚石/铝复合材料中，铝选择性地黏结在金刚石 {100} 面上而与 {111} 面黏结较弱，界面结合与界面的热传导性能息息相关，利用有限元可以模拟非均匀界面传热系数对金刚石/铝复合材料热导率的影响。图 6-22a 所示为金刚石/铝基复合材料的实体模型网格划分效果，图 6-22b 所示为复合材料热导率与不同界面热导率的关系。由图 6-22 可知，随着金刚石 {100}、{111} 界面传热系数的变化，复合材料的热导率会出现四个平台区，分别用 A、B、C、D 表示。金刚石/铝复合材料前期热导率的提升主要由 {100} 界面传热系数的改善来实现，但这种情况下复合材料热导率的提升非常有限。为了进一步提升热导率，应大幅提高金刚石 {111} 界面传热系数。

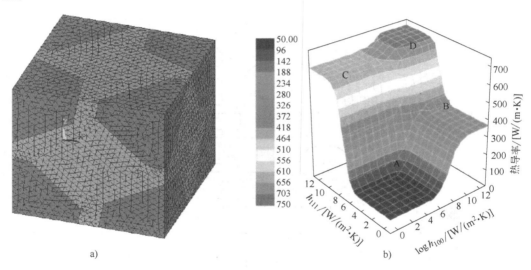

图 6-22　有限元模拟非均匀界面对金刚石/铝复合材料热导率的影响

a）网格划分　b）复合材料热导率

　　基于周期性单胞模型元模型，可以施加渐进拉伸载荷，用最大拉应力准则和摩尔-库尔准则等判断单元是否发生了破坏，模拟材料变形过程，与试验结果可以进行比较。图 6-23 模拟结果预测了 SiC/Timetal834 复合材料界面断裂韧性，模拟结果与试验值一致。

　　基于微观结构的有限元模型，是通过 SEM 所得的数字图像，导入软件中进行分割处理，转化为矢量图像，然后再导入有限元软件中进行网格划分和有限元分析。由于将先进的图像处理技术与有限元模型相结合，从而能够更加形象真实地反映复合材料内部颗粒的形貌和分布。

2. 分子动力学法

　　分子动力学（Molecular Dynamics，MD）法能够在原子或分子尺度上进行建模计算，且

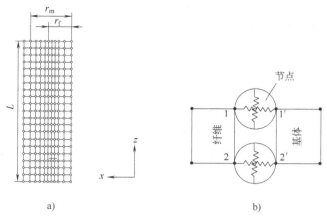

图 6-23　SiC/Timetal834 复合材料界面断裂韧性

a）界面的非对称有限元模型　b）弹簧单元细节示意图

模拟结果与试验值一致性较好，已经被越来越多的研究者应用于复合材料的界面计算及设计。分子动力学是对统计力学体系进行计算机模拟的一种方法，可以确定模拟体系在各个时刻的位形，即体系在相空间中随时间的变化情形。这种方法是按该体系内部的内禀动力学规律（常用理论力学上的哈密顿量或拉格朗日函数来描述）来计算并确定位形的转变。首先针对微观物理体系，建立一组分子的运动方程，每个分子都服从经典牛顿力学定律，然后通过对方程进行数值求解，得到各个分子在不同时刻的坐标与动量，即其在相空间的运动轨迹，再利用统计计算方法得到多体系统的静态和动态特性，从而得到系统的宏观性质。

作为试验的一个辅助手段，MD 模拟可用来研究无法用解析方法解决的复合体系的平衡性质和力学性质，从而搭建理论和试验之间的一个桥梁。因此，对凝聚相界面进行原子尺度的模拟成为分子动力学方法的一个主要研究内容，这部分研究涵盖了复合材料界面扩散反应、界面结构、界面力学性能以及复合材料界面失效等各个方面。如为明确 Al 熔体在 Al_3Ti 表面的异质形核机理，图 6-24 给出了采用分子动力学所模拟的 Al（110）//Al_3Ti（110）、Al（001）//Al_3Ti（001）、Al（111）//Al_3Ti（112）在 T = 860K 时的液-固界面。结果表明 Al 熔体在 Al_3Ti（001）和（110）表面的形核温度要低于 Al_3Ti（112）表面的形核温度，即铝熔体更倾向于以 Al（111）//Al_3Ti（112）的界面关系形核生长。

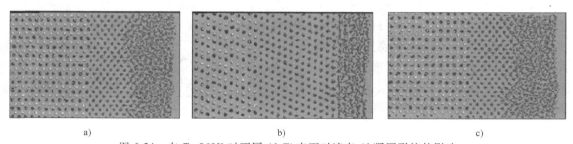

图 6-24　在 T = 860K 时不同 Al_3Ti 表面对液态 Al 凝固形核的影响

a）Al（110）//Al_3Ti（110）　b）Al（001）//Al_3Ti（001）　c）Al（111）//Al_3Ti（112）

对于复合材料界面设计，界面的力学性能是一个值得关注的问题，分子动力学在获得界面平衡构型后，可以对其进行加载模拟，以研究界面应力和载荷传递，计算界面力学性能参数，模拟界面变形和失效。Tomar 等人使用分子动力学法，模拟界面对纳晶 α-Fe_2O_3/Al 复合材料室温拉伸变形的影响。结果表明，由于 Al-Fe_2O_3 界面的静电作用，晶界对变形具有直接影响，低角晶界和高角晶界均发生位错，从而使材料表现出逆霍尔-佩奇（Inverse Hall-Petch）关系。张仁杰等人利用分子动力学法研究碳纳米管直径、手性参数及其表面修饰镍原子过渡层（见图 6-25）对镁基复合材料界面结合强度以及复合材料弹性模量的影响规律。模拟结果表明，镍原子改性层对复合材料界面强度与弹性模量有较好的增强效果，含镍原子涂层的复合材料界面强度与弹性模量大于不含有镍涂层的界面强度与弹性模量；而含两层镍原子的复合材料界面强度与弹性模量要大于含有一层镍原子层的界面强度与弹性模量。

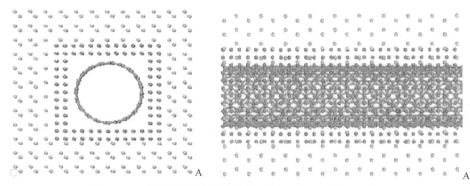

图 6-25　两层镍涂层碳纳米管植入镁基体后的俯视和侧视

3. 第一性原理法

第一性原理（First-principles Calculations）法是基于量子力学并根据密度泛函理论，通过自洽计算来确定材料的几何结构、电子结构、热力学性质和光学性质等材料物理性能的方法。在计算中，采用完全不依赖于经验的基本物理常量，如光速、普朗克常数、电子电量、原子核质量、原子核电量，即可算出材料在基态下的性质。因此，第一性原理法可以称得上真正意义的预测，又称为从头算方法。虽然在计算中无须经验参数，但与试验值比较，其计算结果的精度很好。材料的界面直接影响着复合材料的使用性能，特别是金属与陶瓷材料界面结合状态的第一性原理模拟计算更是复合材料研究者所关注的焦点问题。周晓龙等人采用第一性原理法，通过界面模型建立与优化，计算出 9 组 Ag/CuO 界面的态密度与结合能（见图 6-26），最终模拟计算出 Ag/CuO 反应合成后最稳定

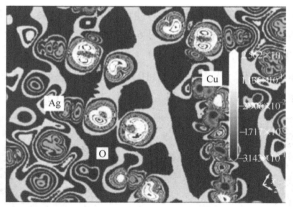

图 6-26　Ag（111）/CuO（111）界面的态密度与结合能

的结合界面，相关模拟结果也被高分辨透射电镜分析所证实。

潘勇等人采用第一性原理法研究 ZrO_2（100）面上以氧为键桥和以锆为键桥的 Pt（100）/ZrO_2（100）界面模型的结合能、电子结构以及电荷差分密度分布图。结果表明以锆

为键桥的界面结合能更高（10.035J/m²），即界面更易于以锆为键桥结合。电子结构和电荷差分密度分布（见图 6-27）显示以氧为键桥时，主要在锆氧间存在电子转移；而以锆为键桥时，铂、锆之间也存在电子转移且成键结合，即以锆为键桥的界面结合能有效提高材料界面的强度。

基于密度泛函和平面波赝势的第一性原理法，计算分析 Co/WC 和 Co/TiC 界面结合能和分离功，模拟结果揭示 Co/WC 分离功较大，与试验中 Co/WC 的润湿性相比，Co/TiC 更好一致。此外，模拟了界面电子分布结构，以确定界面处原子间的成键特征，基于模拟结果指出 Co/WC 之所以具有更高的黏附功，主要归因于该界面上金属原子间的成键。

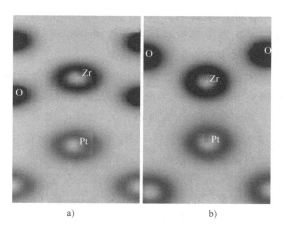

a)　　　　　　　b)

图 6-27　Pt（100）/ZrO₂（100）电子
结构和电荷差分密度分布
a）以氧为键桥　b）以锆为键桥

6.4　金属基复合材料的界面表征

从界面组成及成分变化、界面区的位错分布、界面强度的表征、界面残余应力的测定和界面结构的高分辨观察及其原子模拟五个方面综述金属基复合材料界面表征的方法及其最新进展。

6.4.1　界面组成及成分变化

确定界面上有无新相形成是界面表征的主要内容之一。这种析出物可能是增强体与基体通过扩散反应而在界面处形成的新相，也可能是基体组元与相界处杂质元素反应在界面处优先形核而形成的新相。

一般情况下常用 TEM 的明场像或暗场像对界面附近区域形貌进行观察，通过选区衍射和 X 射线能谱进行微区结构和成分分析。当析出物十分细小时，可采用微衍射和电子能量损失谱来分析其结构和成分，电子能量损失谱尤其适合于对 C、O 等轻元素的分析。这种综合分析可以准确判定界面析出物的结构、成分和形貌特征，如用 X 射线能谱、电子能量损失谱和微衍射等分析手段确认界面上存在细小 MgO 相，就是一个很好的实例。

界面上析出相不可避免地会对复合材料性能产生影响，例如在研究 Al/SiC_w 界面组织与复合材料力学性能关系时，运用修正的混合法则来研究抗拉强度的计算值与试验值的对比符合情况，结果发现对 Al-Cu 基体两者符合很好，而对 Al-Cu-Mg 基体两者有较大偏差。经显微组织观察，发现该偏差是由于界面上形成氧化物和尖晶石而造成晶须强度下降所致。因此应用混合法则时必须考虑界面相对复合材料强度的影响，从而为今后复合材料基体合金的设计提供参考。

除此之外，增强体的加入也会影响到复合材料基体合金中固溶原子的分布，从而对复合材料性能产生影响。例如用液体金属浸渗法制造纤维增强复合材料时，由于纤维排列对金属凝固的限制，导致基体中合金成分变化，甚至有未预料到的第二相形成在纤维/基体界面上，结果基体中合金元素含量降低。

大量报道证明，陶瓷增强体的存在会影响 Al 合金中固溶原子的分布。Strangwood 等人在研究 SiC-Al 材料界面上的固溶偏析时发现，在欠时效体积分数为 15%SiC-2124（1.45%Cu，1.67%Mg，0.12%Zr，0.1%Mn，摩尔分数）的 SiC/基体界面上的固溶偏析可达摩尔分数为 4.5%Mg 和 9%Cu；Mg 和 Cu 的偏析都可降低界面区域附近 Al 基体的局部熔点。因此，尽管当温度似乎仍处于 2124 的固态范围时，固溶偏析可能严重到引起 SiC-Al 界面局部熔化的程度，从而可以解释该材料在高应变速率超塑性试验中的一些令人困惑的现象。

利用电子能量损失谱仪研究 TiC 粒子强化 MI-829Ti 合金时，发现 TiC 粒子表面存在明显的碳浓度梯度。贫碳区厚度与材料制备工艺和热处理过程有关，结合 C-Ti 相图分析，发现基体和增强体之间 C 和 Ti 的互相扩散，形成理想的溶解型结合是该复合材料性能良好的原因。

6.4.2　界面区的位错分布

界面区近基体侧的位错分布是界面表征的又一重点内容，它有助于了解复合材料的强化机制。

经验表明，为了能更清晰地显示出位错分布的特征并便于定量测量位错密度，采用 TEM 的弱束成像较为合适。过去，人们一直认为复合材料强度提高（试验强度值高于理论预测值）仅仅是由于位错使基体强化所致，并且在许多试验中也确实观察到了增强体周围较高密度的位错。后来发现，基体中亚晶尺寸减小也是复合材料强化的一个重要原因。

采用高压电镜对 Al/SiC$_w$ 复合材料界面的原位观测表明：由于两种异质材料热膨胀系数不同，在复合制备冷却中界面处形成的位错，在加热到一定温度后会自行消失，但在重新冷却下来时会再次产生。这类复合材料中，位错密度可高达 $10^{13} \sim 10^{14} \mathrm{m}^{-2}$，是造成这类复合材料强度高的重要原因之一。

近年来，对不连续碳化硅增强铝基复合材料屈服应力增加的原因进行了定量研究，发现屈服应力增加幅度明显与 SiC 体积分数和颗粒大小有关。试验结果表明，位错密度随 SiC 体积分数的增大而增大，随粒子尺寸的增大而减小。亚晶尺寸随碳化硅体积分数和颗粒尺寸变化的趋势正好与位错密度相反。在研究铸造 SiC$_p$/2024 合金材料微观结构与强化机制时认为，由增强相导致的应力集中和基体形变的高约束度，是控制 SiC$_p$/2024 复合材料形变与强化的两个主要因素。

可以预料，今后对界面区位错分布的观察重点将转到研究位错产生、发展的影响因素上，有从定性发展到定量研究的趋势，并在可能的条件下，尽量采用高压电镜来观察较厚的薄膜试样，以尽可能真实地反映位错密度大小。另外，对复合材料强化机制的研究也开始注意全面考察基体中组织变化带来的影响，而不再只考虑位错密度变化所造成的强化，表明人们对复合材料的强化机制有了一个更深刻的认识。

6.4.3　界面强度的表征

增强体与金属基体间界面结合强度对金属基复合材料的性能具有重要影响，因此界面强度的定量表征一直是金属基复合材料研究领域中十分活跃的课题。

界面强度包括界面抗剪强度和界面抗拉强度，它们是影响金属基复合材料力学性能的重要因素。目前测试金属基复合材料界面强度的方法可分为三类，即宏观法、模型法和微观法。下文主要以纤维增强金属基复合材料为例进行详细介绍。

1. 宏观法

宏观法是以复合材料的宏观性能来评价界面结合强度，包括短梁剪切（层间剪切）、横向或 45℃拉伸、导槽剪切、圆筒扭转等对界面强度比较敏感的性能试验，如图 6-28 所示。

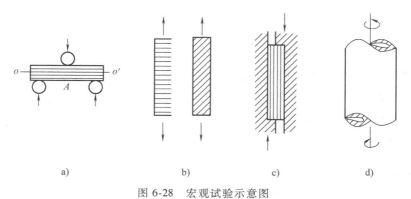

图 6-28　宏观试验示意图

a）短梁剪切　b）横向（或 45°）拉伸　c）导槽剪切　d）圆筒扭转

这类试验都是界面、基体甚至纤维共同破坏的复合材料宏观试验，测得的强度都依赖于纤维、基体的体积分数、分布及性质，所以该方法仅适合于定性比较，而无法得出独立的界面强度值，故而此法又称为"间接法"。

2. 模型法

为克服宏观法中纤维众多、断裂模式复杂、不易测定界面强度的缺点，常采用特意制备的模型试样进行测试，称为微复合材料模型法。MMCs 常采用三种模型法试验，如图 6-29 所示。

（1）夹层平盘法（见图 6-29a）此法所用样品是由一层基体材料与两层纤维材料结合起来形成的一种夹层平盘。在平盘侧面上、下层上加一个剪切力偶可测定界面抗剪强度；在平盘上、下垂直方向施加拉力可测定界面抗拉强度。在上述两种试验中，应保证破坏发生在界面上，数据方有效。

（2）滴球法（见图 6-29b）　该法是将用作 MMCs 基体的金属熔化后滴在用作增强相的材料板上，固结成球状，然后分别对固体球和底板反向施力，可测界面抗剪强度。该法适用于基体与增

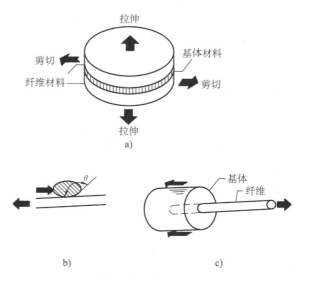

图 6-29　三种微复合材料模型法测试界面强度的示意图

a）夹层平盘法　b）滴球法　c）棒杆或纤维拔出法

强相润湿性中等的体系。润湿性太好（θ 很小）时，固结液滴呈扁平状铺开，无法施加剪切载荷；润湿性太差（$\theta > 108°$）时，试样破坏不是由剪切造成的，而是由界面处产生的拉伸应力造成。

（3）棒杆或纤维拔出法（见图 6-29c）　将单根纤维或由纤维材料制成的棒杆复合在圆柱基体材料中，沿轴向施加拉力，将纤维拉断或从圆柱中拔出。根据剪滞模型，对理想塑性基体，界面抗剪强度可表示为

$$\tau_{\mathrm{f}} = \frac{\sigma_{\mathrm{f}} d_{\mathrm{f}}}{2 l_{\mathrm{c}}} \tag{6-19}$$

用不同长度的纤维嵌入基体，即改变 $l_{\mathrm{c}}/d_{\mathrm{f}}$ 比值，当破坏模式从"纤维拔出"转变为"纤维断裂"时，嵌入基体中的纤维长度应为 $l_{\mathrm{c}}/2$，l_{c} 为临界长度。

上述三种模型法固然可以直接测出界面强度（故称直接法），但有两个明显的缺点：第一，试样制备困难，试验操作难度较大；第二，模型试样与真实复合材料在几何相似性、力学相似性和物理相似性方面都有差异，因而所测值偏离于真实材料中的界面强度。

3. 微观法

微观法是直接在实际复合材料中测试界面强度的一种方法，如图 6-30 所示。制备一个截面垂直于纤维的金相试样，在光学显微镜下借助精密定位机构，由金刚石探针对 MMCs 中所选定的单根纤维施加轴向压力，使纤维端部与基体微脱粘，再根据微观力学模型计算出界面强度。

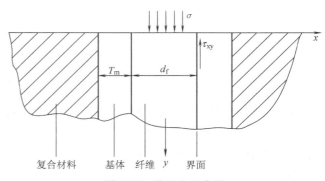

图 6-30　微观法示意图

该法虽然对测试仪器要求较高，但它考虑了界面切应力分布的非均匀性，且试样为从实际材料中切取所得，所测数据接近于真实状态，因此是非常有前途的方法。

目前，已有的测试技术还局限在长纤维增强金属基复合材料的测试上，对非连续增强金属基复合材料界面强度还没有确切的试验方法。只有一些学者从原子角度或力学角度对非连续增强金属基复合材料界面强度进行估算和模拟，但这些方法还很不成熟，没有统一的定论，需要进一步的探索和研究。

有研究报道了 Al_2O_3/Al 复合材料界面强度的抗拉强度估算和界面抗剪强度下限值的估算。在界面抗拉强度估算中，采用二维模型进行有限元分析，计算界面拉应力模型如图 6-31 所示。其计算结果认为拉应力基本沿纤维均匀分布，在纤维头处拉应力上升较快，所以认为纤维脱粘一般从纤维端部开始，从而得到下列估算式，即

$$\sigma_{\mathrm{i}} = 1.25 \sigma_{\mathrm{b0}} \tag{6-20}$$

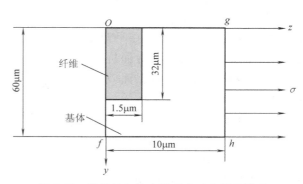

图 6-31　纤维轴与拉力轴垂直时有限元模型

式中，σ_{b0} 为试验出的复合材料的结合强度。模型中未考虑界面反应层的影响，对 Al-5.3Cu 与 ZL109 基体计算的误差偏大。在界面抗剪强度的下限估算中，得到切应力估算式为

$$\tau_i = \sigma_{fu} \frac{d}{4x_0} \tag{6-21}$$

式中，σ_{fu} 为纤维断裂强度；x_0 为距纤维一端的距离；d 为纤维直径。

6.4.4　界面残余应力的测定

热残余应力在金属基复合材料中较为常见，为此人们对热残余应力进行了大量的分析与试验测试工作。目前，广泛采用高能粒子束衍射法测量复合材料中的热残余应力，同时还有其他应力测量方法，各种方法都有自己的优势和局限性。

1. 衍射方法

利用衍射法测量复合材料中热残余应力，包括 X 射线衍射法和中子衍射法等，两种方法的试验原理基本相同，都是通过测量复合材料基体或增强体晶面间距及衍射角的变化，确定热残余应变，进而确定热残余应力的大小及方向。

利用衍射法测量复合材料中热残余应力，以测量基体晶面间距及衍射角的变化较为常见。复合材料中基体含量较多，即衍射峰较强，而且由于基体弹性模量远低于增强体，应力造成的基体晶面间距及衍射角变化更明显，因此应力测量精度较高。

X 射线衍射应力测量法原理简单，射线源的来源方便经济，但其穿透能力较弱，仅能测量复合材料表层区域的热残余应力。欲正确反映非连续增强金属基复合材料热残余应力的实际情况，需采用 X 射线三向应力测量方法。正是由于穿透力较弱的特点，利用 X 射线衍射方法并结合剥层技术，可以测量复合材料中热残余应力的宏观分布情况。

中子衍射应力测量法穿透能力较强，可以测量复合材料中的内部热残余应力，可以排除表面应力松弛效应对测量结果的影响。

中子衍射测量法的不足之处在于：首先，中子源的获得比较困难，需要核反应堆并配备相应的防护与测量装置，因而试验成本较高；其次，中子衍射的区域大，测量小试样应力时会产生较大误差；再者，由于中子射线的穿透能力较强，只能测量复合材料整个厚度范围的平均应力，无法确定应力的宏观分布状态。

分别采用中子衍射和 X 射线衍射方法测量 SiC_w/Al 复合材料中的热残余应力发现：中子衍射试验结果高于 X 射线试验结果，造成两种试验结果差别的原因，主要是中子穿透深度较大，从而排除了复合材料表面的应力松弛效应。

2. 其他方法

除 X 射线及中子衍射外，还有热膨胀、会聚束电子衍射、同步 X 射线能量色散及荧光分析等应力测量方法。

热膨胀应力测量法是利用复合材料的热膨胀曲线，确定出基体热应力与温度的关系。由于长纤维复合材料模型简单，建立热膨胀应变与基体热应力的关系比较容易。对于非连续增强金属基复合材料，因增强相形状及取向分布都十分复杂，很难建立出类似的关系。

同步 X 射线能量色散应力测量法是利用回旋加速器所发出的高能单色 X 射线束，通过能量探测器测量 X 射线衍射束的能量，以确定复合材料的热残余应变及应力。该方法不仅可测量复合材料中平均热残余应变及应力，而且可确定热残余应变及应力的分布情况，其空

间分辨率为微米级。

会聚束电子衍射应力测量法在 TEM 下进行，当电子束以不同方向入射到样品上时，如果某一方向电子束与高层倒易面上的倒易点阵相交，将产生高阶劳厄反射，形成高阶劳厄线，经标定后确定出电子束的布拉格衍射角 (θ)。当 θ 值较小时，倒易矢量 (g) 与衍射角的关系为

$$\Delta g / g = \Delta \theta / \theta \tag{6-22}$$

对于立方晶系，点阵应变为

$$\varepsilon = \Delta a / a = -\Delta g / g = -\Delta \theta / \theta \tag{6-23}$$

会聚束电子衍射应力测量法主要用于研究复合材料两相界面附近的热残余应变及应力场，其空间分辨率为纳米级。

荧光分析（Optical Fluorescence）应力测量法用聚集探针测量距试样表面不同距离处特征荧光谱线频率的改变，以确定复合材料中的热残余应力。由于该方法在显微镜下操纵探头，可以测量复合材料局部区域的热残余应力，其空间分辨率为微米级。

6.4.5 界面残余应变的原位测定

由于基体和增强体的热膨胀系数失配和弹性模量失配，通常所制备的金属基复合材料中的失配应力会超过基体的屈服强度，从而导致在复合材料界面附近的基体发生一定区域的塑性变形，达到耗散过大的界面应力，最终在界面附近产生一定的硬化区域（即塑性变形区，约等于增强体的半径），并在界面形成弹性的残余应力。

增强体周围由于失配产生的硬化区极大地降低了复合材料的塑韧性，同时也是复合材料获得强化的主要原因。因此，测定和表征不同复合材料中增强体周围硬化区域的大小，对理论计算复合材料的强度，优化设计复合材料的强塑性具有重要的意义。

1. 增强体周围的应变区

由于甲基丙烯酸甲酯随着形变（应力）不同，折射率会发生变化，因此，可以通过氧化铝/甲基丙烯酸甲酯复合材料热循环前后，增强体周围明暗条纹照片直接观察增强体热失配和模量失配引起的应变区域（见图 6-32）。对于金属基复合材料而言，难以直接像具有透光特性的甲基丙烯酸甲酯一样通过成像直接观察，而只能通过间接方法观察评估。图 6-33 所示为体积分数为 $20\%\mathrm{Al_2O_3/A356}$ 复合材料中增强体周围位错分布的 TEM 照片，可以看

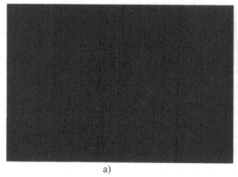
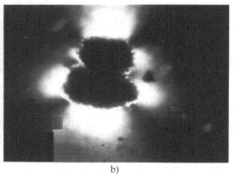

a)   b)

图 6-32　加热前后氧化铝/甲基丙烯酸甲酯复合材料中增强体周围的明暗条纹照片

a) 加热前　b) 加热后

出，在复合材料中增强体周围存在大量由于失配导致基体变形而产生的位错，间接反映了基体的变形。但仅采用 TEM 并不能真实地反映出复合材料内部的变形，这是因为在透射样品的制备过程中，由于样品在厚度方向的急剧减小（≈30nm），会导致复合材料内部由于变形产生的位错极易运动并湮灭于晶界，尤其是在离子束对样品减薄的情况下，增强体周围的位错难以真实反映复合材料原本的应变状态。因此，有必要采用间接手段测试块体复合材料中增强体周围的应力状态来表征其特性。

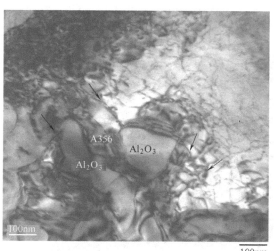

图 6-33 体积分数为 20%Al$_2$O$_3$/A356 复合材料中增强体周围的位错分布的 TEM 照片

2. 增强体周围应变区的原位力学分析

增强体周围基体的塑性变形必然引起基体的加工硬化，从而引起增强体周围基体硬度的变化，可以在扫描电镜下结合超显微硬度或在原子力显微镜下结合纳米压痕有效表征金属基复合材料内部增强体周围应变区域的大小及变形量。

对于增强体尺寸相对较大（>1μm）的金属基复合材料，可以在扫描电子显微镜下采用超显微硬度附件测量增强体周围硬度的分布，图 6-34 所示为增强体局域集中法所制备的高强韧 SiC$_p$/6061 复合材料中，增强体局域集中区周围的硬度分布。此种非均匀结构设计可以使增强体局域集中区周围的基体硬化程度相对增强体集中区增强体周围的硬化程度大幅降低，从而通过增强体的非均匀设计，可避免因增强体周围基体硬化所导致的复合材料断裂韧性的急剧降低。

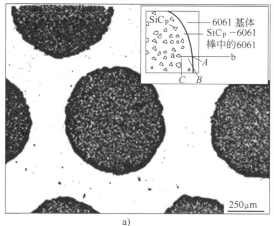

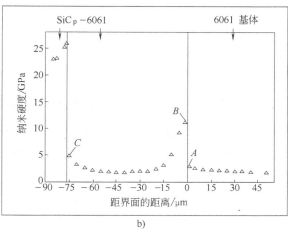

图 6-34 SiC$_p$/6061 复合材料中增强体局域集中区周围的硬度分布

另外，还可通过原位纳米压痕来测试增强体周围应力的分布，图 6-35 所示为 SiC$_p$/6061 复合材料中增强体周围的纳米压痕测试结果，通过纳米压痕硬度的变化可以分析增强体周围基体强度的变化，以反映基体应变的大小及其区域大小，为高性能金属基复合材料的设计制备提供依据。

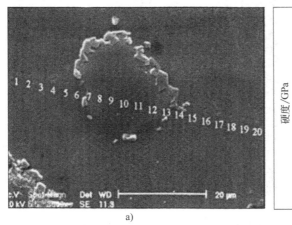

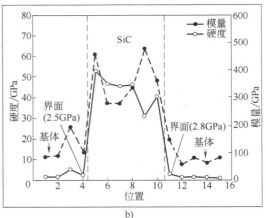

图 6-35　$SiC_p/6061$ 复合材料中增强体周围的纳米压痕分析

6.4.6　界面断裂的原位观察分析

复合材料界面作为复合材料设计最重要的一个环节，对复合材料的功能和力学性能具有重要的影响，如高导热低膨胀复合材料通常希望得到强的界面结合，而高强韧复合材料的弱界面则有利于裂纹的偏转和钝化，获得高韧性的复合材料。因此，研究和观察不同复合材料界面断裂模式是复合材料界面设计和性能优化的基础。

1. 透射电镜原位拉伸测试

透射电镜原位拉伸测试是观察复合材料界面断裂过程和机制的最有效、最直接的方法。通过界面撕裂、过渡层断裂、脆性相裂纹萌生等现象的观察和分析，可以了解复合材料微观界面设计的关键，对材料工艺和性能的优化具有重要意义。

2. 扫描电镜原位拉伸及弯曲测试

扫描电镜下原位拉伸及弯曲相对于透射电镜原位拉伸更加宏观，可以有效分析复合材料界面裂纹萌生后的扩展路径及机制，是复合材料在介观尺度上研究和设计的重要方法。

6.4.7　界面结构的高分辨观察及其计算机模拟

高分辨电子显微术用于界面研究可以提供原子尺度的细节信息，其研究目标是在分子、原子尺度揭示材料界面的原子种类及排布规律。高分辨结构像对样品的制备要求很高，加上界面组成复杂多变，界面结合也并非处处均匀完整，因而对界面结构的高分辨观察十分困难。近年来，随着复合工艺的完善，及试样制备技术的提高和电镜技术的发展，国内外已开展了对某些金属基复合材料界面结构的高分辨直接观测工作。与此同时，界面结构的计算机模拟研究也正在逐步开展。这些工作必将深化人们对界面的认识，并有助于控制和改善复合材料的性能。

吕维洁等人利用高分辨电子显微镜对（TiB+TiC)/Ti 复合材料的微观结构进行了深入细致的研究。图 6-36 所示为 TiB 增强体横截面及纵截面的透射电镜明场像及相应的选区电子衍射。电子衍射的入射方向分别为［010］和［001］方向。由选区电子衍射的分析可知，TiB 的轴向生长方向为［010］，这与 XRD 极图的测试分析结果一致。通过透射电镜明场像及选区电子衍射的分析，可以确定 TiB 沿［010］方向生长成短纤维状。由横截面［010］选区电子衍射图谱可以确定增强体 TiB 的生长晶面分别为（100）、（101）和（10$\bar{1}$）。晶面（100）和（101）之间的夹角为 126.5°，与理论值 126.7°一致。并且由图 6-36 所示的明场像可知，TiB 晶须与钛基体之间界面光滑、平直，无中间相存在。图 6-37 和图 6-38 所示的高分辨透射电镜像进一步证明了这一点。图 6-37 为 TiB［010］方向的高分辨电镜像，由高分辨图像分析可知，TiB 与基体钛合金之间存在如下的取向关系：［11$\bar{2}$0］$_{Ti}$ ∥［010］$_{TiB}$、（1$\bar{1}$00）$_{Ti}$（10$\bar{1}$）∥（100）$_{TiB}$ 和（0002）$_{Ti}$ ∥（001）$_{TiB}$。而且在 TiB 中沿（100）面有层错存在。图 6-38 所示为 TiB［001］方向的界面高分辨电镜像和相应的计算机模拟像。由图 6-38 所示的高分辨透射电镜可以确定 TiB 与基体钛合金之间存在如下的取向关系：［01$\bar{1}$0］$_{Ti}$ ∥［001］$_{TiB}$、（0002）$_{Ti}$ ∥（200）$_{TiB}$ 和（$\bar{2}$110）$_{Ti}$ ∥（010）$_{TiB}$。由图 6-38 所示的电子衍射图谱也可确定如下的取向关系：［01$\bar{1}$0］$_{Ti}$ ∥［001］$_{TiB}$、（0002）$_{Ti}$ ∥（010）$_{TiB}$ 和（$\bar{2}$110）$_{Ti}$ ∥（200）$_{TiB}$。但考虑到 TiB 沿［010］方向优先生长的理论，可知图 6-38 中 TiB 的水平方向为［010］方向，因此 TiB 的（010）面平行于 Ti 的（$\bar{2}$110）面，而不是平行于 Ti 的（0002）面。从TiB 的［010］方向的高分辨透射电镜像的计算机模拟结果可以看出，计算机模拟的结果与实际观察的图像一致。进一步用计算机分析增强体与基体合金晶格之间的错配度，图 6-38 的

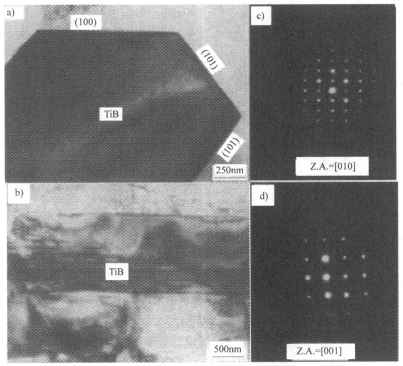

图 6-36　TiB 增强体横截面及纵截面的透射电镜明场像及相应的选区电子衍射
a）横截面及 b）纵截面的透射电镜明场像　c）、d）相应的选区电子衍射

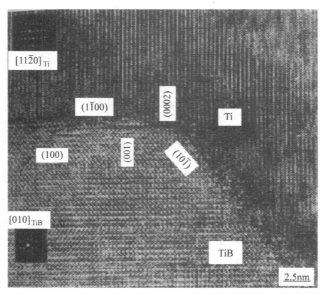

图 6-37　（TiB+TiC）/Ti 中 TiB/Ti 垂直于 TiB［010］方向界面的高分辨电镜像

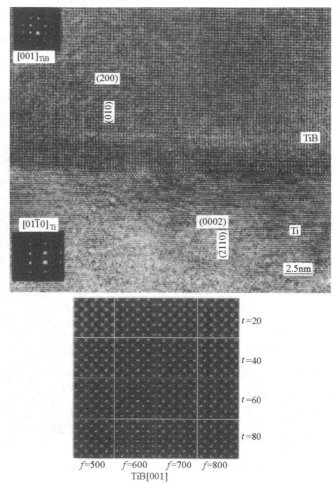

图 6-38　（TiB+TiC）/Ti 中 TiB/Ti 平行于 TiB［001］方向界面的高分辨电镜像和相应的计算机模拟像（单位：nm）

分析结果如图 6-39 所示。该图表明，增强体 TiB 在 （010） 面的晶面间距 $d(010) =$ 0.306nm，基体钛合金 （$\bar{2}110$） 面的晶面间距 $d(\bar{2}110) = 0.148$nm，钛合金面 2 倍的晶面间距与增强体 TiB （010） 面的晶面间距比较接近，其错配度为 3.27%。上述 TiB/Ti 界面取向关系的形成与该原位合成钛基复合材料的凝固过程有关，也有利于降低晶体之间的晶格畸变。同时，也说明增强体与基体合金的界面是半共格关系，为直接的原子结合，界面结合较好。

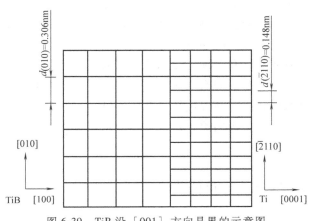

图 6-39　TiB 沿 ［001］ 方向晶界的示意图

高分辨电子显微术用于界面研究虽然可以提供原子尺度的细节信息，但不能取代衍射衬度电子显微术的界面研究。因为前者要求的条件比较严格，样品的制备难度大，能进行界面研究的范围比较有限；后者尽管分辨能力差一些，但适用范围较大，还可以提供界面的三维结构，所以仍有广泛的用途。

本章思考题

1. 金属基复合材料的界面指的是什么？其研究意义是什么？
2. 请简要说明金属基复合材料的界面结合机制及其分类。
3. 请说明改善金属基复合材料基体对增强体润湿性的措施。
4. 根据界面反应的程度可将界面分为哪三类？其特点分别是什么？
5. 连续纤维增强金属基复合材料存在低应力破坏现象的主要原因是什么？
6. 界面结合强度对复合材料的冲击性能影响较大，请举例说明。
7. 金属基复合材料界面强度的主要测试方法有哪些？
8. 金属基复合材料界面残余应力和残余应变的形成机理是什么？

第7章 金属基复合材料的性能

现代科学技术的发展对材料性能的要求越来越高，特别是航空航天、军事等尖端科学技术的发展，使单一材料难以满足实际工程的要求，这促进了金属基复合材料的迅猛发展。与传统金属材料相比，金属基复合材料具有较高的比强度、比刚度及耐磨性；与树脂基复合材料相比，金属基复合材料具有优良的导电性、导热性，高温性能好，可焊接；与陶瓷材料相比，金属基复合材料具有高韧性和高冲击性能、线胀系数小等优点。

可接受的复合材料应表现出低的密度和能与当前工程材料相比的力学性能。成功的复合材料将表现出低的密度和明显的耐高温优势，具有优异的力学性能。正是这些原因，大部分研究成果在与当前的材料，如先进的铝合金、钛合金和高温合金比较时，总是按照密度归一化的性能（σ/ρ）来表示。

7.1 金属基复合材料的性能简介

金属基复合材料中所用的增强体的力学性能都很高且密度低，因此它们的比强度和比模量高。对若干种典型的金属基复合材料与金属的比强度、比模量进行比较表明，金属基复合材料的比强度和比模量明显优于金属。图 7-1 和图 7-2 中绘出了铝、钛和石墨纤维增强树脂基复合材料的比强度和比模量与温度的关系。由图可见，所列复合材料体系的比强度和比模量均高于未经增强的金属材料（铝、钛）的相应性能。B/Al、Gr（石墨）/Mg、Gr（石墨）/Al 复合材料体系具有最高的比强度和比模量；B_4C-B/Ti 和 SiC/Ti 虽然在比强度和比模量的绝对值上比不上前者（因为钛的密度比铝大），但是它们具有更优良的高温性能。图 7-3 给出了金属基复合材料的线胀系数。低的线胀系数和良好的导热性能使金属基复合材料的抗热变形性能非常优异。典型金属基复合材料的力学性能见表 7-1，由表可知，绝大多数

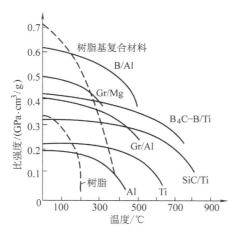

图 7-1 复合材料的比强度与温度的关系

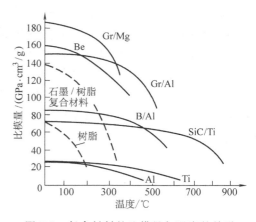

图 7-2 复合材料的比模量与温度的关系

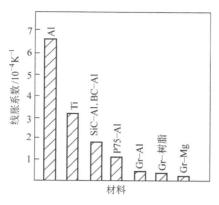

图 7-3　复合材料的线胀系数

金属基复合材料的力学性能比基体高很多，几乎所有复合材料的密度都低于基体。

表 7-1　典型金属基复合材料的力学性能

纤维	基体 （美国）	增强体 体积分数 （％）	密度/ （g/cm³）	纵向		横向	
				抗拉强度/ MPa	弹性模量/ GPa	抗拉强度/ MPa	弹性模量/ GPa
G T50	Al201	30	2.380	620	170	50	30
G T50	Al201	49	—	1120	160	—	—
G GY70	Al201	34	2.380	660	210	30	30
G GY70	Al201	30	2.436	550	160	70	40
G HM Pitch	Al6061	41	2.436	630	320	—	—
G HM Pitch	AZ31Mg	33	1.827	510	300	—	—
B on W. 142-μm	Al6061	50	2.491	1380	230	140	160
Borsic	Ti	45	3.681	1270	220	460	190
G T75	Al	41	7.474	720	200	—	—
G T75	Cu	39	6.090	290	240	—	—
FP	Al201	50	3.598	1170	210	140	140
SiC	Al6061	50	2.934	1480	230	140	140
SiC	Ti	35	3.931	1210	260	520	210
SiC Whisker	Al	20	3.796	840	100	340	100
B₄C on C	Ti	38	3.737	1480	230	>340	>140
G T75	Mg	42	1.799	450	190	—	—
G T75	Pb	35	5.287	770	120	—	—
G T75	Nickel	50	5.295	790	240	—	—
G T75	Nickel	50	5.342	823	310	30	40
G（81.3μm）	Al2034	50	3.436	760	140	—	—
G（142μm）	Al2040	60	2.436	1100	180	—	—

（续）

纤维	基体（美国）	增强体体积分数（%）	密度/（g/cm³）	纵向		横向	
				抗拉强度/MPa	弹性模量/GPa	抗拉强度/MPa	弹性模量/GPa
Superhybrid	Grifitic	60	3.048	860	120	220	60
Superhybrid	s-glass	60	2.159	740	80	90	30
Superhybrid	Kevlar	60	1.799	700	80	190	10

对于金属基复合材料，增强体的存在影响基体金属的形变、再结晶过程及时效析出行为。图 7-4 所示为粉末冶金法制备的 SiC_p/Al 复合材料，经 60% 形变后再结晶温度随 SiC 体积分数的增加明显降低；同等颗粒含量下，再结晶温度随 SiC 直径的减小而降低。随着增强体颗粒含量的增加，Al-Cu 系中的 θ 相和 2124 合金中的 S' 相的析出温度逐渐降低，加速了时效硬化过程。

颗粒与晶须增强金属基复合材料在提高其强度与模量的同时，也降低了其塑性与韧性。研究结果表明，影响颗粒或晶须增强金属基复合材料的断裂韧性的因素主要有：颗粒或晶须的尺寸与取向、复合材料的加工状态以及热处理等。体积分数为 15%SiC_p/6061 的断裂韧度 K_{IC} 测试结果表明，当 SiC 颗粒的直径分别为 2.5μm 和 10μm 时，K_{IC} 值分别为 20.5MPa·$m^{1/2}$ 和 27.2MPa·$m^{1/2}$。可见，大颗粒增强铝基复合材料相对具有较高的断裂韧性。这是由于同样体积分数的颗粒直径大，粒子间距大，裂纹在韧性基体中扩展的概率高。同样，颗粒体积分数增加时，复合材料的断裂韧性降低。

通常金属基复合材料的疲劳性能由于加入了高强度的增强体而得到了改善和提高。图 7-5 给出了涂覆 B_4C 的硼纤维增强 Ti-6Al-4V 复合材料与其基体合金的疲劳裂纹扩展特性。可见，当应力强度因子差 $\Delta K < 30$MPa·$m^{1/2}$ 时，复合材料具有较高的疲劳裂纹扩展门槛值和低得多的裂纹扩展速率，因而其疲劳寿命比其基体合金要高。一般情况下，颗粒与晶须增强金属基复合材料的疲劳强度和疲劳寿命比基体金属要高，在相同的疲劳应力作用下，复合材料的疲劳寿命比基体高一个数量级。晶须增强与颗粒增强的复合材料疲劳性能基本接近，复合材料疲劳性能的提高可能与增强体强度和刚度的提高有关。

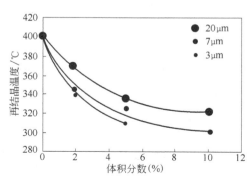

图 7-4　SiC_p/Al 复合材料再结晶温度随 SiC 体积分数和直径的变化

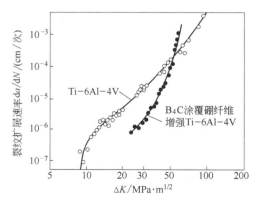

图 7-5　硼纤维增强 Ti-6Al-4V 的 ΔK-da/dN 曲线

金属基复合材料往往应用于高温部件，因此，金属基复合材料通常应具有良好的高温性能。这类复合材料在高温下的强度及模量一般要比其基体合金高。在 SiC 晶须增强 Al-Cu-Mg-Mn 系的 2124 复合材料中，随着 SiC 晶须含量增加，抗拉强度和弹性模量都增加。图 7-6 所示为不同温度下 SiC$_w$/Al 的强度变化，经固溶处理及自然时效，基体铝合金的强度提高，SiC 晶须增强后复合材料的强度更高。体积分数为 20%多晶氧化铝纤维增强铝合金在 350℃抗拉强度比未加增强纤维的基体提高 1 倍，相当于基体金

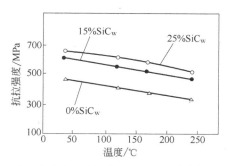

图 7-6　不同温度下 SiC$_w$/Al 的强度变化

属材料在 250℃时的抗拉强度，即加入纤维的结果是使耐热性提高 100℃。20%SiC 纤维增强铝基复合材料在 350℃的抗拉强度比未加纤维的基体金属材料提高 2 倍以上。

金属基复合材料常常被用于高温工作环境下，其高温蠕变行为是工程应用中最重要的性能之一。金属基复合材料与其基体相比通常具有较高的应力指数、蠕变激活能和蠕变抗力。对于金属基体和增强体熔点相差不大的纤维增强复合材料，如钨丝增强高温合金、定向凝固高温共晶复合材料，其纤维和基体都会发生高温蠕变。图 7-7 所示为体积分数为 45%W-1%ThO$_2$增强 Fe-Cr-Al-Y 合金分别在 1040℃、1090℃和 1150℃及不同应力下的蠕变曲线。可以看出复合材料在 1040℃、345MPa 应力作用下，蠕变速率很快趋于零，达到稳定状态；在 1090℃、276MPa 应力作用下，在 300h 以后，蠕变由稳态进入加速状态；当温度提高到 1150℃时，虽然应力为 207MPa，但几乎相近的蠕变时间后出现了加速蠕变现象。这是由于 Fe-Cr-Al-Y 基体合金在高温下的蠕变强度降低，虽然钨丝起到了强化作用，提高了复合材料的蠕变性能，但也说明了高温下增强体钨丝随基体发生了高温蠕变。

陶瓷纤维增强金属基复合材料中，如 SiC$_f$/Al 或 Al$_2$O$_{3f}$/Al，在工作温度范围内金属基体蠕变要比纤维高几个数量级，这时纤维主要表现为弹性变形，因此在蠕变曲线上蠕变速率将会逐渐下降，在蠕变应变趋于一个平衡值后而趋于零。因此，硼纤维和其他陶瓷纤维优异的抗蠕变性能决定了陶瓷纤维增强金属基复合材料的抗蠕变性能优于基体合金。

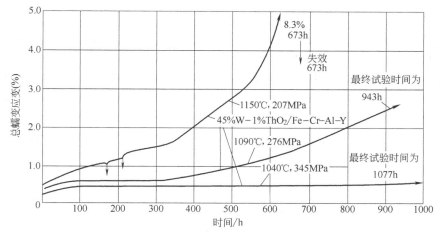

图 7-7　45%W-1%ThO$_2$增强 Fe-Cr-Al-Y 合金的蠕变性能

通常采用弥散强化合金蠕变引入的门槛应力来解释金属基复合材料高应力指数、蠕变激活能的原因，其蠕变方程可表示为

$$\varepsilon' = A\left[(\sigma - \sigma_0)/E\right]^n \exp\left(-\frac{Q_c}{RT}\right) \tag{7-1}$$

式中，ε' 为蠕变速率；A 为常数；$\sigma - \sigma_0$ 为门槛应力；E 为对应温度下的弹性模量；Q_c 为蠕变激活能；n 为蠕变应力指数；R 为理想气体常数；T 为热力学温度。虽然利用门槛应力能解释一些复合材料的蠕变行为，但关于门槛应力的起源和表征仍有争议。表 7-2 列出了一些金属基复合材料的蠕变数据。

表 7-2　金属基复合材料的蠕变数据

复合材料	温度/K	应力指数 n	蠕变激活能/(kJ/mol)
20%SiC$_p$/2124	573~723	9.5	400
15%SiC$_p$/6061	573	18.7	—
30%SiC$_p$/6061	345~405	>7.4	270 494
SiC$_p$(20μm)/Al SiC$_p$(10μm)/Al SiC$_p$(3.5μm)/Al	573~673	21.3~19.9 21.2~18.3 26.1~24.4	253 256 261
1%Si$_3$N$_4$/Al 2%Si$_3$N$_4$/Al	573~673	16.5~13.4 16.0~15.5	221 259
10%TiC$_p$/Ti-6Al-4V 20%TiC$_p$/Ti-6Al-4V	823~923	2.88 2.96	274 282

下文各节将分别介绍几种典型金属基复合材料的性能。

7.2　长纤维增强金属基复合材料

长纤维增强金属基复合材料的比强度、比模量均比未加增强体的基体材料显著提高，伸长率明显下降，高温强度明显提高，断裂韧性有所降低。当界面结合良好时，金属基复合材料的疲劳性能较好，尤其适用于航空航天工业中的应用，如航天飞机主舱骨架支柱、飞机发动机风扇叶片、尾翼、空间站结构材料等。此外，在汽车结构件、保险杠、活塞连杆、自行车车架以及体育运动其他器械上也得到了应用。从 20 世纪 60 年代中期硼纤维增强铝基复合材料首次研制成功开始，相继开发了碳纤维、碳化硅纤维（包括 CVD 碳化硅纤维和纺丝碳化硅纤维）、氧化铝纤维以及各种高强度金属丝等多种增强纤维，金属基体分别采用了铝及铝合金、镁合金、钛合金和镍基合金等基体。表 7-3 列举了单向纤维增强金属基复合材料的性能。可见，影响纤维增强金属基复合材料力学性能的因素包括基体类型、纤维种类、纤维横截面形状、纤维在复合材料中的体积分数、取向及界面结合状态等。

表 7-3　单向纤维增强金属基复合材料的性能

复合材料	纤维体积分数(%)	密度/(g/cm³)	σ_{max}(方向)/MPa	E/GPa
B/Al	50 50	2.65 2.65	1500(0°) 140(90°)	210 150

（续）

复合材料	纤维体积分数（%）	密度/（g/cm³）	σ_{max}（方向）/MPa	E/GPa
SiC/Al	50	2.84	250（0°）	310
	50	2.84	105（90°）	—
SiC/Ti-6Al-4V	35	3.86	1750（0°）	300
	35	3.86	410（90°）	—
FP-Al₂O₃/Al-Li	60	3.45	690（0°）	262
	60	3.45	172~207（90°）	152

图 7-8 所示为 FP-Al₂O₃/Al-Li 复合材料的弹性模量和屈服强度与纤维体积分数的关系，说明复合材料的弹性模量和屈服强度均随纤维体积分数的增加而增加，同时轴向弹性模量和屈服强度比横向增加得更快。

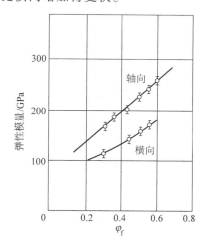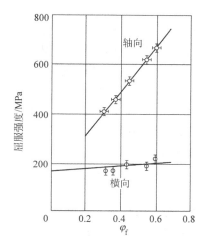

图 7-8　FP-Al₂O₃/Al-Li 复合材料的弹性模量和屈服强度与纤维体积分数的关系

7.2.1　硼纤维增强铝基复合材料

硼纤维增强铝基复合材料是最早出现的连续纤维增强金属基复合材料，在航空、航天等领域得到了重要应用。图 7-9 所示为 B$_f$/Al 复合材料纵向抗拉强度和弹性模量与直径为 95μm 硼纤维的体积分数的关系。可见，随着纤维体积分数的增大，复合材料的抗拉强度和弹性模量增大，且明显高于铝合金基体。

通常情况下，硼纤维的直径越大，其铝基复合材料的断裂能越高。硼纤维直径、纤维相对于载荷轴的取向和铺层方式对 B$_f$/Al-1100 复合材料断裂能和断裂韧度的影响见表 7-4。可见采用轴向铺层（0°）时断裂韧度最大，其次是

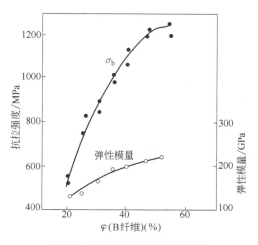

图 7-9　B$_f$/Al 复合材料的性能

正交铺层（0°/90°），横向（90°）铺层时断裂韧度最低。

表 7-4　硼纤维直径和铺层方式对 B_f/Al-1100 复合材料断裂能和断裂韧度的影响

纤维直径/μm	断裂能/(kJ/m²)	铺层方式	断裂韧度 K_{IC}/MPa·m$^{1/2}$
100	90	0°	100
140	150	90°	34.1
200	200~300	0°/90°	60.9~63.1

　　一般来说，纤维的分布取向以及纤维的含量对纤维增强金属基复合材料的冲击韧度的影响较为明显。图 7-10 所示为直径 100μm 硼纤维增强 6061Al 在铸态下 V 型缺口冲击韧度与纤维取向和体积分数的关系，图中 LT 为缺口垂直于纤维方向，TT 为缺口平行于横向增强纤维，TL 为缺口平行于纵向增强纤维方向。可以看出 LT 类缺口取向冲击韧度最大，并且随纤维体积分数的增加而增大。对于 TT 和 TL 取向缺口，冲击韧度下降较多，且与纤维的体积分数几乎无关。

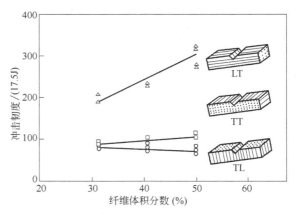

图 7-10　纤维取向及体积分数对冲击韧度的影响

　　纤维增强金属基复合材料通常作为高温下应用的工程动力构件。从图 7-11 可看出，当温度升高时，铝-硼复合材料强度虽有下降，但仍保持很高的抗拉强度，弹性模量在 20℃ 时为 250GPa，升温到 500℃ 时仍保持在 220GPa。高温下，纤维增强金属基复合材料强度降低的程度与金属基体和增强纤维类型有关，也与纤维的取向相关。如硼纤维增强铝纵向强度（σ_L）和弹性模量（E_L）在 371℃ 时和室温相比下降仅为 30% 左右，而横向性能（σ_T，E_T）的降低程度更为明显，如图 7-12 所示。

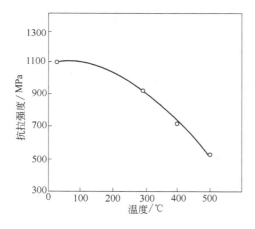

图 7-11　B_f/Al 复合材料高温强度

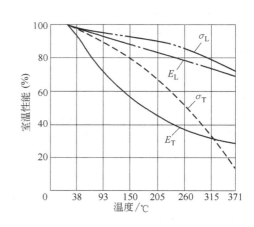

图 7-12　B_f/Al 复合材料的强度、模量与温度的关系

7.2.2　硼纤维增强镁基复合材料

硼纤维可大幅提高镁基复合材料的强度，当硼纤维体积分数达到 25% 时，抗拉强度约 900MPa；当体积分数增大到 40%~45% 时，抗拉强度增至 1100~1200MPa，弹性模量约为 220GPa，伸长率为 0.5%；当体积分数增大到 75% 时，抗拉强度可增至 1300MPa。同时，镁基复合材料也受其基体的影响。

图 7-13 反映了不同取向的 10%（体积分数）硼纤维增强镁基复合材料的应力-应变曲线，可见，即使体积分数很低，纤维的不同取向可导致复合材料应力-应变行为出现较大差异。在强度方面表现为：轴向（0°）抗拉强度最高，其次是正交铺层（0°/90°），45° 铺层和横向（90°）铺层相对较低。在伸长率方面，45° 铺层更为优越。

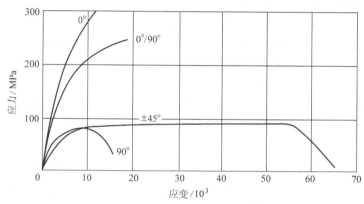

图 7-13　不同取向的 10%（体积分数）硼纤维增强镁基复合材料的应力-应变曲线

7.2.3　碳纤维增强铝基复合材料

碳纤维增强铝基复合材料是金属基复合材料中研究较多、应用较广的一种复合材料。由于它具有密度小，比强度、比模量高，导电、导热性好，高温强度及高温下尺寸稳定性好等优点，在许多领域，特别是航空航天领域得到了广泛应用。碳纤维-铝基复合材料已经用来制造电缆、活塞、螺旋桨叶片及火箭、卫星、飞机上的多种部件。

如表 7-5 所列，碳纤维增强铝基复合材料的力学性能表现为高强度的同时兼有较高模量，其密度小于铝合金，模量却比普通铝合金高 2~4 倍，因此用复合材料制成的构件质量小，刚性好，可用最小的壁厚做成结构稳定的构件，提高设备容量和装载能力。

表 7-5　碳纤维增强铝基复合材料的力学性能

纤维	基体	纤维体积分数（%）	密度 /(g/cm³)	抗拉强度 /MPa	模量 /GPa
碳纤维 T50	201 铝合金	30	2.38	633	169
碳纤维 T300	201 铝合金	40	2.32	1050	148
沥青碳纤维	6061 铝合金	41	2.44	633	320
碳纤维 HT	5056 铝合金	35	2.34	800	120
碳纤维 HM	5056 铝合金	35	2.38	600	170

纤维是复合材料变形过程中的主要承载体，在高温下仍保持很高的强度和模量，因此纤维增强金属基复合材料的强度和模量能在较高温度下得到保持，这对航空航天构件、发动机零件等的服役十分有利。如图 7-14 所示，相较于铝合金基体，铝基复合材料的高温性能得到了极大提高。

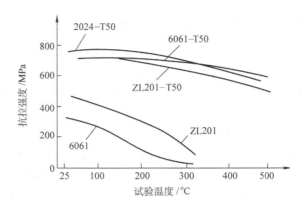

图 7-14　碳纤维（T50）增强铝基复合材料的高温性能

7.2.4　碳纤维增强银基复合材料

银基复合材料用作电触头材料能满足导电性、抗熔焊与耐磨损（电磨损、机械磨损）等性能的要求。通常采用粉末冶金法把具备良好导电性、化学稳定性的组成（银）与高熔点、抗磨的组成配制并经烧结而成。常见的银基电触头材料包括银-石墨、银-钨、银-氧化锌等。

碳纤维不仅强度与弹性模量高，并且具备一定的导电导热性。采用碳纤维作为触头材料的增强体，通过选用正确的复合工艺，可同时提高触头的导电性能与力学性能，使用寿命也可显著延长。

表 7-6 为银基电触头材料的物理性能。银-碳纤维 3 的含银量与银-石墨 5 相等。在电阻率相同的情况下，硬度却高得多。与银-氧化锌相比，两者硬度相等，但银-碳纤维 3 的电阻率较小。表 7-7 为银基电触头材料电磨损性能，配对的动触头都采用银-氧化锌，从表中可见，银-碳纤维 3 的磨损远小于银-石墨 5P 与银-石墨 5Q。

表 7-6　银基电触头材料的物理性能

名称	牌号	密度 /(g/cm³)	硬度 HV	电阻率 /μΩ·cm	备注
银-碳纤维 3	CAgCF₃	8.98	80~84	2.51	—
银-碳纤维 5	CAgCF₇	8.24	72~80	2.83	—
银-碳纤维 7	CAgCF₇	7.82	65~75	3.28	—
银-石墨 5P	CAgC₅	8.6	25~40	3.2	普通型
银-石墨 5Q	CAgC₅Q	8.6	30~35	2.4	挤压型
银-氧化锌	Ag-ZnO	9.6	83~100	3.8	—

表 7-7　银基电触头材料电磨损性能

触头材料	通断试验次数	磨损量/g	备　注
动触头 银-氧化锌	2700	—	—
静触头 银-石墨 5P		静触头磨光	普通型
动触头 银-氧化锌	12000	—	—
静触头 银-石墨 5Q		0.09	挤压型

（续）

触头材料	通断试验次数	磨损量/g	备　注
动触头 银-氧化锌	12000	—	—
静触头 银-碳纤维 3		0.011	—

7.2.5　碳纤维增强铜基复合材料

碳纤维-铜复合材料由于既有铜的良好导电、导热性能，又有碳纤维的自润滑，抗磨、低线胀系数等特点，使其可以应用于滑动电触头材料、电刷、电力半导体支撑电极、集成电路散热板等方面。例如，集成电路装置的绝热板（Al_2O_3）里面固定着散热板，一般用高传导材料（银、铜）制造，又因该类金属与绝热板的线胀系数差别大，易弯曲，导致绝热板断裂可能性增大。通过调节碳纤维含量、分布方式，使碳纤维-铜复合材料的线胀系数接近 Al_2O_3，制成的绝热板不易断裂。图 7-15 所示为 C_f/Cu 复合材料线胀系数随纤维体积分数、分布方式的变化情况，可见复合材料线胀系数可在较大范围内调节。

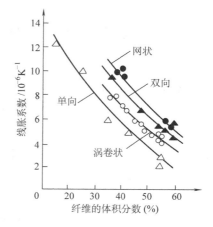

图 7-15　C_f/Cu 复合材料线胀系数

表 7-8 列举了文献报道的沉积 8h 所获得纤维/Cu 基复合材料的抗拉强度的试验数据。对于 C_f/Cu 复合材料，如果进一步提高 C 纤维的体积分数，将会有更多的 C 纤维桥接、拔出现象，有利于强度的提高；对于 C_f/Cu 复合材料，其致密度较高，且纤维与镀层及基体之间有良好的匹配，因而具有较高的抗拉强度。如果进一步优化沉积条件提高其致密度，将使强度进一步提高。而相关的研究表明，使用电化学沉积后的 C_f/Cu 复合材料在一定温度（600~700℃）进行热压，使复合材料进一步致密化，并消除微孔、微裂纹等缺陷，可使抗拉强度提高到 600~680MPa。

表 7-8　纤维/Cu 基复合材料的抗拉强度

复合材料	致密度（%）	纤维体积分数 φ_f（%）	抗拉强度 σ_b/MPa
C_f/Cu	95	30	432
C_f/Cu	97	45	455
C_f/Cu	98.5	60	581
C_f/Cu	>95	32（55）	410（490）
C_f/Cu	>95	55	630~680

碳纤维-铜基复合材料的另一应用实例是电车导电弓架上的滑块，该滑块是电车及电气机车上的易损件。早期采用金属滑块，目前碳滑块使用更广泛，但都存在诸如服役过程中大量产热、接触电阻较高等问题。而采用碳纤维-铜复合材料后，接触电阻减小，降低了过热，同时提高了强度及过载电流。此外，该复合材料表现出较优良的润滑与耐磨性，延长了服役

寿命。

7.2.6　碳纤维增强铅基复合材料

　　金属铅具有密度大、抗辐照、耐强酸腐蚀等特性，有比较广泛的用途，如工业中的铅酸蓄电池。但铅的力学性能偏低（$\sigma_b \approx 25\text{MPa}$），有时不得不通过加大尺寸、增加自重来提高构件的承载能力，从而浪费了很多材料。碳纤维的强度是纯铅的 100 倍，而密度仅有铅的1/7，采用碳纤维增强纯铅可充分发挥碳纤维的强化作用。如采用碳纤维-铅复合材料制造蓄电池的板栅，其抗拉强度比普通板栅提高 1.5 倍，自重减轻 35% 以上，容量增加 15%，提高了蓄电池的性能。

7.2.7　碳化硅纤维增强铝基复合材料

　　图 7-16 所示为 SiC_f/Al 复合材料及铝基体的高温性能。由图 7-16 可见，弹性模量随温度升高只有微小降低；屈服强度和断裂强度保持到 200℃基本不下降，在更高温度（约300℃）才急剧下降。但是，复合材料比未增强的基体金属材料具有更好的高温性能。SiC_f/Al 复合材料的高温力学性能见表 7-9。另有试验表明，SiC 体积分数为 20% 的纤维增强铝基复合材料，在 350℃的抗拉强度比未加纤维的基体金属材料提高 2 倍以上。

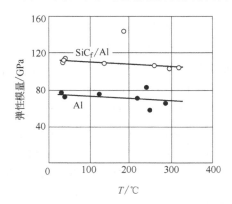

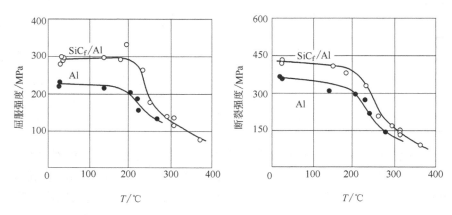

图 7-16　SiC_f/Al 复合材料及铝基体的高温性能

表 7-9　SiC$_f$/Al 复合材料的高温力学性能

复合材料	制备工艺	试验温度/℃	弹性模量/GPa	抗拉强度/MPa	伸长率（%）
6%SiC$_f$/Al-4.5Cu	液态模锻	250	90	96	14.7
10%SiC$_f$/Al-4.5Cu	液态模锻	250	104	109	6
20%SiC$_f$/Al6061	粉末冶金+挤压	200	119	163	—
20%SiC$_f$/Al6061	粉末冶金+挤压	450	23	25	—

　　SiC 纤维增强铝基复合材料的性能也受到制备工艺的影响。如基体为 6061 时，采用热挤压法制备的 SiC 纤维增强复合材料经 T6 处理后的断裂韧度为 36.8MPa·m$^{1/2}$。用热挤压法制备的 20%SiC 晶须增强 6061 复合材料再经 T6 处理，其断裂韧度降低为 23.4MPa·m$^{1/2}$。

7.2.8　碳化硅纤维增强钛基复合材料

　　欧洲的一些科技工作者已经发明了连续 SiC 纤维增强钛合金基体涂层，研制了用于制备 SiC 纤维基体合金涂层的等离子喷涂装置，在试验中选择的是 Ti-6Al-4V 合金，并依靠发明的磁控溅射系统制备了 SiC 纤维的 IMI834 基体合金涂层。他们发现，在 700℃ 时，界面反应区有非常小的生长，以及 SiC 纤维原始的 C 涂层厚度测量不到任何变化，如图 7-17 所示。该复合材料在 700℃ 下经过 900h 以上时长的处理，其强度保持不变。

　　在 CVD 碳化硅纤维增强钛基复合材料中，由于碳化硅纤维和钛合金具有优良的耐高温性能，即使是在 500℃ 温度下，复合材料的强度、模量与室温相比仅有少许的降低，甚至在 650℃ 的温度下，其强度和模量仍只下降了 10%~15%。图 7-18 所示为 SiC$_f$/Ti 的比强度与温度的关系。可见，SiC$_f$/Ti 比钛合金具有更高的比强度。当 SiC$_f$ 体积分数为 65%，以 Ti-6Al-4V 为基的复合材料室温抗拉强度为 1690MPa，弹性模量为 186GPa。

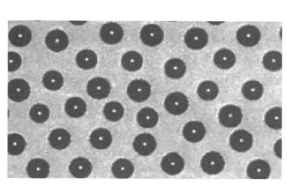

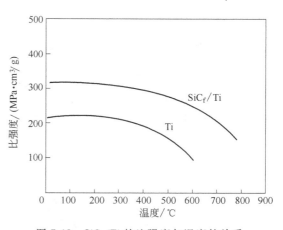

图 7-17　IMI834 合金喷涂的 SiC 纤维
复合材料叶片断裂面

图 7-18　SiC$_f$/Ti 的比强度与温度的关系

　　在近几年里，Ti-24Al-23Nb/SCS-6SiC 复合材料体系是深入研究的重点。这种复合材料发展的原因在于：增强的机械强度、优化的微观组织和可接受的断裂韧度，以及增加的热疲

劳响应和优于近 α 合金的抗氧化能力。

7.2.9　纤维增强金属间化合物

　　至今，粉末布法在制造纤维增强金属间化合物基复合材料中工艺较为成熟，这里仅以此法生产的钛铝金属间化合物基复合材料为例分析其力学性能。

　　不同温度下 Ti₃Al-Nb 基体、SiC/Ti₃Al-Nb 及用混合法则计算的 SiC/Ti₃Al-Nb 的比强度值如图 7-19 所示，在所讨论的温度范围内，SiC/Ti₃Al-Nb 复合材料的比强度均大于 Ti₃Al-Nb 的比强度。同时表明复合材料强度的实测值低于混合法则的计算值。

　　利用粉末布法、箔叠法和低压等离子喷涂法制造的 SiC/Ti-24Al-11Nb 复合材料的抗拉强度与温度的关系如图 7-20 所示。从图 7-20 中可看出，SiC/Ti-24Al-11Nb 的抗拉强度随温度的增加而下降，抗拉强度对纤维强度的依赖性很大，复合材料实测抗拉强度是混合法则计算值的 77%。抗拉强度实测值低于计算值的原因并不是由于在复合材料制造过程中纤维强度的降低，而可能是因为在复合材料制造过程中，侵蚀后的纤维强度为其原始强度的 96%。目前，还不能很好地解释 SiC/Ti-24Al-11Nb 复合材料的强度值低于混合法则计算值的原因。

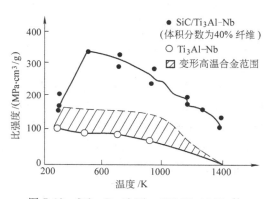

图 7-19　SiC、Ti₃Al-Nb、SiC/Ti₃Al-Nb 的
强度-温度曲线及根据混合法则的计算值

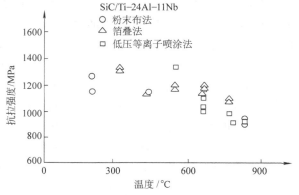

图 7-20　由不同方法制造的 SiC/Ti-24Al-11Nb
复合材料抗拉强度与温度的关系

　　在不同温度下，SiC/Ti-24Al-11Nb 复合材料的典型应力-应变曲线如图 7-21 所示，试样的纤维体积分数为 27.8% ~ 33.8%，其平均值是 31%。在测试温度为 23℃、200℃、425℃时，样品在断裂前，存在两个独立的直线区，在两者之间大约有曲线总长 0.02% 的过渡区。

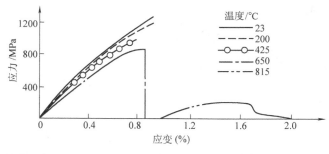

图 7-21　SiC/Ti-24Al-11Nb 复合材料的典型应力-应变曲线

在阶段 I，基体与纤维均发生了弹性变形；在阶段 II，纤维发生弹性变形，而基体开始发生塑性变形；当在 23℃ 时，一些试样在断裂前也存在一个短的陡度很小的第 III 阶段区。

在温度为 650℃ 和 815℃ 时，它不同于低温时的情形，在断裂前，应力-应变曲线总是存在曲率较大的第 III 阶段，尤其在 815℃ 时更显著。因为 SiC 纤维在断裂前一直处于弹性状态，所以在 815℃ 和 650℃ 条件下，应力-应变曲线的第 III 阶段与纤维的塑性变形无关，它除了与所预料基体的塑性变形或蠕变相关外，这个阶段还显示与局部纤维断裂、纤维-基体界面的分离和纤维的拔出有关。

在图 7-22 所示 23℃、815℃ 典型的应力-应变曲线中，复合材料在第 I、II 阶段的模量为 E_1 和 E_2。复合材料的弹性极限为 σ_{e1}，第 III 阶段的模量为 E_t。

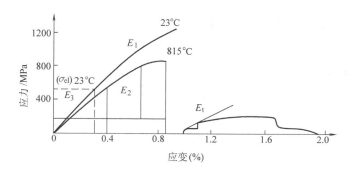

图 7-22　SiC/Ti-24Al-11Nb 复合材料应力-应变曲线所显示的性能参数

图 7-23 表示 SiC/Ti-24Al-11Nb 弹性模量 E_1 随温度的增加线性下降，图中还显示了一种根据混合法则计算的 E_1 值（假设 $\varphi_f = 31\%$，纤维模量为 400GPa）。可以看出，由混合法则计算出的 E_1 与复合材料的实测值 E_1 在所有温度下均十分接近。

Ti-24Al-11Nb 基体和 SiC/Ti-24Al-11Nb 复合材料的弹性极限 σ_{e1} 如图 7-24 所示。复合材料的 σ_{e1} 是恒定

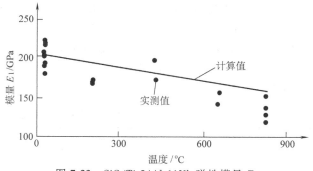

图 7-23　SiC/Ti-24Al-11Nb 弹性模量 E_1 随温度的增加线性下降

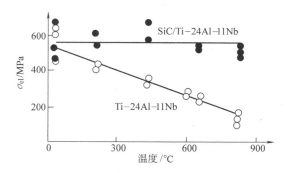

图 7-24　SiC/Ti-24Al-11Nb 复合材料及基体在不同温度下的弹性极限

值，为 567MPa，在所有温度条件下均不改变，但随着温度的增加，Ti-24Al-11Nb 的 σ_{e1} 值却呈直线下降。

另一方面，SiC/Ti-24Al-11Nb 复合材料的纵向性能主要由纤维控制，横向性能显著低于基体的性能。纵向蠕变性能和持久强度要比垂直于纤维方向的性能高出一个数量级。疲劳裂纹起始行为是由基体应变特征及寿命所决定的。当试样带有缺口时，纵向寿命降低，但对横向性能影响不大。这也预示，在横向载荷下，纤维就像是受力的缺口，在周期加载下，沿纤维方向裂纹扩展速度相当于垂直于纤维方向时的 5 倍。横向应力强度因子为 14~19MPa·$m^{1/2}$，与基体材料的断裂韧度相当。但是，在纵向则发生明显韧化，由于裂纹的桥接，其断裂强度在室温条件下可达 110~150MPa。

7.3 短纤维增强金属基复合材料

7.3.1 短纤维增强铝基复合材料

20 世纪 80 年代初，日本 Toyota 公司和 Art Metal 公司利用挤压铸造技术制备了氧化铝短纤维局部增强 AC8A 铝活塞，使活塞环槽区的耐磨性能明显改善；AC8A 铝合金用 $\varphi_f = 5\%$~7% 的氧化铝短纤维增强后，其耐磨性比高镍奥氏体铸铁高 70%。

采用挤压铸造法制备 Al_2O_3 短纤维增强铝基复合材料时，选用 Saffil 短纤维（产于英国）作为增强体，分别用 Al-5.5Mg、Al-5.3Cu、ZL109 等合金作为基体材料，用 10% 的硅溶胶水溶液作为黏结剂。纤维体积分数分别选用 8%、15%、20%。挤压铸造的工艺参数：预制件预热温度为 700℃，压力为 150MPa，保压时间为 45s，浇注温度为 730~760℃。表 7-10 举例说明了 Al_2O_3 短纤维增强铝基复合材料的室温拉伸性能，说明基体材料不同，强化效果差距较大，塑性较好的材料强化效果比较明显。ZL109 基复合材料出现其强度反而低于基体材料的现象，其断裂表现出界面脱粘型断裂，即在较低应力作用下就发生界面脱粘。

表 7-10　Al_2O_3 短纤维增强铝基复合材料的室温拉伸性能

基体材料	纤维体积分数（%）	抗拉强度/MPa	伸长率（%）
Al-5.5Mg	0	290	13
	8	309	4.8
	15	334	2.4
	20	352	2.0
Al-5.3Cu	0	230	15
	8	240	5.0
	15	266	4.5
	20	275	3.2
ZL109	0	300	2.3
	8	210	0.8
	15	180	0.7
	20	160	0.6

采用压力浸渗法制备硅酸铝（Al_2O_3-SiO_2）短纤维增强 ZL109 复合材料，其中硅酸铝短纤维的直径为 $3\sim5\mu m$，长度为 $50\sim250\mu m$。对该复合材料进行拉伸和压缩性能测试，试验结果见表 7-11。由表 7-11 可知，几种体积分数的复合材料的拉压强度较基体合金都有很大提高；且随着纤维体积分数的增大，强度升高，说明加入硅酸铝短纤维后增强效果明显。该复合材料在不同温度下的断裂强度、伸长率的测量结果见表 7-12。由表 7-12 可知，随着拉伸温度的升高，复合材料的伸长率增加，塑性提高。在高温下，复合材料的强度随纤维体积分数的增加而增加，高温性能良好。当纤维的体积分数为 30% 时，300℃ 时的断裂强度仍有214MPa，相当于基体合金的 2 倍以上。

表 7-11　硅酸铝短纤维 ZL109 复合材料的力学性能

试验材料		抗压强度/MPa	伸长率（%）	屈服强度/MPa	强度提高率（%）
ZL109	抗拉	109	3.44（断后）	40	—
	抗压	212	3.88	42	—
2#	抗拉	279	2.78（断后）	54	47.79
	抗压	324	3.50	89	52.50
3#	抗拉	344	2.09（断后）	70	82.03
	抗压	391	3.10	105	84.30
4#	抗拉	392	1.88（断后）	108	107.49
	抗压	429	3.07	152	102.06

注：2#—硅酸铝体积分数为 16%；3#—硅酸铝体积分数为 27%；4#—硅酸铝体积分数为 34%。

表 7-12　不同温度下复合材料的断裂强度、伸长率

材料	25℃		200℃		300℃	
	断裂强度/MPa	伸长率（%）	断裂强度/MPa	伸长率（%）	断裂强度/MPa	伸长率（%）
ZL109	250	2.7	214	8.5	80	15
$\varphi=10\%\,Al_2O_3$-SiO_2(sf)/ZL109	295	0.85	243	3.7	152	9
$\varphi=20\%\,Al_2O_3$-SiO_2(sf)/ZL109	332	0.66	275	2.4	170	6.7
$\varphi=30\%\,Al_2O_3$-SiO_2(sf)/ZL109	386	0.42	320	1.5	214	4.5

将经过预处理的硅酸铝短纤维增强体加入适量的有机黏结剂放入模具中，用压力设备将其压制成具有一定高度和空隙率的预制件，并将预制件连同模具一起预热，然后采用挤压铸造法把熔炼好的 ZL109 合金液渗入预制件中，获得硅酸铝短纤维体积分数为 32% 的复合材料。图 7-25 所示为复合材料经 200℃ 不同时间时效后在干摩擦条件下的磨损曲

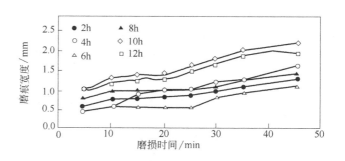

图 7-25　复合材料经 200℃ 不同时间时效后在干摩擦条件下的磨损曲线

线。从图 7-25 中可见，随着磨损时间的延长，复合材料的磨痕宽度变化缓慢，且经时效处理过的复合材料的耐磨性比铸态复合材料的要好。

7.3.2 短纤维增强锌基复合材料

表 7-13 比较了锌合金与锌基复合材料的抗拉强度。可以看出，复合材料的常温抗拉强度比基体合金略有下降。原因之一是这些纤维不同程度地存在某种缺陷并含有相当数量的杂质，降低了载荷的传递能力，从而使复合材料的强度有所下降。另一个原因是在常温下纤维-基体界面强度要低于基体材料的强度。外界载荷由基体通过界面均匀地分配到各个纤维上比较困难，纤维的增强作用得不到发挥，而此时，由于界面的脆弱，裂纹首先在该处发生，形成大量的缺陷，使材料强度降低。

表 7-13　锌合金与锌基复合材料的抗拉强度

试样	ZA27	ZA4-3	Al_2O_3/ZA27	Al_2O_3/ZA4-3
抗拉强度/MPa	319	272.6	281.14	290.8

锌合金与锌基复合材料的抗压强度见表 7-14。在基体合金中加入短纤维能大大提高抗压强度，这是由于 Al_2O_3 纤维有高的硬度、刚性和模量，使其抗变形能力大大提高。

表 7-14　锌合金与锌基复合材料的抗压强度

试样	ZA27	ZA4-3	Al_2O_3/ZA27	Al_2O_3/ZA4-3
抗压强度/MPa	453.6	443.6	639.2	604.6

锌合金与锌基复合材料的硬度如图 7-26 所示。由图 7-26 可以看出，随着温度升高，复合材料和基体的硬度均降低，这是由于在高温下，金属内部结构发生改变，产生蠕变和松弛，导致高温硬度的下降。但在同一温度下，复合材料硬度明显高于基体合金，这是因为在较软的锌合金中均匀分布着高硬度、高模量和高强度的 Al_2O_3 纤维，使其抗变形和破裂的能力得到提高。

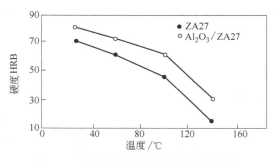

图 7-26　锌合金与锌基复合材料的硬度

锌合金与锌基复合材料的线胀系数见表 7-15。由表 7-15 可见，向金属基体中加入线胀系数较小的短纤维可以降低材料的线胀系数。这是因为复合材料的界面结合尽管相对较弱，但仍足够在基体中起较强的约束作用。因此，用锌基复合材料做模具，模具尺寸受温度影响较小，可使零件的尺寸精确、稳定。

表 7-15　ZA27 与 Al_2O_3/ZA27 的线胀系数

试样	150℃		250℃		350℃	
	$\frac{\Delta L}{L}$/10^{-3}	α/$10^{-6}K^{-1}$	$\frac{\Delta L}{L}$/10^{-3}	α/$10^{-6}K^{-1}$	$\frac{\Delta L}{L}$/10^{-3}	α/$10^{-6}K^{-1}$
ZA27	4800	48	7400	49.34	11000	44
Al_2O_3/ZA27	2200	20	4800	22.86	7800	25.16

7.3.3　短纤维增强镁基复合材料

常规镁合金的性能在温度升高至 100℃ 以上便显著降低，加入增强体可显著改进基体合金的高温性能。复合材料的高温性能与基体合金的种类有关。对压铸制备的 20% Saffil Al_2O_3 短纤维增强 CP-Mg、AZ91 和 QE22 镁基复合材料，基体对镁基复合材料的高温性能有显著影响，如图 7-27 所示。高于 150℃ 时，CP-Mg 复合材料强度显著降低，与未增强的基体材料相似。Al_2O_3 短纤维增强 AZ91 复合材料直到 150℃ 仍有较高的强度；超过 150℃，强度迅速降低；温度增加至 300℃ 左右时，复合材料与未增强合金强度趋于一致。AZ91 和 QE22 基复合材

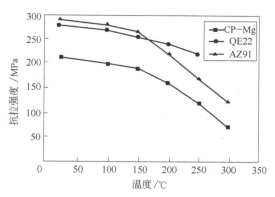

图 7-27　Al_2O_3 纤维增强不同镁基复合材料的抗拉强度与温度的关系

料比未增强的基体合金的耐高温温度提高了约 50℃，QE22 复合材料在 200℃ 时仍具有较高的强度。在 200℃ 以上，纤维含量对复合材料的拉伸性能影响较小。基体合金的断裂应变随温度的增加迅速增加，200℃ 时达到 12%，而复合材料的断裂应变到 200℃ 时仅为 3%。

7.4　晶须增强金属基复合材料

7.4.1　晶须增强铝基复合材料

1. SiC_w/Al 复合材料的弹性模量

SiC 晶须的加入，可以明显提高复合材料的弹性模量和强度。采用粉末冶金法制备的 SiC_w/Al 复合材料的室温拉伸性能见表 7-16。

由表 7-16 可以看出，SiC_w/Al 复合材料的弹性模量受热处理影响较小，提高 SiC 的体积分数，可以获得更高的弹性模量，且晶须比颗粒对提高弹性模量的贡献要更大一些。晶须体积分数为 8%~20% 时，SiC_w/Al 复合材料的弹性模量为 88~130GPa，与基体铝合金比，提高了 30%~70%。经过挤压变形处理的 SiC_w/Al 复合材料，其纵向弹性模量会进一步提高，而横向弹性模量则有所下降；SiC_w/Al 复合材料的压缩弹性模量与拉伸弹性模量是相同的。有关研究表明：当添加的晶须体积分数 φ_f 较低时，若基体的屈服强度较高，则复合材料的弹性模量增大幅度越明显；当 φ_f 较高时，若基体合金的屈服强度越低，则复合材料的模量增大的幅度越明显。

此外，在试验测试方面，因 SiC_w/Al 复合材料的比例极限较低，与铝合金相近；位错与残余应力松弛以及试样的对中性等对应力-应变曲线的起始部分影响较大，这些给试验测试精度带来较大影响。一种可行的方法为在常规拉伸试验中进行周期性卸载，由卸载曲线来测定复合材料的弹性模量，试验中发现由卸载曲线测得的结果重复性很好，且卸载应变的大小对结果的影响较小。由于卸载曲线可以人为地延长曲线的线性部分，因此可以提高弹性模量

的测试精度。

表 7-16　SiC_w/Al 复合材料的室温拉伸性能

材料	热处理工艺	弹性模量/GPa	屈服强度/MPa	抗拉强度/MPa	伸长率（%）
PM5456	淬火	71	259	433	23
8%SiC_w/5456	淬火	88	275	503	7
20%SiC_w/5456	淬火	119	380	635	2
8%SiC_p/5456	淬火	81	253	459	15
20%SiC_p/5456	淬火	106	324	552	7
PM2124	T4	73	414	587	18
PM2124	T6	69	400	566	17
PM2124	T8	72	428	587	23
PM2124	退火	75	110	214	19
8%SiC_w/2124	T4	97	407	669	9
8%SiC_w/2124	T6	95	393	642	8
8%SiC_w/2124	T8	94	511	662	9
8%SiC_w/2124	退火	90	145	324	10
20%SiC_w/2124	T4	130	497	890	3
20%SiC_w/2124	T6	128	497	880	2
20%SiC_w/2124	T8	128	718	897	3
20%SiC_w/2124	退火	128	221	504	2
8%SiC_p/2124	T4	91	368	—	—
8%SiC_p/2124	T8	87	475	—	—
20%SiC_p/2124	T4	110	435	—	—
20%SiC_p/2124	T8	110	573	—	—

2. SiC_w/Al 复合材料的强度

SiC_w/Al 复合材料的强度与晶须体积分数、晶须排列与分布、界面状态、基体合金种类以及热处理状态等因素有关。虽然 SiC_w/Al 复合材料的比例极限与铝合金相近，甚至低于铝合金的比例极限，但其屈服强度与抗拉强度要远高于相应的铝合金。

基体的屈服强度与热处理状态是 SiC_w/Al 复合材料强度的重要影响因素，研究具有固溶强化效应的 Al-Mg 合金（5466）和可时效强化的 Al-Cu-Mg 合金（2124）为基体的 SiC_w/Al 复合材料的拉伸性能，发现基体合金的强度越低，其相应复合材料的强度提高幅度越大。但 2124 基体合金可通过热处理（T4、T6 或 T8）获得时效强化，因此 φ_f 相同时，SiC_w/2124 比 SiC_w/5456 的强度要更高一些。复合材料的热处理状态也是其强度的主要影响因素，研究发现 SiC_w/2124 复合材料经退火、T4（室温时效）、T8（145℃时效 10h）及 T6（160℃时效 10h 或 190℃时效 16h）四种热处理后，其屈服强度以 T8 处理最高，其次依次为 T4、T6 及退火处理的材料。对于体积分数为 20% 的 SiC_w/2124 复合材料，T8 处理后的复合材料屈服强度高出经退火处理的复合材料的屈服强度近 500MPa（见表 7-16）。此外，基体合金的欠时效处理比过时效处理更能明显提高复合材料的屈服强度，而其断裂强度值相近。一方面说明了复合材料中基本的热处理状态对其低应变区的强度（比例极限、屈服强度）的影响更为突出；另一方面说明除了沉淀强化以外，还存在其他强化因素（如松弛位错带来的强化、位错林硬化等）。

研究发现铝合金的强度过高时，增强体 SiC 的加入反而导致复合材料屈服强度下降。这可以解释为：由于基体的强度高，复合材料在变形时，增强体承受很高外载，早期在材料制备过程中受损伤的 SiC 粒子容易破断，导致材料的屈服强度下降和低应力断裂。

晶须的体积分数是 SiC_w/Al 复合材料强度的另一种重要影响因素，SiC 晶须的体积分数增大，一方面使材料的比例极限略有提高，另一方面因晶须间距减小，源短化应力（Source-shorting Stress）增强，材料具有更高的加工硬化率，因而可以较大程度提高复合材料的屈服强度与断裂强度。研究发现只要复合材料上有足够的塑性实现其最大强度值，SiC_w/Al 复合材料的强度就随 SiC 晶须体积分数的升高而增大，当体积分数为 30%～40%时，由于基体没有足够的塑性来传播很高的局部内应力，复合材料在达到稳定的塑性流变与正常的断裂强度之前便可能断裂，因而实际强度的增大幅度反而可能减少。

晶须的取向也是复合材料强度的影响因素之一，经过挤压处理的 SiC_w/Al 复合材料，其纵向断裂强度会进一步增大，而横向断裂强度则有所下降，纵向断裂强度比横向断裂强度约高出 20%。但 SiC 晶须的取向对 SiC_w/Al 复合材料屈服强度的影响并不明显。

SiC_w-Al 界面状况也直接影响到 SiC_w/Al 复合材料的强度，研究 $SiC_w/2124$ 复合材料界面的析出相对拉伸性能的影响，认为过时效处理（基体的硬度与欠时效处理时相同）使断裂强度与应变下降。可以解释为界面处的析出物 s 相使晶须实际承受的载荷增大，晶须易断裂，导致材料的断裂强度与应变下降。

有关 SiC_w/Al 复合材料的强度理论研究较多，最简单的为混合法则，但其理论值与实际强度值差异很大，主要原因为混合法则并未考虑增强体形状、空间分布等因素。此外，对于 SiC_w/Al 复合材料，混合法则的等应变假设也不成立，由此模型预报的流变应力与弹性模量通常是实际值的上限。

3. 断裂韧性

关于 SiC 晶须或颗粒增强铝基复合材料断裂行为的研究涉及的断裂形式有拉伸断裂、压缩断裂、弯曲断裂、疲劳断裂、蠕变、应力腐蚀断裂等多种，其中有关拉伸断裂、疲劳断裂的研究占绝大部分，而后者的内容又为复合材料疲劳研究的重点。因此，本节有关 SiC_w/Al 复合材料断裂行为的综述主要以拉伸断裂的内容为主。

（1）SiC_w/Al 复合材料的断裂特征　断裂应变小、断裂韧度低是 SiC_w/Al 复合材料断裂的显著特征，也是目前限制该种材料推广应用的主要障碍。SiC_w/Al 复合材料的断裂在宏观上表现为脆性断裂，而微观上则表现出韧窝塑性断裂的特征。从材料本身的角度来看，断裂问题涉及 SiC_w/Al 复合材料的制备方法、热处理、基体合金的性质、晶须的几何特征（长径比和空间特征，如分布与取向等）、SiC_w-Al 界面状态等许多问题，这些问题与复合材料中裂纹的萌生与扩展过程相互关联。从外在条件看，材料的断裂过程与试验温度和加载方式密切相关。可以通过观察断口或者检测材料变形和断裂时的声发射信号等方法来分析 SiC_w/Al 复合材料断裂发生的过程。更为直接的方法是在扫描电镜、透射电镜下原位观察复合材料的变形、断裂过程。

研究表明，SiC_w/Al 复合材料常规拉伸断口具有比较典型的宏观断裂特征。在断口上可以看到少量而覆盖有基体铝的晶须拔出，高倍下可以发现有许多铝的韧窝，表明断口附近有相当大的局部塑性变形。有时还可以发现少量的尖角多边形或长方形的金属间化合物以及破碎的夹杂物（尤其是 PM SiC_w/Al 复合材料）。在高速拉伸时断口表面几乎看不见拔出的晶须，但可发现纵向裂纹。这些纵向裂纹是高速扩展裂纹"分叉"（Bifurcation）或"拐弯"（Kinking）的结果，表明附近的基体可能产生大范围的屈服和撕裂。对 $SiC_w/2124$ 和 $SiC_w/2024$ 复合材料低温拉伸断口（$-100℃$、$-190℃$）的分析结果表明，低温断口特征与常温下类似，说明 SiC 晶须对铝合金的低温沿晶断裂具有显著的抑制作用。

对拉伸断口表面裂纹扩展途径的分析，尤其是对 SiC_w/Al 复合材料拉伸断裂过程原位动态观察的结果表明，复合材料的拉伸断裂受裂纹萌生过程控制。

（2）SiC_w/Al 复合材料的断裂应变与断裂韧度　SiC_w/Al 复合材料通常具有较低的塑性。以不同铝合金为基体的复合材料的拉伸断裂应变见表 7-17，可见对于晶须体积分数 φ_f 为 15%~30% 的 SiC_w/Al 复合材料，其最大断裂应变 ε_b 只有 3% 左右，并且基体合金的种类和增强体含量的变化（上述 φ_f 范围内）对 ε_b 的影响不大。一般来说塑性好的基体和有利于提高基体塑性的热处理可以少量提高复合材料的 ε_b。另外，经过挤压的 SiC_w/Al 复合材料纵向塑性有所改善，虽然在常温下 SiC_w/Al 复合材料的断裂应变较低，然而在某些特殊的条件下，这种材料却可以发生大量的塑性变形。经试验研究表明，该种材料的工艺塑性非常好，在较高温度下及较慢变形速度时，可进行大挤压比的热挤压变形、交叉轧制甚至超塑性变形。

研究表明 SiC_w/Al 复合材料的断裂韧度明显低于相应的基体合金。铝合金的断裂韧度一般为 $25 \sim 75 MPa \cdot m^{1/2}$，而 SiC_w/Al 复合材料的断裂韧度只有 $7 \sim 25 MPa \cdot m^{1/2}$。造成该种复合材料断裂韧度降低的根本原因，一般认为是由于脆性增强体加入后，材料的变形不均匀使微裂纹孔洞以各种方式过早萌生，并急剧扩展导致材料早期失效断裂。

SiC_w/Al 复合材料断裂韧度较低是由于晶须端部基体的过早开裂造成的，晶须端部的应力集中和强烈的局部塑性变形，导致孔洞在较低的宏观应力下形成和扩展。假定晶须为刚体，基体为弹性黏塑性体，在此基础上经过有限元分析获得了拉伸应变下晶须端部界面孔洞产生的力学条件，并发现孔洞的大小、形状、位置与界面强度、基体的性能及晶须的几何特性密切相关，而高强度的界面结合可抑制孔洞在晶须中部的产生。SiC 粒子分布的不均匀性导致某些粒子断裂而过早萌生的裂纹是 SiC_w/Al 复合材料较低拉伸韧性的主要原因。其他研究则认为粗大杂质相的破碎可能是造成 $SiC_w/2124$ 复合材料断裂韧度低的原因。

表 7-17　以不同铝合金为基体的复合材料的拉伸断裂应变

材料	晶须体积分数（%）	制备方法	状态	断裂应变（%）
$SiC_w/1100$	20	SQ	—	4
	28	PM	—	4
	28	SQ	—	3.7
$SiC_w/6061$	15	PM	T6	3.6
	17	SQ	T6	3.5
	18	PM	T6	2.8

（续）

材料	晶须体积分数（%）	制备方法	状态	断裂应变（%）
SiC$_w$/6061	20	PM	T6	2.3
	20	PM	T6	2.2
	20	SQ+EXTR	T6	3.5
	22	SQ	T6	2.85
	25	PM	T6	1.9
	30	PM	T6	1.5~1.8
SiC$_w$/2024	20	PM	T6	2.0~2.5
	20	PM	T6	2.4
SiC$_w$/2124	20	PM	T4	3
	20	PM	T6	2
	20	PM	T8	3
	15	PM	T6	3.7
	20	PM	T6	3.0
	13.2	PM	T6	4.0
	30	PM	T6	1.4~1.8
SiC$_w$/7075	17.5	PM	T6	2.8
	20	PM	T6	3.4
	30	PM	T6	1.2~1.5
SiC$_w$/5456	20	PM	淬火	2

目前对 SiC$_w$/Al 复合材料断裂韧度的测定还没有标准化，其中一个主要的原因是预制裂纹的加工比较困难，而产生疲劳裂纹的门槛值 K_a 较高，裂纹萌生后又迅速扩展难以控制。很多研究均参考金属材料的标准，如 ASTM E399 的平面断裂韧度的测试方法及 ASTM E813 的 J 积分表征断裂韧度的测量方法（最新的标准为 ASTM E1820）。测试中大都采用紧凑拉伸试样，在试样加工时通过计算机控制缺口试样底部的曲率半径来解决预制裂纹的加工问题。根据 SiC$_w$/Al 复合材料的性质，许多工作研究测试复合材料裂纹萌生断裂韧度，也有人研究裂纹长大过程中复合材料的断裂韧度，但主要是针对颗粒增强的复合材料。

SiC$_w$/Al 复合材料的断裂韧度受到晶须体积分数及分散程度、基体合金的种类及其微观结构、SiC$_w$-Al 界面性质、时效处理工艺等因素的影响。试验表明，提高晶须的体积分数、晶须分散不均匀、增大晶须的尺寸、界面产生析出物或结合强度过高、基体合金的韧性差均可导致复合材料断裂韧度的降低。表 7-18 给出了热处理工艺对 20%SiC$_w$/6061 复合材料断裂韧度的影响。可见这种处理条件下，复合材料的断裂韧度只有基体合金的 50% 左右。对 SiC$_p$/Al 复合材料的研究结果表明，过时效状态下的断裂韧度低于欠时效状态。此外还发现，从 -136~190℃，SiC$_p$/Al 复合材料的断裂韧度基本保持恒定。

表 7-18　热处理工艺对 20%SiC$_w$/6061 复合材料断裂韧度的影响

材料	状态	断裂韧度 K_{IC}/MPa·m$^{1/2}$	备注
SiC$_w$/6061	制造态	19.5	测试前不进行任何热处理
	T6	23.4	527℃固溶 1h 水淬、177℃时效 8h
	真空除气	18.9	500℃真空保温 48h
	真空除气+T6	22.4	先真空除气然后 T6 处理
6061	T6	36.8	527℃固溶 1h 水淬、177℃时效 8h

综上所述，可通过控制 SiC 晶须的分布、改善基体的韧性、净化基体以及热加工等手段提高 SiC$_w$/Al 复合材料的断裂韧度。

7.4.2　晶须增强镁基复合材料

晶须的加入，可以明显提高镁基复合材料的弹性模量和强度。碳化硅晶须（体积分数为 20%）增强镁基（ZK60A-T5）复合材料可使镁合金基体（ZK60-T5）的抗拉强度从 365MPa 增加到复合材料的 613MPa，屈服强度由 303MPa 增加到 517MPa，弹性模量由 44.8GPa 增加到 96.5GPa。碳化硅晶须增强镁基复合材料可以制造齿轮等。

表 7-19 为采用不同黏结剂的挤压铸造 SiC$_w$/AZ91 镁基复合材料的拉伸性能。与基体合金 AZ91 相比，SiC$_w$/AZ91 的屈服强度、抗拉强度和弹性模量均大大提高，而伸长率下降。黏结剂对 SiC$_w$/AZ91 镁基复合材料的性能有显著影响，在采用不同黏结剂的 SiC$_w$/AZ91 复合材料中，采用酸性磷酸铝黏结剂的复合材料具有最高的屈服强度、抗拉强度和伸长率，采用硅胶黏结剂的复合材料的性能较差，不采用任何黏结剂的 SiC$_w$/AZ91 复合材料的性能也较低。

表 7-19　采用不同黏结剂的挤压铸造 SiC$_w$/AZ91 镁基复合材料的拉伸性能

材料	晶须体积分数 φ_f(%)	屈服强度 /MPa	抗拉强度 /MPa	伸长率(%)	弹性模量 /GPa
AZ91	0	102	205	6.00	46
SiC$_w$/AZ91（酸性磷酸铝黏结剂）	21	240	370	1.12	86
SiC$_w$/AZ91（硅胶黏结剂）	21	236	332	0.82	80
SiC$_w$/AZ91	22	223	325	1.08	81

图 7-28 所示为采用硅胶黏结剂与采用酸性磷酸铝黏结剂的 SiC$_w$/AZ91 镁基复合材料中，复合材料铸锭不同部位沿压铸方向的抗拉强度。在采用硅胶黏结剂的复合材料中，不仅抗拉强度较低，而且强度波动相对较大，复合材料靠近表面部分的强度要高于心部的强度。而采用酸性磷酸铝黏结剂的复合材料的强度分布比较均匀，只有边界部的强度稍高。

采用酸性磷酸铝黏结剂的 SiC$_w$/AZ91 复合材料与 SiC$_w$/6061 复合材料性能的对比见表 7-20。采用流体静力法测得 SiC$_w$/AZ91 复合材料的密度为 2.08g/cm^3，仅为 SiC$_w$/6061 复合材料密度的 74%，虽然其强度、弹性模量比 SiC$_w$/6061 低，但其比弹性模量比 SiC$_w$/6061 高，比强度也与之相当。

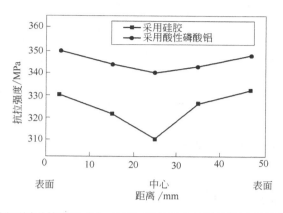

图 7-28　采用不同黏结剂的 $SiC_w/AZ91$ 镁基复合材料铸锭不同部位的抗拉强度

表 7-20　$SiC_w/AZ91$ 与 $SiC_w/6061$ 复合材料的拉伸性能

材料	晶须体积分数 $\varphi_f(\%)$	弹性模量 /GPa	抗拉强度 /MPa	比模量 /($GN \cdot cm^3/g$)	比强度 /($MN \cdot cm^3/g$)	伸长率 (%)
$SiC_w/AZ91$ （酸性磷酸铝黏结剂）	20	86	370	4.19	17.9	1.1
$SiC_w/6061$	20	110	500	3.83	17.9	2.5

大量的研究表明，对于 AZ91 镁合金，其最佳的人工时效温度为 175℃。在此温度下，对镁合金和 $SiC_w/AZ91$ 复合材料进行了时效处理，图 7-29 所示为 AZ91 镁合金和采用酸性磷酸铝黏结剂的 $SiC_w/AZ91$ 镁基复合材料在 175℃下的时效硬化曲线。由图 7-29 可以看出，在相同的时效条件下，由于碳化硅晶须的加入，复合材料的硬度大大高于基体合金。基体合金和复合材料一样都存在峰时效，峰时效硬度达到后，发生过时效软化。还可以发现，复合材料的峰时效比基体合金提前达到，基体合金在 75h 达到时效峰值，而复合材料在 40h 就达到峰时效。造成

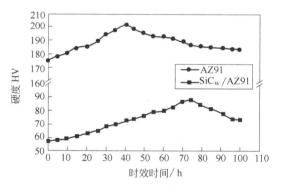

图 7-29　AZ91 镁合金及 $SiC_w/AZ91$ 镁基复合材料在 175℃下的时效硬化曲线

此种现象的原因主要是，碳化硅晶须和镁合金的线胀系数不同，导致固溶处理后的淬火过程会向基体合金中引入一定的残余热应力和大量的位错。

固溶处理明显提高了复合材料的断裂时的应变，见表 7-21；峰时效处理（T6）显著提高了 $SiC_w/AZ91$ 复合材料的强度，但是其断裂应变显著降低，这与复合材料的时效析出有关。峰时效时，$SiC_w/AZ91$ 镁基复合材料中存在两种时效析出相：晶体内的片层状析出相以及 $SiC_w/AZ91$ 界面处的胞状析出相，这两种析出相均为 $Mg_{17}Al_{12}$。

211

表 7-21　$SiC_w/AZ91$ 在不同热处理状态下的拉伸性能

性能条件	硬度 HV	屈服强度 /MPa	抗拉强度 /MPa	弹性模量 /GPa	伸长率 （%）
铸态	178	240	370	86	1.12
淬火态	175	220	355	85	1.40
T6(175℃,40h)	202	—	398	92	0.62

7.5　颗粒增强金属基复合材料

7.5.1　颗粒增强铝基复合材料

　　增强体颗粒加入到铝合金后，引起基体合金微观结构变化，同时使合金的性能发生改变。铝基复合材料力学性能视制备工艺，增强体种类、尺寸和体积分数，基体合金及热处理工艺的不同而存在一定的差异。表 7-22 给出了几种典型颗粒增强铝基复合材料的力学性能。从表 7-22 中可以看出，增强颗粒的加入，使复合材料弹性模量、屈服强度和抗拉强度都得到明显提高，但也使伸长率显著降低。

表 7-22　典型颗粒增强铝基复合材料的力学性能

复合材料		屈服强度 /MPa	抗拉强度 /MPa	伸长率 （%）	弹性模量 /GPa	制造商
$Al_2O_3/6061$	10%[①](T6)	296	338	7.5	81	Duralcan,Alcan
	15%（T6）	319	359	5.4	87	Duralcan,Alcan
	20%（T6）	359	379	2.1	98	Duralcan,Alcan
$SiC_p/6061$	10%（T6）	405	460	7.0	98	DWA
	15%（T6）	420	500	5.0	105	DWA
	20%（T6）	430	515	4.0	115	DWA
$Al_2O_3/4042$	10%（T6）	483	517	3.3	84	Duralcan,Alcan
	15%（T6）	476	503	2.3	92	Duralcan,Alcan
	20%（T6）	483	503	1.0	101	Duralcan,Alcan
$SiC_p/2024$	10%（T6）	400	610	5～7	100	BritishPetroleum
	15%（T6）	490	630	2～4	105	BritishPetroleum
	20%（T6）	405	560	3	—	DWA
$SiC_p/7075$	15%（T6）	556	601	2	95	Cospray,Alcan
$SiC_p/7079$	15%（T6）	598	643	2	90	Cospray,Alcan
$SiC_p/7079$	20%（T6）	665	735	—	105	DWA

　　① 表示增强颗粒的体积分数。

1. 弹性模量

　　增强体的加入，使复合材料的弹性模量（E）显著提高。影响复合材料弹性模量的因素主要有增强体种类、含量、长径比、定向排布程度和基体合金种类以及热处理状态等。随着增强体颗粒的加入及体积分数增大，弹性模量大致呈线性升高。选用高模量的 SiC 颗粒比选用 Al_2O_3 颗粒，可以获得更高模量的复合材料。值得注意的是，表 7-22 中没有给出颗粒的形状与尺寸，而形状与尺寸对弹性模量的影响也很明显。表 7-22 还表明，选用 2024 铝合金作为基体比 6061 铝合金具有更高的弹性模量。但是，也有研究表明，复合材料弹性模量与基体的合金化关系不大，而不同铝合金基复合材料的比模量之间有一定的差异，SiC_p/Al-Li 复合材料的比模量可以达到 Al-Li 合金的 1.4 倍。

界面结合也是影响复合材料弹性模量的重要因素。对硼酸铝晶须增强铝基复合材料的研究结果表明，一定的界面反应由于提高了界面结合力，有助于复合材料弹性模量的提高。对 SiC_p/Al 的研究结果也表明，界面对载荷传递作用的发挥程度将严重影响复合材料弹性模量的大小。

2. 强度

由表 7-22 可以看出，复合材料的强度随增强体类型、含量以及基体合金类型、材料的热处理状态不同而异。

基体的屈服强度与热处理状态是复合材料强度的重要影响因素。对比研究具有固溶强化效应的 Al-Mg 合金（5456）和可以时效强化的 Al-Cu-Mg 合金（2124）为基体的 SiC_p/Al 复合材料的拉伸性能，发现基体合金的强度越低，其相应复合材料的强度提高幅度越大。但 2124 基体合金可通过热处理（T4、T6 或 T8）获得时效强化。因此，体积分数相同时，SiC_p/2124 比 SiC_p/5456 的强度更高。

图 7-30 说明 SiC 颗粒和晶须增强不同铝合金基复合材料所产生的强化效果与基体强度密切相关，强度低的基体对颗粒或晶须的增强效果明显。对 SiC_w/Al 复合材料的研究也表明：基体强度越低，强化效果越明显，但是基体强度过低，不利于发挥晶须的强化作用。当铝合金的强度过高时，增强体颗粒的加入反而导致抗拉强度下降。该现象可以解释为由于基体的强度高，复合材料在变形时增强体承受很高外载，早期在材料制备过程中受损伤的 SiC 颗粒易破断，产生裂纹萌生源，导致材料的屈服强度下降和低应力断裂。

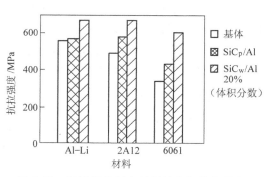

图 7-30　不同铝基复合材料的室温抗拉强度

相较于纯金属和合金，具有更高的耐热性是复合材料的又一重要特点。图 7-31 和图 7-32 分别为 40%（体积分数）AlN_p/6061 复合材料和不同基体复合材料的高温拉伸性能。由图 7-31 可见，40%（体积分数）AlN_p/6061 复合材料具有与基体合金相同的规律，但具有更高的高温强度。由图 7-32 可见，复合材料所能使用的温度范围与基体合金种类有关。

从微观力学角度分析，颗粒增强复

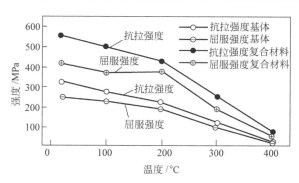

图 7-31　AlN_p/6061 复合材料
以及基体合金的高温强度

合材料的强度主要来源于 Orowan 强度、晶粒与亚结构强化、位错林强化、热处理强化、加工硬化、颗粒的复合强化等。复合材料的高温强度并不是这些强化作用简单的叠加，而是这些因素相互协同作用的结果。

3. 导热性

传统的 Invar 和 Kovar 系列合金、Mo 合金、W 合金等由于电阻、热阻或密度较大的原因，都难以满足现代航空航天电子封装集成材料的要求。而目前大部分电子封装材料主要采用 Al_2O_3 陶瓷、SiC 陶瓷和 AlN 陶瓷，前两种材料的热导率较低且密度较高，后者成形较为困难。部分

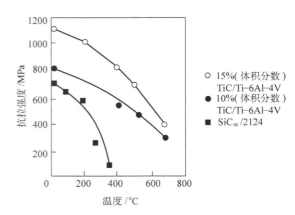

图 7-32　复合材料的抗拉强度与温度之间的关系曲线

传统材料和目前使用的电子封装材料的热导率和线胀系数见表 7-23。正是由于传统电子封装材料存在较多难以满足使用要求的缺点，因此开发了一系列新型低膨胀、高热导率复合材料。图 7-33 所示为 SiC_p/Al 复合材料的热导率和线胀系数与 SiC 体积分数的关系，表明通过适当设计可获得不同的热导率与线胀系数匹配，以满足不同电子元器件的要求。AlN 导热性较好，线胀系数较低，无毒，生产成本可接受，因此，AlN_p/Al 复合材料很可能成为较有前途的电子封装器件的候选材料。

表 7-23　部分传统材料和目前使用的电子封装材料的热导率和线胀系数

材料	AlN	BeO	Al_2O_3	W	SiC	Invar	Si	Mo	Kovar
线胀系数/$10^{-6}K^{-1}$	4.7	6.7	8.3	4.5	3.8	0.4	4.1	5.0	5.9
热导率/[W/(m·K)]	250	250	20	174	70	11	13.5	140	17

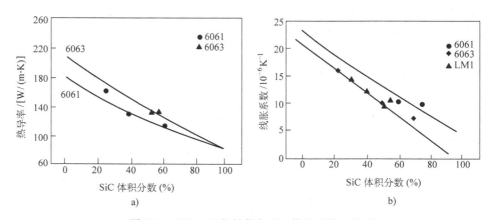

图 7-33　SiC_p/Al 的性能与 SiC 体积分数的关系

a）热导率　b）线胀系数

4. 热膨胀性能

部分 SiC_p/Al 复合材料与常规仪器用材料的物理性能见表 7-24。复合材料的线胀系数、

热导率等性能明显占有优势。这使复合材料的物理性能在用于制作尺寸稳定性高的零、构件时具有竞争力。表 7-24 中 SiC_p/2024 复合材料线胀系数与 SiC 颗粒体积分数的关系也表明复合材料的线胀系数在一定范围可调，因此，SiC_p/Al 复合材料在光学仪表和航空电子元件领域具有较好的应用前景。

表 7-24　SiC_p/2024 复合材料与常规仪器用材料的物理性能

性能	A[①]	B[②]	2Cr13	电镀 Ni
线胀系数/$10^{-6}K^{-1}$	9.7	12.4	9.3	12.1
热导率/[W/(m·K)]	127	123	24.9	8.0
弹性模量/GPa	145	1172.91	200	2.0
密度/(g/cm³)	2.91	—	7.8	7.75

① A 用于精密仪器的金属基复合材料，6061-T6，40%SiC_p（体积分数）。
② B 用于光学仪器的金属基复合材料，2124-T6，30% SiC_p（体积分数）。

5. 高温力学性能

SiC_p/A356 复合材料的高温性能见表 7-25。由表 7-25 可见，随着 SiC 颗粒体积分数的增加，复合材料的高温性能提高；当体积分数为 20%时，复合材料在 200℃左右的强度仍与铝基合金室温强度相当。

表 7-25　SiC_p/A356 复合材料的高温性能

温度/℃	抗拉强度/MPa			
	0%[①] SiC	10%[①] SiC	15%[①] SiC	20%[①] SiC
22	262	303	331	352
149	165	255	283	296
204	103	221	248	248
260	76	131	145	152
316	28	69	76	76

① 指体积分数。

6. 热挤压对复合材料性能的影响

经热挤压后复合材料内部颗粒分布更加均匀，性能得到进一步的提高，并且变形量越大，对改善复合材料的颗粒分布均匀性越有利。研究铝基复合材料超塑性的过程中发现，以热挤压或轧制作为超塑性变形的预处理工艺，可使复合材料的晶粒细化。

对颗粒增强铝基复合材料热挤压的研究表明，经热挤压后复合材料的密度显著提高，并且消除了大部分宏观铸造缺陷，同时使复合材料中产生很大压应力，这些因素将提高复合材料的常规力学性能。但热挤压往往导致两种效应：一方面，挤压变形会引入大量的位错，进而提高材料的屈服强度；另一方面，挤压后期的持续高温也将引起退火，原子在高温下的扩散系数增大，扩散的能力提高，使位错发生回复而使密度降低；原子的热振动加剧，部分原子能够从非平衡位置恢复到平衡位置，晶格畸变因而得到缓解，使基体中的内应力降低，这一过程对提高复合材料的强度是不利的。热挤压的这两个过程是相互矛盾的，因此，在小挤压比下，后一效应起主导作用，复合材料的力学性能没有提高，反而低于初始态；大挤压比下，前一效应起主导作用，热挤压复合材料的力学性能显著高于初始态。

7.5.2 颗粒增强镁基复合材料

碳化硅和氧化铝颗粒增强镁基复合材料，在颗粒体积分数不超过 25% 时，对复合材料的力学性能改善不多，但可以明显提高其耐磨性。因为碳化硅和氧化铝颗粒增强镁基复合材料耐磨性优良，且耐油，可用于制造油泵的泵壳体、止推板和安全阀等零件。SiC_p/Mg 复合材料不同温度的力学性能见表 7-26，由表 7-26 可知，在同一温度下，随着增强颗粒的加入及其体积分数的增加，复合材料的屈服强度、抗拉强度、弹性模量都有所提高，伸长率则有所下降。但对于同一含量增强相而言，随着温度的升高，屈服强度、抗拉强度、弹性模量都有所降低，伸长率有所提高，说明温度对这种材料的性能有较大的影响。另外，对铸态复合材料进行压延，可使其力学性能大大提高。压延之所以能达到这种效果，是由于经过压延使陶瓷颗粒增强相在基体内的分布更加均匀，同时消除了气孔、缩松等缺陷。$SiC_p/AZ91$ 复合材料的断裂主要表现为脆性断裂，聚集和团聚颗粒是引起断裂的主要原因。SiC_p/Mg 复合材料还具有优良的耐磨性和耐腐蚀性。对 $SiC_p/AZ91$ 复合材料的磨粒磨损行为进行研究发现，随着 SiC 颗粒体积分数的增大，耐磨性提高。进行盐雾腐蚀测试，发现 SiC 颗粒含量在某一临界值以下，腐蚀速率基本不变。

表 7-26 SiC_p/Mg 复合材料不同温度的力学性能

材料	温度 /℃	屈服强度 /MPa	抗拉强度 /MPa	伸长率 （%）	弹性模量 /GPa
15.1%[①]$SiC_p/AZ91$	21	207.9	235.9	1.1	53.9
19.6%$SiC_p/AZ91$	21	212.1	231.0	0.7	57.4
25.4%$SiC_p/AZ91$	21	231.7	245.0	0.7	65.1
25.4%$SiC_p/AZ91$	177	159.6	176.4	1.5	56.0
25.4%$SiC_p/AZ91$	260	53.2	68.6	3.6	—
20%$SiC_p/AZ91$	25+压延	251.0	336.0	5.7	79.0

① 指体积分数。

7.5.3 颗粒增强锌基复合材料

SiC_p/Zn 复合材料的性能见表 7-27，由表可知随着 SiC 颗粒体积分数的增大，$SiC_p/ZA27$ 复合材料的弹性模量及硬度均有所提高，抗拉强度降低。产生此种现象可能是由于 ZA27 基体塑性差所致；但对于 $SiC_p/ZA22$ 复合材料而言，抗拉强度有一个峰值，可能是由于位错密度升高导致的结果。

表 7-27 SiC_p/Zn 复合材料的性能

材料	抗拉强度/MPa	伸长率（%）	弹性模量/GPa	硬度 HBW
10% $SiC_p/ZA27$	396	0	92	121.0
20% $SiC_p/ZA27$	330	0	110	159.0
5% $SiC_p/ZA22$	485	3.6	96	101.0
10% $SiC_p/ZA22$	518	2.8	105	116.5
20% $SiC_p/ZA22$	480	0	131	121.6

将 ZA27 合金在坩埚中熔化，并在 600℃ 保温；随后在熔体表面加入 SiC 颗粒，用高能超声处理 60~90s，得到熔体-颗粒悬浮液；接着在金属型中浇注成形，得到 SiC_p/ZA27 复合材料。图 7-34 所示为 SiC 增强体在相同的颗粒粒径（$7\mu m$）条件下，颗粒的体积分数对复合材料力学性能的影响。可见，随着增强体体积分数的增大，复合材料的抗拉强度、弹性模量和硬度增大，而伸长率降低，颗粒的体积分数对力学性能的影响远比粒径的影响显著。其中，当颗粒体积分数为 8% 时，抗拉强度达到 388.9MPa，比基体的 289MPa 提高了 35%。

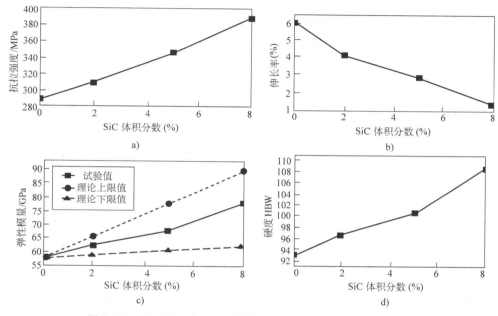

图 7-34　SiC_p（$7\mu m$）/ZA27 的室温性能与 SiC 体积分数的关系

a）颗粒含量与抗拉强度的关系　b）颗粒含量与伸长率的关系
c）颗粒含量与弹性模量的关系　d）颗粒含量与硬度的关系

选用粒度约为 $10\mu m$ 的 SiC 颗粒作为增强相，用挤压浸渗法制备 SiC_p/ZA27 复合材料。以摩擦副为 40Cr 钢为例，从表 7-28 中可以看出，复合材料中由于 10% 的增强体颗粒的加入，复合材料的耐磨性提高了约 78 倍；随着 SiC 颗粒质量分数的增加，复合材料的耐磨性进一步提高，当 SiC 颗粒质量分数达 30% 时，耐磨性提高了约 126 倍。

表 7-28　SiC_p/ZA27 复合材料的磨损结果

材料	ZA27	$w(SiC)=10\%$	$w(SiC)=20\%$	$w(SiC)=30\%$
磨损质量损失	1.0120	0.0130	0.0100	0.0080
耐磨性	1	77.85	101.2	126.5

7.5.4　颗粒增强铜基复合材料

在 TiB_2/Cu 复合材料和 TiB_2 陶瓷材料中，由于金属 Cu 的加入，TiB_2/Cu 基复合材料的致密度、抗弯强度和断裂韧度均大幅度提高，其力学性能见表 7-29。由于 Cu 的熔点只有 1083℃，在燃烧合成过程中将发生熔化；此时熔融的 Cu 处于液相流动状态，在加压过程中能有效地填充已原位生成的 TiB_2 颗粒间缝隙，同时对 TiB_2 颗粒的重排提供润滑，因而 Cu 的加入明显改善了材料的致密化行为。

由于 TiB_2/Cu 基复合材料致密度的提高，因而材料的抗弯强度也相应地提高。另外，由于 Cu 的加入使 TiB_2 陶瓷颗粒细化，由位错塞积理论可知，晶粒越细，塞积的位错环数越多，促使相邻晶粒中的位错源起动所需的外加切应力越大，从而使材料的强度提高。

表 7-29 TiB_2/Cu 基复合材料的力学性能

材料	密度/ （g/cm^3）	致密度/ （%）	硬度 HRA	抗弯强度/ MPa	断裂韧度/ $MPa \cdot m^{1/2}$
TiB_2/Cu	5.417	96.1	76.5	583	8.32
TiB_2	4.13	91.4	82	424.8	4.71

虽然纯铜及部分高铜合金因具备优良的导电和传热性能，在民用工业及军事领域得到了广泛的应用，但这类材料强度普遍不高，在高温下抗变形能力较差。通过常规手段如合金化或冷加工可以提高它们的强度，但导致其导电性和耐热性下降，已不能满足现代工业及军事装备的需求，因此高强度、高导电性的耐热铜是材料研究的热点方向之一。高强度、高导电性耐热铜研究的技术关键是如何解决铜材强度、导电性和耐热性之间的矛盾。近年来的研究结果表明，氧化物弥散强化铜基复合材料能有效解决这一矛盾。采用内氧化工艺制备的铜基复合材料，其增强体 Al_2O_3 的质量分数为 0.89%，其增强体比例与用机械合金化工艺相当。两种复合材料经烧结、挤压和冷拔后的综合性能见表 7-30，复合材料应变与强度的关系、复合材料硬度与退火温度的关系分别如图 7-35 和图 7-36 所示。由图可见，用内氧化工艺制备的铜基复合材料的力学性能和耐热性能优于用机械合金化工艺制备的，加工率对两种复合材料的力学性能的影响也等效。另外，冷加工工艺对复合材料导电性能的影响甚微。需要说明的是，机械合金化制备的铜基复合材料的导电性能明显优于使用内氧化工艺。

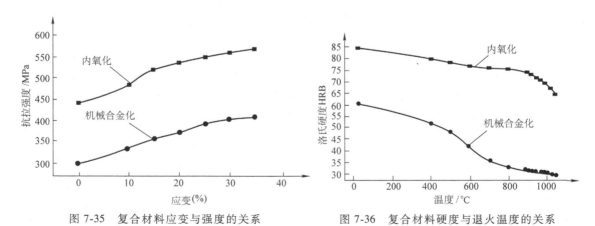

图 7-35   复合材料应变与强度的关系   图 7-36   复合材料硬度与退火温度的关系

表 7-30 Al_2O_3/Cu 复合材料的力学及电学性能

工艺方法	质量分数 （%）	试验温度/ ℃	抗拉强度/ MPa	屈服强度/ MPa	伸长率 （%）	硬度 HRB	相对电导率 （LACS）（%）
机械合金化	0.9	25	405	400	6.5	60	84
		427	182	156	6	—	—

（续）

工艺方法	质量分数（%）	试验温度/℃	抗拉强度/MPa	屈服强度/MPa	伸长率（%）	硬度HRB	相对电导率（LACS）（%）
内氧化	0.89	25	565	545	12	85	78.83
		427	525	470	8	—	—

7.5.5　颗粒增强钛基复合材料

钛基复合材料比钛合金具有更高的比强度、比刚度和抗高温性能等，使其成为先进飞行器和航空发动机使用的材料之一，而成本较低的颗粒增强钛基复合材料在民用航空领域有着巨大的应用市场。钛合金和颗粒增强钛基复合材料的力学性能见表 7-31。从表 7-31 中可见，颗粒增强钛基复合材料的性能优势十分显著，尤其是高温性能比钛合金提高了很多。

表 7-31　钛合金和颗粒增强钛基复合材料的力学性能

材料	增强相体积分数 φ（%）	制备工艺	弹性模量/MPa	屈服强度/MPa	抗拉强度/MPa	伸长率（%）
Ti	0	熔铸	108	367	474	8.3
TiC/Ti	37	熔铸	140	444	573	1.9
TiB/Ti-62222	4.2	熔铸（原位生成）	129	1200	1282	3.2
TiC-TiB/Ti	15	自蔓延高温合成法+熔铸	137	690	757	2.0
Ti-6Al-4V	0	热压	—	868	950	9.4
Ti-6Al-4V	0	真空热压	120	—	890	—
TiC/Ti-6Al-4V	10	热压	—	944	999	2.0
TiC/Ti-6Al-4V	20	冷压+热压	139	943	959	0.3
TiB_2/TiAl	7.5	XD 法	—	793	862	0.5
Ti-6Al-4V	0	快速凝固	110	930	986	1.1
TiB/Ti-6Al-4V	3.1	快速凝固	121	1000	1107	7
TiB/Ti-6Al-4V	10	粉末冶金（原位生成）	133.5	1004	1124	1.97

图 7-37 所示为 TiC 颗粒增强钛基复合材料（TP-650）在不同试验温度下的强度与伸长率的关系。该复合材料中，TiC 增强颗粒的体积分数为 3%，颗粒的平均尺寸约为 5μm；复合材料铸锭经过开坯锻造，再经两相区锻造加工成 ϕ13mm 的棒材。由图 7-37 可知，从室温至 500℃，随着伸长率的增大，强度急剧下降。而在 500℃ 以上，随着伸长率的增大，强度下降缓慢。由此表明，该复合材料在高温下具有良好的热稳定性。在 500℃ 以上温度进行拉伸性能测试，TP-650 复合材料的强

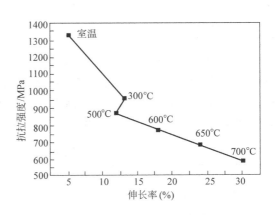

图 7-37　TP-650 复合材料在不同试验温度下的强度与伸长率的关系

度与伸长率的关系为直线关系，该直线的斜率明显小于 400℃ 以下温度试验的值，即在 500℃ 以上温度试验，材料抗拉强度随温度升高的衰减速率明显低于 400℃ 以下试验的值，从而进一步表明，TiC 颗粒增强钛基复合材料具有潜在的耐高温性能。

7.6　混杂增强金属基复合材料性能

混杂增强复合材料最早出现于 20 世纪 70 年代初，主要是混杂增强树脂基复合材料。其目的在于保持各组元材料优点的同时，获得优良的综合性能，既降低了成本，又提高了材料的实用性。近些年来，材料研究者也逐渐把目光投向了混杂增强金属基复合材料的研究，以广泛地满足设计与结构形式的需要。铝基复合材料是金属基复合材料中最受关注的一类材料，向铝及铝合金中添加陶瓷增强体可以显著提高材料的强度和模量，尤其是非连续增强铝基复合材料，其增强体价格较长纤维要低得多，而且可以利用现有的金属材料加工方法和设备，因此材料的成本大为降低。

7.6.1　室温力学性能

对 $SiC_w \cdot Al_2O_{3p}/6061$ 铝基复合材料的强化行为进行的研究发现，当保持增强体总体积分数不变，通过调整 SiC 晶须与 Al_2O_3 的比例可以使混杂增强复合材料的抗拉强度达到 507MPa，与 $SiC_w/6061$ 和 $Al_2O_{3p}/6061$ 相比，其抗拉强度有较大的提高。颗粒的加入提高了晶须的分散性，减少了晶须的折断，从而使复合材料的抗拉强度得到提高。表 7-32 统计了 SiC 颗粒含量对 $SiC_w \cdot SiC_p/2024$ 复合材料室温力学性能的影响，结果表明，SiC 颗粒的加入有效地提高了复合材料的抗拉强度和弹性模量。

表 7-32　纳米 SiC 颗粒含量对 $SiC_w \cdot SiC_p/2024$ 复合材料室温力学性能的影响

复合材料	抗拉强度/MPa	弹性模量/GPa	最大伸长率（%）
$20\%SiC_w/Al$	452.1	112.10	0.83
（$20\%SiC_w/Al+2\%SiC_p$）/Al	464.0	128.80	0.72
（$20\%SiC_w/Al+5\%SiC_p$）/Al	470.2	124.10	0.85
（$20\%SiC_w/Al+7\%SiC_p$）/Al	612.8	126.60	0.80

表 7-33 列出了不同锂霞石（E_{uc}）和硼酸铝晶须（ABO）含量和不同基体合金的复合材料的弹性模量和屈服强度。从表 7-33 中可以看出，几种复合材料的弹性模量为 90GPa 左右。比较表 7-33 中前三种基体相同、锂霞石和硼酸铝晶须比例不同的复合材料，可见锂霞石颗粒的相对含量越高，复合材料的屈服强度越高。

表 7-33　几种混杂增强复合材料的弹性模量和屈服强度

材料	弹性模量/GPa	屈服强度/MPa
（$1E_{uc}+3ABO$）/4032	101	177
（$3E_{uc}+1ABO$）/4032	85	184
（$2E_{uc}+2ABO$）/4032	90	170

（续）

材料	弹性模量/GPa	屈服强度/MPa
（2E_{uc}+2ABO）/pAl	91	162
（2E_{uc}+2ABO）/2024	89	—
（2E_{uc}+2ABO）/6061	99	—

7.6.2　耐磨性能

在原有复合材料的基础上添加第三相粒子，以提高复合材料的耐磨性，或者利用"混杂效应"将耐磨增强体和具有减摩性的增强体混杂，是金属基复合材料发展的重要趋势。目前对混杂增强复合材料的耐磨性研究较多，对其磨损机制也进行了较深入的探讨。

图 7-38 表明随着增强体体积分数的增加，复合材料的磨损量下降，（11%Al_2O_{3f}+20%SiC_p）/6061 复合材料的抗磨损性能要分别优于 20%SiC_p/6061 和 20%Al_2O_{3f}/6061 复合材料，并与 60%SiC_p/6061 复合材料相近。

从图 7-39 可以看出，由于碳纤维的加入，混杂增强复合材料的抗磨损性能比 Al_2O_{3f}/Al 复合材料的抗磨损性能提高 20%~30%。在中速（1.14~1.97m/s）滑动时，碳纤维体积分数为 8%的混杂增强复合材料的耐磨性最好。这是由于碳纤维的加入使复合材料与摩擦副之间出现了固态润滑层，从而降低了复合材料与摩擦副之间的摩擦力，使复合材料的耐磨性得到提高。

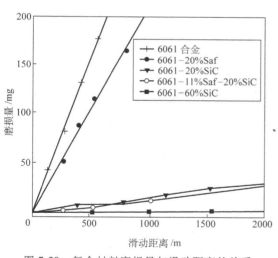

图 7-38　复合材料磨损量与滑动距离的关系

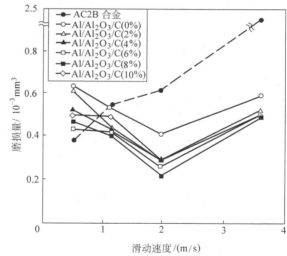

图 7-39　滑动速度对复合材料磨损量的影响
（摩擦副为 P400SiC）

研究纤维的取向对 Al_2O_3 纤维和碳纤维混杂增强 $AlSi_{12}CuMgNi$ 复合材料摩擦磨损性能的影响，结果表明：与纤维垂直于磨损方向的复合材料相比，当纤维平行于磨损方向时，混杂增强复合材料的磨损率较高，摩擦因数较低。

7.6.3　热物理性能

铝基复合材料既保持基体铝的导热性能，又具有增强体线胀系数小的优点，也可以通过选择不同增强体或调整增强体的体积分数来实现热物理性能的设计。由表 7-34 可以看出混杂增强复合材料既保持了较低的线胀系数，又具有比单一增强的复合材料更好的导热性能。

表 7-34　材料的物理性能

材料	线胀系数/ $10^{-6}\mathrm{K}^{-1}$	热导率/ $[\mathrm{W/(m \cdot K)}]$	弹性模量/ GPa
6061	23.0	201	69
$50\% \mathrm{C_f}/6061$	5.68	102	112.10
$(50\%\mathrm{C_f}+1\%\mathrm{SiC_p})/6061$	5.55	152	128.80

7.6.4　高温性能

金属基复合材料具有较好的高温性能，更适合在高温下使用，所以探索其在高温条件下服役时的变形规律对研究复合材料在高温下的力学性能、扩大复合材料工作温度范围以及为材料的二次成形加工都提供了可靠的理论依据。

研究复合材料从轻微磨损到严重磨损的转变温度，从图 7-40 温度对复合材料磨损性能的影响来看，$\mathrm{Al_2O_3}$ 颗粒和 SiC 颗粒的加入分别把 6061 和 A356 合金的转变温度提高到了 $310 \sim 350℃$ 和 $440 \sim 450℃$，而 $\mathrm{SiC_p} \cdot \mathrm{Gr/A356}$ 在 $460℃$ 时，仍然能够保持轻微磨损。单一增强复合材料在从轻微磨损到严重磨损的温度转变点时摩擦因数发生跃升，而混杂增强复合材料的摩擦因数在温度转变点则表现出优异的稳定性。

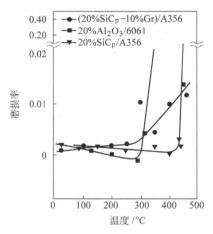

图 7-40　复合材料的磨损率与温度的关系曲线

7.7　内生增强金属基复合材料

7.7.1　内生增强铝基复合材料

对于 Al-CuO 体系，以 Al-Mg 合金为基体，采用搅拌铸造法添加不同含量的 CuO 可制备增强体为 $\mathrm{Al_2O_3}$ 颗粒、基体为 2017 铝合金的颗粒增强金属基复合材料。图 7-41 所示为该复合材料抗拉强度和硬度的测试结果，由图可知，加入 10% CuO 的复合材料抗拉强度较高，平均达到 297MPa，比基体提高了 53%。而其他两种情况下，抗拉强度还低于基体。这也与所得的材料组织相吻合，即材料中的 $\mathrm{Al_2O_3}$ 含量高，相应的强度大。从图 7-41 中还发现三种复合材料的硬度都很高，说明高熔点硬质相 $\mathrm{Al_2O_3}$ 的存在是产生此种结果的直接原因。加入 10% CuO 的复合材料硬度最高，达到 136HBW，比基体提高近 1 倍。但三种材料的伸长率均有不同程度的下降，且都小于 1%。

对于 $\mathrm{Al\text{-}TiO_2\text{-}KBF_4}$ 反应体系，采用熔体反应法制备了 $\mathrm{TiB_2/Al}$ 复合材料。在生成的复合材料中，$\mathrm{TiB_2}$ 颗粒细小，且均匀地分布在铝基体上。$\mathrm{TiB_2/Al}$ 复合材料的力学性能见表 7-35。

复合材料的抗拉强度随着 TiB_2 体积
分数的增大而提高，当 TiO_2 加入
量为 10% 时，TiB_2/Al 复合材料的
抗拉强度较基体提高了 84.5%；其
伸长率在 TiO_2 加入量为 5% 时略高
于基体，而当 TiO_2 加入量为 10%
时则发生明显下降。此外，对比表
7-35 中数据发现，重熔除气对复合
材料的力学性能影响不大。

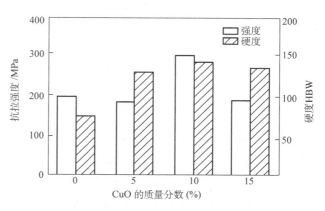

图 7-41　CuO 加入量不同的复合材料的
抗拉强度和硬度的测试结果

采用不同内生合成方法制备的
TiB_2/Al 复合材料的力学性能见表
7-36。从表 7-36 中可以看出，TiB_2
的生成使铝的弹性模量、抗拉强度
和屈服强度均有较大幅度的提高。同一种复合材料，制备方法不同，其性能也有所不同。另
外，研究表明与外加法制备的复合材料相比，在颗粒加入量相同的情况下，内生 TiB_2/Al 复
合材料具有更高的弹性模量、抗拉强度和屈服强度。

表 7-35　熔体反应法制备的 TiB_2/Al 复合材料的力学性能

TiB_2 的体积分数 φ_p（%）	粉末体积分数（%）		抗拉强度 /MPa	伸长率（%）	备注
	TiO_2	KBF_4			
0	0	0	74.3	31.4	铸态,除气
2.5	5	15.75	123.8	33.3	铸态
5	10	31.5	137.1	12.7	铸态
5	10	31.5	147.8	10.8	铸态,重熔除气

表 7-36　不同颗粒含量的 TiB_2/Al 复合材料的力学性能

材料	制备方法	颗粒体积分数 φ_p（%）	弹性模量/ GPa	屈服强度/ MPa	抗拉强度/ MPa	伸长率（%）	维氏硬度 HV
Al	—	—	70	67.8	102.6	20	38
Al/TiB_2	XD™	15	120.6	304	349	3.3	118
Al/TiB_2	XD™	20	131	235	334	7	110
Al/TiB_2	XD™	30	—	560(压)	740(弯)	—	245

对于 Al-$ZrOCl_2$ 体系，采用熔体反应法制备了（$Al_3Zr+Al_2O_3$）$_p$/A356 复合材料。原位生
成的 Al_3Zr 和 Al_2O_3 均为多面体粒状。随着 $ZrOCl_2$ 加入的质量分数的增加，复合材料凝固组
织中增强体颗粒体积分数增大。表 7-37 为（$Al_3Zr+Al_2O_3$）$_p$/A356 铸态复合材料的拉伸性
能，由表 7-37 可知（$Al_3Zr+Al_2O_3$）$_p$/A356 复合材料具有比基体更高的抗拉强度，并随
$ZrOCl_2$ 加入量的增加而增大。

表 7-37 （Al₃Zr+Al₂O₃）ₚ/A356 铸态复合材料的拉伸性能

ZrOCl₂加入的质量分数 （%）	颗粒理论体积分数 φ_p（%）	抗拉强度 /MPa	伸长率 （%）
0	0	184.6	8.7
5	3.83	225.7	9.6
10	7.67	267.5	7.2
15	11.50	306.4	5.6

对于 Al-Zr（CO₃）₂原位反应体系，采用熔体反应法制备了（Al₃Zr+Al₂O₃）ₚ/Al 复合材料。原位反应生成的颗粒为 Al₃Zr 和 Al₂O₃，颗粒细小并均匀分布在基体中。图 7-42 所示为（Al₃Zr+Al₂O₃）ₚ/Al 复合材料的室温拉伸性能与 Zr（CO₃）₂加入量的关系。结果表明：（Al₃Zr+Al₂O₃）ₚ/Al 复合材料的抗拉强度和屈服强度随 Zr（CO₃）₂加入量的增大均显著提高。当内生增强颗粒的理论体积分数为 10% 时，复合材料的抗拉强度和屈服强度分别为 148MPa 和 110.5MPa，但伸长率则随 Zr（CO₃）₂加入量的增大先上升后下降。

对于 Al-Zr（CO₃）₂-KBF₄体系，通过熔体反应法合成了新型颗粒增强铝基复合材料。XRD 和 SEM 分析表明，Zr（CO₃）₂和 KBF₄与铝液反应生成了 ZrB₂、Al₂O₃和 Al₃Zr 颗粒，颗粒尺寸细小，平均尺寸约为 80~90nm，且弥散分布于基体中。复合材料的力学性能随反应物质量分数的变化如图 7-43 所示。结果表明 Al-Zr（CO₃）₂-KBF₄体系反应生成的复合材料，抗拉强度和屈服强度随着反应物加入量的增加均显著提高。当反应物的质量分数为 20% 时，复合材料的抗拉强度为 150.3MPa，较铝基体的 78.0MPa 提高了 92.7%；屈服强度为 113.7MPa，较铝基体的 42.0MPa 提高了 170.7%。但随着反应物质量分数的上升，复合材料的伸长率先略有升高然后急剧下降。

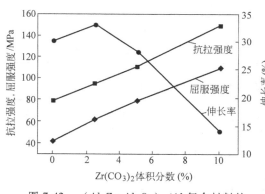

图 7-42 （Al₃Zr+Al₂O₃）ₚ/Al 复合材料的室温拉伸性能与 Zr（CO₃）₂加入量的关系

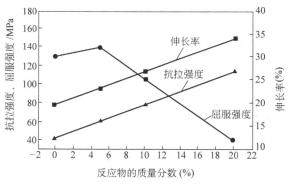

图 7-43 Al-Zr（CO₃）₂-KBF₄体系生成的复合材料力学性能随反应物质量分数的变化

在 A359-Zr（CO₃）₂体系中，原位反应合成了（Al₃Zr+Al₂O₃）ₚ/A359 颗粒增强铝基复合材料，在制备过程中施加低频交变电磁场进行搅拌，以提高复合材料的耐磨性能。该复合材料的干滑动摩擦磨损试验结果如图 7-44 和图 7-45 所示，分别为磨损量与外加载荷的关系曲线和磨损量与摩擦时间的关系曲线。结果表明：复合材料的耐磨性比纯基体合金明显提高，施加电磁搅拌后复合材料的耐磨性进一步提高。特别是在较大载荷下的耐磨性大幅提高，从轻微磨损到急剧磨损的临界转变载荷由 58.8N 提高到 78.8N。磨损表面的 SEM 分析显示：基体合金为黏着磨损和剥层磨损，复合材料的磨损以磨粒磨损为主并带有少量的剥层磨损，施加电磁搅拌后的复合材料为纯磨粒磨损。

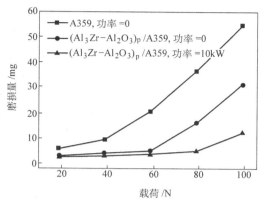

图 7-44　磨损量与外加载荷的关系曲线

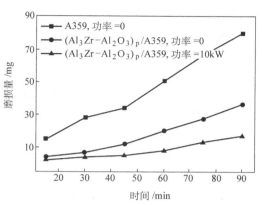

图 7-45　磨损量与摩擦时间的关系曲线

7.7.2　内生增强钛基复合材料

利用热爆（XD）工艺生产 TiB_2/Ti-Al 复合材料的研究表明，通过引入弥散分布的 TiB_2 颗粒，可使材料的抗拉强度得到有效提高，而其他性能并未降低。表 7-38 列出了该复合材料两种状态的拉伸性能。

表 7-38　TiB_2/Ti-45Al 复合材料的拉伸性能

状态	20℃			800℃		
	屈服强度/MPa	抗拉强度/MPa	伸长率（%）	屈服强度/MPa	抗拉强度/MPa	伸长率（%）
挤压态	—	793	0	448	710	11
热处理	793	860	0.5	427	600	20

表 7-39 列举了 800℃、900℃条件下，不同状态下 Ti-47Al 基体和 XD 法制造的 6%（体积分数）TiB_2/Ti-47Al 复合材料的持久寿命。由表 7-39 可知，在一般锻造状态下，Ti-47Al 基体的持久寿命略高于其复合材料的持久寿命；但当添加 6% TiB_2 增强体的复合材料经 1200℃/50h 热处理后，其持久寿命显著提高，并远高于 Ti-47Al 基体。

表 7-39　Ti-47Al 基体及其复合材料的持久寿命

合金/加工状态	温度/℃	应力/MPa	持久寿命/h
Ti-47Al（锻造态）	900	69	75.4
6%TiB_2/Ti-47Al（锻造态）	900	69	35.3
6%TiB_2/Ti-47Al（锻造+1200℃/50h 热处理）	900	69	276.4
Ti-47Al（锻造态）	800	138	171.1
6%TiB_2/Ti-47Al（锻造态）	800	138	82.7

（续）

合金/加工状态	温度/℃	应力/MPa	持久寿命/h
6%TiB$_2$/Ti-47Al （锻造+1200℃/50h 热处理）	800	138	588.2

形成以上试验结果主要是由材料的显微组织变化而引起的。在锻造状态下，基体的显微组织由 α_2+γ 层片状和等轴状的混合物组成；但含 TiB$_2$ 复合材料的锻造组织中却包含细小的 α_2 晶粒，且分布在粗大、连续的 γ 基体上。在锻造及热处理过程中，颗粒增强复合材料易发生动态再结晶，从而使层片状结构逐渐向颗粒状转变。当在 1200℃ 下保温处理 50h 后，其层片状结构完全转变为等轴状晶粒；同时 α_2 和 γ 晶粒有长大的趋势，但 TiB$_2$ 对这种长大起阻碍作用。细小的等轴晶有较高的蠕变抗力，所以热处理提高了复合材料的持久寿命。

在经典均匀结晶理论框架内研究压力对形核与生长的影响。结果表明，高压加快了形核而抑制了生长。在给定的冷却速率下，高压使晶粒细化，这与复合材料中生成纳米级 TiC 增强颗粒的试验结果相符。在给定温度下，研究了高压对晶粒尺寸的影响，结果表明，压力增强了相对过冷度，并且存在一个临界压力值 p_c。当压力小于 p_c 时，平均晶粒尺寸 d 随压力的增加而减小；当压力大于 p_c 时，d 随压力的增加而增大。图 7-46 所示为在 1473K 合成温度下压力与复合材料中 TiC 平均晶粒尺寸的关系，试验结果符合上述趋势。

通过测量显微硬度研究了高温高压方法原位合成复合材料的力学性能。图 7-47 所示为合材料的显微维氏硬度与 TiC 平均晶粒尺寸的关系。随着增强颗粒 TiC 晶粒尺寸的下降，复合材料的显微维氏硬度值增大。因此，可通过调节合成条件来改变复合材料的显微硬度。

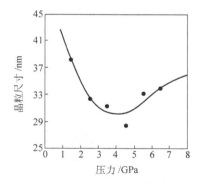

图 7-46　复合材料中 TiC 平均晶粒尺寸
与压力的关系

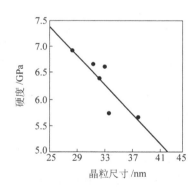

图 7-47　显微硬度与 TiC 平均
晶粒尺寸的关系

本章思考题

1. 连续纤维增强铝基复合材料与晶须增强铝基复合材料相比性能优势有哪些？
2. 颗粒增强铜基复合材料与颗粒增强铝基复合材料相比，其性能有何优势？
3. 短纤维增强锌基复合材料的性能有何特点？

4. 碳纤维增强银基复合材料的性能有何优势？

5. 试结合具体复合材料，说明金属间化合物基复合材料的性能特点。

6. 结合颗粒增强铝、镁、钛基复合材料的性能特点，说明其可能的应用领域。

7. 试比较颗粒、晶须增强镁基复合材料的性能，并说明其应用趋势。

8. 试比较碳纤维、碳化硅纤维增强铝基复合材料的性能差异。

9. 短纤维增强铝基复合材料的力学性能有怎样的特点？提高其性能有哪些途径？

10. 混杂增强铝基复合材料的性能研究中尚存在哪些问题？如何加以解决？

第8章 金属基复合材料的损伤与失效

金属基复合材料的损伤与失效通常包括三种形式：增强相的损伤和断裂，增强相和基体之间界面的脱粘与失效，以及基体内孔洞的形核、长大与汇合导致的基体失效。金属基复合材料的损伤与失效机制主要是通过试验方法进行研究，但是试验本身一般不能给出定量结果。所以，利用细观力学方法对此种问题进行数值研究也是一种重要的手段。

8.1 金属基复合材料损伤与失效的基本理论

8.1.1 基体损伤模型

金属基复合材料的基体通常为延性的金属或合金，失效前往往要经历一定的塑性变形。从细观层次上看，损伤可能涉及两级孔洞的演化：大孔洞由增强相的脱粘产生，大孔洞之间或增强相之间的基体中的变形局部化产生小一级的孔洞，小一级孔洞形核、长大，最后聚合为延性裂纹，其演化由 Gurson-Tvergaard 模型描述，其屈服函数为

$$\Phi = \frac{\sigma_{eq}^2}{\sigma_M^2} + 2\varphi^* q_1 \cosh\left(\frac{3q_2\sigma_{KK}}{2\sigma_M}\right) - (1+q_3\varphi^{*2}) = 0 \tag{8-1}$$

$$\varphi^* = \begin{cases} \varphi, \varphi \leqslant \varphi_c \\ \varphi_c + \dfrac{1/q_1 - \varphi_c}{\varphi_F - \varphi_c}(\varphi - \varphi_c), \varphi > \varphi_c \end{cases} \tag{8-2}$$

式中，σ_{KK} 是宏观应力分量。σ_{eq} 是宏观等效应力；σ_M 是基体材料的实际屈服应力；φ 和 φ^* 分别是实际和等效孔洞体积分数；φ_c 和 φ_F 对应于材料损伤开始加速及彻底失效时所对应的孔洞体积分数；q_1 是 Tvergaard 引入的用以反映孔洞相互作用效应的可调参数。微孔洞的增长率包括已有孔洞的长大和新孔洞的形核两个部分，即

$$\dot{\varphi} = (1-\varphi)\dot{\varepsilon}_{KK}^p + A\dot{\varepsilon}_M^p \tag{8-3}$$

式中，A 是参数，选择时应使孔洞的形核成正态分布；$\dot{\varepsilon}_{KK}^p$ 是宏观体积塑性应变部分；$\dot{\varepsilon}_M^p$ 是细观等效塑性应变，可通过宏、细观塑性功率相等的条件求得

$$\dot{\varepsilon}_M^p = \frac{\sigma_{KK}\dot{\varepsilon}_{KK}^p}{(1-\varphi)\sigma_M} \tag{8-4}$$

式（8-3）的第一部分可以通过塑性体积不可压缩条件得到，对于应变控制形核的情况，式（8-3）的第二部分可表示为

$$A = \frac{\varphi_N}{S_N h\sqrt{2\pi}}\exp\left[-\frac{1}{2}\left(\frac{\varepsilon_M^p - \varepsilon_N}{S_N}\right)^2\right] \tag{8-5}$$

式中，φ_N 是可以形核粒子的体积分数；ε_N 是形核时所对应的应变；ε_M^p 是细观等效塑性应变；S_N 为形核应变的标准差；h 为硬化函数。基体设为幂硬化材料，实际屈服应力为

$$\sigma_{M} = \sigma_0 \left(1 + \frac{E_M \varepsilon_M^p}{\sigma_0} \right)^N \tag{8-6}$$

式中，N 为硬化指数；E_M 为弹性模量；σ_0 为初始屈服应力。

8.1.2　增强体的失效准则

增强体通常呈脆性，脆性材料的失效准则采取最大主应力准则形式。如果 σ_1、σ_2 和 σ_3 分别用来表示三个主应力，那么失效准则为

$$\max(\sigma_1, \sigma_2, \sigma_3) \geqslant \sigma_0 \tag{8-7}$$

式中，σ_0 是脆性材料的单向抗拉强度。

8.1.3　界面损伤模型

金属基复合材料的界面往往很薄，远小于其增强相纤维直径的尺寸。Needle-man 和 Tvergaard 提出了界面的内聚力模型，用来模拟初始无厚界面层的损伤。

界面的内聚力模型旨在建立界面黏结力与界面位移间距之间的关系，不受常规应变单元对单元长宽尺寸比例的限制，适合于描述薄界面的情况。设 T 是界面中的黏结力，Δ 是界面位移间距，它们之间的关系可写为下述分量形式，即

$$T_n = (1 - \lambda_{max})^2 E_n \Delta_n H(\Delta_n) + K_n \Delta_n H(-\Delta_n) \tag{8-8}$$

$$T_t = (1 - \lambda_{max}) 2 E_t \Delta_n H(1 - \lambda_{max}) + \mu K_n \Delta_n \mathrm{sgn}(\Delta_t) H(-\Delta_n) H(\lambda_{max} - 1) \tag{8-9}$$

$$\lambda_{max} = \left[\left(\frac{\Delta_n^{max}}{\delta_n} \right) H(\Delta_n^{max}) + \left(\frac{\Delta_t^{max}}{\delta_t} \right) \right] \tag{8-10}$$

式中，Δ_n^{max}、Δ_t^{max} 是界面所经历过的最大法向和切向的位移间距；下标 n 和 t 分别表示界面的法向和切向；H 是单位阶跃函数，用以区别界面法向是受拉状态还是受压状态，同时也用于判定界面是否已经完全分离；E_t 表示界面的切向模量；E_n 和 K_n 分别表示界面法向受拉及受压时的模量，为防止计算中界面相互嵌入，K_n 可以取一个大值；δ_n 和 δ_t 为界面受单纯拉伸和单纯剪切时的临界位移间距值；量纲为一的参数 λ_{max} 是一个单调增长的量，用来表征界面的损伤：$\lambda_{max} = 0$ 对应于界面完好无损的状态；$\lambda_{max} \geqslant 1$ 表示界面已经完全脱粘，若在某一段载荷变化过程中，λ_{max} 值不增加，则界面黏结力的增量与界面间距的增量呈线性关系，当界面完全脱粘后，界面之间只有接触效应；μ 为界面的摩擦因数，满足条件 $|T_t| \leqslant \mu |T_n|$ 时，界面相对位移的增量为零。界面的法向及切向的最大强度可以由界面受纯拉伸及纯剪切得到，即

$$\sigma_n = 4 E_n \delta_n / 27, \quad \sigma_t = 4 E_t \delta_t / 27 \tag{8-11}$$

式中，σ_n 和 σ_t 可代替界面模量 E_n 和 E_t 作为表征界面性质的独立参数。

8.2　金属基复合材料的拉伸损伤及失效

8.2.1　典型金属基复合材料的损伤分析

1. 连续纤维增强金属基复合材料

连续纤维增强的 MMCs，纤维体积分数为 $\varphi_f = 30\%$，纤维理想化为四方周期分布，利用对称性，取 1/4 纤维计算，计算胞元如图 8-1 所示，由连续性条件，变形时，胞元的各个边

界仍保持水平或垂直，这是一个很强的条件。基体材料设为各向同性的幂硬化材料，式（8-6）中各参数的选择为 $E_M = 250\sigma_0$、$N = 0.1$，泊松比为 0.33，式（8-5）中有关孔洞形核的参数取为 $\varphi_N = 0.04$、$S_N = 0.1$ 和 $\varepsilon_N = 0.3$，式（8-2）中两个临界孔洞体积分数取为 $\varphi_c = 0.15$ 和 $\varphi_F = 0.20$，式（8-1）中微孔洞相互作用的影响参数取为 $q_1 = q_3 = 1.25$ 和 $q_2 = 1.0$。决定材料的这些细观损伤参数需要精细的试验观测。对于大部分材料，缺乏这些参数，这里将这些参数视为可调参数。通过调节这些参数，使数值模拟得到的单向拉伸的应力-应变曲线及失效阶段的孔洞体积分数与试验测得的结果相符，就认为这些参数的取值反映了实际材料的损伤演化规律。纤维假设为线弹性材料，其弹性模量为基体材料的 5.5 倍，泊松比为 0.21。由于材料在失效前往往已经经历了很大的变形，因此计算采用有限变形的有限元框架。

图 8-2 给出了不同界面强度条件下，计算胞元上的 $\overline{\sigma_y} - \overline{\varepsilon_y}$ 曲线。$\overline{\sigma_y}$ 和 $\overline{\varepsilon_y}$ 为计算胞元上的平均拉伸应力和平均拉伸应变，此时界面的临界相对位移为 $\delta_n = \delta_t = 0.02r_0$，保持为常数。对于中等和弱界面，曲线有两个跌落：第一个跌落对应于界面脱粘，胞元的承载能力突然下降；第二个跌落对应于基体中的微孔洞开始聚合为延性裂纹，材料迅速丧失承载能力。界面强度越大，脱粘发生得越晚，材料可达到的最大强度也越大。对于强界面，无界面脱粘发生，材料的强度取决于基体的强度。同时，界面强度越大，脱粘后的残余应力也越大，这是因为若界面强度大，脱粘时基体中的塑性应变发展得更充分。材料的模量也随界面强度的增大而提高。图 8-3 给出了界面临界相对位移对材料的拉伸性能的影响，此时界面强度 $\sigma_n = \sigma_t = 1.5\sigma_0$ 保持不变。从图 8-3 可以得到这样的规律：界面的临界相对位移越大，界面脱粘出现得越晚，但脱粘后的残余应力变化不大。界面强度一定时，临界相对位移大，就意味着界面较软，有助于缓解界面附近的应力集中，同时界面脱粘时消耗更多的能量，材料表现出更多的韧性。

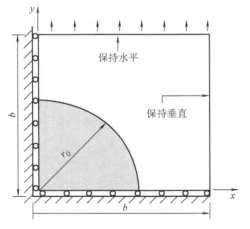

图 8-1 利用周期性的计算胞元

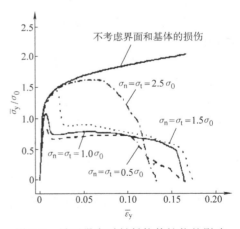

图 8-2 界面强度对材料拉伸性能的影响

不同的界面强度将导致不同的损伤模式，图 8-4 所示为不同界面强度下胞元在失效阶段的损伤分布。对于弱界面，界面将完全脱粘，纤维剥落，基体损伤集中于两纤维之间的韧带处；对于中等强度的界面，部分界面脱粘，损伤集中于界面的裂纹端部附近及两纤维之间韧带的中部，随着损伤发展，这两处的微孔洞逐渐汇合；对于强界面，脱粘将不会发生，基体

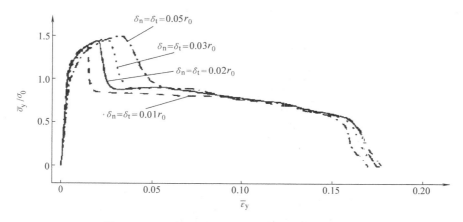

图 8-3　界面临界相对位移对材料拉伸性能的影响

中的损伤区域分布得较广，此时损伤集中在与拉伸方向成 45°的界面附近及上下、左右相邻纤维之间韧带的中部。

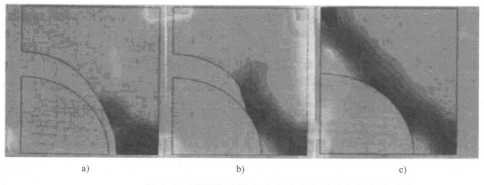

图 8-4　不同界面强度下胞元在失效阶段的损伤分布

a）$\sigma_n = \sigma_t = 0.5\sigma_0$　b）$\sigma_N = \sigma_t = 1.5\sigma_0$　c）$\sigma_n = \sigma_t = 2.5\sigma_0$

综上所述，对于连续纤维增强 MMCs 的损伤分析可归纳为：

1）界面的性质是决定材料性质的重要因素，界面强度越高，界面脱粘阻力越大，材料的最终强度越大；若界面强度很大，脱粘不发生，材料的强度由基体的性质决定。

2）界面的临界相对位移值越大，界面的韧性越好，脱粘发生得越晚。

3）不同界面强度对应的计算胞元的失效模式不同，弱界面失效时，界面完全脱粘，纤维剥落；中等界面失效时，部分界面脱粘；强界面失效时，失效在基体中发生。

2. 短纤维/晶须增强金属基复合材料

短纤维增强 MMCs 的损伤形式往往比较复杂，增强相附近的应力集中会引发诸如增强相断裂、界面脱粘和基体断裂等损伤。短纤维分布的理想化模型如图 8-5a、b 所示，轴向端部相互对齐，横向按六边形分布。计算胞元如图 8-5 中灰色部分所示，在均匀轴向载荷下，简化为轴对称问题，其边界条件及有限元网格如图 8-5c 所示，灰色为纤维单元，白色为基体单元，两者之间布置一层界面单元。

根据图 8-5b 所示的圆形与六边形面积等效原则，轴对称计算胞元半径可表示为 $r_c = 3^{1/4} a_s /$

$\sqrt{2\pi}$，纤维体积分数为 $\varphi_f = r_f^2 l_f / (r_c^2 l_c)$。定义纤维及计算胞元的长径比为：$\beta_f = l_f / r_f$，$\beta_c = l_c / r_c$。

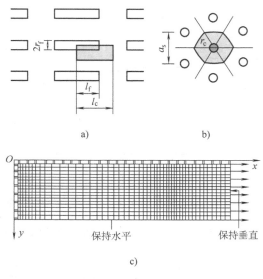

图 8-5　计算胞元

a）轴向　b）横向　c）有限元网格

对于 SiC 晶须增强的 2124 铝基复合材料而言，晶须体积分数为 17.5%，晶须的平均直径为 0.5μm，复合材料轧制过程中晶须断裂后的平均长度为 2.5μm，故晶须和计算胞元的长径比取为 $\beta_f = 5$ 和 $\beta_c = 3.5$。基体材料的弹性模量与初始屈服应力之比为 $E_M / \sigma_0 = 200$，泊松比 $\nu_M = 0.33$，硬化指数 $N = 0.13$。细观损伤参数取为：$q_1 = q_3 = 1.25$，$q_2 = 1.0$，$\varphi_N = 0.04$，$S_N = 0.1$，$\varepsilon_N = 0.3$，$\varphi_c = 0.15$，$\varphi_F = 0.20$。代入单向拉伸的有限元计算后，发现以上的参数能符合基体材料的试验曲线。晶须为线弹性材料，其模量与基体的模量之比 E_f / E_M，泊松比 $\nu_f = 0.2$。晶须的极限应变在 1%~2% 范围内，这里取晶须的强度为 $10\sigma_0$。界面的临界位移间距取为 $\delta_n = \delta_t = 0.02 r_f$，界面强度的范围为 $(1.5 \sim 10)\sigma_0$。

图 8-6 所示为不同界面强度下计算胞元的平均应力-应变曲线。当界面较弱时，界面能够传至晶须的载荷不足以使晶须断裂，所以界面脱粘占优，材料的强度由界面的强度决定。当界面足够强时，晶须将发生断裂，此时无论怎样提高界面的强度，材料的强度变化不大，材料的最终强度由晶须的强度决定。图 8-7 所示为不同界面强度下计算胞元最终的损伤分布和失效模式，界面强度较小时，晶须端部及端部附近的侧面发生脱粘，损伤集中在晶须端部附近的基体中。界面强度增加后，晶须端部的界面可能也会脱粘，但晶须侧面传递的载荷足以使晶须断裂，并且在断口附近的界面发生脱粘，基体中的损伤集中在断口部位。随着

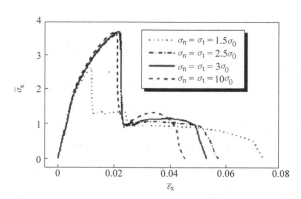

图 8-6　不同界面强度下计算胞元的平均应力-应变曲线

界面强度的增大，晶须端部的界面将不发生脱粘，而晶须断口处的界面脱粘范围也减小，基体损伤也分布得更集中。这就解释了图 8-6 显示的规律：界面强度越大，纤维断裂后基体的断裂扩展越快，材料的延性也越小。

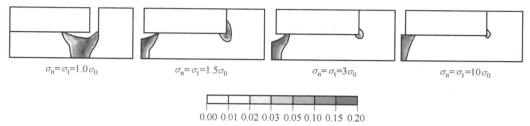

$\sigma_n = \sigma_t = 1.0\sigma_0$　　$\sigma_n = \sigma_t = 1.5\sigma_0$　　$\sigma_n = \sigma_t = 3\sigma_0$　　$\sigma_n = \sigma_t = 10\sigma_0$

0.00 0.01 0.02 0.03 0.05 0.10 0.15 0.20

图 8-7　不同界面强度下计算胞元最终的损伤分布和失效模式

图 8-8 所示为不同长径比下，界面脱粘（对应于弱界面）或纤维断裂（对应于强界面）时所对应的平均应力与基体初始屈服应力的比值 σ_d/σ_0，σ_b/σ_0 和平均应变。计算证实了材料刚性和强度随着纤维长径比的增大而增大，但延性降低的结论。

因此，对于短纤维/晶须增强的金属基复合材料在顺纤维/晶须方向拉伸时：

1）当界面较弱时，损伤以界面脱粘占优，材料的强度由界面的强度决定；当界面足够强时，晶须将发生断裂，材料的最终强度由晶须的强度决定。

2）对于弱界面，基体损伤集中在纤维端部侧面的界面脱粘处；对于强界面，基体损伤集中在纤维断口附近，而且界面越强，基体损伤分布越集中，材料延性越小。

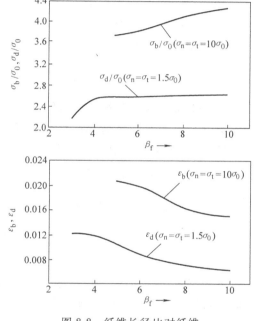

图 8-8　纤维长径比对纤维断裂及界面脱粘的影响

3. 颗粒增强金属基复合材料

用细观力学的方法研究颗粒增强型复合材料颗粒断裂对宏观性能的影响。对于 SiC 或 Al_2O_3 颗粒增强型铝基复合材料，在简单拉伸外载荷作用下，增强颗粒 SiC 或 Al_2O_3 将会发生断裂。SiC 颗粒将沿垂直拉伸方向断裂，而 Al_2O_3 颗粒将发生粉碎性破裂。由于增强颗粒的断裂，它们将失去或部分失去承载能力，因而增加了周围基体的局部变形。试验结果表明，长细比或体积较大的颗粒最容易断裂。目前在理论上分析颗粒断裂随外载荷演化的文献还比较少，Bao 等人假定一种断裂颗粒百分比与外载荷的关系，利用有限元法分析增强物断裂对复合材料宏观性能的影响。通过试验分析认为，SiC 增强颗粒的断裂可用 Weibull 统计断裂模型描述。利用细观力学的方法及颗粒强度的 Weibull 统计描述，初步分析增强颗粒断裂引起的损伤演化与外载荷的联系。

（1）增强颗粒的断裂　试验表明，对 SiC 或 Al_2O_3 颗粒增强铝基复合材料，在简单拉伸作用下，增强颗粒会发生断裂，颗粒长细比及体积越大越容易断裂。为了有效地描述这一事实，首先分析在弹性情况下不同长细比的增强颗粒承受力的分配。

设复合材料代表单元内有两种长细比不同但同种材料的增强颗粒，设其中一类长细比为 1（球形），在外载荷作用下该类增强物中最大主应力记为 σ_{p1}^1，而另一类记为 σ_{p1}^2，令 $R = \sigma_{p1}^1/\sigma_{p1}^2$。图 8-9 给出了 R 随长细比 a 变化的曲线，在上述计算时材料常数为 $E_0 = 70\text{GPa}$，$\nu_0 = 0.35$，$E_1 = 418\text{GPa}$，$\nu_1 = 0.15$。总增强颗粒的体积分数为 15%，其中球形增强颗粒占 7.5%。

由图 8-9 可以看出长细比越大的颗粒承受的力就越大，因此选取颗粒内最大主应力作为描述其

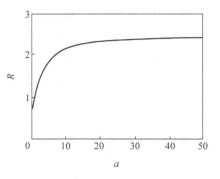

图 8-9　增强颗粒承受载荷随长细比的变化

断裂的控制量。为了反映体积大小对颗粒断裂的影响，这里假设增强物的强度可由 Weibull 分布来描述，即

$$P(V,\sigma) = 1 - \exp\left[-\frac{V}{V_0}\left(\frac{\sigma-\sigma_0}{\sigma_0}\right)^m\right] \tag{8-12}$$

式中，σ_0 是颗粒断裂所需的最小应力值；σ 是增强体内最大主应力；$P(V,\sigma)$ 是在应力 σ 作用下体积为 V 的颗粒断裂概率；V_0、σ_0 和 m 为材料常数，由试验确定。为了使计算简化，这里假设增强体的长细比一致，但其体积可以变化，该变化用等效直径 D 表示，即 $D = \sqrt{ab}$（a、b 分别为椭球的长短半轴）。式（8-12）可写成

$$P(D,\sigma) = 1 - \exp\left[-AD^3\left(\frac{\sigma-\sigma_0}{\sigma_{p1}-\sigma_0}\right)^m\right] \tag{8-13}$$

其中

$$A = D_0^{-3}\left(\frac{\sigma_{p1}-\sigma_0}{\sigma_u}\right)^m$$

式中，σ_u 为材料常数。由于在金属基复合材料的生产过程中，颗粒大小不可能完全一致，因此，假设其尺寸分布可用正态分布来描述，即

$$\varphi(D)/\varphi = \frac{1}{\sqrt{2\pi\omega}}\exp\left[-\frac{(D-\mu)^2}{2\omega^2}\right] \tag{8-14}$$

式中，μ 表示颗粒平均尺寸（μm）；ω 表示颗粒大小的分散程度（μm）。增强物的断裂将会把原来承担的力转嫁到周围的基体和未断裂的颗粒上，为了表示这一特点，将对断裂颗粒的刚度进行折算，即把断裂的颗粒看作另一种横向同性材料，其横向 E_T、ν_T 与原颗粒一致，其余置为零。有了上述处理，下面将计算在简单拉伸载荷 Σ 作用下所对应的颗粒断裂的体积分数 φ_b 及基体的塑性变形 ε_{eq}，如果这时未断裂颗粒内最大主应力记为 σ，它与复合材料的微观结构、外载荷 Σ 及断裂颗粒的体积分数 φ_b 有关。这时断裂颗粒的体积分数可表示为

$$\varphi_b = \int_D P(D,\sigma)\varphi(D)\,\mathrm{d}D \tag{8-15}$$

由于计算 σ 需知道 φ_b，因此上述是一个耦合方程。为了建立施加外载荷 Σ 与基体的塑性应变 ε_{eq} 及所对应颗粒断裂体积分数 φ_b 的关系，采取如下迭代方法：给定一基体等效塑性变形

ε_{eq}，另外给一个 φ_b 的尝试值，这样通过前面细观力学的方法，可确定所对应的宏观施加外力值及未断颗粒内部的最大主应力 σ，利用式（8-15）可确定一个断裂颗粒体积分数的计算值 φ_b'，通过调整 φ_b 的值，使 $|\varphi_b' - \varphi_b| < \delta$，$\delta$ 为某一精度要求。这样得到的 φ_b 即为在基体等效塑性变形 ε_{eq} 时所对应的颗粒断裂的百分比，同时也可得到所对应的宏观施加外力及此时复合材料的割线模量。通过改变 ε_{eq} 即可建立复合材料含损伤演化的应力-应变关系。有了断裂颗粒的体积分数与外载荷的关系，所引起的复合材料弹性模量的降低也可以很容易得到。

（2）颗粒断裂对复合材料宏观性能的影响　下面将以 SiC_p/Al-2618（T6）为例分析颗粒断裂对复合材料宏观性能的影响。该材料基体和 SiC 颗粒的弹性常数已在前面给出，基体的屈服强度及硬化参数为 $\sigma_t = 418MPa$，$h = 409MPa$，$n = 1$。SiC 颗粒总体积分数为 $\varphi = 15\%$，SiC 颗粒 Weibull 强度分布中的主要参数为 $\sigma_0 = 922MPa$，$\sigma_{p1} = 1226MPa$，$m = 1$，$A = 1.3 \times 10^{-4} \mu m^{-3}$。SiC 颗粒的长细比为 $a = 1.8$，对该种复合材料含损伤演化的宏观性能进行计算。图 8-10 所示为复合材料应力-应变的预测曲线和试验曲线。可以看出如不考虑 SiC 的断裂，预测值高于试验值。考虑了损伤的预测值更接近试验曲线。图 8-11 所示为复合材料模量，及 SiC 颗粒断裂的体积分数随应变变化的计算曲线及试验曲线，可以看出，计算值与测量值吻合较好，尤其是模量的变化。

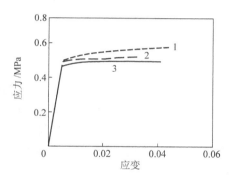

图 8-10　复合材料应力-应变曲线

1—无损伤计算曲线　2—有损伤计算曲线　3—试验曲线

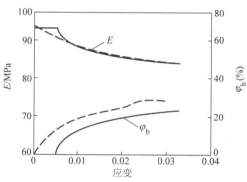

图 8-11　复合材料模量及 SiC 颗粒断裂的体积分数随应变变化的计算曲线（实线）与试验曲线（虚线）的比较

从上述与试验的比较可以看出，模型能够反映 SiC_p/Al 复合材料基体的塑性变形和颗粒断裂随外载荷的演化。下面将利用该模型分析 SiC 颗粒的尺寸大小及分散程度对复合材料宏观性能的影响。各种材料参数与前面相同。图 8-12 所示为 SiC 颗粒尺寸的分布。图 8-13、图 8-14 所示为对应复合材料的应力-应变曲线及模量变化的预测曲线。可以看出，当 SiC 颗粒平均尺寸相对较小时，如 $\mu = 15\mu m$，颗粒的分散程度对复合材料的应力-应变曲线及模量的降低影响不大，但颗粒的平均尺寸对复合材料的损伤和宏观性能有较大的影响。从图 8-14 可以看出，颗粒平均尺寸大（$\mu = 25\mu m$）的复合材

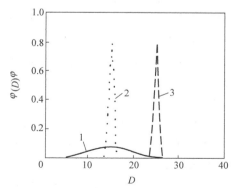

图 8-12　SiC 颗粒尺寸的分布

1—$\mu = 15\mu m$，$\omega = 5\mu m$

2—$\mu = 15\mu m$，$\omega = 0.5\mu m$

3—$\mu = 25\mu m$，$\omega = 0.5\mu m$

料的模量随应变的增加而大幅降低，即大量的 SiC 颗粒在变形过程中发生了断裂，此时，复合材料的应力-应变曲线也比其他两种分布情况低。

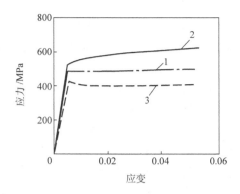

图 8-13　颗粒的尺寸分布对复合材料应力-
应变的影响（实线表示无损伤）

1—$\mu = 15\mu m$，$\omega = 5\mu m$

2—$\mu = 15\mu m$，$\omega = 0.5\mu m$

3—$\mu = 25\mu m$，$\omega = 0.5\mu m$

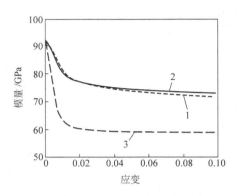

图 8-14　颗粒的尺寸分布对
复合材料模量的影响

1—$\mu = 15\mu m$，$\omega = 5\mu m$

2—$\mu = 15\mu m$，$\omega = 0.5\mu m$

3—$\mu = 25\mu m$，$\omega = 0.5\mu m$

8.2.2　复合材料拉伸失效过程的发展阶段

复合材料的失效过程分为两个阶段：损伤累积阶段和向完全失效的过渡阶段。若复合材料中纤维的强度具有明显的离散性，则该复合材料在加载过程中的损伤累积也将带有统计特性，这种损伤累积是否过渡到材料完全失效只有用概率方法才能解决。从对复合材料中纤维断裂后应力再分配的研究可以知道，局部失效可能被限制、不再发展或者造成材料邻接部分的失效，在此基础上进一步应用概率知识对材料的整体行为做出评价。

1. 复合材料失效特点

以高模量、高强度的无机非金属纤维增强的金属基复合材料是该类复合材料中最有前景的结构材料。高性能的无机纤维一般较脆，而且强度有离散性，纤维的这种离散性对复合材料的力学行为有显著影响。当复合材料受载时，在形变的早期阶段已有个别纤维发生断裂，根据纤维与基体的弹性性能与塑性性能、它们的体积分数、纤维排列的均匀性以及纤维与基体之间的界面黏结强度，个别纤维的断裂或者被局部化，不引起材料的最终失效，或者造成材料的整体失效。

为了得到高模量、高强度的复合材料，必须提高纤维的体积分数，但这将加剧由于少量弱的纤维的断裂造成复合材料在形变的早期阶段脆性断裂的危险性。由此出现一个重要的实际问题，就是选择合适的纤维体积分数，以便得到最佳的复合材料的性能和最小的材料早期脆性失效的危险性。

此外，基体与纤维界面的黏结强度在复合材料的失效中起着十分重要的作用。如果界面黏结不是很强，那么由于界面脱粘可以缓解因个别纤维断裂、原来由其承担的部分载荷再分配到其邻近纤维引起的应力集中，从而防止邻近纤维的连锁断裂，减小复合材料脆性失效的危险性。因此在工艺上必须采取措施，以得到合适的界面结合强度。

脆性纤维增强金属基复合材料最重要的结构特性是纤维的体积分数和界面黏结点的密度或界面黏结强度。当复合材料在纤维方向受拉伸载荷时，根据界面强度的不同有若干种失效机制。

（1）累积失效机制　这是一种随着载荷的增加部分纤维相继地、独立地断裂，损伤逐步累积，直至损伤数很大、造成复合材料的总体过载而失效的机制。界面黏结弱的金属基复合材料具有这种失效机制，损伤均匀分布在材料的整个体积中，失效时伴有纤维的拔出。复合材料的强度由组元的性质、纤维的体积分数及界面黏结点的密度决定。

（2）非累积失效机制　这是一种脆性断裂机制，个别纤维的断裂立即造成材料的整体失效，或在增加一定载荷后失效。界面黏结强度高的金属基复合材料具有这种失效机制，失效时无纤维拔出。非累积失效机制有三种类型：

1）接力失效机制。当一根纤维的断裂引起邻近纤维中应力集中而过载，发生断裂，以此类推下去，最终使材料整体失效的机制便是接力失效机制。复合材料的强度取决于组元的性质（其中纤维的表面缺陷将起重要作用）、纤维的排列情况、材料的体积、纤维的体积分数和界面黏结点的密度。

2）脆性黏性失效机制。这是纤维的断裂在其周围的基体中造成应力集中，使这部分基体发生失效，最终导致材料整体失效的机制。复合材料的强度取决于组元的性质（其中基体的比失效功将起重要作用）、纤维的体积分数和界面黏结点的密度。

3）最弱环节机制。处于这种失效机制时，一旦与基体黏结强的纤维断裂，立即造成复合材料的整体失效。复合材料的强度与纤维的平均强度密切相关，此时纤维的长度应是界面强黏结复合材料体积中所有纤维的总长度，此外复合材料的强度还取决于组元的性质、材料的体积、纤维的体积分数和界面黏结点的密度。

（3）混合失效机制　在实际复合材料中总是有些地方界面黏结很强，有些地方界面黏结很弱，因此复合材料的失效机制常是混合型的，即既有累积失效，又有非累积失效。

在一般情况下，用脆性的、性能离散的纤维增强的复合材料的失效过程可以分为两个阶段。在第一阶段个别纤维断裂，损伤统计累积，材料的刚性不断下降；在第二阶段材料整体失效。整个失效过程的发展取决于：增强体与基体的弹性性能和塑性性能的相互关系以及他们的体积分数，增强体与基体的强度性能的统计偏差和结构几何参数的偏差，如纤维强度的离散性和纤维排列的不均匀性。所以可将失效过程的研究分为两部分：第一部分为"机械"部分，它研究纤维和基体的力学相互作用，即在形变和某些纤维断裂时应力在各组之间的再分配过程；第二部分为"概率"部分，它从概率角度出发研究损伤的累积过程和材料整体失效的可能性。纤维断裂引起的应力再分配对于失效过程的继续发展有显著影响，因为应力再分配的结果或者使个别失效点受到限制，或者造成邻近材料的失效。但是，仅仅知道某些部位的应力分配还不能直接预测材料的行为。

在评价组元具有强度离散性及排列不正规的实际复合材料时，应力再分配的分析仅仅是研究的第一步，只有用概率统计的方法，考虑到组元强度的离散性及排列的不正规，才能做出复合材料的强度及脆性失效危险性的最终结论。也就是说在研究应力再分配的基础上得到组元原始性能与表征此应力再分配的若干增强参数之间的关系，这种关系就是进一步进行失效过程概率分析的原始资料，以这些关系为基础可以研究由于纤维断裂造成的材料载荷能力的变化，以及评价从损伤累积阶段过渡到材料整体失效的可能性。

2. 研究复合材料失效过程的概率方法

早期人们的注意力集中在失效的第一阶段，即损伤累积阶段，很多研究的基础是纤维束的强度与原始纤维的强度及强度离散性的关系，这些研究的基本假设为复合材料的强度只与纤维的强度性能有关。当纤维断裂时，它们并非完全失效，而是能继续发挥作用，直到断成某一临界长度。有人将复合材料看成一根链，链环由临界长度的纤维束组成，链的强度与链环的强度之间存在概率关系，用这种关系来评价复合材料的强度。这个模型反映了复合材料中纤维作用的一个方面，即随着链环数量的增加，复合材料的强度对原始纤维强度离散性变化的依赖性将大大降低。这是材料强度的上限，只有存在损伤累积阶段时才有意义。如果纤维含量高，此失效的第一阶段或者根本不能实现，或者起的作用不大。所以研究的主要任务是从损伤累积向材料完全失效的过渡。

在有关复合材料的整体失效的研究中将复合材料的失效看成是一根主裂纹扩展的结果，裂纹的扩展是在一根纤维的断裂引起的应力集中作用下若干邻近纤维相继断裂的概率过程，邻近纤维的临界断裂数是材料失效的依据，由试验求得，这样的评价结果是复合材料强度的下限。

综合上述两种模型能很好地评价复合材料的强度，但对于用什么方法来改善复合材料的性能不能给出足够的信息。

线性断裂力学是分析脆性纤维增强塑性基体复合材料强度性能的主要方法之一，当复合材料上作用的外应力为

$$\sigma_c < (1 - \varphi_f) \sqrt{E_f \sigma_{mb} \varepsilon_{mb} / (\pi n)}$$

时，个别纤维的断裂将不造成材料灾难性的失效。

式中，σ_{mb} 和 ε_{mb} 分别为基体的强度和应变的极限值；n 为纤维的数量。但是，断裂力学仅仅从整体上考虑材料失效的具体机理。有人将断裂力学与概率方法结合起来研究损伤的累积，在得到邻近纤维断裂及向材料完全失效的概率的同时，也考虑了临界尺寸裂纹（或断裂纤维临界数量）。

3. 损伤统计累积时复合材料的承载能力

复合材料纵向加载时，如果纤维中的应力超过最弱纤维的强度，则这些纤维将发生断裂，但纤维并非完全失效，而只是它们的端部卸载，剩下的部分重新加载和可能重新断裂，直到断成临界长度量级的断片。纤维的断裂导致形成承载能力较低的有缺陷的部分，它们的尺寸与应力的再分配有关，在轴向约等于两倍的载荷传递区长度或纤维的临界长度。考虑到这种情况，可将复合材料看成是由长度为 l_c 的层组成的。损伤累积过程的基本假设是纤维的断裂均匀地发生于材料的全体积中，即材料各个截面的弱化基本一致。如果纤维的断裂只在截面中累积，则意味着向材料完全失效的过渡。在此假设的基础上可将某一层（甚至整个复合材料）承受的轴向载荷看成由无缺陷部分承受的载荷，有缺陷部分承受的载荷以及由于形成缺陷、无缺陷部分承受的额外载荷组成，即

$$P_c = \sigma_c A_c = \sigma_w A_w + \sigma_d A_d + \Delta \sigma_0 A_0 \tag{8-16}$$

式中，P_c 为总载荷；σ_w、σ_d、$\Delta \sigma_0$ 分别为无缺陷、有缺陷和过载部分的平均应力；A_c 为复合材料的截面面积；A_w、A_d、A_0 分别为无缺陷、有缺陷和过载部分的截面面积。因此，当复合材料上作用的外应力为

$$\sigma_c = \sigma_w A_w / A_c + \sigma_d A_d / A_c + \Delta \sigma_0 A_0 / A_c \tag{8-17}$$

有缺陷部分的截面面积 A_d 与某一层中纤维的断裂数成正比，而 A_d/A_c 等于某一层中断裂的纤维数与总纤维数之比。随着载荷的增加，某一层中断裂的纤维数也增加，用损伤累积函数 $W(\sigma_f)$ 表征随纤维中载荷增大、缺陷部分的相对截面面积的增加，则

$$W(\sigma_f) = A_d/A_c \tag{8-18}$$

无缺陷部分的相对截面面积为

$$A_w/A_c = 1 - W(\sigma_f) \tag{8-19}$$

超载部分的截面面积也正比于层中断裂纤维的量

$$A_0/A_c = K_0 W(\sigma_f) \tag{8-20}$$

式中，K_0 为系数。将式（8-18）～式（8-20）代入式（8-17）得

$$\sigma_c = \sigma_w [1 - W(\sigma_f)] + (\sigma_d + K_0 \Delta\sigma_0) W(\sigma_f) \tag{8-21}$$

式（8-21）表示应力分布，如图 8-15 所示。

σ_w 可用混合律公式表示，即

$$\sigma_w = \sigma_f \varphi_f + \sigma'_m (1 - \varphi_f) \tag{8-22}$$

式中，σ'_m 为基体承受的应力。σ_d 和 $\Delta\sigma_0$ 也可用混合律公式表示，不过应添加平均系数，即

$$\sigma_d = K_{0f} \sigma_f \varphi_f + K_{0m} \sigma'_m (1 - \varphi_f) \tag{8-23}$$

$$\Delta\sigma_0 = \Delta K_f \sigma_f \varphi_f + \Delta K_m \sigma'_m (1 - \varphi_f) \tag{8-24}$$

式中，系数 K_{0f} 表征断裂纤维的端部承受的载荷，即 $K_{0f} = \dfrac{2}{\sigma_f^\infty l_c} \displaystyle\int_0^{l_c/2} \sigma_{f0}(z)\,\mathrm{d}z$

系数 K_{0m} 表征有缺陷部分承受的载荷，其计算式为

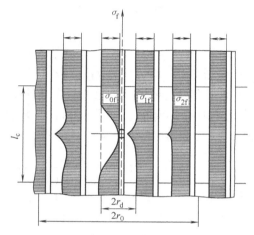

图 8-15　断裂纤维及邻年纤维长度上的拉伸应力分布

$$K_{0m} = \frac{2}{\sigma_m^\infty l_c \pi r_d} \int_0^{l_c/2} \int_{r_f}^{r_d} \sigma_{m0}(z,r)\, 2\pi r \mathrm{d}r \mathrm{d}z \tag{8-25}$$

系数 ΔK_f 表征断裂纤维邻近的纤维额外承受的载荷，其计算式为

$$\Delta K_f = \frac{2}{\sigma_f^\infty l_c} \int_0^{l_c/2} [\sigma_{f1}(z) + \sigma_{f2}(z) + \cdots + \sigma_{fk}(z) - K\sigma_f^\infty]\mathrm{d}z \tag{8-26}$$

系数 ΔK_m 表征基体额外承受的载荷，其计算式为

$$\Delta K_m = \frac{2}{\sigma_m^\infty l_c \pi (r_0^2 - r_d^2)} \int_0^{l_c/2} \int_{r_d}^{r_0} [\sigma_m(z,r) - \sigma_m^\infty] 2\pi r \mathrm{d}r \mathrm{d}z \tag{8-27}$$

上述各式中，$\sigma_{f1}(z)$ 等为纤维长度上拉伸应力的分布函数；$\sigma_{m0}(z,r)$、$\sigma_m(z,r)$ 为有缺陷部分及其周围过载部分中基体的轴向应力分布函数；r_d、r_0 为有缺陷和过载部分的半径。式（8-21）中除 $W(\sigma_f)$ 外其他的各量都已知，下面将确定损伤累积函数 $W(\sigma_f)$。

4. 损伤累积函数和短纤维段的强度分布

在大量纤维的强度试验的基础上可以建立某一应力范围内纤维断裂的概率密度函数 $g(\sigma_f)$ 或概率函数 $G(\sigma_f)$，如果纤维的长度为 L，则它们表征此长度上缺陷的分布。但在复合材料中纤维的断裂可能不止一次，直到断成约为临界长度 l_c 的小段。因此，在临界长度

上缺陷的分布对于复合材料失效过程的发展起着决定性的作用。为了得到长为 l_c 的纤维小段的强度分布函数，假设纤维是由 n 键环组成的链，$n = L/l_c$，如果一个链环的断裂概率为 $F(\sigma_f)$，则其不断裂的概率为 $1-F(\sigma_f)$，而 n 键环不断裂的概率 $[1-F(\sigma_f)]^n$ 表示整个链环不断裂的概率 $[1-G(\sigma_f)]$，因此

$$F(\sigma_f) = 1-[1-G(\sigma_f)]^{1/n} \tag{8-28}$$

其微分形式为

$$f(\sigma_f) = \frac{g(\sigma_f)}{n}[1-G(\sigma_f)]^{1/n-1} \tag{8-29}$$

当纤维含量少或纤维中的应力水平低时，个别纤维的断裂不会引起邻近纤维的断裂，则 $W(\sigma_f)$ 只与纤维强度的原始分布及 L/l_c 有关。根据 $F(\sigma_f)$ 的定义，如果长 L 的纤维断成 K 段，则断裂概率为

$$F^{(K)}(\sigma_f) = 1-[1-G(\sigma_f)]^{1/K} \tag{8-30}$$

当 $K=1$ 时，$F^{(1)}(\sigma_f) = G(\sigma_f)$。每层中有一根纤维断裂时，总的断裂数为 $F^{(1)}(\sigma_f)N/n$，其中 N 为复合材料中的纤维总数。在某处断裂的纤维可能发生二次断裂。其概率为 $F^{(2)}(\sigma_f)$，此时在每层中还可能有 $F^{(2)}(\sigma_f)N/n$ 次断裂，断裂纤维再次断裂时在每层中将增加 $F^{(K)}(\sigma_f)N/n$ 的断裂数。当 $K=3, 4, \cdots, n_0$，损伤累积函数便可写成

$$W(\sigma_f) = \frac{1}{n}\sum_{K=1}^{n}F^{(K)}(\sigma_f) = 1 - \frac{1}{n}\sum_{K=1}^{n}[1 - G(\sigma_f)]^{1/K} \tag{8-31}$$

这里只分析了个别纤维的断裂不引起邻近纤维断裂的简单情况，由于应力再分配造成的纤维过载断裂时损伤累积函数的建立比较复杂，可参考有关文献。

用数学式近似表示强度分布的试验数据，常用 Weibull 函数表示脆性纤维的强度分布，即

$$G(\sigma_f) = 1-\exp[-(L\alpha)\sigma_f^{\beta}] \tag{8-32}$$

$$g(\sigma_f) = \beta(L\alpha)\sigma_f^{\beta-1}\exp[-(L\alpha)\sigma_f^{\beta}] \tag{8-33}$$

α 与纤维的平均强度 σ_{fb} 有关，即

$$\overline{\sigma}_{fb} = (L\alpha)^{-1/\beta}\Gamma\left(1+\frac{1}{\beta}\right) \tag{8-34}$$

式中，$\Gamma(1+1/\beta)$ 为 Γ 函数；β 表征强度的离散性，它与离散系数 D 有如下关系：

$$\sqrt{D}/\overline{\sigma}_{fb} = \sqrt{\Gamma\left(1+\frac{2}{\beta}\right)/\Gamma^2\left(1+\frac{1}{\beta}\right)} \tag{8-35}$$

最终可以得到

$$F(\sigma_f) = 1-\exp\left\{-\frac{1}{n}\left[\Gamma\left(1+\frac{1}{\beta}\right)\right]^{\beta}\left(\frac{\sigma_f}{\overline{\sigma}_{fb}}\right)^{\beta}\right\} \tag{8-36}$$

$$f(\sigma_f) = \beta\frac{1}{n}\left[\Gamma\left(1+\frac{1}{\beta}\right)\right]^{\beta}\left(\frac{\sigma_f}{\sigma_{fb}}\right)^{\beta-1}\frac{1}{\overline{\sigma}_{fb}}\exp\left\{-\frac{1}{n}\left[\Gamma\left(1+\frac{1}{\beta}\right)\right]^{\beta}\left(\frac{\sigma_f}{\sigma_{fb}}\right)^{\beta}\right\} \tag{8-37}$$

应该指出，当 $L/l_c = n$ 很大时，只有纤维强度与其长度存在明显从属关系的长度范围内，式（8-28）和式（8-29）才能表征尺寸效应。因此不只需要知道 l_c，还需知道纤维的长度 L，对一组该长度的纤维试验后得到的数据可作为以后计算的基础。这个长度可在分析纤维的平

均统计强度与其尺寸的相互关系的试验数据的基础上得到。如果现有某一标准长度的纤维的试验数据，则这些数据也可利用，不过在 $n=L/l_c$ 中不应代入标准长度或复合材料中纤维的实际长度，而应代入根据上面的试验数据得到的极限长度。

5. 向复合材料完全失效过渡

用应力-应变图以及 K_{0f}、K_{0m}、ΔK_f、ΔK_m 等系数有助于研究复合材料各组元力学相互作用的特点，如组元的弹性性能、塑性性能和它们的体积分数对材料承载能力变化的影响，和在一定程度上对失效过程发展的影响。图 8-16 所示为纤维、基体和复合材料的应力-应变关系。图 8-16 的曲线 1 按混合律公式作出，曲线 2 考虑了纤维强度的统计分布。

从图 8-16 可知复合材料可承受的最大许可应力 σ_{cmax} 和最大应变 ε_{max}。但实际复合材料总是在 $\varepsilon<\varepsilon_{max}$（如在 ε_p）时失效。为了预报材料的强度性能，必须确定此 ε_p，也就是研究从损伤累积阶段向材料完全失效的过渡。

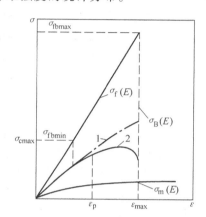

图 8-16　纤维、基体和复合材料的应力-应变关系

在很多场合下分析基体在纤维断裂处的不稳定状态，对研究组元的力学相互作用具有重要意义。狭义来说，基体的不稳定状态是指丧失塑性稳定性，结果使纤维的无效长度增加。广义来说，基体的不稳定状态是指界面脱粘、基体开裂或流动等现象的总和，结果使纤维端部的无效长度增加。当 $\varphi_f<\varphi_{fmin}$ 时，不发生导致纤维无效长度增加的各种现象，无效长度就是两倍的载荷传递长度；当 $\varphi_f>\varphi_{fmin}$ 时，在纤维断裂处基体不稳定，使无效长度 l_c^* 和临界长度增加。

$$l_c^*=l_c\frac{\varphi_f}{1-\varphi_f}\frac{1-\varphi_{fmin}}{\varphi_{fmin}} \tag{8-38}$$

$$\varphi_{fmin}=\frac{\sigma_{mb}-\sigma_m(\overline{\varepsilon}_{fb})}{\sigma_{mb}-\sigma_m(\overline{\varepsilon}_{fb})+\overline{\sigma}_{fb}-h\tau_0 l_c/d_f} \tag{8-39}$$

式中，σ_{mb} 为基体强度；ε_{fb} 为纤维的平均统计断裂应变；d_f 为纤维直径；h 为表征基体强化的系数；τ_0 为界面抗剪强度；$\overline{\sigma}_{fb}$ 为纤维的平均统计断裂应力。

随着 φ_f 的增加，l_c^* 可能达到 L 值。当 $l_c^*=L$ 时，可以求得纤维中有断裂点时纤维完全失效的体积分数 φ_f^*，因此当 $\varphi_f>\varphi_f^*$ 时，将由函数 $g(\sigma_f)$ 和 $G(\sigma_f)$ 表示损伤累积。应力-应变的方程式将为

$$\sigma_c(\varepsilon)=\left[\varphi_f\sigma_f(\varepsilon)+(1-\varphi_f)\sigma_m(\varepsilon)\right]\left[1-W(\sigma_f)\right]+\left[\varphi_f(\sigma_{f0}+\Delta\sigma_{f0})+(1+\varphi_f)\Delta\sigma_{m0}\right]W(\sigma_f) \tag{8-40}$$

式中，σ_{f0} 表征断裂纤维端部承受的应力；$\Delta\sigma_{f0}$ 为纤维的强度变化量；$\Delta\sigma_{m0}$ 为基体的强度变化量。如果假设拉伸应力从端部起线性增加，而切应力 $\tau_i=0.5\sigma_m(\varepsilon)$，则

$$\sigma_{f0}=\left[\frac{1}{2}\frac{\sigma_m(\varepsilon)}{W(\sigma_f)}\int_0^{\sigma_f}\frac{\sigma_f(\varepsilon)}{\sigma_m(\varepsilon)}\omega(\sigma_f)\,\mathrm{d}\sigma_f\right]\text{æ}(\varphi_{fmin}-\varphi_f) \tag{8-41}$$

式中，$\text{æ}(\varphi_{fmin}-\varphi_f)$ 表示 $\varphi_f>\varphi_{fmin}$ 时，由于基体的不稳定性，纤维端部不能承受载荷的函数。式（8-40）的（近似）解可对纤维过载和其中的额外应力存在进行概率评价，即

$$\Delta\sigma_{f0} = K_p[1 - W(\sigma_f)]\{1 - [W(K^*\sigma_f) - W(\sigma_f)]\}\sigma_f(\varepsilon) \tag{8-42}$$

式中，K^* 为过载系数，当 $\varphi_f < \varphi_{fmin}$ 时，$K^* = K_p + 1$，当 $\varphi_f > \varphi_{fmin}$ 时，$K^* = 1 + K_p\left(1 - \dfrac{l_c^* - l_c}{L}\right)$。基体承受的额外应力为

$$\Delta\sigma_{m0} = \{\sigma_m(\varepsilon) + [\sigma_{mb} - \sigma_m(\varepsilon)]\varphi_f\} \ae(\varphi_{fmin} - \varphi_f) \tag{8-43}$$

图 8-17 所示为铝-硼复合材料的应力-应变曲线。

如果将图 8-17 中曲线的峰值对纤维体积分数作图，结果如图 8-18 所示。可以发现，当 $\varphi_f < \varphi_{fmin}$ 时，复合材料的强度高于用等强度纤维增强的复合材料的强度；当 $\varphi_f > \varphi_f^*$ 时，原始纤维强度离散性的存在使复合材料的强度明显降低，应用"不稳定"的概念可以正确地但只能定性地研究复合材料的强度与纤维体积分数的关系。

复合材料的完全失效往往是主裂纹扩展的结果，基体的失效和若干邻近纤维的相继断裂引起主裂纹的扩展。由个别纤维的断裂造成邻近纤维的过载断裂是复合材料完全失效的主要机制之一。用本章中的模型在计算机上进行模拟时，由损伤累积向材料整体失效的过渡能自动表示出来。

对铝-硼复合材料失效过程的计算机模拟结果表明，纤维体积分数低时损伤逐步累积，发生"累积破坏"，短纤维段的强度很高，纤维强度的离散性甚至使复合材料的强度有某些提高。纤维体积分数接近 0.1 时，在大于临界应力的作用下，因过载断裂的纤维数开始大于第一次断裂的纤维数，材料完全失效的概率明显增加。当 $\varphi_f > 0.2$ 时，纤维强度的离散性使材料强度急剧下降。当 $\varphi_f > 0.3$ 时，第一批纤维一旦断裂后或纤维强度有比较严重的离散性时，很快出现材料完全失效的"雪崩"似的过程。

纤维排列的不均匀性（纤维间距不等）和缺陷（无纤维和纤维搭接）常造成复合材料的早期失效和强度试验数据的大的离散性，特别在 0.2~0.5 的纤维体积分数范围内和存在纤维搭接时尤其严重，出现纤维连续断裂、材料"雪崩"似的失效过程。在 $\varphi_f = 0.7 \sim 0.8$ 时，如果无纤维搭接，材料中纤维排列的细小不均匀性，与纤维体积分数较低时不同，不会对复合材料的强度性能有显著影响。

8.2.3 组元物理化学相互作用的影响

界面结合强度取决于纤维与基体的物理化学作用程度，因此，复合材料的失效过程受组元间物理化学相互作用的影响。复合材料的微观失效机制多种多样，个别碳纤维的断裂或者受到局限而不导致复合材料的进一步失效，或者造成纤维与基体脱粘，或造成相邻基体的失效，继而裂纹扩展到邻近纤维中造成这些纤维的断裂及材料的整体失效。图 8-19 所示为纤维初始断裂、过载断裂以及初始断裂的应力波作用导致的断裂。失效过程怎样发展主要取决于界面的结合强度。图 8-20 所示为铝-碳复合材料的断口模型。图 8-21 所示为用固态扩散黏结法得到的铝-硼复合材料的断口模型与物理化学作用的关系。可见，失效机制和断口形貌与界面结合强度密切相关。

如第 6 章所述，物理化学作用程度弱，界面结合强度则低，断裂纤维与基体脱粘，从基体中拔出，如图 8-20a 和图 8-21a 所示。高的作用程度导致界面上大量脆性化合物的生成，有时会使纤维损伤，界面结合强度大，纤维的断裂伴有基体开裂，基体中的裂纹立即扩展到邻近的纤维中，使材料整体失效，断口平齐，具有典型的脆性断裂的特征，如图 8-20c 和图 8-21c 所示。上述两种材料的强度都较低。如果纤维与基体的物理化学作用程度适中，则界

面结合强度适宜，断口参差不齐，有一定数量的纤维拔出，但拔出长度较短，如图 8-20b 和图 8-21b 所示。具有此类断口的金属基复合材料的强度都较高。

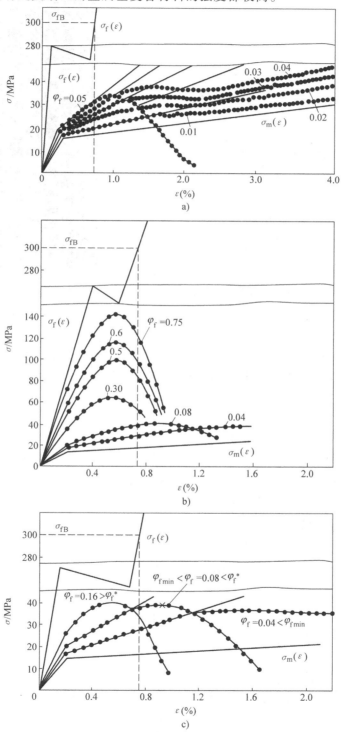

图 8-17　铝-硼复合材料的应力-应变曲线

a）纤维体积分数低　b）纤维体积分数高　c）体积分数的中间过渡区

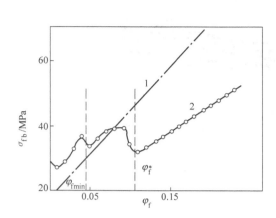

图 8-18　铝-硼复合材料的强度与纤维体积分数的关系

1—按混合律公式　2—考虑了纤维强度的离散性

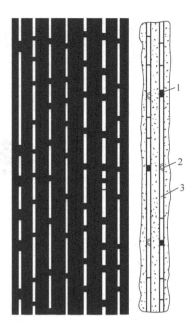

图 8-19　铝-硼复合材料中纤维的断裂情况

1—初始断裂　2—局部载载造成的断裂

3—初始断裂产生的应力波造成的断裂

　　上述三种断口是一种理想情况，在实际复合材料中，纤维与基体的相互作用程度不可能到处均匀一致，因此可能具有三种断口的特征，并且其中一种占主导地位。

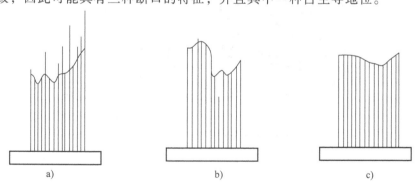

图 8-20　不同界面结合强度的铝-硼复合材料的断口模型

a) 界面结合弱　b) 界面结合适中　c) 界面结合强，生成连续的大量金属间化合物层

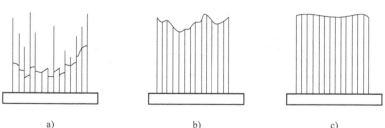

图 8-21　铝-碳复合材料的断口模型与物理化学作用的关系

a) 作用弱　b) 作用适中　c) 作用强

在用液态浸渗法制得的铝-碳复合材料中，组元的界面上发生物理化学相互作用，生成化合物。随着相互作用程度的增大，化合物的数量增加，使组元的结合强度增加，纤维强度降低，基体脆化。对三种界面结合强度的铝-碳复合材料的计算机模拟结果表明（$\varphi_f = 0.45$，图 8-22），界面结合强度低时雪崩失效过程很快发展，纤维大量脱粘并拔出，拔出长度大，复合材料的强度低。界面黏结强度高时，基体中出现裂纹并迅速向纤维中扩展，发生平面雪崩失效过程，材料强度很低。当界面结合强度、基体的强度和塑性三者的关系合适时，既在基体中产生裂纹，又有断裂纤维的脱粘，微观失效机制发生相互抵消作用，即脱粘阻止材料的平面雪崩失效，而基体的失效减慢体积雪崩失效，在这种情况下复合材料的强度最高。分析损伤累积函数（见图 8-22）可以定性地观察复合材料失效的不同特性。在界面黏结强度低和高（Ⅰ和Ⅱ）时损伤的平稳累积很快过渡到雪崩过程，而在界面黏结强度合适时（Ⅲ）有一较长的损伤逐步累积阶段。由图 8-22 可见，在界面黏结强度低和合适时，计算结果与试验值非常一致。在界面黏结强度高时，计算值高于试验值，这可能是由试样制备和夹紧时产生的缺陷及不对中造成的。

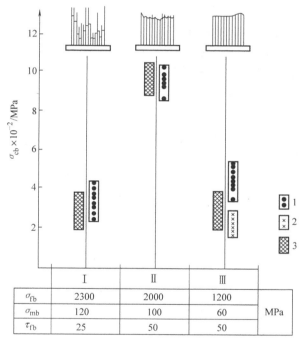

图 8-22　三种不同界面结合强度的铝-碳复合材料强度的计算值

1—与试验值的比较　2—考虑到基体中裂纹扩展到一组纤维中的计算结果　3—实验值

用计算机模拟的方法可以分析基体的塑性对复合材料强度的影响。当 $\overline{\varepsilon}_{mb}/\overline{\varepsilon}_{fb} = 2$ 时 [$\overline{\varepsilon}_{mb}$ 为基体的平均断裂应变，$\overline{\varepsilon}_{mb} = (\overline{\sigma}_{mb} - \sigma_{mT})/E_{mT} + \sigma_{mT}/E_m$、$\overline{\sigma}_{mb}$ 为基体的平均断裂强度，σ_{mT} 为基体的屈服强度，E_{mT} 为基体的强化模量，E_m 为基体的模量；$\overline{\varepsilon}_{fb}$ 为纤维的平均断裂应变]，复合材料的强度低于按混合律计算的结果。当 $\overline{\varepsilon}_{mb}/\overline{\varepsilon}_{fb}$ 增大到 3 时，铝-硼复合材料的强度和断裂应变都有提高。继续增大 $\overline{\varepsilon}_{mb}/\overline{\varepsilon}_{fb}$ 不再使复合材料的强度增加，这说明 $\overline{\varepsilon}_{mb}/\overline{\varepsilon}_{fb}$ 从 2 向 3 变化时失效过程的发展有了一定的改变，基体中裂纹的扩展减慢。

上面已经指出，提高 φ_f 并不能充分发挥纤维的作用，往往导致复合材料变脆，如 φ_f 由

0.3 增大到 0.4，但这仅仅发生在 $\overline{\varepsilon}_{mb}/\varepsilon_{fb} = 1.5$ 时，如果增加基体的塑性，如 $\overline{\varepsilon}_{mb}/\varepsilon_{fb} = 3$，上面的现象只有在 $\varphi_f = 0.5 \sim 0.6$ 时才发生。因此可在基体中加合金元素和控制工艺参数来改善基体的塑性，以提高纤维体积分数高的复合材料的强度。三种界面结合强度的铝-碳复合材料中的损伤累积函数如图8-23所示。

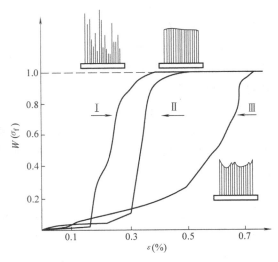

图 8-23　三种界面结合强度的铝-碳复合材料中的损伤累积函数

用固态热压法制得的铝-硼复合材料的计算机模拟结果表明，与铝-碳复合材料不同，只有组元的黏结强度不大时，才能达到高的拉伸性能。个别纤维的断裂造成纤维与基体脱粘，但脱粘长度不大。图8-24 所示为热压温度对铝-硼复合材料强度性能的影响。由图8-24 可见，随着热压温度的升高，界面黏结强度增加，失效机制由纤维脱粘和拔出变为基体中产生裂纹及扩展，材料强度下降。由图8-24 还可见，计算结果与试验结果非常一致。这也说明了计算机模拟法适用于评价制备材料的工艺参数对其强度性能的影响。

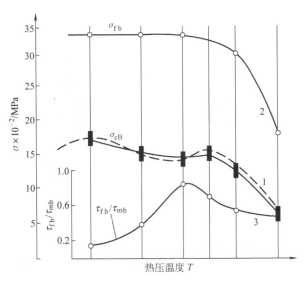

图 8-24　热压温度对铝-硼复合材料强度性能的影响
1—虚线为试验值　2—纤维的平均强度　3—界面相对黏结强度

8.3　金属基复合材料摩擦损伤与失效

相互接触的物体在接触表面间存在相对滑动或滑动趋势时，产生阻碍其发生相对滑动的切向阻力，这一现象叫摩擦。磨损是物体相对接触表面间产生相对运动，从而造成表面材料损失的过程。磨损导致零件的表面形状和尺寸遭受缓慢而连续的破坏，从而导致零件精度、可靠性、效率下降，最终导致零件失效。金属的磨损可以分为氧化磨损、磨粒磨损、黏着磨损和疲劳磨损，而对于 MMCs 而言，增强体通常并不是金属，且摩擦特性也有别于基体材料，从而使复合材料具有独特的摩擦学特征。例如高强度、高模量、高硬度的增强体（颗粒、晶须、纤维等）的引入可以明显提高 MMCs 的耐磨性能，某些具有自润滑作用的增强体（如石墨）的加入，可以大幅调节复合材料的摩擦因数。通过调整增强体的种类、形貌、尺寸、分布、取向可以获得最小的磨耗和对偶双方良好的匹配，这是普通金属材料难以实现的。根据增强体的形态和取向的差异可以将复合材料分为纤维（包括短纤维或晶须）增强、颗粒增强两大类，两类复合材料在增强体形态、承载方式和性能取向上存在明显的差异，造成两者摩擦、磨损性能的差异。

8.3.1　纤维增强金属基复合材料的磨损

纤维增强复合材料主要靠高强度纤维承受载荷，金属基体主要起黏结、固定纤维的作用，使材料沿纤维方向与其他方向性能差异较大。然而，纤维取向与磨损率变化之间的关联，与具体的试验条件及磨损机制有关。纤维方向与摩擦面平行时，表面上纤维所占面积比垂直取向的高，但同时脱粘而导致高磨损率的可能性也比垂直取向的大，而垂直于摩擦面的纤维能更有效地阻止基体的塑性流动。因此，在低的载荷和速度下，晶须和纤维平行取向可能耐磨性更好，相反，垂直取向应该更耐磨。

纤维体积分数相同时，高强度纤维增强复合材料具有更好的耐磨性。纤维种类相同时，纤维含量高、基体/纤维界面完整性好的复合材料具有更高的耐磨性。复合材料孔隙率越低，其耐磨性越好。此外，复合材料制备过程中纤维表面损伤和断裂也会影响耐磨性。在影响纤维增强金属基复合材料耐磨性的众多因素中，纤维种类是最显著的影响因素，而纤维含量是起决定性作用的影响因素。如图 8-25 所示，尽管所有复合材料的磨损量均随滑移距离的增加而增加，但在相同滑移距离下，随着 Al_2O_3 纤维含量的增加，复合材料的体积磨损量逐渐下降。金属磨损是由摩擦表面上很薄的一层发生塑性变形与断裂脱落导致的。在纤维增强复合材料磨损过程中，纤维一方面限制基体的塑性变形，从而降低材料磨损；另一方面，纤维本身也直接参与磨损过程，通常纤维材

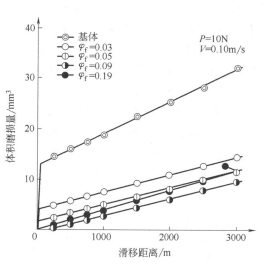

图 8-25　不同纤维含量的 $Al_2O_{3f}/ADC12$ 复合材料的磨损量随滑移距离的变化

料的耐磨性强于基体或具有自润滑作用，所以纤维含量越高，复合材料耐磨性越好。

在模拟实际情况的干摩擦条件下，金属基复合材料在磨损初期是黏着磨损，出现由于物质转移产生的涂抹区。由于纤维与对偶件之间不发生黏着，加之纤维提高了复合材料的变形抗力，抑制了黏着节点的形成，因此复合材料比基体金属抗黏着能力强。在磨粒磨损情况下，磨粒尺寸对复合材料的磨损行为有重要影响。当磨粒尺寸较小时，随着增强材料体积分

数的增大，复合材料耐磨性呈线性变化；当磨粒尺寸达到临界值时，随着纤维含量的增加，复合材料耐磨性有一个极大值，进一步增加了纤维含量，耐磨性呈反向变化。磨粒的临界尺寸为

$$D_0 = \left(\frac{3\pi}{4}\right)^{\frac{3}{4}} k^{\frac{1}{2}} \left(\frac{\sigma_f}{\sigma_A}\right)^{\frac{1}{4}} \left(\frac{H_m}{H_S}\right)^{\frac{1}{4}} d \tag{8-44}$$

式中，σ_f 为纤维强度；σ_A 为磨粒传递的平均应力；H_m 和 H_S 分别为基体和复合材料的硬度；d 为纤维直径；k 为常数。

8.3.2 颗粒增强金属基复合材料的磨损

颗粒增强金属基复合材料摩擦性能的影响因素主要包括颗粒的种类、含量、尺寸、基体种类及热处理状态等。在不同的磨损条件（如载荷、滑动速度、环境温度、运动形式以及对偶件种类等）下，这些因素对复合材料耐磨性具有不同的影响规律。研究发现，颗粒增强金属基复合材料中不同种类的颗粒增强物对材料耐磨性有不同的增强效果，通常硬度、模量较高的颗粒对复合材料耐磨性的提升也更加明显。然而大量研究表明，除了颗粒本身的强度、硬度等性能之外，增强物与基体的界面结合强度也是影响复合材料耐磨性的重要因素，在设计高耐磨复合材料体系时要综合考虑这两方面因素的影响。

一般而言，高性能的硬质增强颗粒在摩擦过程中可以承担载荷，减少表层金属的塑性变形和流动，所以随着颗粒含量的增加，复合材料的耐磨性也会逐步提高。如图 8-26 所示，可见在相同载荷下，随着颗粒含量的增加，TiB_2/Al-7Si 复合材料的磨损率逐渐降低。在所有载荷下，TiB_2 颗粒含量高的复合材料磨损率均低于相同条件下低颗粒含量复合材料和基体。但颗粒含量存在一个临界值，超过该值后，情况相反。这是因为颗粒体积分数增加，颗粒与基体界面面积增大，而界面是缺陷的发源地，所以过大界面面积将逐渐抵消增强体的增强效果，从而使磨损率逐渐升高。这说明，颗粒含量增加引起的硬度变化和界面效应同时影响复合材料的耐磨性能。此外，这种作用效果还与一定的磨损机制相关。在磨粒磨损机制下，可能允许更高的颗粒含量。而在表面剥层磨损机制（疲劳磨损的一种形式）的控制下，由于界面效应对复合材料的磨损影响更大，可能允许更低的颗粒含量。颗粒体积分数增加，

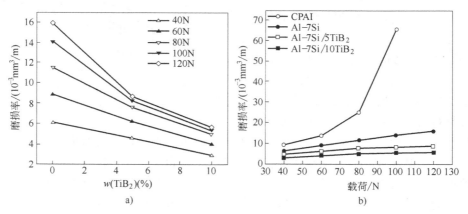

图 8-26 工业纯铝和 TiB_2/Al-7Si 复合材料磨损率随 TiB_2 颗粒含量和载荷的变化

a) TiB_2 颗粒含量　b) 载荷

复合材料由轻微磨损到严重磨损的转变载荷普遍升高，抗咬合能力提高。原因可能是由于颗粒含量增加，复合材料的变形抗力增加，降低了复合材料表面与对磨面形成黏着节点的概率。

在同等颗粒含量下，低载荷时，大的颗粒尺寸对复合材料耐磨性能的提升更加明显，因为较低载荷时，大的颗粒增强体可以更好地保护基体，减轻对偶件对基体的刮擦作用。当载荷达到使颗粒破碎的压力时，在表层剥落机制的作用下，增强体的破碎也引起材料产生微缺陷，提供了剥层磨损所需的裂纹源，因此颗粒尺寸反而可以促进磨损。可见，评价增强体颗粒大小对复合材料耐磨性的影响必须依据具体的磨损机制。在磨粒磨损和黏着磨损等机制下，增强体粒度大能提高复合材料的耐磨性能；而在剥层磨损机制下，增强体粒度大则降低复合材料的耐磨性。磨损速率和摩擦因数之间没有必然的联系，一些复合材料磨损速率较小，但摩擦因数却相对较大，而有些情况则相反。高的界面结合强度通常有助于耐磨性能的提高。

将石墨、MoS_2 和 WS_2 等软的固体润滑颗粒作为增强材料加入到金属基体中，或者通过反应从金属基体中析出自润滑组分，可以得到金属基自润滑复合材料。在摩擦过程中复合材料中的固体润滑剂涂覆于对磨面上形成较为稳定的润滑薄膜，减少了对磨面的直接接触，从而提高了复合材料的耐磨性。这类材料广泛应用于制造滑动轴承和许多耐磨件，如高速轴承、高温轴承、电磁触头以及活塞等。在一些特殊条件下，自润滑复合材料的使用性能是常规轴承材料无法比拟的。表 8-1 列出了已投入实际应用的部分金属基自润滑复合材料，其中一些已经商品化。通常固体润滑剂会在对磨面间发生转移，形成润滑薄膜，从而改善摩擦特性。

表 8-1　金属基自润滑复合材料的性能及用途

基体	增强体	体积分数（%）	摩擦因数	制备工艺	应用
Ag	石墨	5.0~10.0	0.14~1.19	粉末冶金	电器触头
Ag	$MoSe_2$	20.0	0.16~0.20	粉末冶金	电器触头
Ag	WSe_2	15.0~25.0	0.10~0.17	粉末冶金	电器触头
Cu5Pb	WS_2	12.0	0.14~0.18	粉末冶金	高速轴承
Cu45Sn2Pb	石墨	11.0	0.14~0.18	粉末冶金	高速轴承
Al4.5Cu	石墨	5.0~30.0	—	特殊铸造	活塞
Al13SiCu	滑石	2.0~2.8	—	特殊铸造	活塞
304 不锈钢	$MoSe_2$	10.0	0.16~0.20	粉末冶金	高温轴承
Ni	CaF_2	5.0~15.0	0.20~0.25	粉末冶金	高温轴承

金属基自润滑复合材料的摩擦学特性主要取决于：①润滑膜的结构、厚度和分布状态；②润滑膜与基体的结合状态；③基体材料的特性；④试验参数（滑动速度、接触压力、试验温度、湿度等）。自润滑复合材料的磨损率随固体润滑剂体积分数的增加而降低，当润滑剂的体积分数一定时，复合材料的磨损率随接触压力的升高而上升，随滑动速度的增加而降低。在众多自润滑复合材料中，石墨增强 MMCs 受到广泛关注，这主要是由于作为固体润滑剂，石墨在负荷作用下，可在对偶件表面形成连续的石墨膜。活塞、活塞环等用这类复合材料制造，既可保证较好的密封作用，又具有良好的自润滑作用。在没有完整油膜的情况下，

这类材料仍具有抗咬合、抗擦伤等性能。由于石墨可以耐高温，因此这类材料在高温下也具有出色的自润滑性。

8.4 金属基复合材料疲劳损伤与失效

材料在循环应力或循环应变的作用下，由于某点或某些点产生了局部的永久结构变化，从而在一定循环次数后形成裂纹或发生断裂的过程，称为疲劳。疲劳过程是一个损伤累积过程，主要分为裂纹的萌生、扩展和失稳断裂三个阶段。由于金属基复合材料与金属材料具有不同的微观结构，两者的疲劳机理和失效模式也存在明显的差异。单一金属材料的疲劳过程首先出现一条主裂纹，当裂纹扩展到某一临界值时会突然失稳破坏，所以这条裂纹控制着材料的最终破坏。相对金属材料，金属基复合材料的疲劳过程是一个渐进累积的缓慢随机过程，其损伤尺度、损伤类型以及演化过程都更加复杂。在疲劳交变载荷的作用下，复合材料结构内部的微裂纹、微孔隙等初始缺陷将进一步演化扩展，产生多种破坏形式且不同破坏形式之间存在相互耦合作用。当损伤达到一定容限时，结构断裂失效。此外，同金属材料相比，复合材料没有明显的疲劳极限，一般定义疲劳寿命为 $5×10^6$ 或 10^7 次循环不发生破坏所对应的最大应力值为其条件疲劳极限。

8.4.1 金属基复合材料疲劳损伤演化

1. 颗粒增强金属基复合材料损伤演化

（1）疲劳裂纹的萌生　对疲劳裂纹萌生的研究是疲劳研究的核心内容之一。颗粒增强金属基复合材料（PMMCs）与未增强金属的疲劳裂纹萌生机理有显著区别。未增强金属中常见的三类疲劳裂纹源是驻留滑移带（PSB）、晶界和表面夹杂，其中通过"侵入-挤出"机制形成 PSB 是未增强金属疲劳裂纹形核的最基本方式。PMMCs 中疲劳裂纹的萌生则与增强颗粒的大小、分布等特性密切相关。对于颗粒增强金属基复合材料，疲劳裂纹主要在以下几类萌生位置：

1）增强颗粒开裂处。此类增强颗粒一般尺寸较大，与小颗粒相比，大颗粒边角部位较多，在这些部位易产生应力集中，同时大颗粒本身存在缺陷或在加工过程中产生缺陷的概率较大，因此易于成为一个裂纹源。

2）增强颗粒团聚区域。该区域内颗粒密度高，应力集中大，有利于疲劳裂纹的萌生，特别是铸造法制备的复合材料，团聚区域内一般还存在颗粒/基体界面结合不良的现象，更加易于发生界面脱粘成为疲劳源。

3）颗粒贫化区域。颗粒分布不均导致复合材料内部存在颗粒贫化区域，该区域因缺乏增强颗粒的强化而强度偏低，成为疲劳裂纹源之一。

4）粗大的金属间化合物。复合材料制备过程中易引入杂质元素，从而形成粗大的金属间化合物，如铝基复合材料中的富 Fe 相，这些化合物通常强度较低或者脆性较大，位于材料表层时，易于萌生疲劳裂纹。

5）材料制备过程中产生的缺陷。如铸造法制备的复合材料中很有可能存在较大尺寸的孔洞（>100μm），即使这些孔洞并不位于材料表面或者近表面，也很有可能成为疲劳裂纹的萌生源。

（2）疲劳裂纹扩展　应力强度因子 K 通常被用来定量分析裂纹扩展过程中的尖端损伤，其值可由下式确定，即

$$K = Y\sigma\sqrt{\pi a} \tag{8-45}$$

式中，Y 为构件的形状因子，与试样及其裂纹形状有关；σ 为应力幅值；a 为裂纹长度。线弹性断裂力学认为疲劳裂纹扩展速率（da/dN）与应力强度因子的幅值 ΔK 有关，ΔK 可以通过式（8-46）进行计算，即

$$\Delta K = K_{\max} - K_{\min} = Y\Delta\sigma\sqrt{\pi a} = Y(\sigma_{\max} - \sigma_{\min})\sqrt{\pi a} \tag{8-46}$$

式中，$K_{\max}$ 为循环应力强度因子最大值；$K_{\min}$ 为循环应力强度因子最小值；$\sigma_{\max}$ 为循环最大应力；$\sigma_{\min}$ 为循环最小应力。

通常用 da/dN-ΔK 的双对数坐标下的裂纹扩展速率曲线描述疲劳裂纹扩展的一般规律，传统的双对数坐标下的关系曲线一般包括三个阶段，主要描述长裂纹的扩展，即没有考虑到小裂纹扩展阶段。而相关研究表明，小裂纹扩展阶段占到整个构件疲劳裂纹扩展全寿命的 70% 以上。构件的疲劳破坏过程可以概括为：疲劳小裂纹萌生，萌生的小裂纹之间相互连接长大形成主裂纹，主裂纹继续扩展直至构件失效。因此，有必要将小裂纹扩展阶段纳入到裂纹扩展曲线当中，从而得到图 8-27 所示的广义的疲劳裂纹扩展行为全曲线。其中，ΔK_{th} 是疲劳裂纹扩展的门槛值，当应力强度因子幅值 ΔK 低于门槛值 ΔK_{th} 时，裂纹不扩展，或者扩展速率非常缓慢，可忽略不计。根据 ASTME647 标准，通常将裂纹扩展速率低于 10^{-7} mm/cycle 定义为长裂纹门槛值，一般 ΔK_{th} 值是材料 K_{IC} 值（材料断裂韧度）的 5%～15%，ΔK_{th} 值对组织、环境及载荷比 R（$R = \sigma_{\min}/\sigma_{\max}$）都很敏感。

图 8-27 中曲线主要分为以下四个阶段：

1）小裂纹扩展阶段。线弹性断裂力学认为当作用于裂纹尖端的应力强度因子幅 ΔK 小于门槛值 ΔK_{th} 时，裂纹不会扩展；然而小裂纹在门槛值以下依然会出现瞬态减速和加速扩展，故小裂纹扩展规律并不能用传统的线弹性断裂力学的基本原理进行描述，这是小裂纹扩展行为和长裂纹扩展行为的最主要差异。小裂纹扩展可按式（8-47）的数学模型进行描述，即

$$\frac{da}{dN} = Ca^{\alpha}(d-a)^{1-\alpha} \tag{8-47}$$

式中，C 和 α 是材料常数；d 和 a 分别是裂纹长度和材料微观组织单元尺度，一般为平均晶粒尺寸。

2）当 ΔK 稍大于门槛值时，裂纹开始低速扩展，通常将这一阶段的扩展称为近门槛值扩展，裂纹扩展速率约为 10^{-7}～10^{-6} mm/cycle。

3）随着 ΔK 继续增加，裂纹扩展速率进入中部稳态扩展区，其主要特征是裂纹扩展速率与 ΔK 呈线性关系，其扩展速率约为 10^{-6}～10^{-3} mm/cycle，且受载荷比 R、组织类型和环境影响较小。中部稳态扩展区又称 Paris 区，此阶段裂纹扩展速率满足 Paris 公式，即

$$da/dN = C(\Delta K)^m \tag{8-48}$$

式中，C、m 为材料常数，m 在数值上等于亚稳态扩展中 lg（da/dN）-lgΔK 直线部分斜率的大小，对于同一材料，m 不随构件的形状和载荷性质而改变，常数 C 与材料的力学性能（如屈服强度和硬化指数）、试验条件有关。式（8-48）的对数形式为

$$\lg \frac{\mathrm{d}a}{\mathrm{d}N} = \lg C + m \lg \Delta K \tag{8-49}$$

可以发现，式（8-49）即对应于图 8-27 所示的中部稳定扩展区。

4）随着 ΔK 的进一步增加，裂纹扩展速率快速升高直至最终断裂，进入快速扩展区，当 ΔK 的最大值达到临界应力强度因子 K_{IC} 时，裂纹扩展达到临界值，最终达到断裂。

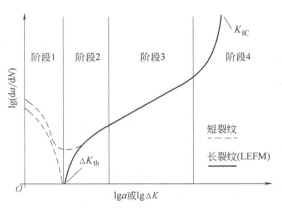

图 8-27　疲劳裂纹扩展曲线

复合材料的疲劳裂纹扩展与陶瓷颗粒自身的断裂与否直接相关。近门槛区扩展阶段疲劳裂纹尖端的应力强度因子较小，裂纹扩展速度对材料的微观结构十分敏感。裂纹遇到增强颗粒、晶界等障碍时，只有绕过障碍才能进一步扩展。从断口形貌上来看，未增强金属在该阶段的断口一般为塑性穿晶断口，其上还分布着不连续的穿晶或者晶间断裂的小刻面。PMMCs 在该阶段的断口同样为穿晶断口上分布着孤立的小刻面，但小刻面形貌所占的比例显著降低。由于未增强金属疲劳裂纹扩展的阻碍因素主要为晶界，裂纹扩展路径一般仅在裂纹穿越晶界时发生偏折；而 PMMCs 疲劳裂纹扩展路径则受到晶界和增强颗粒的共同影响，晶界或增强颗粒均可以使疲劳裂纹扩展路径发生偏折或弯曲，从而导致裂纹扩展过程中消耗的能量增加，使裂纹扩展困难。因此其疲劳门槛值 ΔK_{th} 较高，疲劳裂纹扩展速率较低，目前一般用疲劳裂纹闭合效应及疲劳裂纹偏折予以解释。

裂纹闭合效应是指疲劳载荷循环的卸载过程中裂纹面过早接触并且载荷通过裂纹传递的一种现象。裂纹闭合效应越大，材料疲劳裂纹扩展抗力越大。通常，裂纹扩展的表观驱动力为：$\Delta K = K_{max} - K_{min}$，而在一个完整的疲劳循环中，当 $K = K_{min}$ 时，裂纹前端并不张开，只有当 K 增大到某一临界值 K_{op} 时，裂纹才完全张开，才可能实现扩展，此时裂纹扩展的有效驱动力 ΔK_{eff} 为：$\Delta K_{eff} = K_{max} - K_{op}$。由裂纹闭合效应可知，裂纹面越早接触，$K_{op}$ 越大，ΔK_{eff} 也就越小。在近门槛区阶段，裂纹不能破坏增强颗粒，必须绕过增强颗粒，造成断口粗糙不平。与未增强金属相比，复合材料断口也因增强颗粒的存在而获得"额外"的表面粗糙度，循环中断口由于几何错配而过早接触的概率也随之增大，造成颗粒增强金属基复合材料裂纹闭合效应增大，裂纹扩展速率降低。

疲劳裂纹偏折效应同样是近门槛区疲劳裂纹扩展减速或停止的重要机制之一。在 PMMCs 中，增强颗粒和晶界造成疲劳裂纹偏折。与未增强金属相比，增强颗粒会"额外"增大疲劳裂纹扩展的偏折次数和偏折程度，使裂纹扩展方向偏离名义上的 I 型裂纹扩展面。这种裂纹与具有相同投影长度的直裂纹相比具有较低的驱动力，同时裂纹扩展的路径也增多。上述两个方面的影响均可使裂纹扩展的驱动力降低。

中部稳态扩展及最终断裂阶段裂纹尖端应力强度因子增大，裂纹尖端的塑性区面积比近门槛区时明显增大，可包围几个晶粒大小，此时裂纹闭合效应的影响已不明显，疲劳裂纹扩展的有效驱动力较大，裂纹可以克服其尖端遇到的多数障碍。与近门槛区相比，该阶段的断口形貌及疲劳机理均发生深刻变化。PMMCs 稳态扩展、最终断裂区的断口形貌与未增强金属显著不同。未增强金属在该阶段的疲劳断口主要为疲劳条纹组织，而 PMMCs 的断口主要由撕裂脊（Tear Ridge）、微孔和韧窝、开裂的增强颗粒、颗粒-基体界面脱粘等形貌构成，SiC_p/Al 复合材料高周疲劳的稳态扩展区断口形貌如图 8-28a、b、c 所示。其中微孔和韧窝是该阶段的主要形貌，韧窝与韧窝之间通过撕裂脊相连，而增强颗粒开裂、界面脱粘属于脆性断裂，一般只有在少量的增强颗粒和界面上发生。在疲劳裂纹扩展的过程中，有增强颗粒的拔出，使本来光亮的断裂面内有了颗粒拔出的凹坑，削弱或遮盖了疲劳裂纹传播时的晶体学特征，这样疲劳断裂面就没有明亮的疲劳辉纹条带。

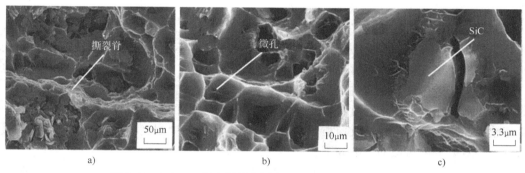

图 8-28　SiC_p/Al 复合材料高周疲劳的稳态扩展区断口形貌

通常，增强颗粒开裂前周围基体往往已经发生大的塑性变形，因此易见塑性的撕裂脊环绕于开裂的增强颗粒周围。颗粒-基体界面脱粘最常见的原因是界面结合不良或界面上生成了有害的金属间化合物。如铸造 PMMCs 中基体对颗粒浸润不够会引起界面结合不良，尤其是在颗粒团聚区域，基体对颗粒的浸润能力进一步降低，脱粘成为该区域内常见的形貌；不良的界面反应如 $Al_2O_3/(Al-Mg)$ 复合材料中生成 $MgAl_2O_4$、SiC/Al 复合材料中生成 Al_4C_3 等，这些反应产物大幅度降低了界面结合力，使界面易于脱粘。

与未增强基体金属相似，PMMCs 的裂纹中部稳态扩展区同样遵守 Paris 公式。未增强金属中 m 值较小，而颗粒增强金属基复合材料中 m 值较大，如 Al 及其合金中 m 值一般为 3 左右，而 SiC_p/Al 复合材料中 m 值通常大于 4。产生这一差别的原因在于 PMMCs 中出现了增强颗粒开裂、颗粒-基体界面脱粘，这两种脆性断裂机制随着裂纹长度的增大而越来越明显，造成颗粒增强金属基复合材料裂纹扩展速率增大的"加速度"较大，因此 m 值也较大。

PMMCs 的疲劳性能影响因素有增强颗粒的尺寸、体积分数、分布状态、颗粒-基体界面结合强度、界面应力状态。

减小增强颗粒尺寸可以抑制疲劳裂纹扩展。首先，当颗粒的体积分数相同时，颗粒粒径越小，复合材料中颗粒间距也越小，裂纹扩展过程中裂纹尖端遇到颗粒的概率增大，从而造成疲劳裂纹闭合和疲劳裂纹偏折，有效提高了复合材料疲劳极限，并降低了疲劳裂纹扩展速率。其次，大颗粒本身含有缺陷的概率以及颗粒周围产生的应力集中均较大，易于成为疲劳裂纹源并有利于裂纹扩展，造成复合材料的疲劳裂纹扩展速率提高，疲劳寿命降低。

增强颗粒体积分数增大，复合材料疲劳极限提高，这首先是由载荷传递原理所决定的。复合材料中，增强颗粒比基体承担更大的载荷。随着颗粒体积分数增大，更多的载荷由基体传递到颗粒，因此相同载荷条件下，颗粒体积分数大的复合材料每周次的变形量小，疲劳裂纹不易萌生和扩展。另一方面，由于成分及制备工艺复杂，很难制备出无杂质的复合材料，由杂质所生成的脆性金属间化合物有利于疲劳裂纹的萌生和扩展，使其疲劳性能降低。而强度、刚度较高的增强颗粒在塑性加工过程尤其是大变形量的挤压中可以破碎金属间化合物，使其分布均匀，颗粒体积分数越大，这一效果也越明显。通常复合材料的 ΔK_{th} 高于基体合金，其数值约是基体合金的 2 倍。在应变控制的低周疲劳中，情况则恰恰相反，因为颗粒在疲劳过程中的塑性变形通常可以忽略不计，所有塑性变形均由基体产生。颗粒体积分数越大，基体含量就越小，因此在相同的循环塑性应变条件下，基体上发生的塑性应变增大，而基体可以承担的总的塑性应变有限，最终造成颗粒体积分数较大的材料首先发生低周疲劳失效。

增强颗粒分布的均匀性越好，越有利于复合材料获得较高的疲劳性能。增强颗粒的分布不均会造成复合材料中分别存在增强颗粒团聚和"基体富集"的区域，与颗粒分布均匀区域相比，颗粒团聚区域存在更大的应力集中，并且增强颗粒-基体界面结合不良的概率也较大，这有利于疲劳裂纹萌生和扩展。

除上述两种因素外，复合材料中基体的特性也影响材料的疲劳破坏。晶粒越大，其疲劳门槛值越高，越有利于材料在近门槛区扩展中获得较大的疲劳裂纹扩展抗力。已经证明金属中晶粒大小对疲劳门槛值的影响如下：

$$\Delta K_{th} = \Delta K_{th}(0) + kd^{1/2} \qquad (8\text{-}50)$$

式中，$\Delta K_{th}(0)$ 为名义晶粒尺寸为 0 时的 ΔK_{th}；k 为与材料有关的常数；d 为实际晶粒尺寸。

对以沉淀强化合金为基体的 PMMCs，不同热处理工艺得到不同的析出相，对疲劳性能产生不同影响，得到合适的析出相有利于提高复合材料的疲劳性能。一般而言，复合材料基体中经自然时效、峰时效处理得到的析出相细小弥散，在疲劳循环中可有效阻碍位错运动；过时效热处理得到的析出相较为粗大，且析出相之间的间隙也较大，对位错运动的阻碍能力较低。值得注意的是，与未增强金属相比，在相同的热处理工艺下，复合材料中析出相的生长过程还受增强颗粒影响，其析出相可能与未增强金属略有差别。

图 8-29 所示为 $Al_2O_{3w}/AC4CH$ 及 $SiC_p + Al_2O_{3w}/AC4CH$ 复合材料的裂纹扩展曲线，可以发现两种复合材料的临界应力强度因子 ΔK_{th} 值均高于基体合金，说明应力强度因子 ΔK 值较低时，混杂增强 MMCs 可以更好地抵抗裂纹扩展。这是因为增强颗粒的加入使裂纹发生偏转，造成滑移带形成的减少，以及在给定应力强度下裂纹张开位移幅度的减小。此外，颗粒对裂纹有闭合效应，尖端处具有高的屈服应力，因此，复合材料的疲劳抗力通常比基体合金高。但在高 ΔK 的情况下，裂纹前端的增强颗粒自身开裂，反而会促进裂纹的扩展。

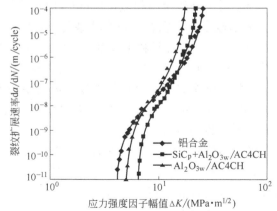

图 8-29 $Al_2O_{3w}/AC4CH$ 及 $SiC_p + Al_2O_{3w}/$ AC4CH 复合材料的裂纹扩展曲线

2. 纤维增强金属基复合材料损伤演化

对于纤维增强复合材料，疲劳交变载荷作用可能引发图 8-30 所示的纤维和基体的断裂、纤维/基体界面脱粘、裂纹桥接三种基本破坏形式以及由它们相互作用形成的诸多综合破坏形式。只有基体、纤维和界面三者性能相互协调，纤维增强金属基复合材料才能获得最佳的疲劳性能。早期对纤维增强金属基复合材料的疲劳性能的研究表明，耐疲劳纤维增强复合材料需满足三个条件：①高强度、高模量的纤维；②低强度、低模量的基体；③纤维/基体之间为弱界面结合。一般来说，具有强界面和弱纤维的金属基复合材料主要因纤维和基体的断裂而失效。具有弱界面和强纤维的金属基复合材料易于在纤维/基体界面处发生裂纹分岔。强纤维、弱界面以及在纤维/基体界面处有残余压应力的复合材料在裂纹扩展时会发生裂纹桥接。

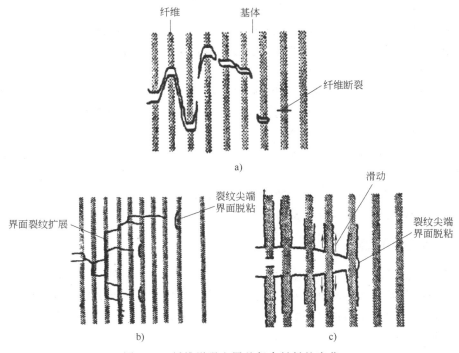

图 8-30 纤维增强金属基复合材料的疲劳

a）纤维和基体断裂 b）界面脱粘 c）裂纹桥接

纤维增强金属基复合材料的界面性质应与其基体的性能相适应，通常低韧性的脆性基体需要低抗剪强度的界面，而高韧性的基体需要更强的界面强度。若基体韧性与界面强度配合良好，基体疲劳裂纹扩展到界面附近时将引发界面裂纹，此时，完整的纤维将施加桥联应力于基体裂纹上，从而减小基体裂纹端平均应力强度因子，抑制基体裂纹继续扩展。如果界面抗剪强度过低，则横向强度也过低。如果界面抗剪强度太高，裂纹尖端的应力不足以使界面脱粘，无法产生桥联效应，因此复合材料的疲劳断裂特性就与基体材料相似。值得注意的是，当材料内部出现桥联效应时，基体承受的应力通过界面传递到纤维，而纤维施加在基体裂纹表面上的桥联应力对于纤维来说实际上是拔出力，同时复合材料的性能很大程度上依赖于纤维拔出过程中的界面应力传递效率。通常界面结合状态不同，疲劳破坏时纤维拔出长度也不同。

根据疲劳断裂模式的不同，可以将纤维增强金属基复合材料分为五类，各类复合材料基体韧性、界面强度、纤维强度及纤维拔出长度存在差异。

1）基体的韧性适中，界面结合强度很弱，纤维强度较高或高，疲劳断裂表现为：界面脱粘，沿界面的裂纹扩展为主要疲劳破坏方式，纤维拔出长度约为 0.5 ~ 5mm。典型的复合材料为 C/6061、B/6061、B_4C-B/Ti-6Al-4V。

2）基体的韧性适中或高，界面结合强度较弱，纤维强度高，疲劳断裂表现为：纤维对裂纹的桥联作用为主要方式，纤维拔出长度约为 20 ~ 500μm。典型的复合材料为 SCS-6/Ti-6Al-4V、SCS-6/Ti-15Al-3V、SCS-6/Ti-24Al-11Nb。

3）基体的韧性相对较高，界面结合强度相对较弱，纤维强度高，疲劳断裂表现为：纤维对裂纹的桥接作用有限，纤维拔出长度为 0 ~ 100μm。典型的复合材料为经热处理的 B_4C-B/Ti-6Al-4V 和 B/Ti-6Al-4V。

4）基体的韧性适中或高，界面结合强度高，纤维强度高，疲劳断裂表现为：裂纹尖端前的纤维断裂为主要破坏方式，纤维拔出长度为 0 ~ 20μm。典型的复合材料为 Be/6061-T6，B_4C-B/Ti-6Al-4V。

5）基体的韧性适中，界面结合强度高，纤维强度相对较弱，疲劳断裂表现为：纤维断裂，无界面脱粘，无纤维拔出。典型的复合材料为 Al_2O_3（FP）/Al-2.5Li、Al_2O_3（FP）/Mg、Alumina（FP）/ZE41A、SiC/Ti-6Al-4V。

纤维增强金属基复合材料疲劳破坏的具体形式不仅与其结构有关，还与加载方式、加载方向、加载频率、应力比和缺口根部半径有关。通常在高应力水平下，疲劳寿命短，疲劳破坏方式为脆性断裂，基体中无裂纹，疲劳寿命由单个裂纹的扩展控制；而在低应力水平下，基体中出现大量微裂纹，裂纹穿过复合材料稳定扩展。

8.4.2 疲劳寿命预测

金属基复合材料的疲劳寿命预测理论大致分为两类：一类是应力-寿命（S-N）曲线理论；另一类为疲劳累积损伤理论。基于这两种理论，发展了两类疲劳寿命预测模型：一类是应力-寿命（S-N）曲线模型；另一类为疲劳累积损伤模型。

S-N 曲线是材料发生破坏时应力循环次数 N 同其相应的极限应力 S 之间的实测关系曲线。Al_2O_3/6061 复合材料及相应的基体和增强体的 S-N 曲线如图 8-31 所示，S-N 曲线的绘制需要采集大量的试验数据，虽不关注复合材料疲劳过程中实际损伤机理，只是用宏观的办法反映复合材料的疲劳性能，但 S-N 曲线仍是表征复合材料疲劳性能最普遍也是最成熟的方法，可以对指定工况下、特定类型的复合材料的疲劳寿命进行预测。

S-N 曲线法最简单的公式方程为

$$\sigma_a = \sigma_\mu - b\lg N \qquad (8-51)$$

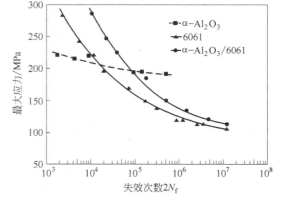

图 8-31 Al_2O_3/6061 复合材料及相应的基体和增强体的 S-N 曲线

式中，σ_a 为最大应用应力；σ_μ 为材料的静强度；b 为材料常数；N 为失效循环次数，即疲劳寿命。这种方法也称为疲劳寿命与静强度相关性法。

为了考虑平均应力对疲劳寿命的影响，Lessard 等人提出了量纲为一的应力的概念，用一条 S-N 曲线预测不同平均应力条件下的疲劳寿命，即

$$\mu = \frac{\ln(a/\kappa)}{\ln[(1-q)(c+q)]} = A + B\lg N \tag{8-52}$$

式中，μ 为量纲为一的应力参数；q、a、c 为量纲为一的应力，且 $q = \sigma_m/\sigma_t$，$a = \sigma_a/\sigma_t$，$c = \sigma_c/\sigma_t$，σ_m 为平均应力，σ_a 为交变应力幅，σ_c 为抗压强度，σ_t 为拉伸应力；κ 为试验常数；A、B 为曲线拟合常数。确定 A、B 后，即可对不同平均应力下的单轴疲劳寿命进行预测。

与合金相比，在相同的应力幅值下，金属基复合材料通常具有更高的疲劳寿命，这主要是因为复合材料具有较高的弹性模量。除了与弹性模量相关外，复合材料较高的 S-N 曲线还与其微观组织之间存在密切联系。研究表明。在相同的体积分数下，不同尺寸颗粒增强的复合材料可能具有相同的弹性模量，以及不同的 S-N 疲劳曲线。

虽然 S-N 曲线能对复合材料疲劳寿命进行一定程度的预测，然而 S-N 曲线是在恒幅循环加载应力条件下得到的，只能提供复合材料基本的疲劳特性参数，无法描述多级应力或复杂循环加载应力条件下复合材料的实际疲劳过程。

由于 S-N 曲线不能充分地解释伴有复杂疲劳损伤机理发生的复合材料疲劳响应，因此，出现了基于疲劳损伤机理和累积损伤理论的复合材料疲劳寿命预测模型。基于累积损伤理论的疲劳寿命预测模型包括基于剩余刚度、剩余强度、剩余能量、疲劳模量等损伤参量的模型，以及疲劳渐进损伤模型和其他非线性疲劳累积损伤模型。其中，常见的疲劳损伤累积模型主要包括剩余强度模型和剩余刚度模型等。

强度是复合材料的一项重要力学性能，它宏观反映了材料抵抗破坏的能力。在疲劳交变载荷作用下，复合材料的剩余强度不断衰减，剩余强度是材料性能退化的宏观反映。材料的剩余强度与所加载荷的循环次数为非线性关系，剩余强度随循环次数的增加而下降，当剩余强度达到外界载荷的应力幅值 σ_{max} 时，材料即失效破坏，从而有如下的剩余强度模型：

$$\frac{d\sigma(n)}{dn} = -\frac{-F(\sigma^{max})}{m[\sigma(n)]^{(m-1)}} \tag{8-53}$$

式中，$\sigma(n)$ 为循环次数为 n 时的剩余强度，剩余强度与载荷循环次数 n、应力水平 σ 以及应力比 R（加载的最小应力与最大应力的比值）有关。$F(\sigma^{max})$ 和 m 是与最大循环应力 σ^{max} 相关的函数，通过剩余强度试验确定。材料的剩余强度天然地满足两个边界条件，即：

1）未加载时，$n = 0$，$\sigma(n) = \sigma_{ult}$，σ_{ult} 是复合材料载荷方向的静强度。

2）疲劳断裂时，$n = N$，$\sigma(n) = \sigma_{max}$。

但是，剩余强度模型中的参数需要通过破坏性试验测得，因此试验耗费多，工作量大。另外，剩余强度模型认为所有疲劳数据的分散性是由于初始静强度的分散性造成的，这未必符合实际情况。同时，这种模型通过疲劳试验仅对剩余强度变化率进行描述，而整个疲劳过程还有其他材料属性发生变化，因此只用剩余强度疲劳变化率一个参量来描述疲劳过程的演化规律是不全面的。

在疲劳试验过程中，无需破坏性试验即可以连续测得材料的刚度变化，而且材料的刚度与内部的微观损伤扩展有紧密的联系。因此，刚度是表征疲劳性能的一个很有潜力的宏观无损测试参数，能够实时描述加载过程中材料的损伤状态以及损伤过程中的剩余强度和疲劳寿

命衰减情况。在复合材料的疲劳研究中，依据描述角度的不同，常用的刚度主要包括切线模量 $E_T(n)$、割线模量 $E_C(n)$ 和疲劳模量 $E_F(n)$ 等。剩余刚度模型主要是建立在试验数据分析基础上的经验性模型，没有考虑复合材料结构内部的复杂损伤机理。为了满足工程上的需要，研究者从宏观角度出发建立了很多经验性的刚度模型。其中最早提出的宏观剩余刚度模型，认为刚度的下降与循环次数的幂次方成正比：

$$E(n) = E(0)\left[1 - Qn^v\right] \tag{8-54}$$

式中，$E(0)$ 为沿主轴方向的初始弹性模量；$Q = a_1 + a_2 v$；v 与所加载荷的应力水平 S 呈线性关系，a_1、a_2 为材料常数，由试验确定。

用剩余刚度度量复合材料的疲劳损伤也存在缺点，其原因在于剩余刚度的破坏准则难以确定，且刚度对疲劳损伤的敏感度较低。用剩余刚度模型描述具有各向异性的纤维增强复合材料时，至少需要四个模量，即轴向弹性模量 E_{11}、横向弹性模量 E_{12}、面内切变模量 G_{12} 和泊松比 v_{12}，因此，测试难度较大，目前多数学者在研究纤维增强复合材料刚度变化时，主要分析单向载荷下沿载荷方向的刚度变化。

本章思考题

1. 金属基复合材料的损伤与失效通常包括哪些形式？

2. 请简述金属基复合材料基体损伤模型。

3. 内聚力模型主要的研究对象是什么？该模型建立的主要目的及应用范围是什么？

4. 以颗粒增强金属基复合材料为例，简述金属基复合材料的拉伸损伤及失效。

5. 简述复合材料在纤维方向受拉伸载荷时界面强度的失效机制。

6. 研究复合材料失效过程的概率方法包括哪些具体内容？

7. 举例说明组元物理化学作用与界面结合强度的关系。

8. 分别以纤维增强及颗粒增强金属基复合材料为例，说明金属基复合材料摩擦损伤与失效的过程与机制。

9. 颗粒增强金属基复合材料中疲劳裂纹的萌生位置主要有哪些？

10. 抑制金属基复合材料疲劳裂纹扩展的手段有哪些？

11. 试说明纤维增强金属基复合材料的疲劳断裂模式。

12. 金属基复合材料的疲劳寿命预测理论主要有哪些？请分别简述其内容。

第9章 金属基复合材料的应用

金属基复合材料（MMCs）出现在 20 世纪 40~50 年代，至 80 年代末 90 年代初掀起了工业应用的研究热潮。MMCs 由于具有比强度和比刚度高、耐高温、耐磨损、耐疲劳、热膨胀系数低等优异性能，首先在航空、航天工业获得应用，并逐步向汽车、电子、体育器材等方面扩展，其中，汽车和航空航天领域的潜在应用前景最为广阔。本章主要叙述金属基复合材料在航空航天、军工、汽车等领域的应用状况，以及影响其进一步扩大应用的制约因素，并讨论金属基复合材料的未来发展趋势。

9.1 金属基复合材料的应用范围

金属基复合材料自进入工业应用发展阶段以来，逐步拓宽了应用范围，但由于价格较高且难以大幅度降低，导致其在许多潜力巨大的应用领域，尤其对价格比较敏感的汽车等行业的应用受到限制。复合材料的大规模应用，除价格之外，还需要解决设计、加工、回收等方面的问题。

金属基复合材料在国外已经实现商品化，而我国仅有小批量生产，以汽车零件、机械零件为主，主要是耐磨复合材料，如颗粒增强铝基或锌基复合材料、短纤维增强铝基或锌基、镁基复合材料等，年产量仅 5000t 左右，与国外差距较大。

9.1.1 航天领域的应用

金属基复合材料在航天器上首次也是最著名的成功应用是美国 NASA 采用硼纤维增强铝基（50% B_f/6061）复合材料作为航天飞机轨道器中段（货舱段）机身构架的加强桁架的管形支柱（见图 9-1），整个机身构架共有 300 件带钛套环和端接头的 B/Al 复合材料管形支撑件。与拟采用铝合金的原设计方案相比，减重达 145kg，减重效率为 44%。

图 9-1　航天飞机轨道器中机身 B/Al 复合材料构架图

另一个著名的工程应用实例是，60% 石墨（Gr）纤维（P100）/6061 铝基复合材料被成功地用于哈勃太空望远镜（见图 9-2）的高增益天线悬架（也是波导），这种悬架长达 3.6m（见图 9-3），具有足够的轴向刚度和超低的轴向线胀系数，能在太空运行中使天线保持正确位置。由于这种复合材料的导电性好，所以具有良好的波导功能，保持飞行器和控制系统之间进行信号传输，并抗弯曲和振动。

美国 ACMC 公司与亚利桑那大学光学研究中心合作，采用 SiC 颗粒增强铝基复合材料研制成超轻量化空间望远镜（包括结构件与反射镜，该望远镜的主镜直径为 0.3m，整个望远镜质量仅为 4.54kg)。该公司还用粉末冶金法制造 SiC 颗粒增强铝基复合材料激光反射镜、卫星太阳能反射镜、空间遥感器中扫描用高速摆镜,已经部分投入使用。

美国佛罗里达州的一个材料公司开发成功一种新型非连续增强铝基复合材料,其强度超过 700MPa,具有优异的刚性、比强度、抗磨性和耐热性,可用于宇航飞行器材料,也适用于火箭制造方面。该复合材料以 Al-Mg-Sc-Gd-Zr 合金为基体,制备方法为粉末冶金法。所用原料为 325 号筛(小于 45μm)的球状铝合金粉末及平均直径为 5μm 的碳化硅粉和碳化硼粉,碳化物粉末掺入量为 15%(体积分数)。

在我国,金属基复合材料也于 2000 年前后正式应用在航天器上。哈尔滨工业大学研制的 SiC_w/Al 复合材料管件用于某卫星天线丝杠,北京航空材料研究院研制的三个 SiC_p/Al 复合材料精铸件(镜身、镜盒和支撑轮)用于某卫星遥感器定标装置,并且成功地试制出空间光学反射镜坯缩比件。上海交通大学研制了高性能的 SiC 颗粒增强铝基复合材料及原位自生纳米颗粒增强铝

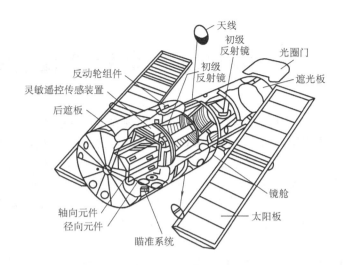

图 9-2　哈勃太空望远镜整体结构

图 9-3　哈勃太空望远镜 Gr 纤维/铝基复合材料悬架

基复合材料,两类材料不但质量小,而且在外力作用下变形小,宽温度变化下尺寸稳定性好,阻尼性能好,这些材料正式应用于"天宫二号"空间实验室的冷原子钟、激光通信、光谱仪、量子密钥等多种关键构件(见图 9-4),为以上各种精密仪器和机构的稳定运行提供了保障。此外,上海交通大学研制的高性能铝基复合材料构件成功装备于"玉兔号"月球车的车轮和"嫦娥三号"的多种遥测遥感仪器中,助力"嫦娥三号"成功发射、运行和完成各项任务。

9.1.2　航空领域的应用

对安全系数及使用寿命都要求极高的航空工业始终是金属基复合材料最具挑战性的应用领域,特别是在商用飞机上的应用更是如此。因此,金属基复合材料的航空应用进程大大滞后于航天应用。最早的航空应用实例在 20 世纪 80 年代,洛克希德·马丁公司将 DWA 复合材料公司生产的体积分数为 $25\%SiC_p/6061$ 复合材料用作飞机上承放电子设备的支架。该设备支架尺寸非常大,长约 2m(见图 9-5),其比刚度比被替代的 7075 铝合金约高 65%,解

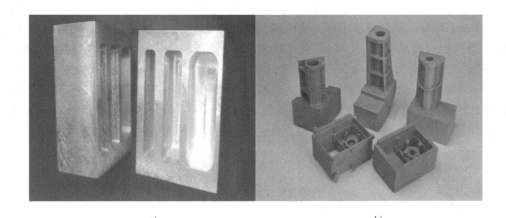

a) b)

图 9-4　"天宫二号"空间实验室上装备的铝基复合材料构件

a）SiC 颗粒增强铝基复合材料构件　b）原位自生铝基复合材料构件

决了 7075 铝合金构件在飞机扭转和旋转引起的载荷作用下变形过大的问题。

　　然而，直到最近几年，以颗粒增强铝为代表的金属基复合材料才作为主承载结构件在先进飞机上获得正式应用。下面将对几个最有代表性的、甚至可以说是标志性的工程应用及其所产生的效果加以具体介绍。

　　在美国国防部"Title Ⅲ"项目支持下，DWA 复合材料公司与洛克希德·马丁公司及空军合作，将粉末冶金法制备的 SiC 颗粒增强铝基（6062）复合材料用于 F-16 战斗机的腹鳍（见图 9-6），代替了原有的 2214 铝合金蒙皮，刚度提高 50%，寿命由原来的数百小时提高到设计的全寿命 8000h，提高幅度达 17 倍。目前，美国空军已将这种铝基复合材料腹鳍作为现役 F-16 战斗机的备用件，正在逐步地更换。Ogden 空军后勤中心评估结果表明：这种铝基复合材料腹鳍的采用，可以大幅度减少检修次数，全寿命节约检修费用达 2600 万美元，并使飞机的机动性得到提高。此外，F-16 上部机身有 26 个可活动的燃油检查口盖（见图 9-7），其寿命只有 2000h，并且每年都要检修 2~3 次。采用了碳化硅颗粒增强铝基复合材料后，刚度提高 40%，承载能力提高 28%，预计平均翻修寿命高于 8000h，裂纹检查期延长为 2~3 年。F-18 "大黄蜂"战斗机上采用 SiC 颗粒增强铝基复合材料液压制动器缸体，与被替代材料铝青铜相比，不仅自重减轻，线胀系数降

图 9-5　飞机上承放电子设备的铝基复合材料支架

图 9-6　F-16 战斗机的腹鳍

低，而且疲劳极限提高一倍以上。1998 年，钛基复合材料进入航空市场，当时大西洋研究公司（Atlantic Research Corporation）的钛基 MMCs 接力器活塞出现在 Pratt&Whitney F119 燃气涡轮发动机的材料采购单上，为洛克希德·马丁/波音联合研制的 F-22 "猛禽"战斗机提供动力。2003 年，美国的特殊材料公司通过在碳纤维上化学气相沉积碳化硅制成短纤维，再利用等离子喷涂与钛结合，最终制造出钛基复合材料。该材料被用来制造荷兰皇家空军的 F16 战斗机起落架部件，这是首次将金属基复合材料用于飞机起落架上。利用金属基复合材料替代传统高强度钢达到了减重 40% 的效果，且具有比钢或铝更好的耐蚀性。

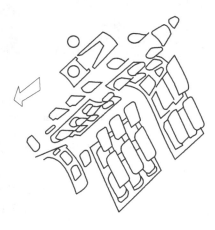

图 9-7　F-16 战斗机及其燃油检查口盖

在直升机的应用方面，欧洲率先取得突破性进展。英国航天金属基复合材料公司采用高能球磨粉末冶金法制备出了高刚度、耐疲劳的碳化硅颗粒增强铝基（2009）复合材料，用该种材料制造的直升机旋翼系统连接用模锻件（桨毂夹板及轴套），已成功地用于 Eurocopter（欧直）公司生产的 N4 及 EC-120 型直升机（见图 9-8）。其应用效果为：与钛合金相比，复合材料构件的刚度提高约 30%，寿命提高约 5%，构件自重下降约 25%。

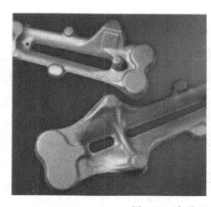

图 9-8　直升机旋翼系统及其连接件

更为引人注目的是，在 20 世纪 90 年代末，SiC 颗粒增强铝基复合材料在大型客机上获得正式应用。普惠公司从 PW4084 发动机开始，以 DWA 公司生产的挤压态 SiC 颗粒增强变形铝合金基复合材料作为风扇出口导流叶片，用于所有采用 PW4000 系列发动机的波音 777

上。图 9-9 所示为普惠公司生产的 PW4000 航空发动机及其 SiC 颗粒增强铝基复合材料风扇出口导流叶片。普惠公司的研发工作表明，作为风扇出口导流叶片或压气机静子叶片，铝基复合材料耐冲击（冰雹、鸟撞等外物打伤）能力比树脂（石墨纤维/环氧）复合材料好，且任何损伤易于发现。此外，还具有 7 倍于树脂基复合材料的抗冲蚀（沙子、雨水等）能力，并使成本下降 1/3 以上。普惠公司计划在 PW4000 系列发动机上将 SiC 颗粒增强铝基复合材料作为标准材料使用。美国正在研制颗粒增强耐热铝基复合材料，一旦开始生产，则将首先用于 1 级及部分 2 级压气机，例如用作压气机静子叶片。

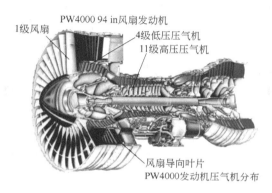

图 9-9　普惠公司的 PW4000 航空发动机及其风扇出口导流叶片

纤维增强金属层板也被视为宏观尺寸金属基复合材料的一种。纤维铝合金层板是一种高性能、低成本的航空用先进材料，用于飞机蒙皮壁板的制造，改善其损伤容限特性，提高抗疲劳性能，增强飞机的生存能力和竞争力，满足未来飞机高速、长寿、安全的需求，通常用在一般曲度的壁板类零件上。它利用胶接技术将各向同性的铝合金（含铝锂合金）薄板与各向异性的纤维复合材料结合起来，可以得到兼具两者优点，并克服各自缺点的新型结构材料——纤维铝合金复合层板胶接结构，基于芳纶纤维的复合层板称为 ARALL 结构，基于玻璃纤维的复合层板称为 GLARE 结构。玻璃纤维铝合金层板在 A380 上的应用约为飞机总重的 3%。波音飞机上采用的是玻璃纤维钛合金结构，称为 TiGr。在国内飞机上，玻璃纤维增强铝合金层板主要应用在垂尾前缘、发房蒙皮上。

9.1.3　军工领域的应用

当前，导弹制造国际市场竞争十分激烈。制造商要想赢得市场，就必须满足用户现在和未来的要求，改进导弹的性能，降低其初始寿命和全生命周期费用。材料技术对导弹的改进与发展起关键性作用。例如，提高材料的强度与刚度，可使导弹采用壁厚较薄的弹体而减轻自重，减重的导弹有利于提高速度。材料使尾翼和弹翼刚性增强，可减少倾动与弹头偏转，从而改善导弹的制导与精度。因此，为了适应导弹速度、制导和精度等性能的改进，需开发和应用新材料。

多年来，由英国国防部投资，英国国防评估与研究局、马特拉 BAE 动力公司研究了铝基复合材料在导弹零部件中的应用，取得了一些成效。铝基复合材料适宜制造弹体、尾翼、弹翼、导引头组件、光学组件、推进器组件、制动器组件、发射管、三角架和排气管等导弹零部件。目前，他们已完成第一、第二阶段计划，正在实施近期研究计划，并制订了未来的研究计划。

1. 第一阶段研究计划

20世纪90年代初，英国确定了第一阶段铝基复合材料研究计划。按照这个计划，英国对五个铝基复合材料导弹零部件进行了设计研究。它们是前弹体、弹翼、尾部套管、组合尾翼与轴以及控制圆筒。设计研究内容包括每种零部件所用的材料类型、制造方法以及与传统材料相比较的减重率，研究结果见表9-1。

按照该研究计划，英国还选用从一些公司获得的不同种类金属基复合材料，尝试了利用多种工艺方法制造多种导弹，其目的是证明金属基复合材料的优点，确定用该材料生产真实尾翼时可能遇到的困难。制造研究表明，用粉末冶金方法制造颗粒增强铝基复合材料尾翼进展非常顺利。该尾翼增加了刚度，预计可减少自重与惯量各达15%。

英国还尝试了用纤维增强金属基复合材料制造导弹尾翼，但是由于当时采用的制造技术不成熟而失败。现在，纤维增强金属基复合材料及其制造技术已有许多改进，但其价格依然较高。

表9-1　导弹零部件的设计研究结果

导弹零部件	材料			减重率（%）
	传统材料	新材料		
		名称	制备方法	
前弹体	钢	20%SiC$_p$/Al-Si-Mg	粉末冶金	94
弹翼	铝	20%SiC$_p$/Al-Cu-Mg	粉末冶金	15
尾部套管	铝	20%SiC$_p$/Al-Si	铸造	112
组合尾翼与轴	铝/钢	SiC$_p$/Al	—	93
控制圆筒	铝	C$_f$/Al	—	167

2. 第二阶段研究计划

1994年，英国确定了第二阶段铝基复合材料研究计划。该计划的目标是探讨用铝基复合材料制造未来近程和中程空对空高速导弹前弹体的可行性。研究的主要内容是颗粒增强铝基复合材料的抗瞬时高温性能，希望该材料在350~400℃温度时具有瞬时强度。研究的材料包括用不同质量分数SiC颗粒增强的2124、2618及Al-Fe-V-Si等多种铝基复合材料。研究的结论是：碳化硅颗粒增强2000系列铝合金的强度在200℃以下受基体材料支配，具有较高值；该材料的强度在200℃以上迅速降低，主要原因是SiC颗粒产生沉淀，使复合材料强度迅速降低；该材料不适宜制造导弹前弹体，但适宜制造其他导弹零部件；Al-Fe-V-Si是专为高温用途研制的铝合金，SiC增强的该合金显示出良好的应用前景。在模拟近程和中程导弹自由飞行的条件下鉴定了研究的所有材料，在350℃时的鉴定结果表明：所有SiC颗粒增强的2124与2618铝合金的极限抗拉强度与屈服强度都比经过T6处理的熔炼铸造2124、2618铝合金的相应值高；经过T6处理的2618参考铝合金的极限抗拉强度大约为180MPa，屈服强度大约为160MPa；17%SiC增强的Al-Fe-V-Si可获得最高性能值，其极限抗拉强度大约为250MPa，屈服强度大约为210MPa。

3. 近期和未来的研究计划

在近期的研究计划中，重点研究了经过 T1 热处理后的 $SiC_p/Al-Fe-V-Si$ 复合材料，并与经过 T1 热处理后的 2618 铝合金以及 SiC 颗粒增强 2000 系列铝合金进行了对比。在 20℃ 时，经过 T1 热处理后的 $17\%SiC_p/Al-Fe-V-Si$ 复合材料的比强度低于钢和钛，但在 350℃ 时，该材料的比强度低于钛，接近钢的比强度。在 20℃ 和 350℃ 时，该材料的比刚度比钢和钛高得多，是研究材料中的最高值。因此，在 20℃ 和 350℃ 时，经过 T1 热处理后的 $17\%SiC_p/Al-Fe-V-Si$ 复合材料具有最好的综合性能。

经过 T1 热处理后的 $17\%SiC_p/Al-Fe-V-Si$ 复合材料可用于制造比传统 Al-Cu-Mg 合金壁薄的导弹前弹体，减重 $20\%\sim35\%$，并有助于改善导弹的性能，例如提高速度，改进制导与精度。这种薄壁前弹体可增加导弹的有效载荷容积。经过 T1 热处理后的 $SiC_p/Al-Fe-V-Si$ 复合材料的不足之处是：需改善其延性与韧性；因在制造温度范围内具有较高强度而使制造较困难；制造工艺范围窄。在未来的研究计划中，研究者打算用可能获得的资金，制造少量的 SiC 颗粒增强 Al-Fe-V-Si 前弹体样品，以便进行机械加工试验及结构试验。

作为第三代航空航天惯性器件材料，仪表级高体分 SiC_p/Al 新型复合材料替代铍材已用于美国某型号惯性环形激光陀螺制导系统，并已形成美国的国家军用标准（MIL-M-46196）。该材料还成功地用于三叉戟导弹的惯性导向球及其惯性测量单元（IMU）的检查口盖，比铍材的成本低 2/3。

相对于传统金属基复合材料，镁基复合材料以其高的比强度、模量、硬度、尺寸稳定性，以及优良的耐磨、耐蚀、减振性能和高温性能，在军工领域获得了越来越广泛的关注。目前，镁基复合材料已成功地应用于许多方面，如美国 TEXTRON 公司、DOW 化学公司利用 SiC_p/Mg 复合材料已制造出螺旋桨、导弹尾翼、内部加强气缸等；美国海军研究所和斯坦福大学利用 $B_4C_p/Mg-Li$、$B_p/Mg-Li$ 复合材料制造了天线构架；英国镁电子公司开发出 Melram072 镁基复合材料，在国防领域得到了应用；相应的制备工艺和应用研究也成为近年关注的重点。

多年来，美国、加拿大和瑞典等国秘密研究了不少金属基复合材料，尤其是研究轻金属基复合装甲材料，包括铝基复合材料和钛基复合材料。金属基复合材料把金属良好的韧性、延展性、容易成形和强度高的优点与陶瓷的高硬度、耐烧蚀和质量小等优点结合在一起，形成一种崭新的材料。它既克服了陶瓷的脆性和不能抗弹丸多次打击的弱点，又弥补了金属硬度不够和较重的缺点，具有优良的抗弹能力。人们可以根据需要，制造出金属和陶瓷成分无限变化的金属基复合材料。目前，金属基复合材料装甲已用作美国空军 C-130 运输机的防护装甲，在地面车辆或人员防护方面的应用目前可能正处于初期发展阶段。在多数金属基复合材料中，陶瓷都是作为增强体，其体积分数通常在 30% 以下，而在有些复合材料中，陶瓷体积分数超过 30%。如美国空军飞机 C-130 的防弹装甲是用 B_4C/Al 复合材料制造的，铝的体积分数约为 $25\%\sim30\%$，B_4C 的体积分数约为 $70\%\sim75\%$，这种装甲的密度仅为 $2.6g/cm^3$，能够使每架 C-130 飞机的质量减轻约 1365kg，而且装甲的防弹性能却比迄今使用的铝-碳化硅和铝-氧化铝装甲复合材料高。

9.1.4　陆上交通领域的应用

近年来，金属基复合材料不断从军事国防向民用领域渗透，大大扩展了它的市场应用。

其中，汽车及交通运输是其主流市场，用量占比超过 60%。随着能源和环境问题日益严峻，世界各国实行越来越严格的燃油效率标准和尾气排放标准，这迫使各汽车生产商采用轻质的 MMCs 取代目前的铸铁和钢，实现汽车轻量化。一般认为，汽车自重每降低 10%，燃油经济性就提高 5%。金属基复合材料主要用于那些需要耐热、耐磨的发动机和制动部件，如活塞、缸套、制动盘和制动鼓等，或者被用于那些需要高强度、高模量的运动部件，如驱动轴、连杆等。除以上零件以外，金属基复合材料还可生产高压油泵啮合件、轮毂等。目前，在陆上运输领域消耗的金属基复合材料中，驱动轴的用量超过 50%，汽车和列车制动件的用量超过 30%。金属基复合材料用于汽车工业主要是颗粒增强和短纤维增强的铝基、镁基、钛合金等有色合金基复合材料。由于铝合金、镁合金等是传统的轻质材料，随着汽车轻量化进程的不断推进和科学技术的日益进步，对在汽车工业中采用铝合金、镁合金的性能要求越来越高，要求其具有良好的耐磨、耐蚀、耐热和尺寸稳定性，并且要求质量更小，强度、刚度更高，这就为金属基复合材料的发展提供了广阔的应用前景。

1. 在内燃机方面的应用

金属基复合材料具有比强度、比刚度高，耐磨性好，导热性好，热胀系数低等特性，很适合于制作内燃机的活塞连杆、缸套等部件。

活塞是发动机的主要零件之一，它在高温高压下工作，与活塞环、气缸壁不断摩擦，工作环境恶劣，因此选择合适的活塞材料至关重要。日本丰田公司于 1983 年首次成功地用 Al_2O_3/Al 复合材料制备了发动机活塞，与原来铸铁发动机活塞相比，自重减轻了 5% ~ 10%，导热性提高了 4 倍左右。东南大学试制了陶瓷纤维增强铝基复合材料活塞，并将其应用于汽车发动机、大功率柴油机上，使活塞寿命提高了 3 ~ 5 倍，发动机功率也明显提高，汽车油耗和尾气排放大大减少。与普通铝合金材料相比，这种陶瓷纤维增强铝基复合材料的高温抗拉强度提高了 20% ~ 40%，线胀系数降低了 20%。

连杆是汽车发动机中继活塞之后第二个成功地应用金属基复合材料的例子。1984 年 Fogar 等人用氧化铝长纤维增强铝合金制造了第一根连杆。后来，日本马自达公司也制造出了 Al_2O_3/Al 复合材料连杆，这种连杆质量小，比钢质连杆轻 35%，抗拉强度和疲劳强度高，分别为 560MPa 和 392MPa，而且线胀系数小，可满足连杆工作时的性能要求。

气缸体也是采用金属基复合材料的一个实例。复合材料气缸套制备方法主要有两种：一种是利用液态铝合金浸渗气缸套预制件；另一种方法是单独制造铝基复合材料气缸套，然后在后续的铸造过程中将复合材料气缸套铸入气缸体中。与镶有灰铸铁缸套的铝气缸体相比，铝基复合材料的气缸体减轻了 20%。

目前用 Al_2O_3 短纤维增强的铝基复合材料活塞在日本丰田公司已大量使用。用 SiC 颗粒增强的铝基复合材料活塞和缸套，用 Al_2O_3 纤维、不锈钢纤维增强的铝基复合材料连杆已分别在美、日多家汽车公司试用。用低成本的挤压铸造法或压力浸透法制作颗粒或短纤维增强的铝基复合材料活塞、缸套，可充分利用 MMCs 耐磨性好、热胀系数低等特性，使配隙更精密。用碳纤维及不锈钢纤维增强铝基复合材料替代钢制连杆，用铝基复合材料制作凸轮轴，将使其自重减小，从而改善柴油机的经济性，提高输出功率。

2. 在制动系统上的应用

金属基复合材料尤其适合制作汽车、摩托车的制动器耐磨件，如制动盘。目前，汽车（摩托车）用制动盘（鼓），大都是采用铸铁制造，从导热性、摩擦因数、密度等方面看，铸铁并不太适合于这一用途。美国、日本等发达国家从 20 世纪 80 年代起就开始了铝基复合材料在汽车零部件上的应用研究，取得了显著的成效。制动件是金属基复合材料用量增长最快的部分，年增长率超过 10%。相对于铸造铁、铝基复合材料具有质量小、热导率高、摩擦因数高而耐磨性相当的优点，用它制成的制动盘（鼓），可使自重比原来铸铁件减轻 50% ~60%，同时制动距离缩短。由于热导率的提高，在制动过程中产生的大量热量能够更快地传导出去，使抗热震性提高，由此可降低制动温升，即在反复连续制动的状况下表面温度基本稳定在 450℃ 左右，而铸铁制动盘表面温度可高达 700℃。另外，耐磨性比铸铁更好，摩擦因数更稳定。随着制动初速度的提高，摩擦因数变化不大，而铸铁制动盘在制动初速度超过 120km/h 时摩擦因数显著下降。

摩托车轮毂的试车结果表明，制动毂减轻 50% ~60%，摩擦因数提高 10% ~15%，动力距离提高 16.7%，衰减率降低 56%，缩短了制动距离，并使制动性能稳定。SiC 颗粒增强铝基复合材料特别适于制作汽车和火车盘形制动器的制动盘，它不仅耐磨性好，而且与传统的铸铁制动盘相比密度低、导热性好，有 50% ~60% 的减重效果，使车辆的制动距离明显缩短。所以，自 1995 年起，福特和丰田汽车公司开始部分采用 Alcan 公司的铸造 20% SiC_p/Al-Si 复合材料来制作制动盘（见图 9-10）。1995 年，美国 Lanxide 公司将 SiC 颗粒和 Al-Si 合金应用无压浸渗工艺结合形成复合

图 9-10　SiC_p/Al-Si 复合材料制动盘

材料，采用砂模铸造成形，铸造质量为 4kg，成形后机械质量仅为 2.7kg，其最高工作温度可以达到 500℃。1995 年法兰克福汽车展上，Lotus 公司展出的 Elise 双座运动跑车就将 Lanxide 公司生产的这种 SiC_p/Al 制动片应用于其四个车轮上（见图 9-11）。由于采用了轻质的铝基复合材料，该车的空车质量仅有 700kg，使这款汽车加速到 100km/h 只需 5.9s。Lanxide 公司生产的这种 SiC_p/Al 复合材料汽车制动片已于 1996 年投入批量生产，日产量 1000 片。目前，美国汽车三巨头克莱斯勒、福特、通用均在新车型中采用铝基 MMCs 制动盘和制动鼓，例如通用在 2000 年发布的混合动力车 Precept，前后轮均装配 Alcan 公司铝基 MMCs 制造的通风式制动盘，该制动盘质量不到原来铸铁制动盘的一半，而热传导率却达 3 倍多，并解决了制动盘和制动鼓之间的腐蚀问题。

世界范围内，尤其是中国，建设了许多高速铁路和列车。其中德国 ICE（Inter City Express）列车尤其以第一次应用 MMCs 制动盘而著称。ICE

图 9-11　Lotus Elise 跑车

列车的制动系统原来采用的是 4 个铸铁制动盘，每个质量达 126kg。替换为 SiC_p/AlSi7Mg 复合材料制动盘后，每个质量仅为 76kg，带来了突出的减重效益。

3. 在传动系统上的应用

汽车靠离合器摩擦盘来传递动力，离合器的使用寿命，主要取决于从动盘摩擦片的耐磨性。铝基复合材料的耐磨性、导热性好，可用来制造离合器摩擦片。

汽车传动轴是由管材制造的，它将动力传递到减速器，其转速是由曲轴的长度、直径以及材料的刚性决定的。传动轴工作时要求有极高的动力稳定性和抗扭曲能力。目前，在陆上运输领域消耗的金属基复合材料中，驱动轴的用量超过 50%。与传统的钢或铝合金传动轴相比，金属基复合材料传动轴可承受更高的转速，同时产生较小的振动噪声；而且，比模量明显高于钢或铝，因此大型客车和货车可采用较长的单根金属基复合材料传动轴，而无须增大轴径和自重，因此，金属基复合材料传动轴在大型客车和货车上尽显优势。传动轴发生动力学不稳定的临界转速 ω 取决于轴尺寸和管材的刚度 E 和密度 ρ。ω 正比于 $(E/\rho)^{1/2}$，钢的比刚度 (E/ρ) 为 26.6GPa·cm³/g，而 Al_2O_{3p}/6061 复合材料的比刚度 (E/ρ) 为 34.3GPa·cm³/g，用 MMCs 制作传动轴替代钢管轴，可使最高转速明显提高，非连续增强 MMCs 管材可用 MMCs 铸锭无缝挤压法制造。标致公司用碳纤维增加传动轴的刚性；福特和 IbdgeVam 公司利用 20%~30% 的 SiC 增强 Al 基复合材料也达到同样的效果；Dural 公司采用搅拌熔铸法制备了 Al_2O_{3p}/6061 复合材料，具有高刚度的特点，制作的汽车传动轴，与钢传动轴相比，不平衡临界速度提高了 14%。

4. 在其他汽车零部件的应用

钛及钛合金由于具有密度小，比强度、比模量高，耐腐蚀性好，有较高的韧性等特点，汽车制造厂正在探索用钛合金来延长气门、气门弹簧和连杆等部件的寿命。用钛制成的部件，质量可减小 60%~70%，但是钛的耐磨性、刚性、热稳定性限制了其广泛应用。通过颗粒增强得到的钛基复合材料可以克服钛的上述缺点，制备钛基复合材料的方法有四种：①普通熔炼法；②粉末冶金法；③燃烧合成法；④加速燃烧合成法。在钛基复合材料的复合方法中，以日本丰田汽车公司和美国 Dynamet 技术公司的低成本粉末冶金法为优，开辟了制造汽车部件用钛基复合材料的先例。

综上可见，国外在颗粒增强铝基复合材料的应用方面已取得较大进展，尤其是美国、加拿大和日本已进入较大批量生产阶段。在我国，哈尔滨工业大学采用铝基复合材料制造的汽车发动机活塞和气缸，应用到千余台解放牌汽车上。江苏大学采用原位铝基复合材料制造汽车轮毂，提高了轮毂的刚度，减小了轮毂质量，取得了良好的使用效果。

9.1.5 电子封装领域的应用

在集成电路中，封装起着芯片保护、芯片支撑、芯片散热、芯片绝缘以及芯片与外电路连接的作用，微电子和半导体器件的高速发展对封装材料热物理性能提出越来越高的要求。金属基复合材料可以将金属基体较高的热导率和增强相材料较低的热膨胀系数（CTE）结合起来，且可以通过改变增强相种类、体积分数、排列方式或者复合材料的热处理工艺，制备出热物理性能与电子器件材料（如 Si 和 GaAs）相匹配的封装材料，因此，电子封装材料的研究与应用已成为 MMCs 重要的发展领域，如果以产值排序，高产品附加值的电子/热控领域目前是第一大 MMCs 市场，产值比例超过 60%。

微电子技术的飞速发展也同时推动了新型封装材料的研究和开发。自 1958 年第一块半导体集成电路问世以来，到目前为止，IC（Integrated Circuit）芯片集成度的发展仍基本遵循着著名的 Moore 定律。芯片集成度的提高必然导致其发热率的升高，使电路的工作温度不断上升，从而导致元件失效概率增大。与此同时，电子封装也不断向小型化、轻量化和高性能的方向发展。20 世纪 90 年代以来，各种高密度封装技术，如芯片尺寸封装（CSP）、多芯片组件（MCM）及单极集成组件（SLIM）等的不断涌现，进一步增大了系统单位体积的发热率。为满足上述 IC 和封装技术的迅速发展，一方面要求对封装的结构进行合理的设计；同时，为从根本上改进产品的性能，全力研究和开发具有高导热及良好综合性能的新型封装材料显得尤为重要。热膨胀系数（CTE）、热导率（TC）和密度是发展现代电子封装材料所必须考虑的三大基本要素，只有充分兼顾这三项要求，并具有合理的封装工艺性能的材料，才能适应半导体技术发展趋势的要求。自 20 世纪 90 年代以来，伴随着各种高密度封装技术的出现，电子封装用 MMCs 也同时得到了大力的发展。1992 年 4 月在美国圣地亚哥举行的美国冶金学会（TMS）年会上对作为电子封装用 MMCs 进行了广泛的讨论，一致认为封装材料是 MMCs 未来发展的重要方向之一。

目前，电子封装用 MMCs 的基体仍以 Al、Cu、Mg 及工程中常用的铝合金、铜合金及镁合金为主，这主要是由其良好的导热、导电及优良的综合力学性能所决定的。改变或调整基体成分将在以下两个方面影响材料的性能：首先表现在对基体材料本身热物性的影响，例如随铝中含硅量的升高，铝合金本身的热膨胀系数也随之降低，从而更有利于获得低热膨胀系数的复合材料；其次则表现为对基体与增强体界面结合状况的影响，如通过在 Cu 中加入适量的 Fe，将明显提高基体 Cu 与作为增强体的碳纤维的界面结合强度，复合材料的热膨胀系数也因此得以降低。通过热处理工艺同样也会改变基体与增强体的界面结合状况，进而影响材料的热性能。Reeves 和 Tumal 等人研究了热处理对 SiC_p/Ti 和 TiB_{2p}/Ti 热性能的影响，结果表明，对 SiC_p/Ti 而言，高温处理（950T）将使材料热导率值下降。分析认为，这是由于热处理增大了界面反应层的厚度，从而使界面热阻增大，导致热性能恶化。与 SiC_p/Ti 相比，TiB_{2p}/Ti 在材料制备过程的界面反应较为轻微，因此 TiB_{2p}/Ti 的导热性能在热处理的开始阶段有所改善，但时间过长，也同样对材料的热性能不利。除以上讨论的合金元素外，其他因素，如残余应力的大小、增强体的形状、孔洞的存在等也会在一定程度上影响复合材料的热性能。应当指出，通过深入研究上述诸因素对复合材料热物性的影响，可优化各工艺参数，并据此进一步改善材料的性能。也正是基于这个原因，人们做了大量深入且细致的工作。但根据复合材料性能的混合法则，一旦基体金属确定后，MMCs 的性能将主要由增强体本身的性能指标决定。对于电子封装用 MMCs 而言，由于增强体的体积分数通常较高，其本身的性能对材料最终性能的决定作用将更为突出。用作复合材料增强体的种类很多，根据形貌可分为长纤维、短纤维、晶须和颗粒四大类。作为电子封装材料使用时，增强体的选择应从以下几个方面衡量：低的热膨胀系数和高的热导率；与基体材料具有良好的相容性；密度小且成本低。人们为此也选择了多种复合材料体系，并做了大量的尝试性研究。Cu/W 及 Cu/Mo 的热膨胀系数和热导率值均较为理想，但密度过高。BeO 作为复合材料的增强体，其综合性明显优于其他材料，但遗憾的是，BeO 是一种有毒物质，其粉尘会对人体造成严重伤害，因此各国对 BeO 产品使用的限制也越来越严。金刚石的价格过高，难以实现大规模的应用。对于 SiC_p-Al 体系而言，其发展的主要障碍在于过高的 SiC 含量材料很难通过传统的机加工成形。而对于 Al-Si 体系而言，为满足热性能的要求，也要求具有高硅含量，因此同样存在材料的成形问题。尽管含硅量较低的 Al-Si 合金可以通过熔化铸造成形，但是在感兴趣的范围内 $[w(Si)=50\%\sim90\%]$，由于极端粗大的初晶硅相的存在，导致材料极度各向异性，已不再适合电子封装的应用。发展新的成形工艺，如粉末冶金工艺和喷射成形工艺则是当前的一个发展方向。其他专门开发的，以封装材料为应用背景的复合体系还有很多。可利用高性能连续碳纤维 [如 AMOCO 公司研制的 K1100，其轴向热导率达 1100W/(m·K)] 作为增强体材料。甚至有人将因具有形状记忆效应而表现出负热膨胀系数的 Ni-Ti 合金棒镶入铜中，即使合金棒的体积分数为 35%，材料的径向线胀系数也已达 $4.0\times10^{-6}K^{-1}$，热导率为 264W/(m·K)。选择不同的复合材料体系，研制新型的电子封装材料用 MMCs 是研究的另一个重要方向。但十余年的研究表明，很难找到一种各项性能指标均十分理想的复合材料体系。因此对某一体系，需明确其发展的突破口，有针对性地加以研究。

铜的热导率高达 401W/(m·K)，然而其线胀系数约为 $17\times10^{-6}K^{-1}$。为了降低其线胀系数，常将铜与线胀系数较低的物质如 W（$4.45\times10^{-6}K^{-1}$）、Mo（$5.0\times10^{-6}K^{-1}$）等复合，得到高导热性能、低热膨胀系数、高硬度的复合材料。W/Cu、Mo/Cu 复合材料在电子封装领域应用较早，继 Kovar 合金之后，成为第二代电子封装材料，其热导率为150~230W/(m·K)，线胀系数为 $5.7\times10^{-6}\sim10\times10^{-6}K^{-1}$，是目前应用最广泛的金属基电子封装材料，主要应用于电子散热器件以及热沉材料。我国 W/Cu、Mo/Cu 等传统电子封装材料的制备与应用技术较成熟，已进行大规模工业化生产。但这种材料的热导率已不能满足现代大功率器件的更高要求，特别是其密度大（W/Cu：$15\sim17g/cm^3$；Mo/Cu：$9.9\sim10.0g/cm^3$），不适于在便携电子和航空航天领域。因此，通过合适的工艺将金刚石颗粒、碳化硅颗粒、碳纤维碳纳米管、石墨烯等热膨胀系数与密度均较低的增强相与铜基体复合，可得到更为理想的电子封装材料成为必然趋势。

目前，西方国家芯片封装的最新型材料是 SiC/Al 复合材料，属于微电子封装材料的第三代产品。SiC/Al 复合材料具有较高的热导率、低热膨胀系数、高强度、低密度、良好的导电性等，这些特性几乎囊括了理想封装材料的所有性能要求，为电子封装提供了高度可靠且成本经济的热管理解决方案。SiC/Al 复合材料可提供高热导率 [180~200W/(m·K)] 及可调的低热膨胀系数，其热膨胀系数比无氧铜低一半以上，而密度仅为无氧铜的 1/3；与 Kovar 封装合金相比，热导率可提高 10 倍，减重 2/3；与第二代封装金属材料 W/Cu、Mo/Cu 相比，分别减重约 83% 和 71%，且成本明显降低。另外，SiC/Al 电子封装材料具备优异的尺寸稳定性，与其他封装金属相比，机械加工及钎焊引起的畸变最小，可近净成形，焊接性也较好。自国际开发此类技术至今 10 多年来，其应用范围从军工领域逐步向民用电子器材领域扩展，目前已占据整个电子封装材料市场近乎 50% 的使用覆盖面。

无线通信与雷达系统中的射频、微波器件封装构成 SiC/Al 目前最大的应用领域，其第二大应用领域则是高端微处理器的各种热管理组件（见图 9-12），包括功率放大器热沉、集成电路热沉、印制电路板芯板和冷却板、芯片载体、散热器、整流器封装等。目前，SiC/Al 电子封装材料在军用电子领域，如微波管载体、军用混合电路、超大功率模块封装和多芯片热沉等，取得了巨大的成果。20 世纪 90 年代末，高体分 SiC/Al 电子封装材料以其优秀的热控能力、特殊的抗共振能力和强大的承载能力等特点在航空航天领域得到了规模化的应用。例如，"大黄蜂"战斗机、"台风"战斗机和 EA-6B 预警机等航空器及火星"探路者"和

"卡西尼"深空探测器等航天器的集成电路,都应用了 SiC/Al 电子封装材料进行封装。如果将航空航天用的钨铜、铝铜等封装材料全用 SiC/Al 电子封装材料代替,可以让相应电子元件减重 70%~80%,整台电子设备可减重上百公斤。

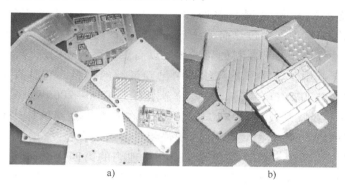

图 9-12　SiC/Al 热管理组件

a)微处理器盖板　b)光电封装基座

由于在实际使用过程中,封装用 MMCs 与半导体芯片或陶瓷基板直接接触,这就要求两者应尽可能地匹配。对 SiC/Al 而言,为满足这一性能要求,SiC 的体积分数均需在 55%~75% 这一范围。常规的复合材料制备工艺(如搅拌铸造法和粉末冶金法),已不再适用于电子封装用 SiC/Al,同时对于异形部件而言,也很难用传统的机加工成形,更谈不上规模化的生产了。只有发展近净成形工艺才能有效地解决这一问题。因此,可以说成形问题即是 SiC/Al 在电子封装领域得以广泛应用的突破口。自 20 世纪 90 年代,美国一些公司就已开始着手发展直接用于电子封装 SiC/Al 的一次成形工艺。目前 Ceramics Process Systems Corp (CPS) 公司、PCC Composites 公司以及 Lanxide Electronic Component 公司均已实现了这一目标,并实现了规模化生产。英国 GEC-Marconic Research Center 公司也曾专门立项对其进行研究。可简单地将复合材料的近净成形分为素坯的近净成形及金属与素坯的复合两个阶段,而前者则是能否最终实现 MMCs 一次成形的关键。素坯的成形基本上采用陶瓷素坯的工艺,且为满足异形部件生产的要求,基本上采用湿法成形工艺。采用有机黏结剂来实现 SiC 坯体的成形,当然也存在排粘的问题,因此,目前仍需在浆料的固化以及产品尺寸精度的控制上进行深入的研究。CPS 公司采用 QuickSetTM 工艺来实现素坯的成形。QuickSetTM 实际上是一种陶瓷素坯成形工艺的改进。SiC 浆料的固化采用温度诱导法,即将制备好的浆料注模后迅速冷到一定的温度,随后将固化的浆料置于低于有机溶剂蒸气压的环境中使其迅速挥发。利用该工艺,SiC 的体积分数可控制在 60%~70%,且产品具有很高的尺寸精度,不足之处在于该工艺较为烦琐,且周期较长。PCC Composites 公司主要通过加入有机黏结剂来实现 SiC 颗粒浆料的固化,因此在压渗之前需对其进行高温脱脂处理,因而容易造成素坯的分层及开裂,进而影响最终产品的质量。借鉴陶瓷素坯的胶态成形工艺,针对复合材料用素坯的特点,以水作为介质,通过加入少量无机黏结剂实现浆料的固化,并通过后续的压渗工艺成形,已实现了封装用 SiC_p/Al 的近净成形。

国外 SiC/Al 电子封装材料制备工艺较为成熟,已从试验阶段进入实用阶段。从国内目前产品的性能上看,相同 SiC 体积分数的材料,热膨胀系数和密度已完全达到国外产品的指标,只是热导率值偏低 [130~180W/(m·K)]。分析认为,其主要原因在于所使用的 SiC

增强体在导热性能上存在差异。热物性中，热膨胀系数对材料的成分并不敏感，但热导率的大小与所使用的原材料密切相关。目前我国基本上直接使用 SiC 磨料作为复合材料的增强体，热导率偏低，从而导致复合材料的导热性下降。

随着微电子技术的高速发展，微处理器及半导体器件的最高功率密度已经逼近 $1000W/cm^2$，在应用中常常因为过热而无法正常工作。散热问题已成为电子信息产业发展的技术瓶颈之一。新一代电子封装材料的研发主要以高热导率的碳纳米管、金刚石、高定向热解石墨作为增强相。其中，金刚石是自然界中已知最硬的材料，它具有很高的热导率〔天然的金刚石为 $2200\sim2600W/(m \cdot K)$，人工的金刚石为 $1200\sim2000W/(m \cdot K)$〕、弹性模量（1050GPa）以及低的线胀系数（$1.3\times10^{-6}K^{-1}$），且在室温下是绝缘体。利用它与常用金属（Al、Cu 等）性能的巨大差异性，将其作为增强相与金属或合金复合，制备出的复合材料可以显著改善热导率、热膨胀系数、强度等性能，是理想的第四代金属基电子封装材料。目前，国内外学者已经成功制备金刚石增强金属基复合材料，并已小批量生产，应用于电子封装领域。然而金刚石与 Al 的润湿性极差，在 1000℃时铝对人造金刚石的浸润角是 150°，难以直接制备出致密度较高的复合材料。因此，需要对金刚石进行表面改性或对基体进行合金化处理，但此类处理会增加界面热阻或促进界面反应。因此，如何在提高金刚石与金属润湿性的同时，减小界面热阻，获得稳定的高性能复合材料，是国内外学者不断研究的课题。Feng 等人在金刚石表面涂覆与铝基体润湿性良好的 TiC 进行改性处理，通过气压浸渗结合挤压的方式成功制备了复合材料。研究表明，TiC 可增强基体与增强相间的界面结合力，获得热导率为 $365W/(m \cdot K)$、线胀系数为 $5.69\times10^{-6}K^{-1}$ 的理想电子封装材料。Mizuuchi 等人将复合粉末采用放电等离子烧结的方式成功制备了致密度高达 99%以上、热导率为 552W/$(m \cdot K)$ 的金刚石/Al 复合材料。

电子封装金属基复合材料在全世界范围内正迅速推广应用，与国外相比，国内市场发展空间很大，具有很好的推广应用前景。目前，国内的研究及生产水平与国外相比尚存在一定的差距，但发展方向明确，经过一段时间的研发，定将在产品的成形和性能上取得进一步突破。

9.1.6 其他领域的应用

金属基复合材料的其他应用涵盖制造业、体育休闲及基础建设领域，既包括硬质合金、电镀、烧结金刚石工具、Cu 基及 Ag 基电触头材料等成熟市场，也包括 TiC 增强铁基耐磨材料、Saffil 纤维增强铝基输电线缆、B_4C 增强铝基中子吸收材料等新兴市场。这些新兴市场的表现在很大程度上决定着金属基复合材料的未来增长点，铁基复合材料的制备和应用是提高钢铁材料性能的重要研究方向。低密度、高刚度和高强度的增强体颗粒加入到钢铁基体中，在降低材料密度的同时，提高了它的弹性模量、硬度、耐磨性和高温性能，可应用于切削、轧制、喷丸、冲压、穿孔、拉拔、模压成形等工业领域。目前应用最多的是 TiC 颗粒增强铁基复合材料，例如注册商标为 Ferro-TiC、Alloy-TiC 和 Ferro-Titanit 的钢基硬质合金，用作抗磨材料和高温结构材料，性能明显优于现有的工具钢（见图 9-13）。

为支撑传统的高架输电用钢芯铝绞线的质量，需要建造昂贵的输电塔，这就促使人们要开发高强、低密度导线（见图 9-14）。据报道，3M 公司开发的氧化铝纤维增强铝基复合材料（Saffil/Al）导线，用于取代现有铝绞线的钢芯，经测试比强度提高 2~3 倍，电导率提高

4 倍，线胀系数降低一半，腐蚀性也有降低。虽然新型金属基复合材料导线的价格较贵，但可以降低建造支撑塔成本的 15%～20%，并且可以提高输电能力，降低电耗。

核能是世界各国应对能源和环境压力的必然选择。为确保安全贮存及运输，高放射性废核燃料的容器在核防护的同时，还必须具有耐久可靠的力学性能。B_4C_p/Al，具有优异的中子吸收性能，是唯一可用于废核燃料贮存和运输的金属基复合材料（见图 9-15）。目前，已有 Bortec™、Metamic™、Talbor 等多种 B_4C_p/Al 材料获得美国核能管理委员会（NRC）核准，用于制造核废料贮存桶的中子吸收内胆、废燃料棒贮存水池的隔板等。

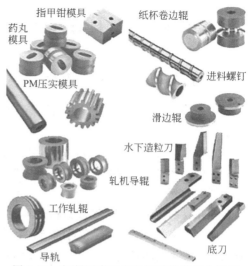

图 9-13 超硬耐磨的 TiC 增强铁基复合材料

图 9-14 Saffil 纤维增强铝基输电线缆和输电塔

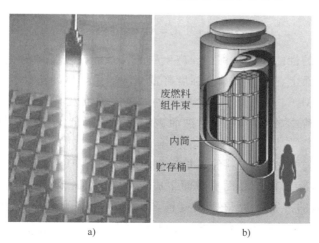

a)　　　　　　　　　　b)

图 9-15 B_4C_p/Al 用于废核燃料贮存

a）贮存水池　b）贮存桶

9.2 金属基复合材料的再生与回收利用

9.2.1 金属基复合材料的再生

近年来各种复合材料的再生问题逐步受到重视，不仅在实验室进行研究，提出许多措施，而且在工业界已经开始行动。例如德国汽车工业界与化学工业公司联合起来认真对待复合材料的再生问题，包括如何拆卸、分离原构件中的不同材料，形成材料从制造到再生的闭环系统，以达到再生率为30%的初步指标。但是由于原设计中欠缺环境意识，目前再生尚处于较低的水平。

1. 不同种类的金属基复合材料的再生特点

不同种类的 MMCs 具有不同的结构特点，因此，应该单独考虑其再生问题。由于长纤维增强 MMCs 自身结构的特点，基本上不考虑其再生和回收问题。对于短纤维和晶须增强的金属基复合材料，通过炼制的方法可以部分回收，炼渣可以作为填料使用。颗粒增强金属基复合材料（PRMMCs），在大规模的实用过程中，降低其成本也是影响其实用规模化的一个重要因素，因此，MMCs 的再生主要集中在 PRMMCs 上。

2. PRMMCs 再生工艺研究

PRMMCs 的再生主要采用重熔后重新复合的方法，通过控制重熔时的温度、保温时间等工艺参数，以及采取有效的措施控制颗粒与基体的界面反应和凝固过程，同时采用二次加工和热处理的方法，使其性能不降低，从而达到 PRMMCs 的再生利用。

3. 金属基复合材料重熔再生过程中的界面反应特征

在非连续增强金属基复合材料中，增强体颗粒与基体间的作用行为极为复杂，这均与界面反应的程度密切相关，特别是在金属基复合材料的重熔再生过程中，由于颗粒与熔体长时间的高温接触，界面反应便会变得更加复杂。PRMMCs 中的界面反应主要有以下几类特征：

1）颗粒本身与基体合金发生化学反应，直接损伤颗粒。例如 SiC_p/Al 复合材料主要存在以下界面反应：

$$4[Al]+3SiC=Al_4C_3+3[Si] \tag{9-1}$$

该反应对 MMCs 的性能极为有害：反应生成 Si，从而改变基体的化学成分；Al_4C_3 析出于增强体与基体的界面上，使界面结合强度降低，降低了熔体的流动性，增大了复合材料的环境敏感性，同时，Al_4C_3 的含量对复合材料的刚度、强度及其失效行为具有重要影响；随着该反应的进行，颗粒本身被熔融 Al 腐蚀而破坏，不仅降低了增强体的强度，而且使复合材料的性能下降。

研究均表明，SiC_p/Al 复合材料经过重熔保温时，均有 Al_4C_3 生成。$SiC_p/6061$ 复合材料 800℃重熔处理 20min 后，由于界面反应而生成大量的 Al_4C_3 和 Mg_2Si 及 Si 相；并且 SiC 被腐蚀而出现表面粗糙的外形，尖角变圆变钝。D. J. Loyd 等人将 SiC 增强纯铝复合材料在 800℃重熔保温 5min，凝固后的组织表明，除颗粒受到损伤外，还有大量片状的 Si 出现，且在颗粒与基体的界面上观察到 Al_4C_3 晶体。

2）为了保护颗粒而设置的动力学障碍参与的界面反应。在 SiC_p/Al 复合材料中，为了保护 SiC，抑制 Al_4C_3 的形成，常对颗粒表面进行涂层或高温氧化处理。对于高温氧化的 SiC，由于颗粒表面生成 SiO_2 薄层，该薄层和 Al 之间发生反应：

$$3SiO_2(s)+4Al=2Al_2O_3+3[Si] \tag{9-2}$$

$$SiO_2(s)+2Mg(l)=2MgO+[Si] \tag{9-3}$$

$$2SiO_2(s)+2Al+Mg=MgAl_2O_4+2[Si] \tag{9-4}$$

反应 （9-3）、（9-4） 与基体中的 Mg 含量有关，$MgAl_2O_4$ 的形成与反应温度、时间及 Al 合金中的 Mg 含量有很大关系。从热力学上看，当 Mg 含量低时，易发生反应 （9-4），生成 $MgAl_2O_4$；在 Mg 含量高时，易发生反应 （9-3），生成 MgO。研究显示，在复合材料铸态中很少发现 $MgAl_2O_4$ 尖晶石，只有经过重熔长时间高温保温，颗粒表面才有较多的 $MgAl_2O_4$ 尖晶石出现。D. J. Loyd 发现，尖晶石反应层的厚度与基体中 Mg 的质量分数有关，当 Mg 的质量分数高于 3% 时，反应速度减慢，当基体中 Mg 的质量分数为 7% 时，反应速度基本上为零。

3）提高增强体与基体的润湿性，促进两者结合而导致的界面反应。对于 Al_2O_{3p}/Al 复合材料，Al_2O_3 颗粒与 Al 熔体之间在 900℃ 以下润湿性较差，为提高其润湿性，常用 Cu 和 Mg 作为添加元素。Levi 等人发现，Al 和 Al_2O_{3p} 之间的结合，可以通过 Al_2O_3 颗粒与熔融 Al 中的 Mg 或 Cu 发生界面反应生成 $MgAl_2O_4$ 或 $CuAl_2O_4$ 尖晶石而实现。Hallsted 等人计算 Mg-Al_2O_3 系的反应动力学发现，Mg(l) 和 Al_2O_3（s）之间的反应在复合材料的制备过程中是不可能的，因为 Mg^{2+} 和 Al^{3+} 通过新形成的 MgO 和 $MgAl_2O_4$ 在反应层内扩散。速度非常慢。因此，Cappleman 等人在 Al_2O_{3p}/Al-（9.5%～11%） Mg（质量分数）的界面上未发现任何反应产物，这是由于在制备过程中采用的搅拌时间较短所致，但在重熔高温保温过程中，该反应变得剧烈。上述反应在一定程度上促进颗粒与基体的反应结合，是有益的，但过量反应将产生大量的尖晶石脆性相，使复合材料的性能恶化。

4. 再生对金属基复合材料性能的影响

对于颗粒增强金属基复合材料，其重熔前后的性能与基体合金的成分有关。某些合金成分重熔以后不发生变化，其性能亦然；而有的合金重熔几次后性能有所下降。金属基复合材料各品种中只有非连续增强类（即颗粒、短纤维和晶须增强）才具备再生的可能。金属基体若是低熔点金属（如铅），更有利于再生。目前生产量最大并具有发展前景的是碳化硅或氧化铝颗粒增强铝基复合材料。

（1）金属基复合材料再生方法及过程对材料性能的影响　金属可以加热熔融且其熔体黏度较小，另外，金属基体本身就具有一定强度，并不单纯依靠增强体的传递作用承受载荷。根据这些特点，可以将复合材料制件重熔来进行再生。但是重熔过程中必须防止和控制金属基体与增强体之间发生界面反应和基体本身组织及成分发生变化。在重熔前应对复合材料体系做出分析和判断。现举两种典型的复合体系了解重熔过程中组成与性能的变化。

1）Al_2O_3 颗粒（体积分数为 20%）增强 6061 铝基复合材料。Al_2O_3 不与铝及其合金组分中的 Si 反应，但与合金中的 Mg 反应生成的尖晶石（$MgAl_2O_4$）存在于界面上，由于量较少还构不成明显的影响。经多次重熔再生后，合金组成变化不大。其力学性能见表 9-2。由表 9-2 可见，重熔后对其性能影响很小，所以该体系是比较适合再生的。

表 9-2　6061/Al_2O_3（体积分数为 20%）颗粒增强复合材料经重熔与挤出成形后的室温拉伸力学性能

材料	抗拉强度/MPa		屈服强度/MPa		伸长率（%）		弹性模量/GPa	
	轴向	横向	轴向	横向	轴向	横向	轴向	横向
原始	372	—	352	—	4.0	—	97.2	—
第一次再生	362	359	325	321	3.7	4.0	100	102
第二次再生	367	358	328	319	3.5	4.0	100	97.2
第三次再生	361	356	325	317	3.7	5.0	96.5	97.7
第四次再生	363	364	329	331	4.5	4.3	95.8	94.5

注：四次测试平均值。

2）SiC 颗粒增强 ZL101 和 2A12 铝合金复合材料。ZL101 系铝硅类合金中硅的质量分数较高（6.0%~8.0%）。在重熔后的凝固阶段会析出硅相，随着凝固时固/液界面对增强体的推移作用，分布在铝 α 相的晶界上。虽然在高温下会发生 $4Al+3SiC \rightarrow Al_4C_3+3Si$ 的反应，但因为合金液中 Si 含量较高，抑制了上述反应的进行，从而避免在界面上因生成过多的 Al_4C_3 脆性相而影响复合材料强度。相反，2A12 合金中硅的质量分数较小（≤0.5%），无法抑制 Al_4C_3 的产生，因此脆性相在承载时成为裂纹源，材料在低应力下易发生断裂，即强度下降。

图 9-16 所示为两种 SiC_p/Al 复合材料重熔时间对强度的影响。显然 SiC_p/ZL101 复合材料对再生是较合适的，其强度略有降低；而 SiC_p/2A12 复合材料在 2h 的高温处理下，强度损失了 25%。

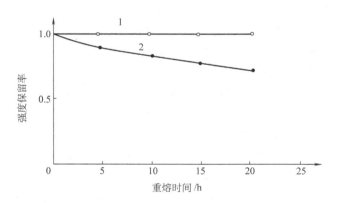

图 9-16　两种 SiC_p/Al 复合材料重熔时间对强度的影响
1—SiC_p/ZL101　2—SiC_p/2A12

（2）铝基复合材料重熔再生过程中影响力学性能的因素　由上面的结果可以看出，金属基复合材料在重熔再生过程中主要发生了界面反应，导致力学性能的降低。所以关键在于防止反复重熔再生过程中界面反应不断进行。下列因素对界面反应有明显影响：

1）合金元素的选择。对于 SiC 颗粒增强铝体系，Si 含量高有利于阻止界面反应。对于其他复合材料体系，合金中的某些元素也能集聚在界面上起到扼制界面反应的作用。目前已用一些简便的新方法来研究每次重熔后复合材料微结构发生变化的规律。如用扫描液态 X 射线谱和高温示差扫描量热仪来测定反复进行重熔的每次结果，可以得到界面反应的信息。

2）增强体的选择。选用不易与基体发生反应的增强体（如 Al_2O_3 与 Al 合金体系）也是有效防止界面反应的措施。增强体含量多则有严重的界面反应，对性能的影响更明显。研究表明，有时界面反应受开始的几次重熔影响大，以后则逐渐趋于平缓。

3）温度和时间的选择。高重熔温度和长时间处理将导致界面反应趋于严重。

9.2.2　金属基复合材料的回收

金属基复合材料的回收同其制备工艺、界面反应情况与结合效果以及增强体与基体间物理性质（如密度、熔点等）的差别密切相关，主要回收方法有熔融盐处理法、旋转炉法、电磁分离法和化学溶解法等。

1. 熔融盐处理法

熔融盐处理法通过加熔融无机盐使 MMCs 中的无机非金属增强体形成渣，经过排渣可将熔融的金属分离回收。例如 SiC 晶须增强 6061 铝基复合材料时，用 NaF、LiF 和 KF 等无机盐均能使 SiC_w 进入盐渣。其中以质量分数为 10% 的 NaF 效果较好。熔融盐处理法的流程如图 9-17 所示。

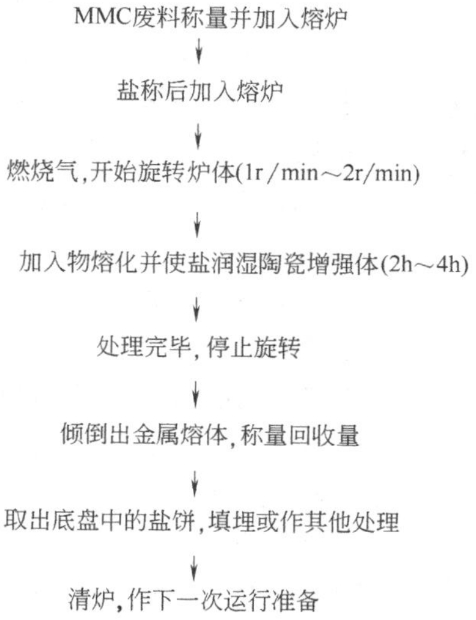

2. 旋转炉法

传统的旋转炉法被用于复合材料的回收。在相同的熔盐加入量下，旋转炉法比单一的熔融盐处理法的回收率明显提高，Al 的回收率可以达到 80%。

3. 电磁分离法

对处于熔融状态下的复合材料基体施加一个单方向的电磁场，因增强体和基体对磁场的作用极性不同，两者产生相对方向的运动，从而分离。一般增强体沉在底部，然后除去。

MMC 废料称量并加入熔炉
↓
盐称后加入熔炉
↓
燃烧气, 开始旋转炉体(1r/min～2r/min)
↓
加入物熔化并使盐润湿陶瓷增强体(2h～4h)
↓
处理完毕, 停止旋转
↓
倾倒出金属熔体, 称量回收量
↓
取出底盘中的盐饼, 填埋或作其他处理
↓
清炉, 作下一次运行准备

图 9-17　熔融盐处理法的流程

4. 化学溶解法

将复合材料置入强酸或强碱中，金属基体溶解而与增强体分离。通过化学方法使金属盐从溶液中析出，过滤干燥后，或以化学原料形式回收，或经还原而形成金属。

以上方法各有利弊，对各种复合体系的作用也不相同，应根据具体情况而定。电磁分离法从原理来看是较合理的，值得深入研究。当前金属基复合材料用量尚不大，随着用量的增大以及冶金技术的进步，将能开发出更有效的回收方法。

9.2.3　金属基复合材料应用的制约因素

有许多因素与金属基复合材料（MMCs）的大规模应用相关联，原材料制备方法、二次加工、回收能力、质量控制技术等都制约着 MMCs 的应用。从 MMCs 在汽车和航空航天领域中的应用来看，应用成本是主要的制约因素，而增强体的成本高是造成复合材料应用成本居高不下的主要原因。最初，MMCs 是应航空航天等几乎不计较成本的领域的要求而发展起来的，所以材料的价格不会构成主要障碍，当今仍这样考虑已不够全面。而在民用领域，价格肯定是决定应用可能性的主要因素之一。若按图 9-18 的性价比来评价复合材料在汽车等工业上应用的可能性，则复合材料最有希望用于制作耐磨件。

1. 增强体的成本

据估计，应用复合材料时，材料成本在总成本中的比例可达到 63%；而应用钢铁时，材料的成本只占 14%，差别很大。复合材料原材料的成本主要是增强体的成本，例如连续碳化硅长纤维的价格达到 10 万~14 万日元/kg；碳化硅、氮化硅晶须的价格稍低，但也达到 5 万~8 万日元/kg；而硼酸铝、钛酸钾、氧化锌、氧化镁等晶须的价格只有 2000~4000 日元/kg。

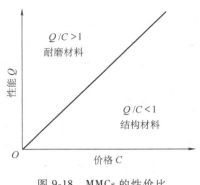

图 9-18　MMCs 的性价比

采用便宜的增强体制备复合材料无疑在价格上具有优势，但材料性能不一定能满足要求。可根据具体零件的使用要求和使用状况选择合适的增强体，例如硼酸铝晶须与铝相容性不好，在高温下容易发生界面反应；但其热胀系数、比强度、比刚度等性能在低温和常温下完全可以和碳化硅晶须增强复合材料相媲美。

2. 制备方法

常用的 MMCs 制备方法有液相法、粉末冶金法、喷射成形法和原位复合法等。其中液相法应用最为普遍，且在工程上易于实现。不同制备方法对复合材料的价格影响很大。例如，在液相制造方法范围内的搅拌铸造法（还可分为常压铸造、压力铸造和模具铸造，都可以实现近净成形铸造）中，压力铸造与模具铸造相比，其成品的孔隙率低，适用的合金范围广，且可用来制造复杂形状的零件，但生产速率和成本不具有优势。图 9-19 显示了上述制备方法对 MMCs 价格的影响。颗粒增强 MMCs 还可采用粉末冶金法和喷射成形法等，但价格上与搅拌铸造法相比不具有优势。

3. 生产数量

在工业生产中，生产数量对成本有很大的影响，如图 9-20 所示。从图 9-20 中可以看出，复合材料的价格随生产数量的增加而迅速下降，最终达到一个近似不变的数值。所以，在评价复合材料在工业上应用的可能性时，必须考虑生产数量的因素。但新材料的应用要达到规模生产，尚有许多问题需要解决，首先是选取最佳的制备条件以获得最佳的材料，其次要有一套检测复合材料质量的体系。

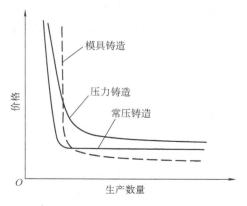

图 9-19　制备方法对 MMCs 价格的影响

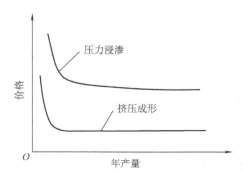

图 9-20　年产量对 MMCs 复合材料成本的影响

4. 局部增强手段

由于增强体的价格一般远远高于基体合金的价格，所以，在满足材料使用性能的前提下，从降低零件成本的角度考虑，可以在需要提高性能的部位采用复合材料（即局部增强）。例如，丰田汽车公司将 5% 体积分数的短纤维增强铝基复合材料应用于滑动条件最差的活塞第一沟槽部。目前已经采用局部增强复合材料制作了轴承、活塞、气缸等零件。

5. 二次加工性能

良好的二次加工性能是 MMCs 推广应用的基础。非连续增强 MMCs 具有较好的切削、成形、挤压、轧制、锻造、焊接等二次加工性能。

汽车、航空航天等领域中采用的材料大多数需要切削加工。长纤维增强复合材料常常是近净成形的，其二次加工往往仅限于修整和钻孔；而短纤维复合材料会有较大的切削量。研究表明，采用合适的切削刀具，MMCs 可以达到很高的切削速度和表面加工精度，刀具的寿命较长，加工费用也是工业界所能接受的。多晶金刚石刀具常常用于复合材料的切削加工，采用超声波和合适的润滑剂可以提高切削的速度和精度。另外，采用电火花和激光切削复合材料也已见报道，但费用太高。美国橡树岭国家实验室的研究结果表明，晶须增强陶瓷可以代替金刚石作为刀具，以降低复合材料的切削费用。很多金属基复合材料还具有高速超塑性，这有利于复合材料的近净成形。高速超塑性是指复合材料在 $0.1 \sim 1 s^{-1}$ 的应变速率和接近基体金属熔点的温度下可以实现高达 300% 的伸长率。MMCs 这一特性对复杂形状零件的成形很有意义。复杂形状零件的成形通常需要采用焊接、切削等方法才能实现，而超塑性成形法只需一个工序就能实现。因此，虽然超塑性成形法比常规成形法的费用要高，但由于节约了工序，总体上来说仍可大幅度降低成本。另外，由于超塑性成形过程中应变速率大，零件制造过程十分迅速，这在大规模生产中是很有价值的。MMCs 的其他变形特性也十分优越，它有良好的挤压和轧制性能，还可采用等温模锻的方法成形。总之，MMCs 的成形方式选择余地很大，并可以采用工业上现有的设备进行加工。焊接性能决定了材料的连接和损伤修复能力。摩擦焊、固态扩散焊、电阻焊和氩弧焊等都可以用于 MMCs 的焊接，其中氩弧焊应用较多。熔化方法焊接时的熔池温度较高，常在焊接区域形成脆性相，在熔池随后的凝固过程中还会引起增强体的偏聚和贫化。非熔化焊接（如摩擦焊和固态扩散焊）可以避免上述问题，但有可能造成增强体的断裂，且焊接强度不高。

6. 回收能力

回收和再利用能力关系到材料的可持续利用和环境的保护，随着 MMCs 应用潜力的增加，该项研究也被提上日程。目前提出的几种回收方法有重熔法、分离法和热压法。重熔法是将要回收的复合材料作为原料回炉重熔，再制备新的复合材料；分离法是采用旋转盐炉和等离子体炉等设备分别回收铝和增强体颗粒；热压法是将复合材料切屑通过热压方法制备成复合材料。由于复合材料在切削过程中会产生大量的切屑，因此研究切屑的回收方法是有意义的。

7. 质量控制体系

质量控制体系是 MMCs 大规模应用的一个必要条件，复合材料的界面结合状态、增强体的体积分数、材料的性能等都属于质量控制的范围。为了达到快速检测质量的目的，多采用无损检测。材料生产者在生产过程中需要对材料性能进行检测，以便控制产品质量；对材料进行二次加工前需要了解材料的性质。

本章思考题

1. "玉兔"号月球车的车轮是采用何种材料制备的？查阅资料说明选择该材料的原因。

2. 金属基功能复合材料有哪些应用？其发展趋势如何？

3. 金属基复合材料用于电子封装领域的优势是什么？

4. SiC_p/Al 复合材料为何可以用于制动片的制造？

5. 钛基复合材料有哪些应用？

6. 金属基复合材料在医疗领域有何应用潜力？

7. 在金属基复合材料应用方面，我国与发达国家之间的差距主要表现在哪些方面？

8. 制约我国金属基复合材料应用的关键问题有哪些？

9. 金属基复合材料按应用范围可分为哪几类？

10. 如何控制金属基复合材料再生过程中的界面反应？

参 考 文 献

［1］ 吴人洁. 复合材料［M］. 天津：天津大学出版社，2000.

［2］ 贾成厂，郭宏. 复合材料教程［M］. 北京：高等教育出版社，2010.

［3］ 益小苏，杜善义，张立同. 中国材料工程大典：第10卷复合材料工程［M］. 北京：化学工业出版社，2006.

［4］ 张国定，赵昌正. 金属基复合材料［M］. 上海：上海交通大学出版社，1996.

［5］ 刘新东，刘伟. 复合材料力学基础［M］. 西安：西北工业大学出版社，2010.

［6］ 鲁云，朱世杰，马鸣图，等. 先进复合材料［M］. 北京：机械工业出版社，2003.

［7］ 张玉龙. 先进复合材料制造技术手册［M］. 北京：机械工业出版社，2003.

［8］ 郝元恺，肖加余. 高性能复合材料学［M］. 北京：化学工业出版社，2004.

［9］ 张晓虎，孟宇，张炜. 碳纤维增强复合材料技术发展现状及趋势［J］. 纤维复合材料，2004，21（1）：50-53.

［10］ 黎小平，张小平，王红伟. 碳纤维的发展及其应用现状［J］. 高科技纤维与应用，2005，30（5）：24-30.

［11］ 赵稼祥. 硼纤维及其复合材料［J］. 纤维复合材料，2000，12（4）：3-5.

［12］ 王德刚，仲蕾兰，顾利霞. 氧化铝纤维的制备及应用［J］. 化工新型材料，2002，30（4）：17-19.

［13］ 汪多仁. 碳化硅纤维的开发与应用进展［J］. 高科技纤维与应用，2004，29（6）：43-45.

［14］ 冯春祥，薛金根，宋永才. SiC 纤维研究进展［J］. 高科技纤维与应用，2003，28（1）：15-19.

［15］ 靳治良，李胜利，李武. 晶须增强体复合材料的性能与应用［J］. 盐湖研究，2003，11（4）：57-65.

［16］ 周储伟，杨卫，方岱宁. 金属基复合材料的强度与损伤分析［J］. 固体力学学报，2000，21（2）：161-165.

［17］ 侯敬春，胡更开. 金属基复合材料损伤细观力学分析［J］. 复合材料学报，1996，13（4）：117-122.

［18］ 高静微. 金属基复合材料连接技术的研究进展［J］. 稀有金属，1999，23（1）：28-34.

［19］ 苏晓风，陈浩然，王利民. 金属基复合材料细观损伤机制与宏观性质关系的研究［J］. 复合材料学报，1999，16（2）：88-93.

［20］ 李建辉，李春峰，雷廷权. 金属基复合材料成形加工研究进展［J］. 材料科学与工艺，2002，10（2）：208-212.

［21］ 梅志，顾明元，吴人洁. 金属基复合材料界面表征及其进展［J］. 材料科学与工程，1996，14（3）：1-5.

［22］ 周储伟，王鑫伟，杨卫，等. 短纤维增强金属基复合材料的多重损伤分析［J］. 复合材料学报，2001，18（4）：64-67.

［23］ 范同祥，施忠良，张荻，等. 金属基复合材料再生与回收研究现状［J］. 材料导报，1999，13（5）：49-51.

［24］ 高玉红，李运刚. 金属基复合材料的研究进展［J］. 河北化工，2006（6）：51-54.

［25］ 欧阳柳章，罗承萍，隋贤栋，等. 原位合成金属基复合材料［J］. 中国铸造装备与技术，2002（2）：6-8.

［26］ 岳云龙，公衍生，沈强，等. 原位（In-situ）反应合成技术在制备金属基复合材料中的应用［J］. 硅酸盐通报，2002，21（4）：45-48.

［27］ 李奎，汤爱涛，潘复生. 金属基复合材料原位反应合成技术现状与展望［J］. 重庆大学学报（自然科学版），2002，25（9）：155-160.

［28］ CHRISTODOULOU L. Process for forming metal-second phase composites and product thereof: 4751048 ［P］. 1988-06-14.

［29］ 马宗义，吕毓雄，毕敬. Al_2O_3，TiB_2 粒子增强铝基复合材料的动态压缩性能和高温蠕变性能 ［J］. 金属学报，1999，35（1）：93-97.

［30］ AGHAJANIAN M K, MACMILLAN N H, KENNEDY C R, et al. Properties and microstructures of Lanxide ®, Al_2O_3-Al ceramic composite materials ［J］. Journal of Materials Science, 1989, 24（2）: 658-670.

［31］ TANG W, BERGMAN B. On the formation of Al_2O_3 Al composite by directed oxidation of molten metals ［J］. Materials Science & Engineering A, 1994, 177（1-2）: 135-142.

［32］ 严红革，陈振华，黄培云. 反应合成原位（In-situ）复合材料制备技术进展 ［J］. 材料科学与工程学报，1997（1）：6-9.

［33］ HUNT M. Automotive MMCs: better and cheaper ［J］. Materials Engineering, 1989（10）: 45-48.

［34］ KOCZAK M J, KUMAR K S. In situ process for producing a composite containing refractory material: 4808372 ［P］. 1989-02-28.

［35］ 林涛，殷声，魏延平. 原位反应在铸造法制备复合材料中的应用 ［J］. 材料导报，2000，14（1）：30-31.

［36］ 崔春翔，吴人洁. 原位 AlN-TiC 粒子增强铝基复合材料 ［J］. 金属学报，1996，32（1）：101-104.

［37］ 张淑英，陈玉勇，李庆春. 反应喷射沉积金属基复合材料的研究现状 ［J］. 兵器材料科学与工程，1998，21（5）：52-57.

［38］ LAVERNIA E J. Solidification of spray atomized silicon droplets ［J］. Scripta Metallurgy and Materials, 1995, 32（8）: 1203-1208.

［39］ ARZT E, SCHULTA L. New materials by mechanical alloying techniques ［J］. Advanced Manufacturing Processes, 1991, 6（4）: 733-736.

［40］ 张先胜，冉广. 机械合金化的反应机制研究进展 ［J］. 金属热处理，2003，28（6）：28-32.

［41］ CHEN Z Y, CHEN Y Y, SHU Q, et al. Microstructure and properties of in situ Al/TiB_2 composite fabricated by in-melt reaction method ［J］. Metallurgical and Materials Transactions A, 2000, 31A（8）: 1959-1964.

［42］ MERZHANOV A G, SHKIVO M V. Method of producing refractory carbides, borides, silicides, sulfides, and nitrides of metals of groups Ⅳ, Ⅴ, and Ⅵ of the periodic system: 3726643A ［P］, 1973-04-10.

［43］ KOBASHI M, TSUKAHARA H, CHOH T. Synthesis of TiB_2 dispersed aluminum alloys by the self-propagating high-temperature reaction ［J］. Light Metal（in Japan）, 1996, 4（19）: 444-449.

［44］ 李劲风，张昭，张鉴清. 金属基复合材料（MMCs）的原位制备 ［J］. 材料科学与工程，2002，20（3）：453-456.

［45］ WOOD J V, DAVIES P F, KELLIE J L. Properties of reactively cast aluminium/TiB_2 alloys ［J］. Mater. Sci. Tech., 1993, 9（10）: 833-840.

［46］ NAKATA H, CHOH T, KANETAKE N. Fabrication and mechanical properties of in situ formed carbide particulate reinforced aluminium composite ［J］. Journal of Materials Science, 1995, 30（7）: 1719-1727.

［47］ 陈子勇，陈玉勇，舒群，等. 原位反应法制备 Al/Al_3Ti 复合材料组织和性能 ［J］. 复合材料学报，1997，14（2）：66-70.

［48］ 赵玉涛，孙国雄. Al-$ZrOCl_2$ 反应体系制备 $ZrAl_3$（p）+Al_2O_3（p）/Al 复合材料 ［J］. 中国有色金属学报，2001，11（1）：41-46.

［49］ 刘江，彭晓东，刘相果，等. 原位合成铝基复合材料的研究现状 ［J］. 重庆大学学报（自然科学版），2003，26（10）：1-5.

［50］ LEWIS D. In situ reinforcement of metal matrix composites ［J］. Metal Matrix Composites: Processing & Interfaces. 1991, 6（1）：121-150.

［51］ VELASCO F, COSTA C E D, RODERO B, et al. Intergranular corrosion resistance of Fe₃Al/2014 Al particulate MMC ［J］. Journal of Materials Science Letters, 2000, 19（1）：61-63.

［52］ 张红霞, 胡树兵, 涂江平. 颗粒增强铜基复合材料的研究进展 ［J］. 材料科学与工艺, 2005, 13（4）：357-360.

［53］ 纪秀林, 王树奇. 原位颗粒增强镁基复合材料的热爆法制备 ［J］. 上海有色金属, 2005, 26（4）：164-167.

［54］ 纪秀林, 王树奇, 谢建华. 内生颗粒增强镁基复合材料的研究现状 ［J］. 上海有色金属, 2004, 25（3）：136-140.

［55］ LU L. THONG K K GUPTA M. Mg-based composite reinforced by MgSi ［J］. Composites Science & Technology, 2003, 63（5）：627-632.

［56］ DONG. Q, CHEN. L Q, ZHAO. M J, et al. Synthesis of TiCp reinforced magnesium matrix composite by in situ reactive infiltration process ［J］. Materials Letters, 2004, 58（6）：920-926.

［57］ 陈晓, 傅高升, 钱匡武, 等. 原位反应自生 MgO/Mg₂Si 增强镁基复合材料的热力学和动力学研究 ［J］. 铸造技术, 2003, 24（4）：321-324.

［58］ KONDOH K, OGINUMA H, KIMURA A, et al. In-situ synthesis of Mg₂Si intermetallics via powder metallurgy process ［J］. Materials Transactions, 2003, 44（5）：981-985.

［59］ JIANG Q C, LI X L, WANG H Y. Fabrication of TiC particulate reinforced magnesium matrix composites ［J］. Scripta Materialia, 2003, 48（6）：713-717.

［60］ 熊容廷, 段汉桥, 严有为. 原位合成颗粒增强铁基复合材料的研究进展 ［J］. 现代铸铁, 2004（4）：22-26.

［61］ TANG W M, ZHANG Z X, DING H F. Control of the interface reaction between silicon carbide and iron ［J］. Materials Chenistry and Physics, 2003, 80（1）：360-365.

［62］ 张庆茂, 何金江, 刘文今. 激光熔覆（Zr+WC）/FeCSiBRe 合金的组织和性能 ［J］. 焊接学报, 2002, 23（4）：44-47.

［63］ HANS BEMS, BIRGIT WEWERS. Development of an abrasion resistant steel composite with in situ TiC. Particles ［J］. Wear, 2001, 251（1）：1386-1395.

［64］ DEGNAN C C, SHIPWAY P H. A comparison of the reciprocating sliding wear behaviour of steel based metal matrix composites processed from self-propagating high-temperature synthesized Fe-TiC and Fe-TiB₂ masteralloys ［J］. Wear, 2002, 252（9）：832-841.

［65］ 张二林, 朱兆军, 曾松岩. 自生颗粒增强钛基复合材料的研究进展 ［J］. 稀有金属, 1999, 23（6）：436-442.

［66］ TONG X C. Fabrication of in situ TiC reinforced aluminum matrix composites part I：microstructural characterization ［J］. Journal of Materials Science, 1998, 33（22）：5365-5374.

［67］ 郝斌, 崔华, 李永兵, 等. 锌基复合材料制备工艺研究进展 ［J］. 铸造, 2005, 54（12）：1179-1182.

［68］ 刘金水, 肖汉宁, 舒震, 等. 铸造法制备 TiC/ZA43 复合材料的试验研究 ［J］. 特种铸造及有色合金, 1998（3）：24-26.

［69］ 中国金属学会, 中国有色金属学会. 金属材料物理性能手册：第一册金属物理性能及测试方法 ［M］. 北京：冶金工业出版社, 1987.

［70］ 黄文虎, 杜善义. 复合材料与现代机械结构设计 ［M］. 北京：高等教育出版社, 2000.

［71］ 戴起勋, 赵玉涛. 材料科学研究方法 ［M］. 北京：国防工业出版社, 2004.

［72］ 沃丁柱. 复合材料大全 ［M］. 北京：化学工业出版社, 2001.

［73］ ZHAO Y T, CHENG X N, DAI Q X, et al. Crystal morphology and growth mechanism of reinforcements synthesized by direct melt reaction in the system Al-Zr-O [J]. Materials Science and Engineering, 2003, 360 (1-2): 315-318.

[74]　YANG Y, LAN J, LI X C. Study on bulk aluminum matrix nano-composite fabricated by ultrasonic dispersion of nano-sized SiC particles in molten aluminum alloy [J]. Materials Science and Engineering, 2004, 380 (1-2): 378-383.

[75]　LEE A, SANCHEZ C L, TURKER O S, et al. Liquid metal mixing process tailors MMC microstructures [J]. Advanced Materials Processing, 2002 (8): 31-33.

[76]　RADJAI M K. Effects of the intensity and frequency of electromagnetic vibrations on the microstructural refinement of hypereutectic Al-Si alloys [J]. Metallurgical and Materials Transactions. A, 2000, 31A (3): 755-762.

[77]　赵玉涛. Al-Zr-O 体系熔体反应生成 Al_3Zr 和 Al_2O_3 颗粒增强铝基复合材料的组织结构和性能研究 [D]. 南京：东南大学，2001.

[78]　张国定. 金属基复合材料界面问题 [J]. 材料研究学报，1997，11 (6): 649-657.

[79]　陈锋，舒光冀. SiC 颗粒增强 ZA27 基复合材料的摩擦磨损性能 [J]. 机械工程材料，1998，22 (6): 33.

[80]　周祖福. 复合材料学 [M]. 武汉：武汉工业大学出版社，1995.

[81]　宋焕成，张佐光. 混杂纤维复合材料 [M]. 北京：北京航空航天大学出版社，1989.

[82]　National Materials Advisory Board, Commission on Engineering and Technical Systems, National Research Council, Materials research agenda for the automobile and aircraft industries [M] Washington, DC: National Academy Press, 1993.

[83]　EBRARY I, COUNCIL N. Accelerated aging of materials and structures [M]. Washington, D C: National Academy Press, 1996.

[84]　WANG Z L. Characterization of nanophase materials [M]. Weinheim: Wiley-VCH, 2000.

[85]　URQUHART A W. Novarel reinforced ceramic and metals: review of lanxides composites technologies [J]. Mater. Sci. Eng., 1991, A131 (1): 75-81.

[86]　JIAN WAN. Thermal stress prediction for direct-chill casting of a high strength aluminum alloy [D]. Morgantown: West Uirginia University, 1998.

[87]　克莱因，威瑟斯. 金属基复合材料导论 [M]. 余永宁，房志刚，译. 北京：冶金工业出版社，1996.

[88]　张学习，王德尊，姚忠凯，等. 非连续增强金属基复合材料的应用 [J]. 航空制造技术 2002 (5): 35-38.

[89]　郑祥健，金龙兵，王国军，等. 铝合金轮毂的生产和市场现状 [J]. 轻合金加工技术，2004 (7): 8-11.

[90]　曾竟成，罗青，唐羽章. 复合材料理化性能 [M]. 长沙：国防科技大学出版社，1998.

[91]　张佐光. 功能复合材料 [M]. 北京：化学工业出版社，2004.

[92]　陈华辉，邓海金，李明，等. 现代复合材料 [M]. 北京：中国物资出版社，1998.

[93]　王荣国，武卫莉，谷万里. 复合材料概论 [M]. 哈尔滨：哈尔滨工业大学出版社，1999.

[94]　汪之清. 半固态金属成形技术的发展与应用 [J]. 兵器材料科学与工程，1999，22 (3): 61-67.

[95]　谢水生，黄声宏. 半固态金属成形技术：上 [J]. 机械工艺师，2000 (3): 4-5.

[96]　张大辉，李志强，胡泽，等. 半固态加工成形技术及其发展现状 [J]. 航空制造技术，2002 (11): 28-31.

[97]　WANG Y, WNAG H Y, XIU K, et al. Fabrication of TiB_2 particulate reinforced magnesium matrix composites by two-step processing method [J]. Materials Letters, 2006, 60 (12): 1533-1537.

[98]　谭建波，李迅，李立新，等. 半固态金属成形技术的发展及应用现状 [J]. 河北科技大学学报，2003，24 (4): 24-28, 56.

[99] ZHANG H, WANG J N. Thixoforming of spray-formed 6066Al/SiC_p composites [J]. Composites Science & Technology, 2001, 61 (9): 1233-1238.

[100] 张鹏, 杜云慧, 曾大本, 等. 铜-石墨复合材料的半固态铸造研究 [J]. 复合材料学报, 2002, 19 (1): 41-45.

[101] 陈华辉, 邓海金, 李明. 现代复合材料 [M]. 北京: 中国物资出版社, 1998.

[102] KACZMAR J W, PIETRZAK K, WLOSIŃSKI W. The production and application of metal matrix composite materials [J]. Journal of Materials Processing Tech, 2000, 106 (1): 58-67.

[103] 谭敦强, 黎文献, 余琨. SiC 铝基复合材料的制备技术和界面问题 [J]. 铝加工, 2000, 23 (3): 39-42.

[104] 吴利英, 高建军, 靳武刚. 金属基复合材料的发展及应用 [J]. 化工新型材料, 2002, 25 (4): 24-29.

[105] 董仕节, 史耀武. 铜基复合材料的研究进展 [J]. 国外金属热处理, 1996, 20 (6): 9-11.

[106] 罗国珍. 钛基复合材料的研究与发展 [J]. 稀有金属材料与工程, 1997, 26 (2): 1-7.

[107] 王春江, 王强, 赫冀成. 液态金属铸造法制备金属基复合材料的研究现状 [J]. 材料导报, 2005, 19 (5): 53-57.

[108] KACAR A S, RANA F, STEFANESCU D M. Kinetics of gas-to-liquid transfer of particles in metal matrix composites [J]. Materials Science & Engineering A, 1991, 135 (2): 95-100.

[109] MORTENSEN A, CORNIE J A, FLEMINGS M C. Solidification processing of metal-matrix composites [J]. Metallurgical Reviews, 1988, 37 (1): 101-128.

[110] 李昊, 桂满昌, 周彼德. 搅拌铸造金属基复合材料的热力学和动力学机制 [J]. 中国空间科学技术, 1997, 17 (1): 9-16.

[111] 郝斌, 崔华, 蔡元华, 等. 搅拌铸造法制备金属基复合材料的热力学和动力学机制 [J]. 稀有金属快报, 2005, 24 (6): 22-25.

[112] 张守魁, 赵红. Al_2O_3/Al 基颗粒增强复合材料的凝固组织 [J]. 铸造设备研究, 2001 (3): 21-23.

[113] 王强, 王恩刚, 赫冀成. 静磁场在材料生产过程中的应用研究评述 [J]. 材料科学与工程学报, 2003, 21 (4): 590-595.

[114] 王强, 王春江, 庞雪君. 利用强磁场控制过共晶铝硅合金的凝固组织 [J]. 材料研究学报, 2004, 18 (6): 568-576.

[115] MAO Weimin, ZHEN Zisheng, CHEN Hongtao. Microstructure of electromagnetic stirred semi-solid AZ91D alloy [J]. Transactions of Nonferrous Metals Society of China, 2004, 14 (5): 846-850.

[116] SUBRAHMANYAM J, VIJAYAKUMAR M. Review: self-propagating high temperature synthesis [J] Journal of Materials Science, 1992, 24: 6249-6273.

[117] 孟宪云, 张峻巍, 陈彦博, 等. 半固态复合熔铸过程中 SiC 与 2A11 合金的润湿性 [J]. 中国有色金属学报, 2001, 11 (2): 77-80.

[118] LLOYD D. Particle reinforced aluminium and magnesium matrix composites [J]. International Materials Review, 1994, 39 (1): 1-23.

[119] LLOYD D. Solidification microstructure of particulate reinforced aluminum/SiC composites [J]. Composites Science and Technology, 1998, 35 (2): 159-179.

[120] ZHAO Y T, YOUSSEF Y M, HAMILTON R W, et al. A novel aluminum matrix composites synthesized by magnetochemical melt reaction in the system Al-Zr-O-B [C]. World Foundry Congress, 2006: 104-114.

[121] ZHAO Y T, DAI Q X, CHENG X N, et al. Microstructure characterization of reinforcements in in-situ synthesized composites of the system Al-Zr-O [J]. Transactions of Nonferrous Metals Society of China, 2005, 15 (1): 108-112.

[122] ZHAO Y T, DAI Q X, CHENG X N, et al. Crystal morphology and growth mechanism of reinforcements synthesized by direct melt reaction in the system Al-Zr-O [J]. Materials Science & Engineering A, 2003, 360 (1-2): 315-318.

[123] ZHAO Y T, DAI Q X, CHENG X N, et al. Microstructure and properties of in-situ synthesized ($Al_3Zr+Al_2O_3$)$_p$/A356 composites [J]. International Journal of Modern Physics B, 2003, 17 (8, 9): 1292-1296.

[124] ZHAO Y T, SUN G X. In situ synthesis of novel composites in the system Al-Zr-O [J]. Journal of Materials Science Letters, 2001, 20 (20): 1859-1861.

[125] 赵玉涛, 孙建祥, 戴起勋, 等. Al-Zr (CO_3)$_2$ 体系反应合成复合材料的反应机制及动力学模型 [J]. 中国有色金属学报, 2005, 15 (9): 1343-1349.

[126] 陈荣, 张国定, 吴人洁. 碳/铝复合材料界面结合强度对拉伸性能的影响 [J]. 复合材料学报, 1993, 10 (2): 121-125.

[127] 冯可芹, 杨屹, 王一三, 等. 铁基复合材料的制备技术与展望 [J]. 机械工程材料, 2002, 26 (12): 9-11.

[128] 邢书明. 一种抗磨制品的制造方法: 99120823. 4 [P]. 2000-04-12.

[129] 邢书明, 翟启杰, 胡汉起, 等. 难变形钢铁材料半固态连铸技术研究 [D]. 北京: 北京科技大学, 1999.

[130] 李德溥, 李志奎. 颗粒增强铝基复合材料磨削加工表面质量与磨削力研究 [J]. 现代制造工程, 2009 (9): 93-95.

[131] 于晓琳, 赵文珍, 黄树涛, 等. 磨削高体积分数 SiC_p/Al 复合材料表面形成机制 [J]. 沈阳工业大学学报, 2012 (6): 666-670.

[132] 曹根, 张凤林, 刘鹏, 等. AlSiC 复合材料磨削加工研究进展: 上 [J]. 超硬材料工程, 2013 (6): 11-14.

[133] 于晓琳. 高体积分数 SiC_p/Al 复合材料精密磨削机理及表面评价研究 [D]. 沈阳: 沈阳工业大学, 2012.

[134] 李丙超. Al-Si 活塞合金及其复合材料疲劳特性研究 [D]. 济南: 山东大学, 2013.

[135] 邹利华, 樊建中. 颗粒增强金属基复合材料疲劳研究进展 [J]. 材料导报, 2010, 24 (1): 19-24.

[136] 郭立江, 高云飞, 王文广, 等. 颗粒增强铝基复合材料的疲劳研究进展 [J]. 材料导报, 2014, 28 (19): 45-50.

[137] 张荻, 张国定, 李志强. 金属基复合材料的现状与发展趋势 [J]. 中国材料进展, 2010, 29 (4): 1-7.

[138] 肖伯律, 刘振宇, 张星星, 等. 面向未来应用的金属基复合材料 [J]. 中国材料进展, 2016, 35 (9): 16-20.

[139] SRIVATSAN T S, Al-Hajri M, PETRAROLI M, et al. Influence of silicon carbide particulate reinforcement on quasi static and cyclic fatigue fracture behavior of 6061 aluminum alloy composites [J]. Materials Science & Engineering A, 2002, 325 (1-2): 202-214.

[140] KAI X, TIAN K, WANG C, et al. Effects of ultrasonic vibration on the microstructure and tensile properties of the nano ZrB_2/2024Al composites synthesized by direct melt reaction [J]. Journal of Alloy&Compounds, 2016 (668): 121-127.

[141] KAI X, ZHAO Y, WANG A, et al. Hot deformation behavior of in situ nano ZrB_2 reinforced 2024Al matrix composite [J]. Composites Science & Technology, 2015, 116: 1-8.

[142] TAO R, ZHAO Y, KAI X, et al. Microstructures and properties of in situ ZrB_2/AA6111 composites synthesized under a coupled magnetic and ultrasonic field [J]. Journal of Alloys & Compounds, 2018, 754:

114-123.

[143] YANG Y, ZHAO Y, KAI X, et al. Superplasticity behavior and deformation mechanism of the in-situ Al₃ Zr/6063Al composites processed by friction stir processing [J]. Journal of Alloys & Compounds, 2017, 710：225-233.

[144] KAI X, CHEN C, SUN X, et al. Hot deformation behavior and optimization of processing parameters of a typical high-strength Al-Mg-Si alloy [J]. Materials & Design, 2016, 90：1151-1158..

[145] CHEN F, CAO Z, CHEN G, et al. Synchrotron radiation micro-beam analysis of the effect of strontium on primary silicon in Zn-27Al-3Si alloy [J]. Journal of Alloys & Compounds, 2018, 749：575-579.

[146] 王晓璐, 赵玉涛, 焦雷, 等, Zr+Er 及 Zr+Y 对 Al-Mg-Si-Cu-Mn-Cr 合金组织和拉伸力学性能的影响 [J], 材料导报, 2017(18)：72-76.

[147] 赵玉涛, 林伟立, 怯喜周, 等. 超声化学原位合成纳米 Al₂O₃/6063Al 复合材料组织及高温蠕变性能 [J]. 复合材料学报, 2015(5)：1399-1407.

[148] 曾婧, 彭超群, 王日初, 等. 电子封装用金属基复合材料的研究进展 [J]. 中国有色金属学报, 2015, 25（12）：3255-3270.

[149] 曾星华, 徐润, 谭占秋, 等. 先进铝基复合材料研究的新进展 [J]. 中国材料进展, 2015, 34（6）：417-424.

[150] 杨全占, 魏彦鹏, 高鹏, 等. 金属增材制造技术及其专用材料研究进展 [J]. 材料导报, 2016（S1）：107-111.

[151] 武高辉. 金属基复合材料性能设计——创新性思维的尝试 [J]. 中国材料进展, 2015, 34（6）：432-438.

[152] 边丽萍. ECAP 挤压亚共晶 Al-Mg₂Si 原位复合材料强韧化研究 [D]. 太原：太原理工大学, 2011.

[153] 张恩霞. SiCₚ/ZL102 复合材料成型性能与复杂压铸件制备 [D]. 南京：南京理工大学, 2003.

[154] 王东. SiCₚ/2009Al 复合材料的搅拌摩擦焊接 [D]. 合肥：中国科学技术大学, 2014.

[155] 汪山山, 毛昌辉, 杨剑, 等. 旋转速度对（WC+B₄C）ₚ/6063Al 复合材料搅拌摩擦焊接头力学性能和微观组织的影响 [J]. 稀有金属, 2012（1）：167-170.

[156] 许辰苏, 吴洁琼, 章鹏, 等. 搅拌摩擦加工对原位 TiB₂/7075 复合材料性能的影响 [J]. 材料研究学报, 2013（2）：197-201.

[157] KUMAR S, CHAKRABORTY M, SARMA V S, et al. Tensile and wear behaviour of in situ, Al 7Si/TiB₂ particulate composites [J]. Wear, 2008, 265（1）：134-142.

[158] MANDAL A, MURTY B S, CHAKRABORTY M. Wear behaviour of near eutectic Al Si alloy reinforced with in-situ, TiB₂, particles [J]. Materials Science & Engineering A, 2009, 506（1）：27-33.

[159] 宋学成, 封小松, 赵慧慧, 等. 特殊对接形式下 SiCₚ/Al 复合材料与铝合金搅拌摩擦焊的组织与力学性能 [J]. 焊接学报, 2015（11）：73-76.

[160] 肖长源, 陈兵, 张敏敏, 等. 搅拌摩擦加工制备纳米 RE/Al₂O₃ 增强铝基复合材料 [J]. 焊接学报, 2016, 37（12）：66-70..

[161] 刘世英, 李文珍, 高飞鹏, 等. 高能超声处理在制备纳米 SiC 颗粒增强镁基复合材料中的作用 [J]. 铸造, 2009, 58（3）：210-212..

[162] 谭伟民, 陆春华, 马立群, 等. 高能超声制备金属基复合材料的研究进展与展望 [J]. 材料导报, 2006, 20（f11）：258-260.

[163] 张忠涛. 外场对铝熔体异相粒子运动及其凝固行为影响研究 [D]. 大连：大连理工大学, 2009.

[164] 张仁杰. 镁基纳米混杂复合材料高温蠕变及界面力学行为多尺度研究 [D]. 大连：大连理工大学, 2012.

[165] 李健, 杨延清, 罗贤, 等. 分子动力学模拟在复合材料界面研究中的进展 [J]. 稀有金属材料与工

程，2013，42（3）：644-648.

[166] 邱乐园. 电磁作用下熔体非金属颗粒运动行为的数值模拟研究 ［D］. 北京：清华大学，2013.

[167] 杨旭东，毕智超，陈亚军，等. 泡沫铝基复合材料的研究进展 ［J］. 热加工工艺，2015（8）：12-16.

[168] 郭强，李志强，赵蕾，等. 金属材料的构型复合化 ［J］. 中国材料进展，2016，35（9）：21-25.

[169] 胡艳艳，刘耀，张建波，等. 金属基固体自润滑复合材料研究现状及展望 ［J］. 有色金属材料与工程，2016，37（4）：165-170.

[170] 武高辉，姜龙涛，陈国钦，等. 金属基复合材料界面反应控制研究进展 ［J］. 中国材料进展，2012，31（7）：51-58.

[171] 李志强，谭占秋，范根莲，等. 高效热管理用金属基复合材料研究进展 ［J］. 中国材料进展，2013，32（7）：431-441.

[172] 王涛，赵宇新，付书红，等. 连续纤维增强金属基复合材料的研制进展及关键问题 ［J］. 航空材料学报，2013，33（2）：87-96.

[173] 李忠文，金慧玲，李士胜，等. 混杂增强金属基复合材料的研究进展 ［J］. 中国材料进展，2016，35（9）：26-30.

[174] 易健宏，杨平，沈韬. 碳纳米管增强金属基复合材料电学性能研究进展 ［J］. 复合材料学报，2016，33（4）：689-703.

[175] 解立川，彭超群，王日初，等. 高硅铝合金电子封装材料研究进展 ［J］. 中国有色金属学报，2012（9）：2578-2587.

[176] KARANTZALIS A E, LEKATOU A, GEORGATIS E, et al. Solidification behaviour of ceramic particle reinforced Al-alloy matrices ［J］. Journal of Materials Science, 2010, 45（8）: 2165-2173.

[177] PARK M S, GOLOVIN A A, DAVIS S H. The encapsulation of particles and bubbles by an advancing solidification front ［J］. Journal of Fluid Mechanics, 2016, 560: 415-436.

[178] 何天兵，胡仁伟，何晓磊，等. 碳纳米管增强金属基复合材料的研究进展 ［J］. 材料工程，2015，43（10）：91-101.

[179] ZHANG Y, MA N, WANG H, et al. Effect of Ti on the damping behavior of aluminum composite reinforced with in situ TiB_2 particulate ［J］. Scripta Materialia, 2005, 53（10）: 1171-1174.

[180] 燕绍九，杨程，洪起虎，等. 石墨烯增强铝基纳米复合材料的研究 ［J］. 材料工程，2014（4）：1-6.

[181] 曲选辉，章林，吴佩芳，等. 现代轨道交通刹车材料的发展与应用 ［J］. 材料科学与工艺，2017，25（2）：1-9.

[182] 符跃春，石南林，张德志，等. 粉末布法制备 SiC/Ti 基复合材料 ［J］. 中国有色金属学报，2004，14（3）：465-470.

[183] WANG F, XU J, LI J, et al. Fatigue crack initiation and propagation in A356 alloy reinforced with in situ TiB_2 particles ［J］. Materials & Design, 2012, 33（1）: 236-241.

[184] GUO M, SHEN K, WANG M. Relationship between microstructure, properties and reaction conditions for Cu-TiB alloys prepared by in situ reaction ［J］. Acta Materialia, 2009, 57（15）: 4568-4579.

[185] YOUSSEF Y M, DASHWOOD R J, LEE P D. Effect of clustering on particle pushing and solidification behaviour in TiB reinforced aluminium PMMCs ［J］. Composites Part A Applied Science & Manufacturing, 2005, 36（6）: 747-763.

[186] PRASAD B K. Sliding wear response of a zinc-based alloy and its composite and comparison with a gray cast iron: influence of external lubrication and microstructural features ［J］. Materials Science & Engineering A, 2005, 392（1）: 427-439.

[187] 陈登斌. 超声/磁场下合成铝基原位复合材料微结构及其性能研究 ［D］. 镇江：江苏大学，2012.

[188] 周国华. 碳纳米管/AZ31 镁基复合材料的制备与等径角挤压研究 ［D］. 南昌：南昌大学，2010.

[189] DAS D K, MISHRA P C, SINGH S, et al. Properties of ceramic-reinforced aluminium matrix composites-a review [J]. International Journal of Mechanical & Materials Engineering, 2014, 9 (1): 40712-1-40712-16.

[190] XU F, LI Y, HU X, et al. In situ investigation of metal's microwave sintering [J]. Materials Letters, 2012, 67 (1): 162-164.

[191] LI Y C, XU F, HU X F, et al. In situ investigation on the mixed-interaction mechanisms in the metal-ceramic system's microwave sintering [J]. Acta Materialia, 2014, 66: 293-301.

[192] 吴小红, 罗军明, 黄俊, 等. 微波烧结 TiC/Ti6Al4V 复合材料的高温氧化行为 [J]. 复合材料学报, 2017, 34 (1): 135-141.

[193] 范景莲, 黄伯云, 刘军, 等. 微波烧结原理与研究现状 [J]. 粉末冶金工业, 2004, 14 (1): 29-33.

[194] 张剑平. TiB_2/Cu 复合材料微波烧结工艺及性能研究 [D]. 南昌: 南昌大学, 2013.

[195] CHEN F, MAO F, CHEN Z, et al. Application of synchrotron radiation X-ray computed tomography to investigate the agglomerating behavior of TiB_2 particles in aluminum [J]. Journal of Alloys & Compounds, 2015, 622: 831-836.

[196] CHEN F, CHEN Z, MAO F, et al. TiB_2 reinforced aluminum based in situ composites fabricated by stir casting [J]. Materials Science & Engineering A, 2015, 625: 357-368.

[197] 李勇, 赵亚茹, 李焕, 等. 石墨烯增强金属基复合材料的研究进展 [J]. 材料导报, 2016, 30 (11): 71-76.

[198] 侯健, 王军丽, 张清龙, 等. 累积叠轧焊合法制备颗粒增强金属基复合材料的研究现状与展望 [J]. 材料导报, 2016, 30 (3): 37-43.

[199] 耿林, 范国华. 金属基复合材料的构型强韧化研究进展 [J]. 中国材料进展, 2016, 35 (9): 686-693.

[200] 贺毅强, 周海生, 李俊杰, 等. 喷射共沉积颗粒增强金属基复合材料的研究现状与进展 [J]. 材料科学与工程学报, 2016, 34 (2): 338-344.